"十四五"时期国家重点出版物出版专项规划项目

非线性发展方程动力系统丛书 4

朗道-利夫希茨流

黎 泽 徐继涛 赵立丰 著

科学出版社

北 京

内 容 简 介

朗道-利夫希茨流是研究铁磁现象的基本方程,是一类重要的色散型方程. 经过国内外数学家的多年研究,朗道-利夫希茨流的数学理论已经非常丰富. 本书主要介绍了朗道-利夫希茨流的最新进展,特别是解的长时间行为,包括目标流形为凯勒流形的朗道-利夫希茨流的小初值解的渐近行为,以及目标是球面的朗道-利夫希茨流的有限时刻爆破解的动力学刻画. 值得指出的是,还有很多公开问题与朗道-利夫希茨流相关,我们希望感兴趣的青年学生和研究人员能通过此书了解相关的数学理论,从而去攻克此领域中更多的重要问题.

本书可作为数学专业高年级本科生和研究生的教学用书,也可供相关专业的科研人员参考.

图书在版编目(CIP)数据

朗道-利夫希茨流 / 黎泽,徐继涛,赵立丰著. -- 北京:科学出版社,2025. 5. -- ISBN 978-7-03-081864-5

Ⅰ. O175.2

中国国家版本馆 CIP 数据核字第 20257FX245 号

责任编辑: 胡庆家 / 责任校对: 彭珍珍
责任印制: 张 伟 / 封面设计: 无极书装

科学出版社 出版
北京东黄城根北街 16 号
邮政编码: 100717
http://www.sciencep.com

北京凌奇印刷有限责任公司印刷
科学出版社发行 各地新华书店经销
*
2025 年 5 月第 一 版 开本: 720×1000 1/16
2025 年 10 月第二次印刷 印张: 16 3/4
字数: 336 000
定价: 128.00 元
(如有印装质量问题, 我社负责调换)

"非线性发展方程动力系统丛书" 序

科学出版社出版的"纯粹数学与应用数学专著丛书"和"现代数学基础丛书"都取得了很好的效果,使广大青年学子和专家学者受益匪浅.

"非线性发展方程动力系统丛书"的内容是针对当前非线性发展方程动力系统取得的最新进展,由该领域处于第一线工作并取得创新成果的专家,用简明扼要、深入浅出的语言描述该研究领域的研究进展、动态、前沿,以及需要进一步深入研究的问题和对未来的展望.

我们希望这一套丛书能得到广大读者,包括大学数学专业的高年级本科生、研究生、青年学者以及从事这一领域的各位专家的喜爱.我们对于撰写丛书的作者表示深深的谢意,也对编辑人员的辛勤劳动表示崇高的敬意,我们希望这套丛书越办越好,为我国偏微分方程的研究工作作出贡献.

郭柏灵

2023 年 3 月

序　言

　　朗道-利夫希茨方程是介于 Navier-Stokes 方程与 Ricci 流之间的一个重要的偏微分方程. 这个方程不像 Navier-Stokes 方程那么如雷贯耳般地为人所熟知, 也不像 Ricci 流那么惊心动魄地为人们所关注, 但这个方程是一个有重要物理意义的几何流方程, 现在数学家常常称其为 Schrödinger 几何流.

　　20 世纪 80 年代始, 我国数学家周毓麟、郭柏灵、孙和生等先生及他们的学生对朗道-利夫希茨方程进行了富有成效的研究. 而从一个 Riemann 流形进入辛流形的映射的 Schrödinger 流是 20 世纪末由我国数学家丁伟岳和王友德从无穷维辛几何的观点所引入, 同时凯伦·乌伦伯克 (K. Uhlenbeck) 等独立地从可积系统的观点也引入了这个方程. 随着 Schrödinger 流的引入及我国数学家率先研究进入 Kähler 流形的此种流的局部适定性及正则性, 21 世纪以来, 一批国际、国内数学家对 Schrödinger 流展开了一场别开生面的研究, 参与研究的有普林斯顿、柯朗所、伯克利、麻省理工、芝加哥等大学或研究机构的教授. 目前来说, 关于 Schrödinger 流的研究取得了很大的进展.

　　Schrödinger 流是一个无穷维动力系统, 特别源自欧几里得空间的 Schrödinger 流就一个几何色散流. 关于这种色散流的情形, 人们所取得的成果较为完整. 特别, 赵立丰副教授带领学生就色散 Schrödinger 流的适定性及大范围动力学行为, 对具有耗散的朗道-利夫希茨方程解的爆破等展开了较为深入的研究, 取得了一系列具有较高学术价值的成果; 他的学生黎泽研究员也在一般 Kähler 流形的色散 Schrödinger 流的全局存在性上取得了令人称道的结果.

　　而源自一个紧 Riemann 流形 (如平坦环面) 的 Schrödinger 流的研究更为困难, 所存在的待研究的问题比所取得结果多得多, 如从二维球面进入二维球面的 Schrödinger 流的是否爆破就是一个困难的问题.

　　这本书的内容十分前沿而凝练, 对十多年来有关色散几何流的研究方法与技巧总结得非常到位, 对思想方法的介绍深入浅出, 清晰明了. 作者对 Riemann 几何与偏微分方程理论之色散估计不仅熟悉, 而且掌握了其精髓. 这是一本年轻研究者进入有关色散几何流研究前沿的合适教材或参考书.

王友德

2024 年 12 月

前　言

　　朗道-利夫希茨 (Landau-Lifshitz) 方程由著名物理学家朗道与利夫希茨于 1935 年提出的, 描述了磁性材料中的色散效应. 几何学家于 20 世纪 90 年代末将其推广为从 Riemann 流形到 Kähler 流形的映射流. 后续不同领域的数学家紧密合作, 从各个角度展开了对朗道-利夫希茨流广泛而深入的研究, 积累了大量的研究成果. 本书作者之一赵立丰应郭柏灵院士邀请, 组织学生一道把相关进展整理成书. 本书一共分为 3 章, 第 1 章与第 2 章分别介绍二维与高维的 Schrödinger 流的小初值全局适定性, 第 3 章介绍二维朗道-利夫希茨流爆破解的构造. 由于篇幅所限, 许多有趣的论题 (诸如局部适定性、稳定性、可积性等), 本书只能选择割舍. 读者在阅读本书的同时, 可参考相关文献, 以便更加全面地了解朗道-利夫希茨流的研究进展.

　　研读本书只需要掌握基本的 Riemann 几何、复几何知识以及调和分析技术. 本书力求做到 "自给自足", 对于在标准教材中不常见的内容, 我们都尽可能地详细介绍, 使得不同领域背景的读者都能顺利阅读. 本书内容既可以作为课程讲义, 也可以分开阅读, 例如对爆破感兴趣的读者可以直接阅读第 3 章, 而不必阅读第 1, 2 章. 我们希望有兴趣的读者能通过此书了解相关的研究进展与方法, 从而去攻克此领域中更多的重要问题.

作　者

2025 年春

目　　录

第 1 章 二维 Schrödinger 映射流

1.1 引 言

我们先介绍一般目标流形的 Schrödinger 映射流的定义. 设 $(\mathcal{N}, J, h)$ 为 Käh-ler 流形, 定义在欧几里得空间上的 Schrödinger 映射流 (Schrödinger Map Flow, SMF) 是一个映射 $u : (t, x) \in \mathbb{R} \times \mathbb{R}^d \mapsto \mathcal{N}$, 其满足

$$\begin{cases} u_t = J\left(\sum_{i=1}^d \nabla_i \partial_i u\right), \\ u\restriction_{t=0} = u_0, \end{cases} \tag{1.1.1}$$

其中 ∇ 表示在拉回丛 $u^* T\mathcal{N}$ 上的诱导协变导数.

设 $\mathcal{N}$ 等距嵌入到 $\mathbb{R}^N$ 中, 则 (1.1.1) 可表述为

$$\begin{cases} u_t = JP_u^{\mathcal{N}}(\Delta_{\mathbb{R}^d} u), \\ u\restriction_{t=0} = u_0, \end{cases} \tag{1.1.2}$$

其中 $P_u^{\mathcal{N}}$ 表示从 $\mathbb{R}^N$ 到 $T_u \mathcal{N}$ 的正交投影. SMF 的能量定义为

$$E(u) = \frac{1}{2} \int_{\mathbb{R}^d} |\partial_x u|^2 dx,$$

它是一个守恒量. 此外, SMF 具有尺度不变性: $u(t, x) \mapsto u(\lambda^2 t, \lambda x)$. 因此, $d = 2$ 是能量临界维数.

Bejenaru-Ionescu-Kenig [BIK07] 针对高维 $d \geqslant 4$ 完成了临界 Sobolev 空间的小初值全局适定性理论. 在 $d \geqslant 2$ 的情况下, Bejenaru-Ionescu-Kenig-Tataru [BIKT11] 建立了 $\mathcal{N} = \mathbb{S}^2$ 时临界 Sobolev 空间中小初值的全局适定性理论. 一个自然的问题是, 能否对具有一般目标流形的 Schrödinger 流建立在临界 Sobolev 空间中的小初值全局适定性理论. 事实上, Tataru 在综述报告 [HK14] 中将其作为公开问题提出. 我们这一章主要研究这个问题.

1.1.1   主要结果

在陈述我们的主要结果之前, 我们介绍一些工作空间的符号.

对于从 $\mathbb{R}^d \to \mathcal{N}$ 的光滑映射, 内蕴 Sobolev 范数定义为

$$\|u\|_{\mathcal{W}^{k,p}}^p := \sum_{j=1}^k \|\nabla^j u\|_{L_x^p(\mathbb{R}^d)}^p,$$

其中 ∇ 表示在 $u^* T\mathcal{N}$ 上的诱导协变导数.

给定一个点 $Q \in \mathcal{N}$, 我们定义外蕴 Sobolev 空间 H_Q^k 为

$$H_Q^k := \{u : \mathbb{R}^d \to \mathbb{R}^N \mid u(x) \in \mathcal{N} \text{ a.e. } \mathbb{R}^d, \|u - Q\|_{H^k(\mathbb{R}^d)} < \infty\},$$

这个空间的度量定义为 $d_Q(f,g) = \|f - g\|_{H^k}$. 定义 $\mathcal{H}_Q$ 为

$$\mathcal{H}_Q := \bigcap_{k=1}^{\infty} H_Q^k.$$

我们的主要结果如下.

定理 1.1.1   设 $d = 2$, $\mathcal{N}$ 为 $2n$ 维紧 Kähler 流形, 且 $\mathcal{N}$ 等距嵌入到 $\mathbb{R}^N$ 中, 给定点 $Q \in \mathcal{N}$. 存在一个足够小的常数 $\epsilon_* > 0$, 使得如果 $u_0 \in \mathcal{H}_Q$ 满足

$$\|\partial_x u_0\|_{L_x^2} \leqslant \epsilon_*, \tag{1.1.3}$$

则具有初值 u_0 的方程 (1.1.1) 具有全局唯一正则解 $u \in C(\mathbb{R}; \mathcal{H}_Q)$. 此外, 当 $|t| \to \infty$ 时, 解 u 将以如下方式收敛到常数映射 Q:

$$\lim_{|t| \to \infty} \|u(t) - Q\|_{L_x^\infty} = 0. \tag{1.1.4}$$

进一步地, 在能量空间中, 我们也有

$$\lim_{t \to \infty} \left\| u(t) - \sum_{j=1}^n \Re(e^{it\Delta} h_+^j) - \sum_{j=1}^n \Im(e^{it\Delta} g_+^j) \right\|_{\dot{H}_x^1} = 0, \tag{1.1.5}$$

其中, $h_+^j, g_+^j : \mathbb{R}^2 \to \mathbb{C}^N$ 为 $\dot{H}^1$ 空间中的函数, $j = 1, \cdots, n$.

注 1.1.1   上述 (1.1.4) 和 (1.1.5) 的渐近行为在 SMF 中是新的. 对于波映射的类似结果在 Tao [Tao09] 的第七部分中得到. 类似于 (1.1.5) 的结果, 最近由作者 [Li22] 在双曲平面的 SMF 背景下获得. 通过检查平凡目标 $\mathcal{N} = \mathbb{R}^{2n}$ 可以看出, (1.1.5) 是自然的, 具体见 [Li22] 的评注 1.1.

我们还证明了类似于 [BIKT11] 的一致界和适定性结果.

定理 1.1.2 设 $d = 2, \sigma_1 \geqslant 0$. 设 $\mathcal{N}$ 为紧 Kähler 流形, 且 $\mathcal{N}$ 等距地嵌入到 $\mathbb{R}^N$ 中, 给定点 $Q \in \mathcal{N}$. 存在一个足够小的常数 $\epsilon_{\sigma_1} > 0$ (仅依赖于 σ_1) 使得由定理 1.1.1 给出的全局解 $u = S_Q(t)u_0 \in C(\mathbb{R}; \mathcal{H}_Q)$ 满足以下一致界:

$$\sup_{t \in \mathbb{R}} \|u(t) - Q\|_{H_x^{\sigma+1}} \leqslant C_\sigma(\|u_0 - Q\|_{H_x^{\sigma+1}}), \quad \forall \sigma \in [0, \sigma_1]. \tag{1.1.6}$$

此外, 对于任意 $\sigma \in [0, \sigma_1]$, 算子 S_Q 具有连续扩张

$$S_Q : \mathfrak{B}_{\epsilon_{\sigma_1}}^\sigma \to C(\mathbb{R}; H^{\sigma+1}),$$

其中, 我们定义

$$\mathfrak{B}_\epsilon^\sigma := \{f \in H_Q^{\sigma+1} : \|f - Q\|_{\dot{H}^1} \leqslant \epsilon\}.$$

注 1.1.2 定理 1.1.1 对于 $d \geqslant 3$ 也成立. 这将在第 3 章中证明. 高维的证明主要使用了本章中的思想和一些在热流中的额外结果. 我们将在第 3 章进一步解释.

1.1.2　热流规范与热流

对于几何色散偏微分方程, 特别是对于临界问题, 选择适合于非线性结构 (例如零结构) 的适当规范和函数空间是十分重要的. 这些工具中的大多数是在波映射方程的研究中发展起来的, 例如 [KM93, KS97, Tao00, Tao01, Tat05, Tat98]. 在这项工作中, 我们将使用 Tao 的热流规范和 [BIKT11, IK07] 中发展起来的函数空间. 正如 [BIKT11] 所观察到的, 与 Coulomb 规范相比, 热流规范在二维情况下对于消除不良频率相互作用是至关重要的. 为了方便陈述, 我们简要回顾热流规范的定义.

首先, 让我们回顾与移动标架相关的量和一些相关的恒等式, 详细内容参见 [NSVZ06] 和 [RRS09]. 我们约定希腊字母上下标将在 $\{1, \cdots, n\}$ 中取值. 罗马字母上下标根据上下文取值于 $\{1, \cdots, 2n\}$ 或 $\{1, \cdots, d\}$. 对于 $\beta \in \{1, \cdots, n\}$, 记 $\overline{\beta} = \beta + n$.

设 $\mathcal{N}$ 是一个 $2n$ 维的紧 Kähler 流形. 在 $u^*(T\mathcal{N})$ 上, 利用复结构, 可取正交标架

$$\mathbf{E} := \{e_1(t, x), Je_1(t, x), \cdots, e_n(t, x), Je_n(t, x)\}. \tag{1.1.7}$$

设 $\psi_i = (\psi_i^1, \psi_i^{\overline{1}}, \cdots, \psi_i^n, \psi_i^{\overline{n}}), i = 0, 1, 2$, 是 $\partial_{t,x} u$ 在标架 $\mathbf{E}$ 下的分量:

$$\psi_i^\alpha = \langle \partial_i u, e_\alpha \rangle, \quad \psi_i^{\overline{\alpha}} = \langle \partial_i u, Je_\alpha \rangle. \tag{1.1.8}$$

我们总是用 0 来表示下标中的 t. 定义 $\mathbb{C}^n$ 值函数 $\phi_i^\beta = \psi_i^\beta + \sqrt{-1}\psi_i^{\overline{\beta}}$, 其中 $\beta = 1, \cdots, n$. 相反, 给定函数 $\phi : [-T,T] \times \mathbb{R}^2 \to \mathbb{C}^n$, 我们通过以下方式将其与丛 $u^*(T\mathcal{N})$ 的截面 $\phi\mathbf{E}$ 相关联:

$$\phi \Longleftrightarrow \phi\mathbf{E} := \Re(\phi^\beta)e_\beta + \Im(\phi^\beta)Je_\beta, \tag{1.1.9}$$

其中 $(\phi^1, \cdots, \phi^n)$ 表示 ϕ 的分量. u 在向量丛 $([-T,T] \times \mathbb{R}^d, \mathbb{C}^n)$ 上诱导的协变导数定义为

$$D_i\varphi^\beta = \partial_i\varphi^\beta + \sum_{\alpha=1}^n \left([A_i]_\alpha^\beta + \sqrt{-1}[A_i]_\alpha^{\overline{\beta}}\right)\varphi^\alpha,$$

其中引入的联络系数矩阵定义为

$$[A_i]_q^p = \langle \nabla_i e_p, e_q \rangle.$$

我们形式上写作 $D_i = \partial_i + A_i$. 在 $\mathcal{N}$ 上的 Riemann 曲率张量记作 $\mathbf{R}$. 回顾恒等式

$$D_i\phi_j = D_j\phi_i, \tag{1.1.10}$$

$$[D_i, D_j]\varphi = (\partial_i A_j - \partial_j A_i + [A_i, A_j])\varphi \Longleftrightarrow \mathbf{R}(\partial_i u, \partial_j u)(\varphi\mathbf{E}). \tag{1.1.11}$$

形式地, 我们写作 $[D_i, D_j] = \mathcal{R}(\phi_i, \phi_j)$. 根据上述符号, (1.1.1) 可以写为

$$\phi_t = \sqrt{-1}\sum_{i=1}^2 D_i\phi_i. \tag{1.1.12}$$

[Smi12] 证明了对于能量小于基态的初值 $u(t,x)$, 对应的热流在 $s \to \infty$ 时, 于 $C([-T,T];C_x^\infty)$ 的拓扑下将收敛到 Q.

Tao 的热流规范定义如下.

定义 1.1.1　设 $u(t,x) \in C([-T,T] \times \mathbb{R}^2; \mathcal{H}_Q)$ 是 (1.1.1) 的解. 给定 $T_Q\mathcal{N}$ 的标准正交标架 $E^\infty := \{e_1^\infty, Je_1^\infty, \cdots, e_n^\infty, Je_n^\infty\}$, 热流规范是一个由映射 $v : \mathbb{R}^+ \times [-T,T] \times \mathbb{R}^2 \to \mathcal{N}$ 和标准正交标架 $\mathbf{E}(v(s,t,x)) := \{e_1, Je_1, \cdots, e_n, Je_n\}$ 组成的二元组, 使得

$$\begin{cases} \partial_s v = \sum_{i=1}^2 \nabla_i \partial_i v, \\ v(0,t,x) = u(t,x), \end{cases} \tag{1.1.13}$$

且

$$\begin{cases} \nabla_s e_k = 0, \quad k = 1, \cdots, n, \\ \lim_{s\to\infty} e_k = e_k^\infty. \end{cases} \tag{1.1.14}$$

记

$$\mathcal{H}_Q(T) := C([-T,T];\mathcal{H}_Q).$$

命题 1.1.1 设 $u \in \mathcal{H}_Q(T)$ 是满足 SMF 的解, 且 $u_0 \in \mathcal{H}_Q$. 给定 $T_Q\mathcal{N}$ 处的标架 $E^\infty := \{e_k^\infty, Je_k^\infty\}_{k=1}^n$, 存在唯一的满足定义 1.1.1 的热流规范. 此外, 对于 $i = 1, 2$ 和 $p, q = 1, \cdots, 2n$, 我们有

$$\lim_{s \to \infty} [A_i]_p^q(s,t,x) = 0,$$

$$\lim_{s \to \infty} [A_t]_p^q(s,t,x) = 0.$$

特别地, 对于 $i = 1, 2$ 和 $s > 0$, 我们有

$$[A_i]_q^p(s,t,x) = -\int_s^\infty \langle \mathbf{R}\left(\partial_s v(\tilde{s})\right), \partial_i v(\tilde{s}) e_p, e_q \rangle d\tilde{s},$$

$$[A_t]_q^p(s,t,x) = -\int_s^\infty \langle \mathbf{R}\left(\partial_s v(\tilde{s}), \partial_t v(\tilde{s})\right) e_p, e_q \rangle d\tilde{s}.$$

证明 证明是标准的 (例如见 [Smi12]). 唯一的新问题是复结构 J. 但这不会造成任何麻烦, 因为 J 与 ∇_s 交换. $\square$

给定 $u \in \mathcal{H}_Q(T)$ 是 (1.1.1) 的解, 令 $v : \mathbb{R}^+ \times [-T, T] \times \mathbb{R}^2 \to \mathcal{N}$ 为 (1.1.13) 的解. 令 $\{e_\alpha, Je_\alpha\}_{\alpha=1}^n$ 为对应的热流规范.

定义热张量场 ϕ_s 为

$$\phi_s^\alpha = \langle \partial_s v, e_\alpha \rangle + \sqrt{-1} \langle \partial_s v, Je_\alpha \rangle, \quad \alpha = 1, \cdots, n.$$

并定义微分场为

$$\phi_i^\alpha = \langle \partial_i v, e_\alpha \rangle + \sqrt{-1} \langle \partial_i v, Je_\alpha \rangle, \quad \alpha = 1, \cdots, n,$$

其中 $i = 1, 2$ 指变量 x_i, $i = 0$ 指变量 t.

引理 1.1.1 热张量场 ϕ_s 满足

$$\phi_s = \sum_{j=1}^2 D_j \phi_j. \tag{1.1.15}$$

微分场 $\{\phi_i\}_{i=1}^2$ 沿热流满足

$$\partial_s \phi_i = \sum_{j=1}^2 D_j D_j \phi_i + \sum_{j=1}^2 \mathcal{R}(\phi_i, \phi_j)\phi_j. \tag{1.1.16}$$

当 $s = 0$ 时, 沿着 Schrödinger 流方向, $\{\phi_i\}_{i=1}^2$ 满足

$$-\sqrt{-1}D_t\phi_i = \sum_{j=1}^2 D_j D_j \phi_i + \sum_{j=1}^2 \mathcal{R}(\phi_i, \phi_j)\phi_j. \tag{1.1.17}$$

符号约定如下:

令 $\mathbb{Z}_+ = \{1, 2, \cdots\}$, $\mathbb{N} = \{0, 1, 2, \cdots\}$. 我们使用符号 $X \lesssim Y$ 来表示存在某个常数 $C > 0$, 使得 $X \leqslant CY$. 类似地, 我们将使用 $X \sim Y$ 表示 $X \lesssim Y \lesssim X$.

如果积分中的变量不会引起混淆, 我们有时会省略积分变量. 为了方便读者查阅, 我们保持与 [BIKT11] 的符号一致.

令 $\mathcal{F}$ 表示在 $\mathbb{R}^2$ 上的 Fourier 变换.

令 $\chi : \mathbb{R} \to [0, 1]$ 是一个平滑的偶函数, 其支集在 $\left\{z \in \mathbb{R} : |z| \leqslant \dfrac{8}{5}\right\}$ 上, 并且在 $\left\{z \in \mathbb{R} : |z| \leqslant \dfrac{5}{4}\right\}$ 上等于 1. 定义 $\chi_k(z) = \chi\left(\dfrac{z}{2^k}\right) - \chi\left(\dfrac{z}{2^{k-1}}\right)$, $k \in \mathbb{Z}$. 带有象征 $\eta \mapsto \chi_k(|\eta|)$ 的 Littlewood-Paley 投影算子记作 P_k, $k \in \mathbb{Z}$. 对于 $I \subset \mathbb{R}$, 令 $\chi_I = \sum_{i \in I} \chi_i(|\xi|)$. 低频截断算子对应于象征 $\eta \mapsto \chi_{(-\infty, k]}(|\xi|)$, 它记作 $P_{\leqslant k}$. 高频截断算子定义为 $P_{\geqslant k} = I - P_{\leqslant k}$.

给定 $\mathbf{e} \in \mathbb{S}^1$ 和 $k \in \mathbb{Z}$, 记 $P_{k,\mathbf{e}}$ 为带有 Fourier 乘子 $\xi \mapsto \chi_k(\xi \cdot \mathbf{e})$ 的算子.

在 $\mathcal{N}$ 上的协变导数记作 $\widetilde{\nabla}$. 我们用 ∇ 表示在 $u^* T\mathcal{N}$ 上的诱导协变导数. $\mathcal{N}$ 的度量张量记作 $\langle \cdot, \cdot \rangle$. 令 E 为一个具有联络 ∇ 的 Riemann 流形, $\mathbb{T}$ 为 $(0, r)$ 型张量. 对于 $k, r \in \mathbb{Z}_+$, 我们定义 $(0, r + k)$ 型张量 $\nabla^k \mathbb{T}$ 为

$$\nabla^k \mathbb{T}(X_1, \cdots, X_k; Y_1, \cdots, Y_r) := (\nabla_{X_k}(\nabla^{k-1}\mathbb{T}))(X_1, \cdots, X_{k-1}; Y_1, \cdots, Y_r),$$

其中 $X_1, \cdots, X_k, Y_1, \cdots, Y_r$ 为 E 上的切向量场.

1.1.3 函数空间

我们回顾由 Bejenaru-Ionescu-Kenig-Tataru [BIKT11] 构造的空间. 给定一个单位向量 $\mathbf{e} \in \mathbb{S}^1$, 我们用 $\mathbf{e}^\perp$ 表示其在 $\mathbb{R}^2$ 中的正交补. 空间 $L_{\mathbf{e}}^{p,q}$ 的范数定义为

$$\|f\|_{L_{\mathbf{e}}^{p,q}} = \left(\int_{\mathbb{R}} \left(\int_{\mathbf{e}^\perp \times \mathbb{R}} |f(t, x_1\mathbf{e} + x')|^q \, dx' dt\right)^{\frac{p}{q}} dx_1\right)^{\frac{1}{p}},$$

当 $p = \infty$ 或 $q = \infty$ 时进行标准修改. 对于任意给定的 $\lambda \in \mathbb{R}$, $W \subset \mathbb{R}$, 我们定义空间 $L_{\mathbf{e},\lambda}^{p,q}$, $L_{\mathbf{e},W}^{p,q}$, 其范数为

$$\|f\|_{L_{\mathbf{e},\lambda}^{p,q}} = \|G_{\lambda\mathbf{e}}(f)\|_{L_{\mathbf{w}}^{p,q}},$$

$$\|f\|_{L_{e,W}^{p,q}} = \inf_{f=\sum\limits_{\lambda\in W} f_\lambda} \sum_{\lambda\in W} \|f_\lambda\|_{L_{e,\lambda}^{p,q}},$$

其中 $G_\mathbf{a}$ 表示伽利略变换:

$$G_\mathbf{a}(f)(t,x) = e^{-\frac{1}{2}ix\cdot\mathbf{a}} e^{-\frac{i}{4}t|\mathbf{a}|^2} f(x+t\mathbf{a},t).$$

我们回顾主要的函数空间 $N_k(T), F_k(T), G_k(T)$: 给定 $T\in\mathbb{R}^+$, $k\in\mathbb{Z}$, 定义 $I_k := \{\eta\in\mathbb{R}^2 : 2^{k-1}\leqslant|\eta|\leqslant 2^{k+1}\}$ 和

$$L_k^2(T) := \{g\in L^2([-T,T]\times\mathbb{R}^2) : \mathrm{supp}(\mathcal{F}g)\subset\{(t,\eta)\in\mathbb{R}^{1+d} : \eta\in I_k\}. \quad (1.1.18)$$

给定 $\mathcal{L}\in\mathbb{Z}_+$, $T\in(0,2^{2\mathcal{L}}]$, $k\in\mathbb{Z}$, 定义

$$W_k = \{\lambda\in[-2^{2k},2^{2k}] : 2^{k+2\mathcal{L}}\lambda\in\mathbb{Z}\}. \quad (1.1.19)$$

$N_k(T), F_k(T), G_k(T)$ 为 $L_k^2(T)$ 的子空间, 它们的范数分别定义为

$$\|g\|_{F_k^0(T)} := \|g\|_{L_t^\infty L_x^2} + 2^{-\frac{k}{2}}\|g\|_{L_x^4 L_t^\infty} + \|g\|_{L^4} + 2^{-\frac{k}{2}}\sup_{e\in\mathbb{S}^1}\|g\|_{L_{e,W_{k+40}}^{2,\infty}},$$

$$\|g\|_{F_k(T)} := \inf_{j\in\mathbb{Z}_+, n_1,\cdots,n_j\in\mathbb{N}} \inf_{g=g_{n_1}+\cdots+g_{n_j}} \sum_{l=1}^j 2^{n_l}\|g_{n_l}\|_{F_{k+n_l}^0},$$

以及

$$\|g\|_{G_k(T)} := \|g\|_{F_k^0} + 2^{-\frac{k}{6}}\sup_{e\in\mathbb{S}^1}\|g\|_{L_e^{3,6}} + 2^{\frac{k}{6}}\sup_{|k-j|\leqslant 20}\sup_{e\in\mathbb{S}^1}\|P_{j,e}g\|_{L_e^{6,3}}$$

$$+ 2^{\frac{k}{2}}\sup_{|k-j|\leqslant 20}\sup_{e\in\mathbb{S}^1}\sup_{|\lambda|<2^{k-40}}\|P_{j,e}g\|_{L_{e,\lambda}^{\infty,2}},$$

$$\|g\|_{N_k(T)} := \inf_{g=g_1+g_2+g_3+g_4}\|g_1\|_{L^{\frac{4}{3}}} + 2^{\frac{k}{6}}\|g_2\|_{L_{e_1}^{\frac{3}{2},\frac{6}{5}}} + 2^{\frac{k}{6}}\|g_3\|_{L_{e_2}^{\frac{3}{2},\frac{6}{5}}}$$

$$+ 2^{-\frac{k}{2}}\sup_{e\in\mathbb{S}^1}\|g_4\|_{L_{e,W_{k-40}}^{1,2}},$$

其中 $\{e_1,e_2\}\subset\mathbb{S}^1$ 由 $\mathbb{R}^2$ 的标准基组成. G_k, F_k 空间是 [BIKT11] 构建的.

回顾 $F_k(T)$ 的加细空间: 令 $S_k^\omega(T)$ 为 $L_k^2(T)$ 的子空间, 其上装备有范数

$$\|g\|_{S_k^\omega(T)} = 2^{k\omega}\left(\|g\|_{L_t^\infty L_x^{2_\omega}} + \|g\|_{L_t^4 L_x^{p_\omega^*}} + 2^{-\frac{k}{2}}\|g\|_{L_x^{p_\omega^*} L_t^\infty}\right),$$

其中, 指数 2_ω 和 p_ω^* 定义如下:

$$\frac{1}{2_\omega} - \frac{1}{2} = \frac{1}{p_\omega^*} - \frac{1}{4} = \frac{\omega}{2}.$$

1.1.4　证明的主要想法

一般目标的主要难点

一般目标流形的新难点在于控制频率局部化空间中的曲率项. 由于曲率项与映射本身有关, 它不能用微分场和热张力场 $\{\phi_x, \phi_s\}$ 的自闭形式表示. 因此, 直接处理依赖于移动标架的量可能会失去对曲率项的控制, 当考虑频率相互作用时, 这一问题变得更加严重. 在波映射中, Tataru [Tat05] 使用 Tao 的微局部规范和 Tataru 的函数空间解决了一般目标的情况. 注意到, 波映射方程在外蕴形式上是半线性的, 并且微局部规范很好地适应了外蕴表达. 然而, 对于 SMF 来说, 一方面, 由于外蕴形式方程是拟线性的, 必须使用内蕴形式来获得半线性方程; 另一方面, 内蕴形式不是一个自封闭的系统, 曲率项不是由微分场决定的. 这两个对立面使得解决一般目标流形的 SMF 问题变得具有挑战性.

$d = 2$ 情况下证明的概述

整个证明分为十个步骤. 给定 $\delta > 0$, 设 $\{a_k\}_{k \in \mathbb{Z}}$ 为一个正序列, 如果满足

$$\sum_{k \in \mathbb{Z}} a_k^2 < \infty, \quad a_j \leqslant 2^{\delta|l-j|} a_l, \quad \forall j, l \in \mathbb{Z},$$

我们称它为 δ 阶频率包络. 如果它还满足

$$\sum_{k \in \mathbb{Z}} a_k^2 \leqslant \epsilon^2,$$

我们称这个频率包络 $\{a_k\}$ 为 ϵ-频率包络.

步骤 1 (沿热流方向追踪 $L_t^\infty L_x^2$ 上界).

回顾热流的外蕴形式: 设目标流形 $\mathcal{N}$ 等距嵌入到 $\mathbb{R}^N$, 则热流方程可以写为

$$\partial_s v^l - \Delta v^l = \sum_{a=1}^{2} \sum_{i,j=1}^{N} S_{ij}^l \partial_a v^i \partial_a v^j, \quad l = 1, \cdots, N, \tag{1.1.20}$$

其中 $S = \{S_{ij}^l\}$ 表示嵌入 $\mathcal{N} \hookrightarrow \mathbb{R}^N$ 的第二基本形式. 对于 $u \in \mathcal{H}_Q(T)$, 定义

$$\gamma_k(\sigma) = \sup_{k' \in \mathbb{Z}} 2^{-\delta|k-k'|} 2^{\sigma k' + k'} \|P_{k'} u\|_{L_t^\infty L_x^2}, \quad \sigma \geqslant 0, \ \delta = \frac{1}{800}.$$

用 $\{\gamma_k\}$ 表示能量范数的频率包络, 即 $\gamma_k = \gamma_k(0)$. 步骤 1 的第一个结果是针对 $\sigma \in \left[0, \dfrac{5}{4}\right]$, 具体如下:

命题 1.1.2 假设 $u \in \mathcal{H}_Q(T)$ 满足

$$\|\partial_x u\|_{L_t^\infty L_x^2} = \epsilon_1 \ll 1. \tag{1.1.21}$$

令 $v(s,t,x)$ 为热流方程 (1.1.20) 以 $u(t,x)$ 为初值的解. 则 v 满足

$$\sup_{s \geqslant 0}(1 + s2^{2k})^{31}2^k\|P_k v\|_{L_t^\infty L_x^2} \lesssim 2^{-\sigma k}\gamma_k(\sigma),$$

对于所有 $\sigma \in \left[0, \dfrac{99}{100}\right]$, $k \in \mathbb{Z}$. 此外, 对于任意 $\sigma \in \left[\dfrac{99}{100}, \dfrac{5}{4}\right]$, $k \in \mathbb{Z}$, 我们有

$$\sup_{s \geqslant 0}(1 + s2^{2k})^{30}2^{\sigma k + k}\|P_k v\|_{L_t^\infty L_x^2} \lesssim \gamma_k(\sigma) + \gamma_k\left(\sigma - \dfrac{3}{8}\right)\gamma_k\left(\dfrac{3}{8}\right).$$

注 1.1.3 命题 1.1.2 中 $1 + s2^{2k}$ 的幂可以选择为任意 $M \in \mathbb{Z}_+$, 只要另外假设 ϵ_1 足够小 (具体取决于 M). 见下面的命题 1.1.3.

本步骤的第二个结果是对 $\sigma \in \left[0, \dfrac{j+1}{4}\right]$, 估计 $2^{(\sigma+1)k}\|P_k v\|_{L_t^\infty L_x^2}$ 的上界:

命题 1.1.3(第 j 次迭代) 设 $j \in \mathbb{N}, M \in \mathbb{Z}_+$. 假设 $u \in \mathcal{H}_Q(T)$ 满足 (1.1.21), 且 ϵ_1 充分小 (依赖于 $j + M$). 令 $v(s,t,x)$ 为热流方程 (1.1.20) 以 $u(t,x)$ 为初值的解. 那么对于 $\sigma \in \left[0, 1 + \dfrac{j}{4}\right]$ 和任意 $k \in \mathbb{Z}, v$ 满足

$$\sup_{s \in [0,\infty)}(1 + s2^{2k})^M 2^{k+\sigma k}\|P_k v\|_{L_t^\infty L_x^2} \lesssim_M \gamma_k^{(j)}(\sigma), \tag{1.1.22}$$

其中 $\{\gamma_k^{(j)}(\sigma)\}$ 定义在 (1.3.16)—(1.3.18) 中.

步骤 2 (预处理曲率项).

主方程 (1.1.17) 中的曲率部分可以形式地写为

$$\Re[\mathcal{R}(\phi_i, \phi_j)\phi_j]^\alpha = \sum_{1 \leqslant j_0, j_1, j_2 \leqslant 2n} \langle \mathbf{R}(e_{j_0}, e_{j_1})e_{j_2}, e_\alpha \rangle \psi_i^{i_0} \psi_j^{i_1} \psi_j^{i_2},$$

$$\Im[\mathcal{R}(\phi_i, \phi_j)\phi_j]^\alpha = \sum_{1 \leqslant j_0, j_1, j_2 \leqslant 2n} \langle \mathbf{R}(e_{j_0}, e_{j_1})e_{j_2}, e_{\overline{\alpha}} \rangle \psi_i^{i_0} \psi_j^{i_1} \psi_j^{i_2}.$$

为简化记号, 对任意给定的下标 $j_0, \cdots, j_3 \in \{1, \cdots, 2n\}$, 我们均记

$$\mathcal{G} = \langle \mathbf{R}(e_{j_0}, e_{j_1})e_{j_2}, e_{j_3} \rangle.$$

设 $\phi_i \diamond \phi_j$ 表示 ϕ_i 和 ϕ_j 的实部和虚部乘积的线性组合, 即 $\sum_{ij} c_{ij} \phi_i^{\pm} \phi_j^{\pm}$, 其中我们记 $\phi_j^+ = \Re \phi_j, \phi_j^- = \Im \phi_j$. 那么主方程 (1.1.17) 现在可以形式地写为

$$-\sqrt{-1} D_t \phi_i = \sum_{j=1}^{2} D_j D_j \phi_i + \sum_{j=1}^{2} \mathcal{G} \phi_i \diamond \phi_j \diamond \phi_j. \tag{1.1.23}$$

同时, D_j 中的联络系数也依赖于曲率, 可以形式地写为

$$[A_j]_q^p(s) = \int_s^{\infty} \phi_s \diamond \phi_j \mathcal{G} ds'.$$

我们将对 $\mathcal{G}$ 进行动态分离. 实际上, 通过条件 $\nabla_s e_j = 0$ 和两次动态分离, $\mathcal{G}$ 可以分解为

$$\mathcal{G}(s) = \langle \mathbf{R}(e_{j_0}, e_{j_1}) e_{j_2}, e_{j_3} \rangle(s)$$

$$= \Gamma^{\infty} - \Gamma_l^{\infty,(1)} \int_s^{\infty} \psi_s^l(\widetilde{s}) d\widetilde{s}$$

$$- \int_s^{\infty} \psi_s^l(\widetilde{s}) \left(\int_{\widetilde{s}}^{\infty} \psi_s^p(s')(\widetilde{\nabla}^2 \mathbf{R})(e_l, e_p; e_{j_0}, \cdots, e_{j_3}) ds' \right) d\widetilde{s}.$$

$$:= \Gamma^{\infty} + \mathcal{U}_{00} + \mathcal{U}_{01} + \mathcal{U}_I + \mathcal{U}_{II},$$

其中, 我们记

$$\Gamma^{\infty} := \lim_{s \to \infty} \mathcal{G}(s), \quad \Gamma_l^{\infty,(1)} := \lim_{s \to \infty} (\widetilde{\nabla} \mathbf{R})(e_l; e_{j_0}, \cdots, e_{j_3}),$$

$$\mathcal{U}_{00} := -\Gamma_l^{\infty} \int_s^{\infty} \sum_{i=1}^{2} (\partial_i \psi_i)^l ds',$$

$$\mathcal{U}_{01} := -\int_s^{\infty} \sum_{i=1}^{2} (\partial_i \psi_i) \left((\widetilde{\nabla} \mathbf{R})(e_l; e_{j_0}, \cdots, e_{j_3}) - \Gamma_l^{\infty,(1)} \right) ds',$$

$$\mathcal{U}_I := -\Gamma_l^{\infty,(1)} \int_s^{\infty} \sum_{i=1}^{2} (A_i \psi_i)^l ds',$$

$$\mathcal{U}_{II} := -\int_s^{\infty} \sum_{i=1}^{2} (A_i \psi_i)^l(\widetilde{s}) \left(\int_{\widetilde{s}}^{\infty} \psi_s^p(s')(\widetilde{\nabla}^2 \mathbf{R})(e_l, e_p; e_{j_0}, \cdots, e_{j_3}) ds' \right) d\widetilde{s}$$

$$= -\int_s^{\infty} \sum_{i=1}^{2} (A_i \psi_i)^l(\widetilde{s}) \left((\widetilde{\nabla} \mathbf{R})(e_l; e_{j_0}, \cdots, e_{j_3}) - \Gamma_l^{\infty,(1)} \right) d\widetilde{s}.$$

这里, A_j 表示一个 $2n \times 2n$ 的实值矩阵, 其元素为 $\{[A_j]_q^p\}_{p,q=1}^{2n}$.

常数极限部分和一次项将主要由 $\{\phi_i\}$ 的频率包络所主导, 而二次项的界本质上依赖于对以下项的精细控制:

$$\int_s^\infty \phi_s \diamond \phi_j \mathcal{G} ds'.$$

为此, 我们需要控制 $\mathcal{G}$ 的各阶导数项. 记

$$\widetilde{\mathcal{G}}_l^{(1)} := (\widetilde{\nabla}\mathbf{R})(e_l; e_{j_0}, \cdots, e_{j_3}) - \Gamma_l^{\infty,(1)}.$$

给定 $k \in \mathbb{N}$, 令

$$\mathcal{G}_{l_1,\cdots,l_k}^{(k)} := (\widetilde{\nabla}^{(k)}\mathbf{R})(e_{l_1}, \cdots, e_{l_k}; e_{j_0}, \cdots, e_{j_3}),$$

$$\widetilde{\mathcal{G}}_{l_1,\cdots,l_k}^{(k)} := \mathcal{G}_{l_1,\cdots,l_k}^{(k)} - \Gamma_{l_1,\cdots,l_k}^{\infty,(k)},$$

其中, 我们记

$$\Gamma_{l_1,\cdots,l_k}^{\infty,(k)} := \lim_{s\to\infty} \mathcal{G}_{l_1,\cdots,l_k}^{(k)}(s).$$

类似地, 我们对标架进行动态分离. 设 $\mathcal{P}$ 为 $\mathcal{N}$ 嵌入到 $\mathbb{R}^N$ 的等距映射, 且 $\{e_l\}_{l=1}^{2n}$ 为在命题 1.1.1 中建立的热流规范. 为简化记号, 我们记

$$[d\mathcal{P}]^{(k)} := (\mathbf{D}^k d\mathcal{P})(\underbrace{e, \cdots, e}_{k}; e),$$

$$[\widetilde{d\mathcal{P}}]^{(k)} := [d\mathcal{P}]^{(k)} - \lim_{s\to\infty} [d\mathcal{P}]^{(k)},$$

其中 $\mathbf{D}$ 表示相应拉回丛上的协变导数.

步骤 3 (沿热方向跟踪曲率项和标架的 $L^4 \cap L_t^\infty L_x^2$ 范数).

命题 1.1.4 设 $u \in \mathcal{H}_Q(T)$ 是 SMF 的解. 记初值 $u(t,x)$ 对应的热流解为 $v(s,t,x)$, 并记 $\{\phi_i\}_{i=0}^2$ 为在热流规范中对应的微分场. 假设 $\{\beta_k(\sigma)\}$ 是阶数为 δ 的频率包络, 使得对于所有 $i = 1, 2, k \in \mathbb{Z}$,

$$2^{\sigma k}\|\phi_i(\restriction_{s=0})\|_{L_t^\infty L_x^2 \cap L_{t,x}^4} \leqslant \beta_k(\sigma). \tag{1.1.24}$$

- 存在一个足够小的常数 $\epsilon > 0$, 使得: 如果

$$\sum_{k\in\mathbb{Z}} |\beta_k(0)|^2 < \epsilon, \tag{1.1.25}$$

则对于任意 $m \in \mathbb{N}$, $\sigma \in \left[0, \dfrac{99}{100}\right]$, $s \in [2^{2j-1}, 2^{2j+1})$, $j, k \in \mathbb{Z}$, 我们有

$$\|P_k \widetilde{\mathcal{G}}^{(m)}\|_{L^4 \cap L_t^\infty L_x^2} \lesssim_m 2^{-\sigma k - k} \beta_k(\sigma)(1 + s2^{2k})^{-30},$$

$$\|P_k \phi_s\|_{L^4 \cap L_t^\infty L_x^2} \lesssim 2^{-\sigma k + k} \Bigg(\mathbf{1}_{k+j \geqslant 0}(1 + s2^{2k})^{-30}\beta_k(\sigma)$$

$$+ \mathbf{1}_{k+j \leqslant 0} \sum_{k \leqslant l \leqslant -j} \beta_l(\sigma)\beta_l\Bigg),$$

$$\|P_k([\widetilde{d\mathcal{P}}]^{(m)})\|_{L_t^\infty L_x^2 \cap L^4} \lesssim_m \beta_k(\sigma)(1 + s2^{2k})^{-29}2^{-\sigma k - k},$$

$$\|P_k A_i\|_{L_t^\infty L_x^2} \lesssim \beta_{k,s}(\sigma)(1 + s2^{2k})^{-27}2^{-\sigma k}.$$

- 此外, 给定 $j, M \in \mathbb{Z}_+$, 如果 $\{\beta_k(\sigma)\}$ 是阶数为 $\dfrac{1}{2^j}\delta$ 的频率包络, 则类似结果对 $\sigma \in \left[0, \dfrac{1}{4}j + 1\right]$ 也成立, 为此, 只需假设 ϵ 足够小 (仅依赖于 $j, M \in \mathbb{Z}_+$).

  特别地, 对于任意 $m \in \mathbb{N}$, $k \in \mathbb{Z}$ 和 $\sigma \in \left[0, \dfrac{1}{4}j + 1\right]$, 有

$$(1 + s2^{2k})^{M+2}2^{\sigma k + k}\|P_k \widetilde{\mathcal{G}}^{(m)}\|_{L^4 \cap L_t^\infty L_x^2} \lesssim_{m,M} \beta_k^{(j)}(\sigma),$$

$$(1 + s2^{2k})^{M+1}2^{\sigma k + k}\|P_k([\widetilde{d\mathcal{P}}]^{(m)})\|_{L_t^\infty L_x^2 \cap L_{t,x}^4} \lesssim_{m,M} \beta_k^{(j)}(\sigma),$$

$$(1 + s2^{2k})^{M}2^{\sigma k}\|P_k A_i\|_{L_t^\infty L_x^2} \lesssim_M \beta_{k,s}^{(j)}(\sigma).$$

注 1.1.4 $\{\beta_k^{(j)}\}$ 和 $\{\beta_{k,s}^{(j)}(\sigma)\}$ 的定义见 (1.3.16)—(1.3.18). 命题 1.1.4 将在 1.3.5 节和 1.3.6 节中证明.

步骤 4.1 (沿热方向控制联络系数的 $F_k \cap S_k^{\frac{1}{2}}$ 范数).

在此步骤中, 我们证明如下引理.

引理 1.1.2   给定 $\sigma \in \left[0, \dfrac{99}{100}\right]$, 设 $\{h_k(\sigma)\}$ 为由下式定义的频率包络:

$$h_k(\sigma) = \sup_{k' \in \mathbb{Z}, j = 1, 2} 2^{-\delta|k-k'|}2^{\sigma k'}(1 + s2^{2k'})^4 \|P_{k'}\phi_j\|_{F_{k'}(T)}. \tag{1.1.26}$$

设 $\{b_k\}$ 为一个 ε-频率包络. 假设对于任意 $k, j \in \mathbb{Z}$, $s \in [2^{2j-1}, 2^{2j+1})$, 成立

$$2^{\frac{1}{2}k}\|P_k \widetilde{\mathcal{G}}^{(1)}\|_{L_x^4 L_t^\infty(T)} \leqslant \varepsilon^{-\frac{1}{4}}h_k[(1 + s2^{2k})^{-20}\mathbf{1}_{j+k \geqslant 0} + \mathbf{1}_{j+k \leqslant 0}2^{\delta|k+j|}]. \tag{1.1.27}$$

那么, 如果 $\varepsilon > 0$ 充分小, 对于 $\sigma \in \left[0, \dfrac{99}{100}\right]$, 我们有

$$\left\|P_k A_i(s)\right\|_{F_k(T) \cap S_k^{\frac{1}{2}}(T)} \lesssim h_{k,s}(\sigma) 2^{-\sigma k}(1 + s2^{2k})^{-4}.$$

引理 1.1.2 的证明将在引理 1.4.1 中给出.

步骤 4.2 (在不作 (1.1.27) 假设下得到沿热方向的 F_k 界).

引理 1.1.3　设 $\{b_k\}$ 为一个 ε-频率包络. 给定 $\sigma \in \left[0, \dfrac{99}{100}\right]$, 假设 $\{b_k(\sigma)\}$ 也是频率包络, 并且 $\{h_k(\sigma)\}$ 是由 (1.1.26) 定义的频率包络. 假设对于 $i = 1, 2$,

$$\left\|P_k \phi_i \restriction_{s=0}\right\|_{F_k(T)} \leqslant b_k(\sigma) 2^{-\sigma k}, \quad \sigma \in \left[0, \frac{99}{100}\right],$$

$$\left\|P_k \phi_t \restriction_{s=0}\right\|_{L^4_{t,x}} \lesssim b_k(\sigma) 2^{-(\sigma-1)k}, \quad \sigma \in \left[0, \frac{99}{100}\right],$$

$$\left\|P_k \phi_i(s)\right\|_{F_k(T)} \lesssim \varepsilon^{-\frac{1}{2}} b_k(1 + s2^{2k})^{-4}.$$

那么, 如果 $\varepsilon > 0$ 充分小, 对于 $\sigma \in \left[0, \dfrac{99}{100}\right]$, $i = 1, 2$, 我们有

$$(B1) \quad \left\|P_k A_i(s)\right\|_{F_k(T) \cap S_k^{\frac{1}{2}}} \lesssim h_{k,s}(\sigma) 2^{-\sigma k}(1 + s2^{2k})^{-4},$$

$$(B2) \quad \begin{cases} \left\|P_k \phi_i(s)\right\|_{F_k(T)} \lesssim b_k(\sigma) 2^{-\sigma k}(1 + s2^{2k})^{-4}, \\ \left\|P_k A_i \restriction_{s=0}\right\|_{L^4_{t,x}} \lesssim b_k(\sigma) 2^{-\sigma k}, \quad i = 1, 2, \\ \left\|P_k \phi_t(s)\right\|_{L^4_{t,x}} \lesssim b_k(\sigma) 2^{-(\sigma-1)k}(1 + 2^{2k}s)^{-2}, \end{cases}$$

$$(B3) \quad \begin{cases} \left\|P_k A_t \restriction_{s=0}\right\|_{L^2_{t,x}} \lesssim \varepsilon b_k(\sigma) 2^{-\sigma k}, \\ \left\|P_k A_t \restriction_{s=0}\right\|_{L^2_{t,x}} \lesssim \varepsilon^2. \end{cases}$$

注 1.1.5　在引理 1.1.3 的证明中, 我们首先假设 (1.1.27) 成立, 并应用引理 1.1.2 得到 (B2) 中的所有估计, 参见引理 1.4.3, 引理 1.4.5 和引理 1.4.6. 然后结合这些估计和命题 1.1.4, 通过消除 (1.1.27) 右侧的 $\varepsilon^{-\frac{1}{4}}$ 改进 (1.1.27), 从而完成 (1.1.27) 的 bootstrap, 参见引理 1.4.7. 因此, 引理 1.1.2, 即 (B1), 在不假设 (1.1.27) 的情况下成立. 而 (B3) 则在引理 1.4.8 中证明.

步骤 5 (沿着 SMF 方向, $\sigma \in \left[0, \dfrac{99}{100}\right]$ 时的 G_k 上界).

命题 1.1.5　假设 $\sigma \in \left[0, \dfrac{99}{100}\right]$. 给定任意 $\mathcal{L} \in \mathbb{Z}_+$, 假设 $T \in (0, 2^{2\mathcal{L}}]$. 令 ϵ_0 为一个足够小的常数. 假设 $\{c_k\}$ 是阶数为 δ 的 ϵ_0-频率包络. 设 $\{c_k(\sigma)\}$ 是另一

个阶数为 δ 的频率包络. 令 $u \in \mathcal{H}_Q(T)$ 为以 u_0 为初值的 SMF 解, u_0 满足

$$\|P_k \nabla u_0\|_{L_x^2} \leqslant c_k,$$

$$\|P_k \nabla u_0\|_{L_x^2} \leqslant c_k(\sigma) 2^{-\sigma k}.$$

记 $\{\phi_i\}$ 为从 u 开始的热流对应的微分场. 还假设在热的初始时间 $s = 0$ 时,

$$\|P_k \phi_i\|_{G_k(T)} \leqslant \epsilon_0^{-\frac{1}{2}} c_k.$$

那么, 当 $s = 0$ 时, 对于所有 $i = 1, 2, k \in \mathbb{Z}$, 我们有

$$\|P_k \phi_i\|_{G_k(T)} \lesssim c_k,$$

$$\|P_k \phi_i\|_{G_k(T)} \lesssim c_k(\sigma) 2^{-\sigma k}.$$

命题 1.1.5 将在第 1.5 节中证明.

步骤 6 (改进 $P_k \widetilde{\mathcal{G}}^{(1)}$ 的 F_k 界一次).

引理 1.1.4　设 $u \in \mathcal{H}_Q(T)$ 是初值为 u_0 的 SMF 解. 设 $\{c_k\}$ 是阶数为 $\frac{1}{2}\delta$ 的 ϵ_0-频率包络. 给定任意 $\sigma \in \left[0, \dfrac{99}{100}\right]$, 设 $\{c_k(\sigma)\}$ 是另一个阶数为 δ 的频率包络, 满足

$$\|P_k \nabla u_0\|_{L_x^2} \leqslant c_k,$$

$$\|P_k \nabla u_0\|_{L_x^2} \leqslant c_k(\sigma) 2^{-\sigma k}.$$

那么对于足够小的 ϵ_0, 有

$$2^{\frac{1}{2}k}\|P_k \widetilde{\mathcal{G}}^{(1)}\|_{L_t^4 L_x^\infty} \lesssim c_k(\sigma) 2^{-\sigma k}[(1 + 2^{2k+2k_0})^{-20} \mathbf{1}_{k+k_0 \geqslant 0} + \mathbf{1}_{k+k_0 \leqslant 0} 2^{\delta|k+k_0|}],$$
$$(1.1.28)$$

$$\|P_k \widetilde{\mathcal{G}}\|_{F_k(T)} \lesssim 2^{-\sigma k} c_k(\sigma)(1 + 2^{k+k_0})^{-7}[\mathbf{1}_{k+k_0 \geqslant 0} 2^{k_0} + \mathbf{1}_{k+k_0 \leqslant 0} 2^{-k}], \quad (1.1.29)$$

对任意的 $\sigma \in \left[0, \dfrac{99}{100}\right]$, $k, k_0 \in \mathbb{Z}$, $s \in [2^{2k_0-1}, 2^{2k_0+1})$.

(1.1.28) 的证明见引理 1.6.1, (1.1.29) 的结论来自推论 1.4.1.

步骤 7 (改进 $\{P_k A_j\}_{j=0}^2$ 的 $F_k \cap S_k^{\frac{1}{2}}$ 范数估计, 求 $\{\phi_j\}_{j=0}^2$ 在 $\sigma \in \left[0, \dfrac{5}{4}\right]$ 时的抛物估计).

引理 1.1.5　设 $u \in \mathcal{H}_Q(T)$ 为初值 $u_0 \in \mathcal{H}_Q$ 的 SMF 解. 定义频率包络 $\{c^{(1)}(\sigma)\}$ 如定义 2.6.1. 给定任意 $\sigma \in \left[0, \dfrac{5}{4}\right]$, 设 $\{b_k(\sigma)\}$ 为阶数为 δ 的频率包络. 并假设

$$b_k(\sigma) \lesssim c_k^{(1)}(\sigma), \quad \sigma \in \left[0, \frac{99}{100}\right].$$

还假设对于 $i = 1, 2$,

$$\|P_k \phi_i \restriction_{s=0}\|_{F_k(T)} \leqslant b_k(\sigma) 2^{-\sigma k}, \quad \sigma \in \left[0, \frac{5}{4}\right],$$

$$\|P_k \phi_t \restriction_{s=0}\|_{L^4_{t,x}} \leqslant b_k(\sigma) 2^{-(\sigma-1)k}, \quad \sigma \in \left[0, \frac{5}{4}\right].$$

那么, 如果 $\varepsilon > 0$ 足够小, 对于 $\sigma \in \left[0, \dfrac{5}{4}\right]$, 有

$$\|P_k A_i(s)\|_{F_k(T) \cap S_k^{\frac{1}{2}}} \lesssim h_{k,s}^{(1)}(\sigma) 2^{-\sigma k} (1 + s 2^{2k})^{-4},$$

$$\|P_k \phi_i(s)\|_{F_k(T)} \lesssim b_k^{(1)}(\sigma) 2^{-\sigma k} (1 + s 2^{2k})^{-4},$$

$$\|P_k A_i \restriction_{s=0}\|_{L^4_{t,x}} \lesssim b_k^{(1)}(\sigma) 2^{-\sigma k}, \quad i = 1, 2,$$

$$\|P_k \phi_t(s)\|_{L^4_{t,x}} \lesssim b_k^{(1)}(\sigma) 2^{-(\sigma-1)k} (1 + 2^{2k} s)^{-2},$$

$$\|P_k A_t \restriction_{s=0}\|_{L^2_{t,x}} \lesssim \varepsilon b_k^{(1)}(\sigma) 2^{-\sigma k}, \quad \sigma \in \left[\frac{1}{100}, \frac{5}{4}\right],$$

$$\|P_k A_t \restriction_{s=0}\|_{L^2_{t,x}} \lesssim \varepsilon^2, \quad \sigma \in \left[0, \frac{5}{4}\right]. \tag{1.1.30}$$

注 1.1.6　在引理 1.1.5 中, $\{b_k^{(j)}\}$, $\{h_k^{(j)}\}$, $\{b_{k,s}^{(j)}\}$, $\{h_{k,s}^{(j)}\}$ 如定义 1.6.2 所述. 引理 1.1.5 的关键在于 (1.1.30), 其证明见引理 1.6.2.

步骤 8 (在 $\sigma \in \left[0, \dfrac{5}{4}\right]$ 时, 控制沿 SMF 方向的 G_k 范数).

引理 1.1.6　假设 $\sigma \in \left(\dfrac{99}{100}, \dfrac{5}{4}\right]$. 令 $\epsilon_0 > 0$ 是一个足够小的常数. 给定任意 $\mathcal{L} \in \mathbb{Z}_+$, 假设 $T \in (0, 2^{2\mathcal{L}}]$. 设 $\{c_k(\sigma)\}$ 为阶数为 $\dfrac{1}{2}\delta$ 的频率包络. 并设 $\{c_k\}$ 是阶数为 $\dfrac{1}{2}\delta$ 的 ϵ_0-频率包络. 设 $u \in \mathcal{H}_Q(T)$ 为初值 u_0 对应的 SMF 解, 其中 u_0 满足

$$\|P_k \nabla u_0\|_{L^2_x} \leqslant c_k,$$

$$\|P_k \nabla u_0\|_{L_x^2} \leqslant c_k(\sigma) 2^{-\sigma k}.$$

记 $\{\phi_i\}$ 为从 u 开始的热流对应的微分场. 那么, 当 $s = 0$ 时, 给定 $\sigma \in \left(\dfrac{99}{100}, \dfrac{5}{4}\right]$, 有

$$\|P_k \phi_i \restriction_{s=0}\|_{G_k(T)} \lesssim \left(c_k(\sigma) + c_k\left(\sigma - \frac{3}{8}\right) c_k\left(\frac{3}{8}\right)\right) 2^{-\sigma k}.$$

步骤 9 (沿着 SMF 方向, 在 $\sigma \in \left[0, 1 + \dfrac{j}{4}\right]$ 时, 估计 $\|P_k \widetilde{\mathcal{G}}^{(1)}\|_{F_k}$ 及 $\|\phi_x\|_{G_k}$ 上界).

引理 1.1.7　给定 $j \geqslant 2$, 假设 $\sigma \in \left[0, 1 + \dfrac{j}{4}\right]$. 令 $Q \in \mathcal{N}$ 为一个固定点, 并且 ϵ_0 是一个足够小的常数 (依赖于 j). 给定任意 $\mathcal{L} \in \mathbb{Z}_+$, 假设 $T \in (0, 2^{2\mathcal{L}}]$. 设 $u \in \mathcal{H}_Q(T)$ 为初值 u_0 的 SMF 解. 设 $\{c_k^{(j)}(\sigma)\}$ 为定义 1.6.1 中的频率包络. 并假设 $\{c_k^{(j)}(0)\}$ 是一个 ϵ_0-频率包络, $0 < \epsilon_0 \ll 1$.

- 对于 $\sigma \in \left[0, 1 + \dfrac{j-1}{4}\right]$, 有

$$2^{\frac{1}{2}k} \|P_k \widetilde{\mathcal{G}}^{(1)}\|_{L_x^4 L_t^\infty} \lesssim c_k^{(j)}(\sigma) 2^{-\sigma k} [(1 + 2^{2k+2k_0})^{-20} \mathbf{1}_{k+k_0 \geqslant 0} + \mathbf{1}_{k+k_0 \leqslant 0} 2^{\delta|k+k_0|}],$$

$$\|P_k \widetilde{\mathcal{G}}\|_{F_k(T)} \lesssim c_k^{(j)}(\sigma) 2^{-\sigma k} [(1 + 2^{k+k_0})^{-7} \mathbf{1}_{k+k_0 \geqslant 0} 2^{k_0} + \mathbf{1}_{k+k_0 \leqslant 0} 2^{-k}],$$

对任意的 $s \in [2^{2k_0-1}, 2^{2k_0+1})$, $k_0, k \in \mathbb{Z}$.

- 记 $\{\phi_i\}$ 为从 u 开始的热流对应的微分场. 对于 $\sigma \in \left[0, \dfrac{j}{4} + 1\right]$, 有

$$\|P_k \phi_i \restriction_{s=0}\|_{G_k(T)} \lesssim c_k^{(j)}(\sigma) 2^{-\sigma k}.$$

步骤 10 (全局正则性、全局适定性及渐近行为).

如同在步骤 9 中所述, 进行 K 次 bootstrap-iteration 可以得到 $\sigma \in \left[0, \dfrac{K}{4} + 1\right]$ 时的 $2^{\sigma k} \|P_k \phi_j\|_{G_k}$ 界. 然后, 将 $\{\phi_j\} \restriction_{s=0}$ 的界转换回解 u 上, 可以得到

$$\|u\|_{L_t^\infty \dot{H}_x^{\sigma+1}(T)} \lesssim \|u_0\|_{\dot{H}_x^1 \cap \dot{H}_x^{\sigma+1}}.$$

注意到 $\dot{H}^1 \cap \dot{H}^{2+}$ 的一致界将排除 $\mathbb{R}^2$ 上 SMF 的爆破情况, 因此一步迭代就足以证明 u 是全局解, 而 ϵ_0 仅依赖于维数和目标流形 $\mathcal{N}$.

此外, 我们通过进行 K 次的 bootstrap-iteration, 可获得更高阶 Sobolev 范数的一致界.

(1.1.5) 中论断的渐近行为将按照我们近期关于双曲平面上 SMF 的工作 [Li22] 来证明. 步骤 10 的证明将在 1.7 节中呈现.

1.1.5　主要思想

我们解释下主要证明思想. 为了控制曲率项, 即非自封闭部分, 我们使用动态分离和 bootstrap-iteration 方法, 在有限步迭代中获得一个近似的常数截面曲率非线性项, 并且误差项可控. 这个方法的主要优势在于它将频率局部化空间 (如 F_k, G_k) 中的估计约化为沿热方向的 Lebesgue 空间中的衰减估计.

步骤 1 的迭代方案.

我们描述热流的迭代方案. 热流迭代的起点是对 $\partial_s v$ 的估计.

(1) 首次迭代. 假设我们已经获得了 $\|P_k \partial_s v\|_{L_t^\infty L_x^2}$ 的抛物衰减估计, 例如

$$\|P_k \partial_s v\|_{L_t^\infty L_x^2} \lesssim (1 + 2^{2k}s)^{-M_1} \gamma_{k,s}(\sigma) 2^{-\sigma k}, \quad \sigma \in \left[0, \frac{99}{100}\right].$$

通过应用动态分离

$$S_{ij}^l(v(s)) = S_{ij}^l(Q) - \int_s^\infty (DS_{ij}^l)(v(s')) \cdot \partial_s v ds',$$

对 $\|P_k \partial_s v\|_{L_t^\infty L_x^2}$ 的估计可以得到第二基本形式项的改进的频率局部化空间估计, 即 $\|P_k S_{ij}^l(v(s))\|_{L_t^\infty L_x^2}$. 证明可能碰到的问题是 $(DS_{ij}^l)(v(s')) \cdot \partial_s v$ 的高低频作用项. 然而, 我们将看到, 通过额外证明衰减估计

$$\|\partial_x^{L+1} DS_{ij}^l(v(s))\|_{L_t^\infty L^2} \lesssim_L \epsilon_1 s^{-\frac{L}{2}}, \quad \forall L \in \mathbb{N},$$

可知这一相互作用是可以处理的.

然后回到外蕴映射 v 上, 使用热流方程可以为 $\|P_k \partial_s v\|_{L_t^\infty L_x^2}$ 提供一个 $\sigma \in \left[1, \frac{5}{4}\right]$ 的改进界.

(2) 第 m 次迭代. 使用如下形式的动态分离

$$D^{m-1}S(v(s)) = D^{m-1}S(Q) - \int_s^\infty D^m S(v(s'))\partial_s v ds'$$

和衰减估计

$$\|\partial_x^{L+1} D^{m-1} S_{ij}^l(v(s))\|_{L_t^\infty L^2} \lesssim_{L,m} \epsilon_1 s^{-\frac{L}{2}}, \quad \forall L \in \mathbb{N},$$

可以获得 $\sigma \in \left[1, 1 + \frac{m}{4}\right]$ 的外蕴映射 v 的频率局部化界

$$2^{\sigma k}\|P_k v(s)\|_{L_t^\infty L_x^2} \lesssim \epsilon_1(1+2^{2k}s)^{-M_1+m}\gamma_k^{(m)}(\sigma).$$

步骤 2 中分解的动机.

为了对曲率项进行控制, 我们通过一种动态分离得到了曲率项的分解. 粗略地说, $\mathcal{G}$ 分解为常值项 + 一次项 + 二次项 (见步骤 2). 我们观察到, 要在 F_k 空间中控制 $\mathcal{G}$, 只需证明 $\mathcal{G}^{(j)}$ 的抛物衰减估计. 同样的思想将应用于在频率局部化空间中对标架进行估计. 我们注意到, 动态分离在库伦标架下曾由 [Kri04, Tao09] 用于揭示隐含的零结构. 这里, 我们应用热标架的动态分离来进行迭代.

除了使用动态分离外, 为了对联络系数进行控制 (这是 bootstrap 步骤的核心), 我们进一步将曲率项分解为由微分场 ϕ_i 主导的项和相对较小的二次项. 通过适当的 bootstrap 论证, 我们将在 $F_k \cap S_k^{1/2}$ 空间中联络系数 $\{A_j\}_{j=1}^2$ 的估计简化为在 $L_t^\infty L_x^2 \cap L^4$ 空间中曲率的协变导数 $\mathcal{G}^{(j)}$ 的抛物衰减估计.

步骤 4.1 中添加 (1.1.27) 的动机.

对涉及曲率的项进行控制的关键难点在于曲率与微分场或热张量场的高频与低频 (High × Low → High) 相互作用, 即曲率的频率相比于微分场或热张量场处于主导地位.

(1) 首先, 我们观察到只需控制曲率 $\mathcal{G}$ 的 F_k 范数即可. 然后我们进一步发现: F_k 空间的四个块中只有三个块 $L_t^\infty L_x^2$, L^4, $L_x^4 L_t^\infty$ 需要对曲率进行估计.

(2) 其次, 我们发现使用热方向的动态分离

$$\mathcal{G} := \mathbf{R}(e_{i_0}, e_{i_1}, e_{i_2}, e_{i_3}) = \Gamma^\infty - \int_s^\infty \psi_s^l(\widetilde{\nabla}\mathbf{R})(e_l; e_{i_0}, e_{i_1}, e_{i_2}, e_{i_3})ds'$$

$$:= \Gamma^\infty - \Gamma_l^{\infty,(1)}\int_s^\infty \psi_s^l ds' - \int_s^\infty \psi_s^l \widetilde{\mathcal{G}}_l^{(1)}ds',$$

以及热流迭代方案, 曲率的 $L_t^\infty L_x^2$ 和 L^4 范数可以通过微分场的相应范数来控制.

(3) F_k 空间中最麻烦的块是 $L_x^4 L_t^\infty$ 范数. 曲率的这个范数无法通过之前的热方向动态分离和热流迭代方案得到. 问题在于 $\widetilde{\mathcal{G}}_l^{(1)}\psi_s^l$ 在 $L_x^4 L_t^\infty$ 中的 High × Low → High 相互作用无法处理, 如果我们仅在之前的 $L_t^\infty L_x^2 \cap L^4$ 中对 $\widetilde{\mathcal{G}}^{(1)}$ 进行估计 (在步骤 3 中获得了 $\widetilde{\mathcal{G}}^{(1)}$ 在 $L_t^\infty L_x^2 \cap L^4$ 中的估计). 因此, 我们添加了一个 bootstrap 假设 (1.1.27) 来对 $\widetilde{\mathcal{G}}^{(1)}$ 的 $L_x^4 L_t^\infty$ 进行控制. 这里的关键在于, 我们可以改进假设 (1.1.27) 并封闭 bootstrap 论证.

如何在步骤 4.2 中删除 (1.1.27).

我们将解释如何改进 (1.1.27) 从而封闭步骤 4 的 bootstrap 过程.

(1) 在假设 (1.1.27) 下, 我们可以通过微分场 ϕ_x 的包络来证明 A_t 和 ϕ_t 在 L^4 空间中的界. 粗略地说, 我们有

$$\|P_k(A_t)\|_{L^4} \lesssim 2^{-\sigma k+k}h_k(\sigma)[(1+2^{2k+2k_0})^{-1}\mathbf{1}_{k+k_0\geqslant 0} + \mathbf{1}_{k+k_0\leqslant 0}2^{\delta|k+k_0|}],$$

$$\|P_k(\phi_t)\|_{L^4} \lesssim 2^k b_k (1 + 2^{2k}s)^{-2},$$

其中, $k, k_0 \in \mathbb{Z}$, $s \in [2^{2k_0-1}, 2^{2k_0+1})$, $\{h_k(\sigma)\}$ 是与微分场 $\{\phi_i\}_{i=1}^2$ 相关联的频率包络 (定义见 (1.1.26)), 而 $\{b_k\}$ 是某个频率包络, 满足 $\|b_k\|_{\ell^2}$ 足够小. 这将为 $\|P_k \partial_t \widetilde{\mathcal{G}}^{(1)}\|_{L^4}$ 提供估计.

(2) 我们通过插值来改进假设 (1.1.27):

$$\|P_k \widetilde{\mathcal{G}}^{(1)}\|_{L_x^4 L_t^\infty} \leqslant \|P_k \widetilde{\mathcal{G}}^{(1)}\|_{L^4}^{\frac{3}{4}} \|P_k \partial_t \widetilde{\mathcal{G}}^{(1)}\|_{L^4}^{\frac{1}{4}},$$

以及从步骤 3 (热流迭代的命题 2.4) 中获得的 L^4 估计

$$2^k \|P_k \widetilde{\mathcal{G}}^{(1)}\|_{L^4} \leqslant h_k (1 + 2^{2k}s)^{-M}.$$

实际上, 我们可以证明

$$2^{\frac{1}{2}k} \|P_k \widetilde{\mathcal{G}}^{(1)}\|_{L_x^4 L_t^\infty} \leqslant h_k 2^{-\sigma k} [(1 + 2^{2k+2k_0})^{-\frac{3}{4}M} \mathbf{1}_{k+k_0 \geqslant 0} + \mathbf{1}_{k+k_0 \leqslant 0} 2^{\delta|k+k_0|}].$$

然后通过选择足够大的 M, 可以得到比假设 (1.1.27) 更好的 $\widetilde{\mathcal{G}}^{(1)}$ 界. 这为在 F_k 的 $L_x^4 L_t^\infty$ 块空间中对曲率进行估计提供了方法.

在 (1) 中, 关键步骤是获得联络系数的界, 参见引理 1.4.1. 为了证明引理 1.4.1, 如前所述, 我们将曲率项分解为由微分场 ϕ_i 主导的项和剩余的二次项, 参见引理 1.4.1 的步骤 2. 由剩余二次项带来的额外小增益使我们有机会使用 bootstrap 论证来控制联络系数.

步骤 6 到步骤 9 的迭代.

有了这些新思路和 [BIKT11] 的函数空间框架, 可以在执行 SMF 演化的迭代之前达到 $\sigma \in \left[0, \dfrac{99}{100}\right]$ 的范围. 为了达到更大的 σ, 需要将热流迭代与 SMF 迭代结合起来. 对于 SMF 迭代方案, 关键在于逐步改进 $\|P_k \widetilde{\mathcal{G}}^{(1)}\|_{L_x^4 L_t^\infty}$ 的估计, 以达到更大的 σ.

1.2 预 备 知 识

1.2.1 线性估计

以下是由 [BIKT11] 建立的主要线性估计.

命题 1.2.1 ([BIKT11]) 给定 $\mathcal{L} \in \mathbb{Z}_+$, 假设 $T \in (0, 2^{2\mathcal{L}}]$. 则对于任意频率局限于 I_k 的 $u_0 \in L_x^2$ 和任意 $F \in N_k(T)$, 我们有非齐次估计: 如果 u 满足以下方程

$$\begin{cases} i\partial_t u + \Delta u = F, \\ u(0, x) = u_0(x), \end{cases} \tag{1.2.1}$$

那么

$$\|u\|_{G_k(T)} \lesssim \|u_0\|_{L_x^2} + \|F\|_{N_k(T)}. \tag{1.2.2}$$

以下引理将被广泛使用.

引理 1.2.1 ([BIKT11])　对于 $f \in L_k^2(T)$, 有如下结论

$$\|P_k f\|_{L^4} \leqslant \|f\|_{F_k(T)}, \tag{1.2.3}$$

$$\|P_k f\|_{F_k(T)} \lesssim \|f\|_{L_x^2 L_t^\infty} + \|f\|_{L^4}, \tag{1.2.4}$$

$$\|P_k f\|_{L_x^2 L_t^\infty} \leqslant \|f\|_{S_k^{\frac{1}{2}}}, \tag{1.2.5}$$

并且

$$\|e^{s\Delta} g\|_{F_k(T)} \lesssim (1 + s2^{2k})^{-20} \|g\|_{F_k(T)}, \quad \forall\, s \geqslant 0, \tag{1.2.6}$$

只要右边有限.

1.2.2　频率包络

我们回顾由 Tao 引入的包络的定义.

定义 1.2.1　设 $\{a_k\}_{k \in \mathbb{Z}}$ 是一个正数列, 如果它满足

$$\sum_{k \in \mathbb{Z}} a_k^2 < \infty, \quad a_j \leqslant 2^{\delta|l-j|} a_l, \quad \forall j, l \in \mathbb{Z}, \tag{1.2.7}$$

我们称它为频率包络.

如果频率包络 $\{a_k\}$ 还满足

$$\sum_{k \in \mathbb{Z}} a_k^2 \leqslant \epsilon^2,$$

我们称其为 ϵ-频率包络.

对于任意非负数列 $\{a_j\} \in \ell^2$, 我们定义其频率包络为

$$\tilde{a}_j := \sup_{j' \in \mathbb{Z}} a_{j'} 2^{-\delta|j-j'|},$$

并且 $\{\tilde{a}_j\}$ 满足

$$|a_j| \leqslant \tilde{a}_j, \quad \forall j \in \mathbb{Z}; \quad \sum_{j \in \mathbb{Z}} \tilde{a}_j^2 \lesssim \sum_{j \in \mathbb{Z}} a_j^2.$$

一般来说, 在定义 1.2.1 中的 δ 是不重要的, 只要它在本章中被固定. 但是由于我们的迭代论证, 我们将在不同的迭代步骤中引入不同的 δ. 因此, 我们称满足条件 (1.2.7) 的 $\{a_k\}$ 为 δ 阶频率包络.

在本章中, 每当提到频率包络时, 我们将明确说明其阶数.

我们回顾以下两个关于包络的事实:

(a) 如果 $d_k \leqslant b_k$ 对于所有 $k \in \mathbb{Z}$, 并且 $\{b_k\}$ 是一个 $\delta > 0$ 阶的频率包络, 那么 $\tilde{d}_k \leqslant b_k$ 对于所有 $k \in \mathbb{Z}$ 也成立, 其中 $\{\tilde{d}_k\}$ 表示 $\{d_k\}$ 的相同 $\delta > 0$ 阶的包络:

$$\tilde{d}_k := \sup_{j \in \mathbb{Z}} d_j 2^{-\delta|k-j|}.$$

(b) 如果 $\{d_k\}$ 已经是一个 $\delta > 0$ 阶的包络, 那么对于所有 $k \in \mathbb{Z}$, $d_k = \tilde{d}_k$.

我们回顾由 [Smi12, Tao04] 得到的经典结果.

引理 1.2.2 ([Smi12, Tao04]) 设 $u \in \mathcal{H}_Q(T)$ 满足

$$\|\partial_x u\|_{L_t^\infty L_x^2} = \epsilon_1 \ll 1. \tag{1.2.8}$$

令 $v(s,t,x)$ 为具有初值 $u(t,x)$ 的热流方程 (1.1.13) 的解. 那么

$$\|\partial_x^{j+1} v\|_{L_t^\infty L_x^2} \lesssim s^{-\frac{j}{2}} \epsilon_1, \tag{1.2.9}$$

并且相应的微分场和联络系数满足

$$s^{\frac{j}{2}} \|\partial_x^j \phi_i\|_{L_t^\infty L_x^2} \lesssim \epsilon_1, \tag{1.2.10}$$

$$s^{\frac{j}{2}} \|\partial_x^j A_i\|_{L_t^\infty L_x^2} \lesssim \epsilon_1, \tag{1.2.11}$$

$$s^{\frac{j+1}{2}} \|\partial_x^j \phi_i\|_{L_t^\infty L_x^\infty} \lesssim \epsilon_1, \tag{1.2.12}$$

$$s^{\frac{j+1}{2}} \|\partial_x^j A_i\|_{L_t^\infty L_x^\infty} \lesssim \epsilon_1, \tag{1.2.13}$$

对于所有 $s \in [0, \infty)$, $i = 1, 2$ 以及任意非负整数 j.

1.3 热流的迭代

1.3.1 外蕴映射的估计

对于 $u \in \mathcal{H}_Q(T)$, 定义

$$\gamma_k(\sigma) = \sup_{k' \in \mathbb{Z}} 2^{-\delta|k-k'|} 2^{\sigma k' + k'} \|P_{k'} u\|_{L_t^\infty L_x^2}, \quad \sigma \geqslant 0, \ \delta = \frac{1}{800}. \tag{1.3.1}$$

记 $\{\gamma_k\}$ 为能量范数的频率包络, 即

$$\gamma_k = \gamma_k(0).$$

因此

$$2^k\|P_k u\|_{L_t^\infty L_x^2} \leqslant 2^{-\sigma k}\gamma_k(\sigma), \quad \forall \sigma \geqslant 0.$$

在继续之前, 我们回顾热流的外蕴形式. 设目标流形 $\mathcal{N}$ 等距嵌入到 $\mathbb{R}^N$, 则热流方程可写为

$$\partial_s v^l - \Delta v^l = \sum_{a=1}^{2}\sum_{i,j=1}^{N} S_{ij}^l \partial_a v^i \partial_a v^j, \quad l = 1, \cdots, N, \tag{1.3.2}$$

其中 $S = \{S_{ij}^l\}$ 表示嵌入 $\mathcal{N} \hookrightarrow \mathbb{R}^N$ 的第二基本形式.

回顾 $\{\gamma_k(\sigma)\}$ 为 $u \in \mathcal{H}_Q(T)$ 的频率包络. (见 (1.3.1), 注意到, 此时 u **不需要**满足 SMF.) (1.3.2) 的外蕴映射 v 的频率局部估计如下.

命题 1.3.1 设 $u \in \mathcal{H}_Q(T)$ 满足

$$\|\partial_x u\|_{L_t^\infty L_x^2} = \epsilon_1 \ll 1.$$

令 $v(s,t,x)$ 为具有初值 $u(t,x)$ 的热流方程 (1.3.2) 的解. 则 v 满足

$$\sup_{s \geqslant 0}(1 + s2^{2k})^{31} 2^k \|P_k v\|_{L_t^\infty L_x^2} \lesssim 2^{-\sigma k}\gamma_k(\sigma),$$

对任意 $\sigma \in \left[0, \dfrac{99}{100}\right]$, $k \in \mathbb{Z}$. 此外, 对于任意 $\sigma \in \left[\dfrac{99}{100}, \dfrac{5}{4}\right]$, $k \in \mathbb{Z}$, 我们有

$$\sup_{s \geqslant 0}(1 + s2^{2k})^{30} 2^{\sigma k + k}\|P_k v\|_{L_t^\infty L_x^2} \lesssim \gamma_k(\sigma) + \gamma_k\left(\sigma - \frac{3}{8}\right)\gamma_k\left(\frac{3}{8}\right).$$

注 1.3.1 在命题 1.3.1 中, $1 + s2^{2k}$ 的幂可以选择为任意 $M \in \mathbb{Z}_+$, 只需同时假设 ϵ_1 充分小 (取决于 M). 见第 2 章命题 2.3.4.

1.3.2　迭代前

给定初值 $v_0 \in \mathcal{H}_Q$, 其能量足够小. 根据引理 1.2.2, 对应的热流是全局的, 并且满足 (1.2.9). 我们将此与 Sobolev 空间中的热流的局部 Cauchy 理论结合, 可以得到以下引理.

引理 1.3.1 设 $v_0 \in \mathcal{H}_Q$ 具有足够小的能量. 设 $v(s,x)$ 是具有初值 v_0 的热流方程 (1.3.2) 的解. 给定任意的 $L \in \mathbb{Z}_+$, 存在常数 $C_L > 0$, $C_s > 0$, 使得对于任意 $s \geqslant 0, 0 \leqslant j \leqslant L$, 有

$$\|\partial_x^{j+1} v(s)\|_{H_x^L} \leqslant C_L(1+s)^{-\frac{j}{2}}, \quad \|v(s) - Q\|_{L_x^2} \leqslant C_s.$$

命题 1.3.2 假设 $u \in \mathcal{H}_Q(T)$ 满足

$$\sum_{k \in \mathbb{Z}} 2^{2k} \|P_k u\|_{L_t^\infty L_x^2}^2 = \epsilon_1^2 \ll 1. \tag{1.3.3}$$

设 $v(s, t, x)$ 是具有初值 $u(t, x)$ 的热流方程 (1.3.2) 的解. 那么对于 $\sigma \in \left[0, \dfrac{99}{100}\right]$ 和所有 $k \in \mathbb{Z}$, v 满足

$$\sup_{s \in [0,\infty)} (1 + s2^{2k})^{31} 2^{k+\sigma k} \|P_k v\|_{L_t^\infty L_x^2} \lesssim \gamma_k(\sigma). \tag{1.3.4}$$

证明 由于当 $s \to \infty$ 时 v 收敛到一个固定点 $Q \in \mathcal{N}$, 我们有

$$S_{ij}^l(v) = S_{ij}^l(Q) + (S_{ij}^l(v) - S_{ij}^l(Q)).$$

$S_{ij}^l(Q)$ 部分是常数, 根据 [引理 8.3, [BIKT11]], 它对最终估计的贡献是可接受的. 此外, 依照引理 1.2.2, 对于所有非负整数 L, 其余部分满足

$$\|\partial_x^{L+1}(S_{ij}^l(v) - S_{ij}^l(Q))\|_{L_t^\infty L_x^2} \lesssim_L s^{-\frac{L}{2}} \|\nabla u\|_{L_t^\infty L_x^2}.$$

因此, 对于所有 $j \in \mathbb{Z}_+$, 我们有以下估计

$$(1 + 2^{2k} s)^j \left\| \partial_x \left[P_k(S_{ij}^l(v) - S_{ij}^l(Q)) \right] \right\|_{L_t^\infty L_x^2} \lesssim_j \epsilon_1. \tag{1.3.5}$$

现在, 我们使用 [引理 8.3, [BIKT11]] 的方法进行估计. 给定 $\sigma \in \left[0, \dfrac{99}{100}\right]$, 定义 $B_{1,\sigma}(S)$ 为

$$B_{1,\sigma}(S) = \sup_{k \in \mathbb{Z}, s \in [0,S)} \gamma_k^{-1}(\sigma)(1 + s2^{2k})^{31} 2^{\sigma k} 2^k \|P_k v\|_{L_t^\infty L_x^2}.$$

根据引理 1.3.1 以及 $\{\gamma_k(\sigma)\}$ 是一个频率包络, $B_{1,\sigma}(S)$ 在 $S \geqslant 0$ 时是良定的, 并且在 S 中是连续的, 同时 $\lim_{S \to 0} B_{1,\sigma}(S) = 1$.

然后通过三线性 Littlewood-Paley 分解 (见引理 1.4.18 中的 (1.8.1)), 我们得到

$$2^k \|P_k S_{ij}^l(f) \partial_a f^i \partial_a f^j\|_{L_t^\infty L_x^2} \lesssim 2^k \sum_{k_1 \leqslant k} \mu_{k_1} 2^{k_1} \mu_k + \sum_{k_2 \geqslant k} 2^{2k} \mu_{k_2}^2 + a_k \Big(\sum_{k_1 \leqslant k} 2^{k_1} \mu_{k_1}\Big)^2$$

$$+ \sum_{k_2 \geqslant k} 2^{2k} 2^{-k_2} a_{k_2} \mu_{k_2} \sum_{k_1 \leqslant k_2} 2^{k_1} \mu_{k_1},$$

其中 $\{a_k\}$, $\{\mu_k\}$ 表示

$$a_k := \sum_{|k-k'|\leqslant 20} \sum_{l,i,j=1}^{N} \|\partial_x P_{k'}(S_{ij}^l(v))\|_{L_t^\infty L_x^2}, \quad \mu_k := \sum_{l=1}^{N} \sum_{|k'-k|\leqslant 20} 2^{k'}\|P_{k'}v^l\|_{L_t^\infty L_x^2}.$$

$$(1.3.6)$$

根据 $B_{1,\sigma}(S)$ 的定义和包络的缓慢变化性, 对于 $s \in [0,S]$ 和 $\sigma \in \left[0, \dfrac{99}{100}\right]$, 我们得到

$$2^k\|P_k S_{ij}^l(f)\partial_a f^i \partial_a f^j\|_{L_t^\infty L_x^2}$$

$$\lesssim B_{1,\sigma}B_{1,0}(1+s2^{2k})^{-62}2^{2k-\sigma k}\gamma_k\gamma_k(\sigma)$$

$$+ B_{1,\sigma}B_{1,0}\sum_{k_2\geqslant k}2^{2k-\sigma k_2}(1+s2^{2k_2})^{-31}\gamma_{k_2}\gamma_{k_2}(\sigma)$$

$$+ B_{1,\sigma}B_{1,0}\sum_{k_2\geqslant k}2^{-\sigma k_2}2^{2k}(1+s2^{2k_2})^{-31}a_{k_2}\gamma_{k_2}\gamma_{k_2}(\sigma)$$

$$+ B_{1,\sigma}B_{1,0}\gamma_k(\sigma)\gamma_k(1+s2^{2k})^{-31}2^k\gamma_k. \quad (1.3.7)$$

注意到由于包络的慢变化性质, 上式中的和式是可以求和的. 事实上, 我们可以得到

$$2^{k+\sigma k}(1+s2^{2k})^{31}\|P_k(S_{ij}^l(f)\partial_a f^i \partial_a f^j)\|_{L_t^\infty L_x^2}$$

$$\lesssim \epsilon_1 B_{1,\sigma}B_{1,0}\left(2^{-\sigma k}\gamma_k\gamma_k(\sigma)\sum_{k_2\geqslant k}2^{-\sigma k_2}\gamma_{k_2}(\sigma) + 2^{\sigma k}\gamma_k(\sigma)\gamma_k\sum_{k_2\leqslant k}2^{\sigma k_2}\gamma_{k_2}(\sigma)\right).$$

在使用标准包络估计并重新整理后, 我们有

$$B_{1,\sigma}(S) \lesssim \epsilon_1 B_{1,\sigma}B_{1,0}B_1(S)\sum_{k_2\in\mathbb{Z}}\gamma_{k_2}.$$

如果 ϵ_1 足够小, 则有

$$B_{1,\sigma}(S) \lesssim 1,$$

从而证明了命题 1.3.2.　　　　　　　　　　　　　　　　　　　　□

1.3.3　首次迭代

我们在以下命题中陈述首次迭代.

命题 1.3.3 假设 $u \in \mathcal{H}_Q(T)$ 满足 (1.2.8). 令 $v(s,t,x)$ 为初值为 $u(t,x)$ 的热流方程 (1.3.2) 的解. 那么对于 $\sigma \in \left(\dfrac{99}{100}, \dfrac{5}{4}\right]$ 及任意 $k \in \mathbb{Z}$, v 满足

$$\sup_{s \in [0,\infty)} (1 + s2^{2k})^{30} 2^{k+\sigma k} \|P_k v\|_{L_t^\infty L_x^2} \lesssim \gamma_k(\sigma) + \gamma_k\left(\sigma - \frac{3}{8}\right) \gamma_k\left(\frac{3}{8}\right). \tag{1.3.8}$$

证明 关键在于改进由 (1.3.6) 定义的 $\{a_k\}$ 的界. 为此, 我们使用动态分离可得

$$S_{ij}^l(v)(s) = S_{ij}^l(Q) - \int_s^\infty (DS_{ij}^l)(v) \cdot \partial_s v \, ds'. \tag{1.3.9}$$

根据命题 1.3.2, 对于 $\sigma \in \left[0, \dfrac{99}{100}\right]$ 及任意 $k \in \mathbb{Z}$, 我们有

$$2^{k+\sigma k} \|P_k \Delta v\|_{L_t^\infty L_x^2} \lesssim (2^{2k}s + 1)^{-31} 2^{2k} \gamma_k(\sigma).$$

重复命题 1.3.2 的证明, 我们得到

$$\sum_{a=1,2} 2^{k+\sigma k} \|S_{ij}^l(\partial_a v^i, \partial_a v^j)\|_{L_t^\infty L_x^2} \lesssim 2^{2k} \sum_{k_1 \geqslant k} (2^{2k_1} s + 1)^{-31} \gamma_{k_1} \gamma_{k_1}(\sigma).$$

因此, 对于 $s \in [2^{2k_0-1}, 2^{2k_0+1})$, 通过热流方程, 对于所有 $k \in \mathbb{Z}$ 和 $\sigma \in \left[0, \dfrac{99}{100}\right]$, 我们得到

$$2^{k+\sigma k} \|P_k \partial_s v\|_{L_t^\infty L_x^2} \lesssim (2^{2k}s + 1)^{-31} 2^{2k} \gamma_k(\sigma) + \sum_{k_1 \geqslant k} (2^{2k}s + 1)^{-31} 2^{2k} \gamma_{k_1} \gamma_{k_1}(\sigma)$$

$$\lesssim (2^{2k}s + 1)^{-31} 2^{2k} \gamma_k(\sigma) + \mathbf{1}_{k+k_0 \geqslant 0} (2^{2k}s + 1)^{-31} 2^{2k} \gamma_k \gamma_k(\sigma)$$

$$+ 2^{2k} \mathbf{1}_{k+k_0 \leqslant 0} \sum_{k \leqslant l \leqslant -k_0} \gamma_l \gamma_l(\sigma). \tag{1.3.10}$$

回忆之前已得

$$2^k \|P_k[(DS)(v)]\|_{L_t^\infty L_x^2} \lesssim \epsilon_1 (2^{2k}s + 1)^{-j}, \tag{1.3.11}$$

对于所有 $j \in \mathbb{Z}_+$ 和 $k \in \mathbb{Z}$. 然后, 对于 $s \in [2^{2k_0-1}, 2^{2k_0+1})$, 通过重复双线性分解, (1.3.9) 表明在 $k + k_0 \geqslant 0$, $\sigma \in \left[0, \dfrac{99}{100}\right]$ 时有

$$\left\|P_k[S_{ij}^l(v)(s)]\right\|_{L_t^\infty L_x^2} \lesssim 2^{-\sigma k - k} (2^{2k+2k_0} + 1)^{-31} 2^{2k+2k_0} \gamma_k(\sigma) \gamma_k, \tag{1.3.12}$$

其中我们应用了 (1.3.11) 和 (1.3.10). 此外, 对于任意 $\sigma \in \left[0, \dfrac{99}{100}\right]$, $k_0 \in \mathbb{Z}$, 以及 $s \in [2^{2k_0-1}, 2^{2k_0+1})$, 在 $k + k_0 \leqslant 0$ 的情况下, 我们有

$$\left\| P_k[S_{ij}^l(v)(s)] \right\|_{L_t^\infty L_x^2} \lesssim \sum_{k_0 \leqslant j \leqslant -k} 2^{-\sigma k} 2^{j+2\delta|k+j|} \gamma_k(\sigma) \gamma_k \lesssim 2^{-\sigma k-k} \gamma_k(\sigma) \gamma_k.$$

$$(1.3.13)$$

因此, (1.3.13) 和 (1.3.12) 导出了以下 $\{a_k\}$ 的上界:

$$2^{\sigma k} a_k \lesssim (1 + 2^{2k} s)^{-30} \gamma_k(\sigma) \gamma_k. \tag{1.3.14}$$

给定 $\sigma \in \left(\dfrac{99}{100}, \dfrac{5}{4}\right]$ 定义函数 $B_{2,\sigma}(S)$ 为

$$B_{2,\sigma}(S) = \sup_{k \in \mathbb{Z}, s \in [0,S)} \left(\gamma_k^{(1)}(\sigma)\right)^{-1} 2^{\sigma k} (1 + s2^{2k})^{30} 2^k \| P_k v \|_{L_t^\infty L_x^2},$$

其中, 我们记

$$\gamma_k^{(1)}(\sigma) := \begin{cases} \gamma_k(\sigma), & \text{当} \sigma \in \left[0, \dfrac{99}{100}\right], \\ \gamma_k(\sigma) + \gamma_k\left(\sigma - \dfrac{3}{8}\right) \gamma_k\left(\dfrac{3}{8}\right), & \text{当} \sigma \in \left(\dfrac{99}{100}, \dfrac{5}{4}\right]. \end{cases}$$

此外, 根据引理 1.3.1 以及 $\{\gamma_k^{(1)}(\sigma)\}$ 是 2δ 阶的频率包络的事实, 显然 $B_{2,\sigma}$: $[0,\infty) \to \mathbb{R}^+$ 在 $S \geqslant 0$ 是良定且连续的, 并且 $\lim\limits_{S \to 0} B_{2,\sigma}(S) = 1$. 然后, 通过三线性 Littlewood-Paley 分解 (参见引理 1.4.18 中的 (1.8.1))、$B_{2,\sigma}$ 的定义以及包络的缓慢变化性, 对于 $s \in [0, S]$ 和 $\sigma \in \left(\dfrac{99}{100}, \dfrac{5}{4}\right]$, 我们有

$$2^k \left\| P_k[S_{ij}^l(v) \partial_a v^i \partial_a v^j] \right\|_{L_t^\infty L_x^2}$$

$$\lesssim B_{2,\sigma} B_{1,0} \sum_{k_2 \geqslant k} 2^{2k-\sigma k_2} (1 + s2^{2k_2})^{-30} \gamma_{k_2} \gamma_{k_2}^{(1)}(\sigma)$$

$$+ B_{2,\sigma} B_{1,0} \sum_{k_2 \geqslant k} 2^{-\sigma k_2} 2^{2k} (1 + s2^{2k_2})^{-30} a_{k_2} \gamma_{k_2} \gamma_{k_2}^{(1)}(\sigma)$$

$$+ a_k 2^{-\frac{3}{8}\sigma k} B_{1,0} B_{1,\frac{3}{8}} 2^{2k} \gamma_k \gamma_k\left(\dfrac{3}{8}\right). \tag{1.3.15}$$

然后, 对 (1.3.15) 右侧的最后一项应用 (1.3.5) 的简单上界, 对 $\{a_k\}$ 应用 (1.3.14), 我们得到对所有 $\sigma \in \left(\dfrac{99}{100}, \dfrac{5}{4}\right]$, 有

$$2^{k+\sigma k} \left\| P_k[S_{ij}^l(v)\partial_a v^i \partial_a v^j] \right\|_{L_t^\infty L_x^2}$$

$$\lesssim B_{1,0} B_{2,\sigma} 2^{2k} \sum_{k_2 \geqslant k} (1 + s2^{2k_2})^{-30} \gamma_{k_2} \gamma_{k_2}^{(1)}(\sigma)$$

$$+ B_{1,0} B_{1,\frac{3}{8}} 2^{2k} 2^{-\sigma k} (1 + s2^{2k})^{-30} \gamma_k \left(\sigma - \frac{3}{8}\right) \gamma_k \left(\frac{3}{8}\right) \gamma_k \mathbf{1}_{k+k_0 \geqslant 0}$$

$$+ B_{1,0} B_{1,\frac{3}{8}} 2^{2k} 2^{-\sigma k} 2^{2\delta|k+k_0|} \gamma_k \left(\sigma - \frac{3}{8}\right) \gamma_k \left(\frac{3}{8}\right) \gamma_k \mathbf{1}_{k+k_0 \leqslant 0},$$

如果 $s \in [2^{2k_0-1}, 2^{2k_0+1})$. 进而使用 Duhamel 原理和以下不等式

$$(1 + 2^{2k}s)^{30} e^{-2^{2k}s} \int_0^s e^{s' 2^{2k}} (s' 2^{2k})^{-\delta} \mathbf{1}_{s' \leqslant 2^{-2k}} ds' \lesssim 2^{-2k},$$

可得

$$2^{k+\sigma k}(1 + 2^{2k}s)^{30} \| P_k v \|_{L_t^\infty L_x^2} \lesssim (1 + \epsilon_1 B_{1,0} B_{1,\frac{3}{8}} + \epsilon_1 B_{2,\sigma} B_{1,0}) \gamma_k^{(1)}(\sigma).$$

由于 $B_{1,\tilde{\sigma}} \lesssim 1$ 对于 $\tilde{\sigma} \in \left[0, \dfrac{99}{100}\right]$ 在命题 3.2 中已经证明, 我们得出

$$B_{2,\sigma} \lesssim 1 + \epsilon_1 B_{2,\sigma}, \quad \forall \sigma \in \left(\frac{99}{100}, \frac{5}{4}\right],$$

这表明 $B_{2,\sigma} \lesssim 1$, 从而命题得证. □

我们定义频率包络 $\gamma_k^{(j)}(\sigma)$ $(j = 0, 1)$ 如下:

$$\gamma_k^{(0)}(\sigma) = \gamma_k(\sigma), \quad 0 \leqslant \sigma < \frac{99}{100}, \tag{1.3.16}$$

$$\gamma_k^{(1)}(\sigma) = \begin{cases} \gamma_k^{(0)}(\sigma), & 0 \leqslant \sigma \leqslant \dfrac{99}{100}, \\ \gamma_k(\sigma) + \gamma_k^{(0)}\left(\sigma - \dfrac{3}{8}\right) \gamma_k\left(\dfrac{3}{8}\right), & \dfrac{99}{100} < \sigma \leqslant \dfrac{5}{4}. \end{cases} \tag{1.3.17}$$

对于 $j \geqslant 2$, 频率包络 $\gamma_k^{(j)}(\sigma)$ 由归纳法定义,

$$\gamma_k^{(j)}(\sigma) = \begin{cases} \gamma_k^{(j-1)}(\sigma), & 0 \leqslant \sigma \leqslant \dfrac{j+3}{4}, \\ \gamma_k(\sigma) + \gamma_k^{(j-1)}\left(\sigma - \dfrac{3}{8}\right) \gamma_k\left(\dfrac{3}{8}\right), & \dfrac{j+3}{4} < \sigma \leqslant \dfrac{j+4}{4}. \end{cases} \tag{1.3.18}$$

定义序列 $\{\gamma_{k,s}^{(j)}(\sigma)\}_{k\in\mathbb{Z}}$ $(j\in\mathbb{N})$ 为

$$\gamma_{k,s}^{(j)}(\sigma) = \begin{cases} 2^{k+k_0}\gamma_k^{(j)}(\sigma)\gamma_{-k_0}^{(j)}(0), & k+k_0 \geqslant 0, \\ \displaystyle\sum_{l=k}^{-k_0} \gamma_l^{(j)}(\sigma)\gamma_l^{(j)}(0), & k+k_0 \leqslant 0, \end{cases} \tag{1.3.19}$$

对于 $s \in [2^{2k_0-1}, 2^{2k_0+1})$, $k, k_0 \in \mathbb{Z}$.

我们陈述 j 次迭代的结果.

命题 1.3.4 (j 次迭代)　固定 $j \in \mathbb{N}$, $M \in \mathbb{Z}_+$. 设 $u \in \mathcal{H}_Q(T)$ 满足 (1.2.8), 其中 ϵ_1 足够小 (依赖于 $j+M$). 设 $v(s,t,x)$ 是热流方程 (1.3.2) 初值为 $u(t,x)$ 的解. 则对于 $\sigma \in \left[0, 1+\dfrac{j}{4}\right]$ 和所有 $s \geqslant 0$, v 满足

$$\sup_{s\in[0,\infty)} (1+s2^{2k})^M 2^{k+\sigma k}\|P_k v\|_{L_t^\infty L_x^2} \lesssim \gamma_k^{(j)}(\sigma). \tag{1.3.20}$$

证明　定义区间 $\{\mathbb{I}_l\}_{l=0}^\infty$ 如下:

$$\mathbb{I}_0 := \left[0, \frac{99}{100}\right], \quad \mathbb{I}_1 = \left(\frac{99}{100}, \frac{5}{4}\right], \quad \mathbb{I}_l = \left(\frac{3+l}{4}, \frac{4+l}{4}\right], \quad l \geqslant 2.$$

对于给定的 $K \in \mathbb{Z}_+$, $\sigma \in \mathbb{I}_l$, $l \in \mathbb{N}$, 我们定义

$$B_{l+1,\sigma,K}(S) := \sup_{s\in[0,S),k\in\mathbb{Z}} \frac{1}{\gamma_k^{(l)}(\sigma)} (1+s2^{2k})^K 2^{k+\sigma k}\|P_k v\|_{L_t^\infty L_x^2}.$$

并且定义

$$\mathbb{B}_{l+1,K}(S) := \sup_{\sigma\in\bigcup\limits_{\ell\leqslant l}\mathbb{I}_\ell} B_{l+1,K}(S).$$

(在此记号下, 命题 1.3.2 和命题 1.3.3 已经证明了 $\mathbb{B}_{2,30}(S) \lesssim 1$.)

此外, 命题 1.3.3 的论证实际上表明:

(i) 对于所有 $K_0 \geqslant 2$ 和 $j \in \mathbb{N}$, $0 \leqslant a \leqslant j+1$,

$$2^k \|P_k[(D^a S)(v)]\|_{L_t^\infty L_x^2} \lesssim C_{K_0,j}\epsilon(1+2^{2k}s)^{-K_0-(j+1)}.$$

(ii) 对于所有 $K_0 \geqslant 2$ 和 $j \in \mathbb{N}$, 如果

$$\begin{cases} 2^k \|P_k[(D^{j+1}S)(v)]\|_{L_t^\infty L_x^2} \lesssim \epsilon(1+2^{2k}s)^{-K_0-j-1}, \\ 2^k \|P_k v\|_{L_t^\infty L_x^2} \lesssim 2^{-\sigma k}\gamma_k^{(0)}(\sigma)(1+2^{2k}s)^{-K_0-j-1}, \end{cases}$$

则

$$2^k \left\| P_k[(D^j S)(v)] \right\|_{L_t^\infty L_x^2} \lesssim 2^{-\sigma k} \gamma_k^{(0)}(\sigma)(1 + 2^{2k}s)^{-K_0 - j},$$

其中结论中的隐含常数为 $C(1 + C_1^2 + C_2^2)$, 如果我们将 C_1 和 C_2 记作条件 (ii) 中的隐含常数. 这里, C 是绝对常数, 而 C_1 和 C_2 可能依赖于 j 和 K_0.

(iii) 对于所有 $K_0 \geqslant 2$ 和 $j \in \mathbb{N}$, $0 \leqslant a \leqslant j + 1$, 如果

$$\begin{cases} 2^k \left\| P_k[(D^{a+1} S)(v)] \right\|_{L_t^\infty L_x^2} \lesssim 2^{-\sigma k} \gamma_k^{(j-(a+1))}(\sigma)(1 + 2^{2k}s)^{-K_0 - (a+1)}, \\ 2^k \left\| P_k v \right\|_{L_t^\infty L_x^2} \lesssim 2^{-\sigma k} \gamma_k^{(j-a)}(\sigma)(1 + 2^{2k}s)^{-K_0 - (a+1)}, \end{cases}$$

则

$$2^k \left\| P_k[(D^a S)(v)] \right\|_{L_t^\infty L_x^2} \lesssim 2^{-\sigma k} \gamma_k^{(j-a)}(\sigma)(1 + 2^{2k}s)^{-K_0 - a},$$

其中结论中的隐含常数为 $C(1 + C_1^2 + C_2^2)$, 如果我们将 C_1 和 C_2 记作条件 (iii) 中的隐含常数. 这里, C 是绝对常数, 而 C_1 和 C_2 可能依赖于 j 和 K_0.

(iv) 对于任意 $K \geqslant 2$, $j \geqslant 1$, $1 \leqslant a \leqslant j + 1$, $\sigma \in \mathbb{I}_a$, 如果

$$\begin{cases} 2^k \left\| P_k[S(v)] \right\|_{L_t^\infty L_x^2} \leqslant C_K 2^{-\sigma k} \gamma_k^{(a-1)}(\sigma)(1 + 2^{2k}s)^{-K}, \\ 2^k \left\| P_k v \right\|_{L_t^\infty L_x^2} \leqslant B_{a+1,\sigma,K} 2^{-\sigma k} \gamma_k^{(a)}(\sigma)(1 + 2^{2k}s)^{-K}, \end{cases}$$

则对于所有 $S \in [0, \infty)$, 有

$$B_{a+1,\sigma,K}(S) \leqslant C_*(1 + \epsilon_1 \mathbb{B}_{a,K} B_{a+1,\sigma,K}(S) + C_K \sum_{l=1}^{a} \sup_{S \in [0,\infty)} \mathbb{B}_{l,K+l+1}^2(S)),$$

其中 C_* 仅依赖于 d, 且来自于三线性 Littlewood-Paley 分解. 则通过迭代可得到我们的命题.

具体地, 我们做几点说明. 首先, 为了在 (1.3.20) 中获得 M 次方衰减, 只需设 $K_0 = M + 4$, 并且所涉及的最高导数阶为 $D^{j+1}S$. 其次, 让我们更清晰地描述迭代过程: 在第一步, 验证

$$\sup_{S \in [0,\infty)} B_{1,K_0+j+1}(S) \leqslant C_{K_0,j}, \tag{1.3.21}$$

即 (ii) 中的第二个条件. 这在命题 1.3.2 中给出. (我们强调, 在这一步中 ϵ_1 应该足够小, 具体取决于 $K_0 + j$.) 在第二步, 验证

$$\sup_{S \in [0,\infty)} B_{2,K_0+j}(S) \leqslant C_{K_0,j},$$

在第 a 步验证

$$\sup_{S\in[0,\infty)} B_{a,K_0+j+2-a}(S) \leqslant C_{K_0,j}.$$

这些在 (iii) 和 (iv) 中给出. 因此, 在第 j 步, 我们得到 (1.3.20). □

1.3.4　粗略的动态分离

回顾符号 $\psi_i^\alpha = \langle \partial_i v, e_\alpha \rangle$, $\psi_i^{\overline{\alpha}} = \langle \partial_i v, Je_\alpha \rangle$, 其中 $\alpha = 1, \cdots, n$, $i = 0, 1, 2, 3$, 以及 $\phi_i^\alpha = \psi_i^\alpha + \sqrt{-1}\psi_i^{\overline{\alpha}}$. 这里, $i = 0$ 指的是 t 变量, $i = 3$ 指的是 s 变量.

我们的目标是对联络系数在局部频率空间中进行估计. 作为准备, 我们首先推导出合适的联络系数表达形式. 根据定义, 我们可以得到

$$\mathbf{R}(\mathbf{E}\phi_i, \mathbf{E}\phi_s) = \mathbf{R}\left((\Re\phi_i^\alpha)e_\alpha + (\Im\phi_i^\alpha)e_{\overline{\alpha}}, (\Re\phi_s^\alpha)e_\beta + (\Im\phi_s^\alpha)e_{\overline{\beta}}\right)$$

$$= (\phi_i^\alpha \wedge \phi_s^\beta)\mathbf{R}(e_\alpha, e_{\overline{\beta}}) + (\phi_i^\alpha \cdot \phi_s^\beta)\mathbf{R}(e_\alpha, e_\beta),$$

其中, 我们用 $z_1 \wedge z_2 = -\Im(z_1\overline{z_2})$ 和 $z_1 \cdot z_2 = \Re z_1 \Re z_2 + \Im z_1 \Im z_2$ 来表示复数 z_1 和 z_2 的运算. 这样, 在标架 $\mathbf{E} = \{e_\alpha, e_{\overline{\alpha}}\}_{\alpha=1}^n$ 下, 我们可以记

$$\begin{cases} [A_i]_\theta^\gamma = \sum \int_s^\infty (\phi_i^\alpha \diamond \phi_s^\beta)\langle \mathbf{R}(e_\alpha, e_{\beta,\overline{\beta}})e_\gamma, e_\theta\rangle ds', \\[2mm] [A_i]_{\overline{\theta}}^\gamma = \sum \int_s^\infty (\phi_i^\alpha \diamond \phi_s^\beta)\langle \mathbf{R}(e_\alpha, e_{\beta,\overline{\beta}})e_\gamma, e_{\overline{\theta}}\rangle ds', \end{cases} \tag{1.3.22}$$

其中, 当 $e_{\beta,\overline{\beta}} = e_{\overline{\beta}}$ 时, $\diamond = \wedge$; 当 $e_{\beta,\overline{\beta}} = e_\beta$ 时, $\diamond = \cdot$.

为了简化符号, 我们形式地记

$$A_i(s) = \sum_{j_0, j_1, j_2, j_3} \int_s^\infty (\phi_i \diamond \phi_s)\langle \mathbf{R}(e_{j_0}, e_{j_1})e_{j_2}, e_{j_3}\rangle ds',$$

其中 $\{j_c\}_{c=0}^3$ 在 $\{1, \cdots, 2n\}$ 中取值, i 在 $\{0, 1, 2\}$ 中取值. 回顾 $\phi_s = \sum_{l=1}^2 D_l\phi_l$. 引言中已约定

$$\mathcal{G}(s) = \langle \mathbf{R}(e_{j_0}, e_{j_1})e_{j_2}, e_{j_3}\rangle(s). \tag{1.3.23}$$

对于任意给定的 $j_0, \cdots, j_3 \in \{1, \cdots, 2n\}$, 我们将 $\mathcal{G}$ 展开为

$$\langle \mathbf{R}(e_{j_0}, e_{j_1})e_{j_2}, e_{j_3}\rangle(s) = \lim_{s\to\infty} \langle \mathbf{R}(e_{j_0}, e_{j_1})e_{j_2}, e_{j_3}\rangle - \int_s^\infty \partial_s\langle \mathbf{R}(e_{j_0}, e_{j_1})e_{j_2}, e_{j_3}\rangle ds'$$

$$= \Gamma^\infty - \int_s^\infty \psi_s^l(\widetilde{\nabla}\mathbf{R})(e_l; e_{j_0}, \cdots, e_{j_3})ds',$$

其中 Γ^∞ 表示极限部分, 并且我们在最后一行中使用了 $\nabla_s e_p = 0$, 对于 $p = 1, \cdots, 2n$. 在这里, 我们将 $\mathbf{R}$ 视为 $(0, 4)$ 型张量.

在上述符号下, 我们有

$$A_i(s) = \sum_{j_0, j_1, j_2, j_3} \int_s^\infty (\phi_i \diamond \phi_s) \mathcal{G} ds', \tag{1.3.24}$$

其中 $\mathcal{G}$ 被分解为

$$\mathcal{G} = \Gamma^\infty - \int_s^\infty \psi_s^l (\widetilde{\nabla}\mathbf{R})(e_l; e_{j_0}, \cdots, e_{j_3}) ds'.$$

当然, 任何时间点都可以进行这种分离. 定义

$$\mathcal{G}^{(j)} = (\widetilde{\nabla}^j \mathbf{R})(\underbrace{e, \cdots, e}_{j}; e_{j_0}, \cdots, e_{j_3}),$$

以及

$$\Gamma^{\infty, (j)} = \lim_{s \to \infty} \mathcal{G}^{(j)}(s).$$

我们可以简记

$$\mathcal{G} = \Gamma^\infty - \int_s^\infty \psi_s(s_1) ds_1 \left(\Gamma^{\infty, (1)} - \int_{s_1}^\infty \psi_s(s_2) ds_2 (\Gamma^{\infty, (2)} + \cdots) \right).$$

为了简便起见, 我们还定义

$$\widetilde{\mathcal{G}} = \mathcal{G} - \Gamma^\infty, \quad \widetilde{\mathcal{G}}^{(j)} = \mathcal{G}^{(j)} - \Gamma^{\infty, (j)}.$$

1.3.5 内蕴量与外蕴量的局部频率估计

命题 1.3.5 设 $u \in \mathcal{H}_Q(T)$ 满足

$$\|\partial_x u\|_{L_t^\infty L_x^2} = \epsilon_1 \ll 1. \tag{1.3.25}$$

这里, 我们不要求 u 满足 SMF. 记 $v(s, t, x)$ 为热流方程的解, 其初值为 $u(t, x)$. 并记 $\{\phi_i\}$ 为在热流规范下的相应微分场. 假设 $\{\eta_k(\sigma)\}$ 是一个阶数为 δ 的频率包络, 使得对于所有 $i = 1, 2$ 和 $k \in \mathbb{Z}$,

$$2^{\sigma k} \|P_k \phi_i (\lceil_{s=0})\|_{L_t^\infty L_x^2} \leqslant \eta_k(\sigma). \tag{1.3.26}$$

那么, 我们有

$$\gamma_k(\sigma) \lesssim \eta_k(\sigma), \tag{1.3.27}$$

$$(1 + s2^{2k})^{30} 2^{\sigma k} \|P_k A_i\|_{L_t^\infty L_x^2} \lesssim \eta_{k,s}^{(0)}(\sigma), \tag{1.3.28}$$

对任意的 $\sigma \in \left[0, \dfrac{99}{100}\right]$ 和 $k \in \mathbb{Z}$. 此外, 假设对于 $\sigma \in \left[0, \dfrac{5}{4}\right]$, $\{\eta_k(\sigma)\}$ 是一个阶数为 $\dfrac{1}{2}\delta$ 的频率包络, 使得对于所有 $i = 1, 2$ 和 $k \in \mathbb{Z}$, (1.3.26) 成立. 那么对于任意 $\sigma \in \left[0, \dfrac{5}{4}\right]$ 和 $k \in \mathbb{Z}$, 我们有

$$\gamma_k^{(1)}(\sigma) \lesssim \eta_k^{(1)}(\sigma), \tag{1.3.29}$$

$$(1 + s2^{2k})^{29} 2^{\sigma k} \|P_k A_i\|_{L_t^\infty L_x^2} \lesssim \eta_{k,s}^{(1)}(\sigma). \tag{1.3.30}$$

本命题的证明主要基于等式:

$$\partial_i v = \sum_{l=1}^{2n} \psi^l d\mathcal{P}(e_l) = \sum_{l=1}^{2n} \psi_i^l \chi_l^\infty + \sum_{l=1}^{2n} \psi_i^l \left(d\mathcal{P}(e_l) - \chi_l^\infty \right),$$

$$d\mathcal{P}(e_l) - \chi_l^\infty = -\int_s^\infty \psi_s^j \mathbf{D} d\mathcal{P}(e_j; e_l) ds'.$$

作为练习读者可尝试补充证明命题 1.3.5 或阅读 [3.5 节, [Li23]].

引理 1.3.2 设 $j, M \in \mathbb{Z}_+$, $u \in \mathcal{H}_Q(T)$, $v(s, t, x)$ 为热流方程的解, 其初值为 $u(t, x)$. 记 $\{\phi_i\}$ 为在热流规范下的相应微分场. 假设 $\sigma \in \left[0, 1 + \dfrac{j}{4}\right]$, 且 $\{\eta_k(\sigma)\}$ 是阶数为 $\dfrac{1}{2^j}\delta$ 的频率包络, 使得对于所有 $i = 1, 2$ 和 $k \in \mathbb{Z}$,

$$2^{\sigma k} \|P_k \phi_i (\lceil_{s=0})\|_{L_t^\infty L_x^2} \leqslant \eta_k(\sigma). \tag{1.3.31}$$

那么, 存在一个仅依赖于 M, j 的足够小的常数 ϵ_j, 使得: 如果 $\|\nabla u\|_{L_t^\infty L_x^2} \leqslant \epsilon_j$, 则我们有

$$\gamma_k^{(j)}(\sigma) \lesssim \eta_k^{(j)}(\sigma), \tag{1.3.32}$$

对于 $\sigma \in \left[0, \dfrac{j}{4} + 1\right]$ 和 $k \in \mathbb{Z}$. 此外, 对于 $l = 0, \cdots, j$, 我们有

$$(1 + s2^{2k})^M \|P_k \phi_i\|_{L_t^\infty L_x^2} \lesssim 2^{-\sigma k} \eta_k^{(j)}(\sigma), \quad i = 1, 2, \ \sigma \in \left[0, 1 + \dfrac{j}{4}\right), \tag{1.3.33}$$

$$(1 + s2^{2k})^M 2^k \|P_k [\widetilde{d\mathcal{P}}]^{(l)}\|_{L_t^\infty L_x^2} \lesssim 2^{-\sigma k} \eta_k^{(j-l)}(\sigma), \quad \sigma \in \left[0, 1 + \dfrac{j-l}{4}\right), \tag{1.3.34}$$

$$(1+s2^{2k})^M 2^k \|P_k \widetilde{\mathcal{G}}^{(l)}\|_{L_t^\infty L_x^2} \lesssim 2^{-\sigma k} \eta_k^{(j-l)}(\sigma), \quad \sigma \in \left[0, 1+\frac{j-l}{4}\right), \quad (1.3.35)$$

$$(1+s2^{2k})^M \|P_k A_i\|_{L_t^\infty L_x^2} \lesssim 2^{-\sigma k} \eta_{k,s}^{(j)}(\sigma), \quad \sigma \in \left[0, 1+\frac{j}{4}\right), \quad (1.3.36)$$

其中, 我们记

$$[d\mathcal{P}]^{(l)} = (\mathbf{D}^l d\mathcal{P})(\underbrace{e,\cdots,e}_{l};e), \quad [\widetilde{d\mathcal{P}}]^{(l)} = [d\mathcal{P}]^{(l)} - \lim_{s\to\infty} [d\mathcal{P}]^{(l)}.$$

证明 $\sigma \in \left[0, \frac{5}{4}\right]$ 的情况已在命题 1.3.5 中完成. 设 $\sigma \in \left[1+\frac{j}{4}, 1+\frac{j+1}{4}\right]$. 一般情况的 (1.3.32) 通过迭代得到. 对于 j 次迭代, $\mathcal{G}$ 和 $d\mathcal{P}(e)$ 的最高协变导数阶数为 $j+1$, 因此需要选择衰减次方为 $M+2+j$, 即

$$\left\|\partial_x^{L+1} \mathcal{G}^{(j+1)}\right\|_{L_t^\infty L_x^2} \lesssim_{L,j} \epsilon s^{-\frac{L}{2}}, \quad \forall L \in [0, M+2+j],$$

$$\left\|\partial_x^{L+1} [d\mathcal{P}]^{(j+1)}\right\|_{L_t^\infty L_x^2} \lesssim_{L,j} \epsilon s^{-\frac{L}{2}}, \quad \forall L \in [0, M+2+j],$$

其中

$$\mathcal{G}^{(k)} = (\widetilde{\nabla}^k \mathbf{R})(\underbrace{e,\cdots,e}_{k};\underbrace{e,\cdots,e}_{4}), \quad [d\mathcal{P}]^{(k)} = (\mathbf{D}^k d\mathcal{P})(\underbrace{e,\cdots,e}_{k};e).$$

这些衰减估计可以通过使用引理 1.2.2 简单验证. 如果这些衰减估计在热方向上被验证, 则通过重复命题 1.3.5 的论证 j 次, 可以得到 (1.3.32). 此外, (1.3.33)—(1.3.36) 也可以通过应用动态分离和迭代 j 次来得到. □

类似于命题 1.3.5, 我们还可以得到

推论 1.3.1 设 $v_0 \in \mathcal{H}_Q$ 满足

$$\|\partial_x v_0\|_{L_x^2} = \epsilon_1 \ll 1.$$

- 设 $\{d_k(\sigma)\}$, 其中 $k \in \mathbb{Z}$, $\sigma \in \left[0, \frac{5}{4}\right]$, 是阶数为 $\frac{1}{2}\delta$ 的频率包络, 满足

$$2^{\sigma k+k} \|P_k v_0\|_{L_x^2} \leqslant d_k(\sigma). \quad (1.3.37)$$

记 $v(s,x)$ 为热流方程的解, 其初值为 v_0. 记 $\{\phi_i\}$ 为在热流规范下的相应微分场, 则我们有

$$\|P_k \phi_i(\upharpoonright_{s=0})\|_{L_x^2} \leqslant 2^{-\sigma k} d_k^{(1)}(\sigma). \quad (1.3.38)$$

- 设 $j \in \mathbb{Z}_+$. 假设 $\{d_k(\sigma)\}$, 其中 $k \in \mathbb{Z}$, $\sigma \in \left[0, 1 + \dfrac{1}{4}j\right]$, 是阶数为 $\dfrac{1}{2^j}\delta$ 的频率包络. 则对于足够小的 ϵ_1 (仅依赖于 j), 类似的结果成立, 其中 $d_k^{(1)}(\sigma)$ 被 $d_k^{(j)}(\sigma)$ 替代.

证明　根据 (1.3.37), 命题 1.3.2 和命题 1.3.3, 对于 $\sigma \in \left[0, \dfrac{5}{4}\right]$, 有

$$(1 + s2^{2k})^{30} 2^{k+\sigma k} \|P_k v\|_{L_x^2} \lesssim d_k^{(1)}(\sigma). \tag{1.3.39}$$

首先, 考虑 $\sigma \in \left[0, \dfrac{99}{100}\right]$. 回顾

$$2^k \|P_k(d\mathcal{P}(e_l) - \chi_l^\infty)\|_{L_x^2} \lesssim \epsilon_1 (1 + s2^{2k})^{-29}, \tag{1.3.40}$$

然后通过恒等式 $\psi_i^l = d\mathcal{P}(e_l) \cdot \partial_i v$, 结合 (1.3.39) 和 (1.3.40), 我们从双线性 Littlewood-Paley 分解中得到, 对于任意 $\sigma \in \left[0, \dfrac{99}{100}\right]$ 和 $k \in \mathbb{Z}$, 有

$$
\begin{aligned}
\|P_k(d\mathcal{P}(e_l) \cdot \partial_i v)\|_{L_x^2} \lesssim\; & 2^{-\sigma k} d_k(\sigma) \|P_{\leqslant k-4} d\mathcal{P}(e_l)\|_{L^\infty} \\
& + 2^k \sum_{k_1 \geqslant k-4, |k_1 - k_2| \leqslant 8} 2^{-\sigma k_1} d_{k_1}(\sigma) \|P_{k_2} d\mathcal{P}(e_l)\|_{L_t^\infty L_x^2} \\
& + \sum_{|k-k_2| \leqslant 4} \|P_{k_2}(d\mathcal{P}(e_l))\|_{L_x^2} \sum_{k_1 \leqslant k-4} 2^{k_1 - \sigma k_1} d_{k_1}(\sigma),
\end{aligned}
$$

以及

$$\|P_k \psi_i(\lceil_{s=0})\|_{L_x^2} \lesssim 2^{-\sigma k} d_k(\sigma).$$

使用这个 $\sigma \in \left[0, \dfrac{99}{100}\right]$ 的估计, 并采用类似的论证, 可以将 (1.3.40) 改进为

$$2^k \|P_k(d\mathcal{P}(e_l) - \chi_l^\infty)\|_{L_x^2} \lesssim 2^{-\sigma k} d_k(\sigma)(1 + s2^{2k})^{-29}, \quad \sigma \in \left[0, \dfrac{99}{100}\right],$$

从而得到 (1.3.38). 第 j 次迭代的结果可以通过类似的论证和引理 1.3.2 得到. □

引理 1.3.3　设 $u \in \mathcal{H}_Q(T)$ 是 SMF 的解. 并且设 $v(s, t, x)$ 是以 $u(t, x)$ 为初值的热流方程 (1.3.2) 的解. 则对于任意 $L \in \mathbb{Z}_+$, $L \geqslant 200$, 对于 $0 \leqslant \sigma \leqslant 2L$, 存在常数 $\epsilon_L > 0$, $C_L > 0$, $C_{L,T}$, 使得如果 $\|\partial_x u\|_{L_t^\infty L_x^2} \leqslant \epsilon_L \ll 1$, 那么对于任意 $s \geqslant 0$, $i = 1, 2$, $\rho = 0, 1$, $m = 0, 1, \cdots, L$, 有

$$\|\partial_t^\rho \partial_x^m (v - Q)\|_{L_t^\infty H_x^L} \leqslant C_{L,T}(s+1)^{-\frac{m}{2}}, \tag{1.3.41}$$

$$(2^{-\frac{1}{2}k}\mathbf{1}_{k\leqslant 0} + 2^{\sigma k})\|P_k\phi_i\|_{L_t^\infty L_x^2} \leqslant C(\|u-Q\|_{L_t^\infty H_x^{3L}})(2^{2k}s+1)^{-30}, \qquad (1.3.42)$$

$$(2^{-\frac{1}{2}k}\mathbf{1}_{k\leqslant 0} + 2^{\sigma k})\|P_kA_i\|_{L_t^\infty L_x^2} \leqslant C(\|u-Q\|_{L_t^\infty H_x^{3L}})(2^{2k}s+1)^{-28}, \qquad (1.3.43)$$

$$2^{mk}\|P_k\partial_t\phi_i\|_{L_t^\infty L_x^2} \leqslant C_{L,T}(2^{2k}s+1)^{-25}, \qquad (1.3.44)$$

$$2^{mk}\|P_k\partial_t A_i\|_{L_t^\infty L_x^2} \leqslant C_{L,T}(2^{2k}s+1)^{-25}. \qquad (1.3.45)$$

证明 固定任意 $L \in \mathbb{N}$, $L \geqslant 200$. 令 $\lambda_k(\sigma)$ 为频率包络

$$\lambda_k(\sigma) := \sup_{k'\in\mathbb{Z}} 2^{-\frac{1}{2^j}\delta|k-k'|}2^{\sigma k'}\|P_{k'}(u-Q)\|_{L_t^\infty L_x^2},$$

若 $\sigma \in \mathbb{I}_j \cap [0,2L]$. 并定义

$$\widetilde{B}_{j,\sigma,K}(S) = \sup_{k\in\mathbb{Z},s\in[0,S)} [\lambda_k^{(j)}(\sigma)]^{-1}(1+s2^{2k})^K 2^{\sigma k}\|P_kv\|_{L_t^\infty L_x^2},$$

对 $\sigma \in \mathbb{I}_j \cap [0,2L]$, $j \in \mathbb{N}$, $K \in \mathbb{Z}_+$. 根据引理 1.3.1 和 $\{\lambda_k^{(j)}(\sigma)\}$ 是频率包络的事实, $\widetilde{B}_{j,\sigma,K}(S)$ 对于 $S \geqslant 0$ 是良定的, 且在 S 上连续, 并且有 $\lim_{S\to 0}\widetilde{B}_{j,\sigma,K}(S) = 1$. 然后应用命题 1.3.2—1.3.4 及其论证, 我们得到 $\widetilde{B}_{j,\sigma,30}(S) \lesssim 1$, 即

$$\|P_kv\|_{L_t^\infty L_x^2} \lesssim (1+s2^{2k})^{-30}2^{-\sigma k}\lambda_k^{(j)}(\sigma), \quad \forall \sigma \in \mathbb{I}_j \cap [0,2L].$$

回顾 $\gamma_k^{(j)}(\sigma)$ 在 2.3.3 节中的定义. 然后根据推论 1.3.1 和引理 1.3.2, 对于 $\sigma \in \left[0, \frac{j}{4}+1\right]$ 有

$$2^{\sigma k}\|P_k\phi_i\|_{L_t^\infty L_x^2} \lesssim \gamma^{(j)}(\sigma)(2^{2k}s+1)^{-30},$$

$$2^{\sigma k}\|P_kA_i\|_{L_t^\infty L_x^2} \lesssim \gamma_{k,s}^{(j)}(\sigma)(2^{2k}s+1)^{-28}.$$

这验证了 (1.3.42)—(1.3.43) 的高频部分.

此外, 根据引理 1.3.2, 有

$$2^{\sigma k}\|P_k[d\mathcal{P}(e)]\|_{L_t^\infty L_x^2} \lesssim 2^{-k}(1+s2^{2k})^{-30}, \quad \forall \sigma \in [0,2L]. \qquad (1.3.46)$$

下面证明 (1.3.42)—(1.3.43) 的低频部分. 回顾

$$\|P_kv\|_{L_x^2} \lesssim 2^{-\sigma k}\lambda_k^{(0)}(\sigma)(1+s2^{2k})^{-30}, \quad \sigma \in \left[0, \frac{99}{100}\right].$$

则 (1.3.46) 和双线性 Littlewood-Paley 分解表明

$$\|P_k(\phi_i)\|_{L_t^\infty L_x^2} \leqslant \sum_l^{2n} \|P_k(d\mathcal{P}(e_l) \cdot \partial_i v)\|_{L_t^\infty L_x^2}$$

$$\lesssim 2^k \lambda_k^{(0)}(0)(1 + s2^{2k})^{-30}(1 + \|P_{\leqslant k-4}d\mathcal{P}(e_l)\|_{L^\infty})$$

$$+ 2^k \sum_{k_1 \geqslant k-4, |k_1-k_2| \leqslant 8} 2^{\frac{1}{2}k_1} \lambda_{k_1}^{(0)}\left(\frac{1}{2}\right) \|P_{k_2}d\mathcal{P}(e_l)\|_{L_t^\infty L_x^2}$$

$$+ \sum_{|k-k_2| \leqslant 4} \|P_{k_2}(d\mathcal{P}(e_l))\|_{L_x^2} \sum_{k_1 \leqslant k-4} 2^{2k_1}\lambda_{k_1}^{(0)}(0)$$

$$\lesssim C(\|u - Q\|_{L_t^\infty H_x^1})2^{\frac{k}{2}}(1 + s2^{2k})^{-30},$$

对任意的 $i = 1, 2, k \leqslant 0$. 类似的论证给出

$$\|P_k(A_i)\|_{L_t^\infty L_x^2} \lesssim C(\|u - Q\|_{L_t^\infty H_x^1})2^{\frac{k}{2}}(1 + s2^{2k})^{-28}, \tag{1.3.47}$$

对于任意 $i = 1, 2, k \leqslant 0$. 因此, (1.3.42) 和 (1.3.42) 已经完成.

由于 $\partial_t v = J(v)(\sum_{i=1,2} D_i\phi)$, 在 $s = 0$ 时, 我们从 $u \in \mathcal{H}_Q(T)$ 中观察到

$$\|\partial_t v(\upharpoonright_{s=0})\|_{L_t^\infty H_x^l} \leqslant C_{l,T}, \quad \forall l \in \mathbb{N}.$$

因此, 使用热半群的光滑效应估计, 并对 (1.3.2) 作用 ∂_t, 可以得到 (1.3.41). 从 (1.3.40), (1.3.41), (1.3.46) 和恒等式

$$\partial_x^l \psi_t^a = \sum_{l_1=0}^{l} \partial_x^{l_1}(d\mathcal{P}(e_a)) \cdot \partial_x^{l-l_1}(\partial_t v),$$

我们得到

$$2^{mk}\|P_k\phi_t\|_{L_t^\infty L_x^2} \lesssim (1 + s2^{2k})^{-28}, \quad 0 \leqslant m \leqslant L,$$

这进一步给出了 $\|P_kA_t\|_{L_t^\infty L_x^2}$ 的估计. 然后应用 $A_i\phi_i$ 和 $A_t\phi_i$ 的类似估计, 并利用恒等式 $\partial_t\phi_i = -A_t\phi_i + D_i\phi_t$, 我们得到 (1.3.44). 对于 (1.3.45), 我们使用 $\phi_s = D_i\phi_i$ 和

$$|\partial_x^l \partial_t A_i| \leqslant \sum_{l_1=0}^{l} \int_s^\infty |D_x^{l-l_1}D_t\phi_i||D_x^{l_1}\phi_s|ds' + \int_s^\infty |D_x^{l-l_1}\phi_i||D_x^{l_1}D_t\phi_s|ds'. \quad \square$$

1.3.6　动态热流标架的额外衰减估计

命题 1.3.6　设 $u \in \mathcal{H}_Q(T)$ 是 SMF 的解. 记 $v(s, t, x)$ 为以 $u(t, x)$ 为初值的热流方程的解, 并且记 $\{\phi_i\}_{i=0}^{2}$ 为对应于热流规范下的微分场. 假设 $\{\beta_k(\sigma)\}$ 是一个阶数为 δ 的频率包络, 使得对所有 $i = 1, 2$ 和 $k \in \mathbb{Z}$, 有

$$2^{\sigma k}\|P_k\phi_i(\upharpoonright_{s=0})\|_{L_t^\infty L_x^2 \cap L_{t,x}^4} \leqslant \beta_k(\sigma). \tag{1.3.48}$$

- 存在一个足够小的常数 $\epsilon > 0$, 使得: 如果

$$\sum_{k \in \mathbb{Z}} |\beta_k(0)|^2 < \epsilon, \tag{1.3.49}$$

那么对于任意 $l \in \mathbb{N}$, 有

$$\|P_k \widetilde{\mathcal{G}}^{(l)}\|_{L^4 \cap L_t^\infty L_x^2} \lesssim_l 2^{-\sigma k - k} \beta_k(\sigma)(1 + s2^{2k})^{-30}, \tag{1.3.50}$$

$$\|P_k \phi_s\|_{L^4 \cap L_t^\infty L_x^2}$$
$$\lesssim 2^{-\sigma k + k} \left(\mathbf{1}_{k+j \geqslant 0}(1 + s2^{2k})^{-30} \beta_k(\sigma) + \mathbf{1}_{k+j \leqslant 0} \sum_{k \leqslant l \leqslant -j} \beta_l(\sigma)\beta_l \right), \tag{1.3.51}$$

$$(1 + s2^{2k})^{29} 2^{\sigma k + k} \|P_k (d\mathcal{P}(e))\|_{L^4} \lesssim \beta_k(\sigma), \tag{1.3.52}$$

对 $\forall\ \sigma \in \left[0, \dfrac{99}{100}\right], s \in [2^{2j-1}, 2^{2j+1}), j, k \in \mathbb{Z}$. 此外, 设对于 $\sigma \in \left[0, \dfrac{5}{4}\right]$, $\{\beta_k(\sigma)\}$ 是一个阶数为 $\dfrac{1}{2}\delta$ 的频率包络, 使得对所有 $i = 1, 2$ 和 $k \in \mathbb{Z}$, (1.3.48) 和 (1.3.49) 都成立. 则对于任意 $\sigma \in \left[0, \dfrac{5}{4}\right]$ 和 $k \in \mathbb{Z}$, 有

$$(1 + s2^{2k})^{27} 2^{\sigma k} \|P_k A_i\|_{L_t^\infty L_x^2} \lesssim \beta_{k,s}^{(1)}(\sigma). \tag{1.3.53}$$

- 如果 $\{\beta_k(\sigma)\}$ 是一个阶数为 $\dfrac{1}{2^j}\delta$ 的频率包络, 那么类似的结果对于 $\sigma \in \left[0, \dfrac{1}{4}j + 1\right]$ 和足够小的 ϵ (仅依赖于 $j \in \mathbb{Z}_+$) 成立. (例如参见命题 1.1.4)

证明 如果 $\{\beta_k(\sigma)\}$ 是一个阶数为 δ 的频率包络, 根据命题 1.3.5, 我们有

$$(1 + s2^{2k})^{31} 2^{\sigma k} 2^k \|P_k v\|_{L_t^\infty L_x^2} \lesssim \beta_k(\sigma), \tag{1.3.54}$$

$$(1 + s2^{2k})^{30} 2^{\sigma k} 2^k \|P_k S(v)\|_{L_t^\infty L_x^2} \lesssim \beta_k(\sigma), \tag{1.3.55}$$

$$\|P_k \phi_s\|_{L_t^\infty L_x^2} \lesssim 2^{-\sigma k + k} \left(\mathbf{1}_{k+j \geqslant 0}(1 + s2^{2k})^{-30} \beta_k(\sigma) + \mathbf{1}_{k+j \leqslant 0} \sum_{k \leqslant l \leqslant -j} \beta_l(\sigma)\beta_l \right), \tag{1.3.56}$$

$$(1 + s2^{2k})^{30} 2^k \|P_k ((d\mathcal{P})(e_l) - \chi_l^\infty)\|_{L_x^2} \lesssim 2^{-\sigma k} \beta_k(\sigma), \tag{1.3.57}$$

$$\sum_{i=1,2} (1 + s2^{2k})^{29} 2^{\sigma k} \|P_k A_i\|_{L_t^\infty L_x^2} \lesssim \beta_{k,s}^{(0)}(\sigma), \tag{1.3.58}$$

对于任意 $\sigma \in \left[0, \dfrac{99}{100}\right], j, k \in \mathbb{Z}$、$s \in [2^{2j-1}, 2^{2j+1})$. 进一步, 如果 $\{\beta_k(\sigma)\}$ 是一个阶数为 $\dfrac{1}{2}\delta$ 的频率包络, 则命题 1.3.5 对于 $\sigma \in \left[0, \dfrac{5}{4}\right]$ 也能给出类似结果.

下面我们给出 $\sigma \in \left[0, \dfrac{99}{100}\right]$ 时的证明.

步骤 1   当 $s = 0$ 时, 利用 $\partial_i v = \sum_l \mathcal{P}(e_l)\psi_i^l$, 我们从双线性 Littlewood-Paley 分解得到

$$
\begin{aligned}
\|P_k(fg)\|_{L^4} &\lesssim \sum_{|k-k_2|\leqslant 4} \|P_{\leqslant k-4}f\|_{L^\infty_{t,x}}\|P_{k_2}g\|_{L^4} \\
&\quad + 2^k \sum_{k_1,k_2\geqslant k-4, |k_1-k_2|\leqslant 8} \|P_{k_1}f\|_{L^\infty_t L^2_x}\|P_{k_2}g\|_{L^4} \\
&\quad + \sum_{k_2\leqslant k-4, |k_1-k|\leqslant 4} 2^{\frac{1}{2}k_1}\|P_{k_1}f\|_{L^\infty_t L^2_x}2^{\frac{1}{2}k_2}\|P_{k_2}g\|_{L^4},
\end{aligned} \tag{1.3.59}
$$

并从 (1.3.48), (1.3.57) 得到

$$
\|P_k(\partial_i v)\|_{L^4} \lesssim 2^{-\sigma k}\beta_k(\sigma), \tag{1.3.60}
$$

对于 $s = 0$ 和任意 $\sigma \in \left[0, \dfrac{99}{100}\right], k \in \mathbb{Z}$. 然后从热流方程 (1.1.13) 可得

$$
(1 + s2^{2k})^{30}\|P_k(\partial_i v)\|_{L^4} \lesssim 2^{-\sigma k}\beta_k(\sigma), \tag{1.3.61}
$$

对于任意 $s \geqslant 0, \sigma \in \left[0, \dfrac{99}{100}\right], k \in \mathbb{Z}$. 实际上, 定义

$$
Z_1(S) := \sup_{s\in[0,S), k\in\mathbb{Z}} \frac{1}{\beta_k(\sigma)}2^{\sigma k}(1 + s2^{2k})^{30}\|P_k(\partial_i v)\|_{L^4}.
$$

由 (1.3.60) 知, $Z_1(S)$ 是良定的和连续的, 并且当 $S \to 0$ 时趋于 1. 使用以下三线性 Littlewood-Paley 分解

$$
\begin{aligned}
&2^k\|P_k S(v)(\partial_x v, \partial_x v)\|_{L^4_{t,x}} \\
&\lesssim 2^k\widetilde{\beta}_k \sum_{k_1\leqslant k}\widetilde{\beta}_{k_1}2^{k_1} + \sum_{k_2\geqslant k}2^{-2|k-k_2|}2^{2k_2}\widetilde{\beta}_{k_2}^2 \\
&\quad + 2^{\frac{1}{2}k}\widetilde{\alpha}_k\left(\sum_{k_1\leqslant k}2^{k_1}\widetilde{\beta}_{k_1}\right)^2 + \sum_{k_2\geqslant k}2^{2k-k_2}\widetilde{\alpha}_{k_2}\widetilde{\beta}_{k_2}\sum_{k_1\leqslant k_2}2^{k_1}\widetilde{\beta}_{k_1},
\end{aligned} \tag{1.3.62}
$$

其中

$$\widetilde{\beta}_k = \sum_{|k'-k| \leqslant 30} 2^{k'} \|P_{k'}v\|_{L_t^\infty L_x^2 \cap L_{t,x}^4}, \quad \widetilde{\alpha}_k = \sum_{|k'-k| \leqslant 30} 2^{k'} \|P_{k'}(S(v))\|_{L_t^\infty L_x^2},$$

并且使用与前类似的论证, 我们由 (1.3.55), (1.3.54) 得到

$$Z_1(S) \lesssim 1 + \epsilon Z_1^2(S),$$

对于任意 $S \geqslant 0$. 因此, 由 $\lim_{S \to 0} Z_1(S) = 1$, 有 $Z_1(S) \lesssim 1$. 故而 (1.3.61) 成立.

步骤 2 在有了 (1.3.61) 后, 利用热流方程可以得到 $\|P_k\partial_s v\|_{L^4}$ 的界. 然后通过双线性 Littlewood-Paley 分解 (1.3.59) 和 (1.3.57) 可以得到 $\|P_k\phi_s\|_{L^4}$ 的估计. 通过对 $d\mathcal{P}(e)$ 进行动态分离, 我们可以从 $\|P_k(\mathbf{D}d\mathcal{P}(e;e))\|_{L_t^\infty L_x^2}$ 和 $\|P_k\phi_s\|_{L^4}$ 得到 $\|P_k(d\mathcal{P}(e))\|_{L^4}$ 的界. 接着可以得到 $\|P_k(\mathcal{G})\|_{L^4}$ 和 $\|P_k\phi_i\|_{L^4}$ 的控制, 对所有 $s \geqslant 0$. 进一步可得到 $\|A_i\|_{L^4}$ 对任意 $s \geqslant 0$ 的估计.

其他范围的 σ 可类似证明, 我们把细节留给读者. □

迭代前证明的概要.

迭代前的证明有两个主要部分, 一个是 [BIKT11] 中处理常曲率情形的论证框架, 另一个是 1.4 节步骤 2 步中提到的曲率分解. 在技术层面上, 我们需要利用对 $\|P_k\widetilde{\mathcal{G}}^{(1)}\|_{L_x^4 L_t^\infty(T)}$ 的 bootstrap 假设并通过改进这一上界达到封闭估计的目的, 参见 1.1.4 节中的步骤 4.1 和步骤 4.2.

为了读者的方便, 我们概述 [BIKT11] 的论证框架. 由于曲率项的存在, 当前的规范方程不是自封闭的, 因此需要使用上述提到的一些关键性思想. 但为了给读者提供整体的概念, 我们仅简单勾勒 [BIKT11] 的框架, 而不是详细展示所有技术性的问题.

证明是一个 bootstrap 论证. 设 $\sigma \in \left[0, \dfrac{99}{100}\right)$. 给定 $\mathcal{L} \in \mathbb{Z}_+$ 和 $Q \in \mathcal{N}$, 设 $T \in (0, 2^{2\mathcal{L}}]$. 假设 $\{c_k\}$ 是一个阶数为 δ 的 ϵ_0-频率包络, 并且 $\{c_k(\sigma)\}$ 是另一个阶数为 δ 的频率包络. 设 u_0 是 SMF 的初值, 满足

$$\|P_k\nabla u_0\|_{L_x^2} \leqslant c_k(\widetilde{\sigma})2^{-\widetilde{\sigma}k}, \quad \widetilde{\sigma} \in \left[0, \frac{99}{100}\right]. \tag{1.3.63}$$

记 u 为初值为 u_0 的 SMF 解. 假设 u 满足

$$\textbf{bootstrap I}: \|P_k\nabla u\|_{L_t^\infty L_x^2} \leqslant \epsilon_0^{-\frac{1}{2}} c_k.$$

记 $v(s,t,x)$ 为以 $u(t,x)$ 为初值的热流方程的解, A_i, A_t, A_s 为相应的联络系数. 记热张量场为 ϕ_s, 微分场为 $\{\phi_i\}$ 和 ϕ_t. 假设 $\{\phi_i\}_{i=1}^2$ 在 $s = 0$ 时满足 bootstrap

条件:

$$\textbf{bootstrap II} : \|P_k\phi_i\upharpoonright_{s=0}\|_{G_k(T)} \leqslant \epsilon_0^{-\frac{1}{2}}c_k.$$

在第 1 步, 通过研究热方程 (1.1.15) 和 (1.1.16), 我们实际上证明了 bootstrap I 和 bootstrap II 对 A_i, A_t 和 $\phi_{i,t}$ 沿热流方向给出了抛物估计:

$$\|P_k\phi_i(s)\|_{F_k(T)} \leqslant c_k(\sigma)2^{-\sigma k}(1+s2^{2k})^{-4}, \quad \sigma \in \left[0, \frac{99}{100}\right],$$

$$\|P_k\phi_t(s)\|_{L_{t,x}^4} \leqslant c_k(\sigma)2^{-\sigma k+k}(1+s2^{2k})^{-2}, \quad \sigma \in \left[0, \frac{99}{100}\right],$$

$$\|P_k A_i\upharpoonright_{s=0}\|_{L_{t,x}^4} \leqslant c_k(\sigma)2^{-\sigma k}, \quad \sigma \in \left[0, \frac{99}{100}\right],$$

$$\|P_k A_t\upharpoonright_{s=0}\|_{L_{t,x}^2} \lesssim \epsilon_0.$$

在第 2 步, 通过研究 Schrödinger 方程 (1.1.17), 我们证明了 bootstrap I 和 bootstrap II 确实对 Schrödinger 流方向的 ϕ_i 给出了改进的估计:

$$\|P_k\phi_i\upharpoonright_{s=0}\|_{G_k(T)} \lesssim c_k(\sigma)2^{-\sigma k}, \quad \sigma \in \left[0, \frac{99}{100}\right].$$

在第 3 步, 我们在不使用 bootstrap I 和 bootstrap II 的情况下证明

$$\|P_k\phi_i\upharpoonright_{s=0}\|_{G_k(T)} \lesssim c_k. \tag{1.3.64}$$

1.4 SMF 解沿热方向的演化

1.4.1 微分场的抛物估计

本节的主要结果是以下命题.

命题 1.4.1 设 $\{b_k\}$ 是一个 ε-频率包络. 假设对于 $i=1,2$, 有

$$\|P_k\phi_i\upharpoonright_{s=0}\|_{F_k(T)} \leqslant b_k(\sigma)2^{-\sigma k}, \quad \sigma \in \left[0, \frac{99}{100}\right], \tag{1.4.1}$$

$$\|P_k\phi_t\upharpoonright_{s=0}\|_{L_{t,x}^4} \lesssim b_k(\sigma)2^{-(\sigma-1)k}, \quad \sigma \in \left[0, \frac{99}{100}\right] \tag{1.4.2}$$

和

$$\|P_k\phi_i(s)\|_{F_k(T)} \leqslant \varepsilon^{-\frac{1}{2}}b_k(1+s2^{2k})^{-4}. \tag{1.4.3}$$

那么, 如果 $\varepsilon > 0$ 足够小, 对于 $\sigma \in \left[0, \dfrac{99}{100}\right]$ 有

$$\|P_k\phi_i(s)\|_{F_k(T)} \lesssim b_k(\sigma)2^{-\sigma k}(1+s2^{2k})^{-4}, \tag{1.4.4}$$

$$\|P_k A_i \restriction_{s=0}\|_{L^4_{t,x}} \lesssim b_k(\sigma)2^{-\sigma k}, \quad i = 1, 2, \tag{1.4.5}$$

$$\|P_k\phi_t(s)\|_{L^4_{t,x}} \lesssim b_k(\sigma)2^{-(\sigma-1)k}(1+2^{2k}s)^{-2},$$

$$\|P_k A_t \restriction_{s=0}\|_{L^2_{t,x}} \lesssim \varepsilon b_k(\sigma)2^{-\sigma k}, \quad \sigma \in \left[\frac{1}{100}, \frac{99}{100}\right], \tag{1.4.6}$$

$$\|P_k A_t \restriction_{s=0}\|_{L^2_{t,x}} \lesssim \varepsilon^2, \quad \sigma \in \left[0, \frac{99}{100}\right].$$

注释 假设 (1.4.3) 可以省略. 这只需应用 Sobolev 嵌入定理、引理 1.3.3 和 [[BIKT11], 1463 页] 的论证即可.

1.4.2 命题 1.4.1 的证明 I

现在我们转向证明命题 1.4.1 中的抛物估计.

设

$$h(k) = \sup_{s \geqslant 0}(1 + s2^{2k})^4 \sum_{i=1}^{2} \|P_k\phi_i(s)\|_{F_k(T)}. \tag{1.4.7}$$

定义相应的包络为

$$h_k(\sigma) = \sup_{k' \in \mathbb{Z}} 2^{\sigma k'}2^{-\delta|k'-k|}h(k'). \tag{1.4.8}$$

假设

$$2^{\frac{1}{2}k}\|P_k(\widetilde{\mathcal{G}}^{(1)})\|_{L^4_x L^\infty_t(T)} \leqslant \varepsilon^{-\frac{1}{4}}h_k[(1+2^{2k}s)^{-20}\mathbf{1}_{j+k\geqslant 0} + \mathbf{1}_{j+k\leqslant 0}2^{\delta|k+j|}], \tag{1.4.9}$$

对任意 $s \in [2^{2j-1}, 2^{2j+1}), k, j \in \mathbb{Z}$ 成立.

引理 1.4.1 在命题 1.4.1 和 (1.4.9) 的假设下, 对于任意 $k \in \mathbb{Z}, s \geqslant 0$, $i = 1, 2$, 我们有

$$\left\|P_k(A_i(s))\right\|_{F_k(T) \cap S_k^{\frac{1}{2}}(T)} \lesssim 2^{-\sigma k}(1+s2^{2k})^{-4}h_{k,s}(\sigma), \tag{1.4.10}$$

其中, 序列 $\{h_{k,s}\}$ 在 $2^{2k_0-1} \leqslant s < 2^{2k_0+1}$ $(k_0 \in \mathbb{Z})$ 时定义为

$$h_{k,s}(\sigma) = \begin{cases} 2^{k+k_0}h_{-k_0}h_k(\sigma), & k + k_0 \geqslant 0, \\ \sum_{l=k}^{-k_0} h_l h_l(\sigma), & k + k_0 \leqslant 0. \end{cases} \tag{1.4.11}$$

证明 根据命题 1.4.1 的假设 (1.4.3) 并注意到 $\{b_k\}$ 是一个 ε-包络, 我们有

$$\|\{h_k\}\|_{\ell^2}^2 \leqslant \varepsilon. \tag{1.4.12}$$

为了证明 (1.4.10), 设 B_1 为 $[1,\infty)$ 中最小的数, 使得对于所有 $\sigma \in \left[0, \dfrac{99}{100}\right]$, $s \geqslant 0$, $k \in \mathbb{Z}$, $i = 1, 2$, 有

$$\|P_k(A_i(s))\|_{F_k(T) \cap S_k^{\frac{1}{2}}(T)} \leqslant B_1 2^{-\sigma k}(1 + s2^{2k})^{-4} h_{k,s}(\sigma). \tag{1.4.13}$$

步骤 1 回忆 A_i 可形式地写作

$$A_i(s) = \sum_{j_0,j_1,j_2,j_3} \int_s^\infty (\phi_i \diamond \phi_s) \langle \mathbf{R}(e_{j_0}, e_{j_1})(e_{j_2}), e_{j_3} \rangle ds', \tag{1.4.14}$$

其中 $\{j_c\}_{c=0}^3$ 在 $\{1, \cdots, 2n\}$ 中取值, i 在 $\{1, 2\}$ 中取值. 并回顾 $\phi_s = \sum_{l=1}^2 D_l \phi_l$. 对 (1.4.14) 作用 P_k 得到

$$\|P_k(A_i(s))\|_{F_k(T) \cap S_k^{\frac{1}{2}}(T)}$$

$$\leqslant \sum_{|k_1-k_2|\leqslant 8, k_1,k_2\geqslant k-4} \int_s^\infty \|P_k[P_{k_1}(\phi_i \diamond \phi_s) P_{k_2}\langle \mathbf{R}(e_{j_0}, e_{j_1})e_{j_2}, e_{j_3}\rangle]\|_{F_k(T) \cap S_k^{\frac{1}{2}}(T)} ds'$$

$$+ \sum_{|k_1-k|\leqslant 4} \int_s^\infty \|P_k[P_{k_1}(\phi_i \diamond \phi_s) P_{\leqslant k-4}\langle \mathbf{R}(e_{j_0}, e_{j_1})e_{j_2}, e_{j_3}\rangle]\|_{F_k(T) \cap S_k^{\frac{1}{2}}(T)} ds'$$

$$+ \sum_{|k_2-k|\leqslant 4, k_1\leqslant k-4} \int_s^\infty \|P_k[P_{k_1}(\phi_i \diamond \phi_s) P_{k_2}\langle \mathbf{R}(e_{j_0}, e_{j_1})e_{j_2}, e_{j_3}\rangle]\|_{F_k(T) \cap S_k^{\frac{1}{2}}(T)} ds'. \tag{1.4.15}$$

上述三种情况通常称为 (a) High × High → Low, (b) High × Low → High, (c) Low × High → High.

在情况 (b) (High× Low → High) [[BIKT11], 引理 5.2, 第 1470 页] 中, 作者证明了

$$\sum_{i=1}^2 \int_s^\infty \|P_k(\phi_i \diamond \phi_s)\|_{F_k(T) \cap S_k^{\frac{1}{2}}(T)} ds' \lesssim \varepsilon B_1 2^{-\sigma k}(1 + s2^{2k})^{-4} h_{k,s}(\sigma). \tag{1.4.16}$$

(符号略有不同.) 因此在情况 (b) 中, 对 $P_{\leqslant k-4}$ 部分应用平凡估计

$$\|\langle \mathbf{R}(e_{j_0}, e_{j_1})e_{j_2}, e_{j_3}\rangle\|_{L_{t,s,x}^\infty} \lesssim K(\mathcal{N}), \tag{1.4.17}$$

对 P_{k_1} 部分应用 (1.4.16), 我们得到

$$\sum_{|k_1-k|\leqslant 4}\int_s^\infty\left\|P_k\left(P_{k_1}(\phi_i\diamond\phi_s)P_{\leqslant k-4}\langle\mathbf{R}(e_{j_0},e_{j_1})e_{j_2},e_{j_3}\rangle\right)\right\|_{F_k(T)\cap S_k^{\frac{1}{2}}(T)}$$

$$\lesssim\varepsilon B_1 2^{-\sigma k}(1+s2^{2k})^{-4}h_{k,s}(\sigma).\tag{1.4.18}$$

步骤 2 (加细的动态分离) 对于 Low × High 和 High × High 部分, 我们需要进一步分解曲率项. 在 1.3.4 节中进行的动态分离也需要进行精细化处理. 回顾符号

$$\mathcal{G}(s)=\langle\mathbf{R}(e_{j_0},e_{j_1})e_{j_2},e_{j_3}\rangle(s),$$

对任意给定的 $j_0,\cdots,j_3\in\{1,\cdots,2n\}$, 以及 1.3.4 节中对 $\mathcal{G}$ 的分解. 因此, 使用 $\psi_s=\sum_{i=1,2}(\partial_i+A_i)\psi_i$, 在第二次动态分离之后, $\mathcal{G}$ 可以分解为

$$\mathcal{G}(s)=\langle\mathbf{R}(e_{j_0},e_{j_1})e_{j_2},e_{j_3}\rangle(s)\tag{1.4.19}$$

$$=\Gamma^\infty-\Gamma_l^{\infty,(1)}\int_s^\infty\psi_s^l(\widetilde{s})d\widetilde{s}$$

$$-\int_s^\infty\psi_s^l(\widetilde{s})\left(\int_{\widetilde{s}}^\infty\psi_s^p(s')(\widetilde{\nabla}^2\mathbf{R})(e_l,e_p;e_{j_0},\cdots,e_{j_3})ds'\right)d\widetilde{s}\tag{1.4.20}$$

$$:=\Gamma^\infty+\mathcal{U}_{00}+\mathcal{U}_{01}+\mathcal{U}_I+\mathcal{U}_{II},$$

其中, 我们记

$$\mathcal{U}_{00}:=-\Gamma_l^{\infty,(1)}\int_s^\infty\sum_{i=1}^2(\partial_i\psi_i)ds',$$

$$\mathcal{U}_{01}:=-\int_s^\infty\sum_{i=1}^2(\partial_i\psi_i)^l\left((\widetilde{\nabla}\mathbf{R})(e_l;e_{j_0},\cdots,e_{j_3})-\Gamma_l^{\infty,(1)}\right)ds',$$

$$\mathcal{U}_I:=-\Gamma_l^{\infty,(1)}\int_s^\infty\sum_{i=1}^2(A_i\psi_i)^l ds',$$

$$\mathcal{U}_{II}:=-\int_s^\infty\sum_{i=1}^2(A_i\psi_i)^l(\widetilde{s})\left(\int_{\widetilde{s}}^\infty\psi_s^p(s')(\widetilde{\nabla}^2\mathbf{R})(e_l,e_p;e_{j_0},\cdots,e_{j_3})ds'\right)d\widetilde{s}$$

$$=-\int_s^\infty\sum_{i=1}^2(A_i\psi_i)^l(\widetilde{s})\left((\widetilde{\nabla}\mathbf{R})(e_l;e_{j_0},\cdots,e_{j_3})-\Gamma_l^{\infty,(1)}\right)d\widetilde{s}.$$

容易证明

$$\left\| \int_{2^{2k_0-1}}^{\infty} \sum_{i=1}^{2} (\partial_i \psi_i) ds' \right\|_{F_k(T)}$$

$$\lesssim 2^{-\sigma k} h_k(\sigma)(\mathbf{1}_{k_0+k\leqslant 0} 2^{-k} + \mathbf{1}_{k_0+k\geqslant 0} 2^{2k_0+k})(1 + 2^{2k_0+2k})^{-4}. \tag{1.4.21}$$

回顾 [[BIKT11], 引理 5.2] 显示, 对于 $s \in [2^{2j-1}, 2^{2j+2})$ 有

$$\|P_k(\phi_i \diamond \phi_s)(s)\|_{F_k(T) \cap S_k^{\frac{1}{2}}(T)} \tag{1.4.22}$$

$$\lesssim \begin{cases} 2^{-\sigma k}(1 + 2^{2k}s)^{-4} \left(\widetilde{h}_{k,s}(\sigma) + B_1 \varepsilon 2^{-2j} h_{k,s}(\sigma) \right), & k+j \geqslant 0, \\ 2^{-\sigma k} \left(\widetilde{h}_{k,s}(\sigma) + B_1 \varepsilon 2^{-2j} h_{-j} h_{-j}(\sigma) \right), & k+j \leqslant 0, \end{cases} \tag{1.4.23}$$

其中, $\widetilde{h}_{k,s}(\sigma)$ 定义为

$$\widetilde{h}_{k,s}(\sigma) = 2^{-j} h_{-j} \left(2^k h_k(\sigma) + 2^{-j} h_{-j}(\sigma) \right).$$

然后重复双线性估计 [引理 5.1, [BIKT11]], 我们得到

$$\int_s^{\infty} \|P_k(\mathcal{U}_{00}(\phi_s \diamond \phi_i))\|_{F_k(T) \cap S_k^{\frac{1}{2}}(T)} ds' \lesssim (1 + \varepsilon B_1) 2^{-\sigma k} h_{k,s}(\sigma)(1 + 2^{2k_0+2k})^{-4}. \tag{1.4.24}$$

Γ^{∞} 部分

$$\int_s^{\infty} \|P_k(\Gamma^{\infty}(\phi_s \diamond \phi_i))\|_{F_k(T) \cap S_k^{\frac{1}{2}}(T)} ds' \lesssim (1 + \varepsilon B_1) 2^{-\sigma k} h_{k,s}(\sigma)(1 + 2^{2k_0+2k})^{-4}$$

通过直接应用 [引理 5.2, [BIKT11]] 得到, 因为 Γ^{∞} 只是一个常数.

　　回顾符号 $\widetilde{\mathcal{G}}^{(1)} = (\widetilde{\nabla}\mathbf{R})(e; e_{j_0}, e_{j_1}, e_{j_2}, e_{j_3}) - \Gamma^{\infty,(1)}$. 对于 $\mathcal{U}_{01}$, 应用 (1.3.50), 有

$$2^k \|P_k \widetilde{\mathcal{G}}^{(1)}\|_{L_t^{\infty} L_x^2} \lesssim 2^{-\sigma k} h_k(\sigma)(1 + 2^{2k}s)^{-30}, \tag{1.4.25}$$

和 (1.4.9): 对于 $s \in [2^{2j-1}, 2^{2j+1})$

$$2^{\frac{k}{2}} \|P_k \widetilde{\mathcal{G}}^{(1)}\|_{L_x^4 L_t^{\infty}} \lesssim 2^{-\sigma k} h_k(\sigma)[(1 + 2^{2k}s)^{-20} \mathbf{1}_{j+k\geqslant 0} + 2^{\delta|j+k|} \mathbf{1}_{k+j\leqslant 0}], \tag{1.4.26}$$

我们通过引理 1.4.2 得到

$$\|P_k \left((\partial_i \psi_i) \widetilde{\mathcal{G}}^{(1)} \right)\|_{F_k(T)}$$

$$\lesssim \sum_{|k_1-k|\leqslant 4} \|P_{k_1}\partial_i\phi_i\|_{F_{k_1}(T)}\|P_{\leqslant k-4}\widetilde{\mathcal{G}}^{(1)}\|_{L^\infty}$$

$$+ \sum_{|k_2-k|\leqslant 4, k_1\leqslant k-4} 2^{\frac{k_1}{2}}\|P_{k_1}\partial_i\phi_i\|_{F_{k_1}(T)}\|P_{k_2}\widetilde{\mathcal{G}}^{(1)}\|_{L_x^4 L_t^\infty}$$

$$+ \sum_{|k_2-k|\leqslant 4, k_1\leqslant k-4} 2^{k_1}\|P_{k_1}\partial_i\phi_i\|_{F_{k_1}(T)}\|P_{k_2}\widetilde{\mathcal{G}}^{(1)}\|_{L^4}$$

$$+ \sum_{|k_2-k_1|\leqslant 8, k_1, k_2\geqslant k-4} \|P_{k_1}\partial_i\phi_i\|_{F_{k_1}(T)}\left(\|P_{k_2}\widetilde{\mathcal{G}}^{(1)}\|_{L^\infty} + 2^{\frac{1}{2}k_1}\|P_{k_2}\widetilde{\mathcal{G}}^{(1)}\|_{L_x^4 L_t^\infty}\right).$$

因此, 通过包络的缓慢变化性, 我们进一步得到

$$\left\|P_k\left((\partial_i\psi_i)\widetilde{\mathcal{G}}^{(1)}\right)\right\|_{F_k(T)}$$
$$\lesssim 2^{-\sigma k}h_k(\sigma)\left(\mathbf{1}_{k+j\geqslant 0}2^k(1+2^{2k+2j})^{-4} + \mathbf{1}_{k+j\leqslant 0}2^{-j}2^{\delta|j+k|}\right),$$

对任意的 $s \in [2^{2j-1}, 2^{2j+1})$, $k, j \in \mathbb{Z}$. 注意到大常数 $\varepsilon^{-\frac{1}{4}}$ 被 $\|\{h_k\}\|_{\ell^\infty} \lesssim \varepsilon^{\frac{1}{2}}$ 吸收. 且注意到在 $(\partial_i\psi_i)\widetilde{\mathcal{G}}^{(1)}$ 的 Low×High 相互作用中, 由于级数 $\sum_{k_1\leqslant k-4} 2^{2k-\sigma k}h_k(\sigma)$ 对于 $\sigma < 2$ 是可和的, 因此可以从 $\partial_i\psi_i$ 中匀出 $2^{-\sigma k}$, 其中 $\sigma \in \left[0, \frac{99}{100}\right]$. 因此, 对于 $s \in [2^{2k_0-1}, 2^{2k_0+1})$, 将上述公式在 $j \geqslant k_0$ 上求和得到

$$\int_s^\infty \left\|P_k\left((\partial_i\psi_i)\widetilde{\mathcal{G}}^{(1)}\right)\right\|_{F_k(T)}ds'$$
$$\lesssim 2^{-\sigma k}h_k(\sigma)\left(\mathbf{1}_{k+k_0\geqslant 0}2^{k+2k_0}(1+2^{2k+2k_0})^{-4} + \mathbf{1}_{k+k_0\leqslant 0}2^{-k}\right),$$

这与 (1.4.21) 相同. 因此, 由 (1.4.22) 和双线性估计给出

$$\int_s^\infty \|P_k(\mathcal{U}_{01}(\phi_s \diamond \phi_i))\|_{F_k(T)\cap S_k^{\frac{1}{2}}(T)}\,ds' \lesssim (1+\varepsilon B_1)2^{-\sigma k}h_{k,s}(\sigma)(1+2^{2k_0+2k})^{-4}.$$

因此, 剩下的就是估计 $\mathcal{U}_I, \mathcal{U}_{II}$.

步骤 3 (通过 bootstrap 条件证明本引理) 我们首先在附加的 bootstrap 条件下证明我们的引理. 在最后一步中, 我们将去掉 bootstrap 条件并完成整个证明.

bootstrap 假设 A 假设对所有 $k, j \in \mathbb{Z}$, $s \in [2^{2j-1}, 2^{2j+1})$, 有

$$\|P_k\mathcal{U}_I\|_{F_k(T)\cap S_k^{\frac{1}{2}}(T)} \leqslant \varepsilon^{-\frac{1}{2}}(1+2^{k+j})^{-7}T_{k,j}h_k c_0^*, \tag{1.4.27}$$

$$\|P_k\mathcal{U}_{II}\|_{F_k(T)} \leqslant \varepsilon^{-\frac{1}{2}}(1+2^{k+j})^{-7}T_{k,j}h_k c_0^*, \tag{1.4.28}$$

其中 $c_0^* := \|\{h_k\}\|_{\ell^2}$, 并且我们记

$$T_{k,j} = \mathbf{1}_{k+j \leqslant 0} 2^{-k} + \mathbf{1}_{k+j \geqslant 0} 2^j. \tag{1.4.29}$$

回忆 B_1 的定义 (1.4.13). 我们此步骤的目标是在 bootstrap 假设 A 下证明 B_1 满足

$$B_1 \lesssim 1 + \varepsilon B_1.$$

对任意的 $s \in [2^{2j-1}, 2^{2j+1})$, $j \in \mathbb{Z}$, (1.4.27) 和 (1.4.28) 表明 $\mathcal{U} := \mathcal{U}_I + \mathcal{U}_{II}$ 满足

$$2^k (1 + 2^{k+j})^6 \|P_k \mathcal{U}\|_{F_k(T)} \lesssim 1. \tag{1.4.30}$$

情况 (a) (High × High → Low 的证明)　(1.4.30) 足以控制 High × High 作用. 对于 $k + k_0 \geqslant 0$, 应用 (1.4.30), (1.4.22) 和 (1.8.3), 其中 $\omega = \dfrac{1}{2}$, 可以得到在 High × High 情况下

$$\sum_{j \geqslant k_0} \int_{2^{2j-1}}^{2^{2j+1}} \sum_{|k_1-k_2| \leqslant 8, k_1, k_2 \geqslant k-4} \|P_k (P_{k_1}(\phi_i \diamond \phi_s) P_{k_2} \mathcal{U})\|_{F_k(T) \cap S_k^{\frac{1}{2}}(T)} ds'$$

$$\lesssim 2^{-\sigma k} \sum_{j \geqslant k_0} \sum_{k_1 \geqslant k-4} 2^{\frac{k-k_1}{2}} (1 + 2^{2k_1+2j})^{-6} h_{-j} \left(2^{k_1+j} h_{k_1}(\sigma) + h_{-j}(\sigma) \right)$$

$$+ 2^{-\sigma k} \sum_{j \geqslant k_0} \sum_{k_1 \geqslant k-4} 2^{\frac{k-k_1}{2}} B_1 \varepsilon (1 + 2^{2k_1+2j})^{-6} h_{k_1, 2^{2j}}(\sigma). \tag{1.4.31}$$

通过包络线的缓慢变化性, 其进一步约化为

$$2^{-\sigma k} \sum_{j \geqslant k_0} \sum_{k_1 \geqslant k-4} 2^{\frac{k-k_1}{2}} (1 + 2^{k_1+j})^{-10} 2^{\delta|j-k_0|} h_{-k_0} h_k(\sigma) \left(2^{k_1+j+\delta|k_1-k|} + 2^{\delta|k+j|} \right)$$

$$+ 2^{-\sigma k} \sum_{j \geqslant k_0} \sum_{k_1 \geqslant k-4} 2^{\frac{k-k_1}{2}} B_1 \varepsilon (1 + 2^{k_1+j})^{-10} 2^{\delta|j-k_0|} 2^{\delta|k_1-k|} h_{-k_0} h_k(\sigma).$$

由于 $k_1 + j \gtrsim k + j \geqslant k + k_0 \geqslant 0$, 可以很容易看到上述估计是可接受的. 又

$$\sum_{j \geqslant k_0} 2^{-\sigma k} (1 + \varepsilon B_1) h_{-k_0} h_k(\sigma) 2^{\delta|j-k_0|} 2^{\delta|k+j|} (1 + 2^{k+j})^{-8}$$

$$\lesssim (1 + \varepsilon B_1) 2^{-\sigma k} h_{-k_0} h_k(\sigma) 2^{k_0+k} (1 + 2^{k+k_0})^{-8},$$

因此, 对于 $k + k_0 \geqslant 0$ 的情况, High × High 部分已完成.

假设 $k + k_0 \leqslant 0$. 应用 (1.4.22), (1.4.30), $\sigma = 0$, 以及 (1.8.3), 其中 $\omega = \dfrac{1}{2}$, 对于 $j + k \leqslant 0$, 通过包络线的缓慢变化性, 我们有

$$\sum_{k_0 \leqslant j \leqslant -k} \int_{2^{2j-1}}^{2^{2j+1}} \sum_{|k_1 - k_2| \leqslant 8, k_1, k_2 \geqslant k-4} \left\| P_k \left(P_{k_1}(\phi_i \diamond \phi_s) P_{k_2} \mathcal{U} \right) \right\|_{F_k(T) \cap S_k^{\frac{1}{2}}(T)} ds'$$

$$\lesssim \sum_{k_0 \leqslant j \leqslant -k} 2^{-\sigma k}(1 + \varepsilon B_1) h_{-j} h_{-j}(\sigma).$$

因此, 对于 $k_0 + k \leqslant 0$, High × High 部分可估计为

$$\sum_{j \geqslant k_0} \int_{2^{2j-1}}^{2^{2j+1}} \sum_{|k_1 - k_2| \leqslant 8, k_1, k_2 \geqslant k-4} \left\| P_k(P_{k_1}(\phi_i \diamond \phi_s) P_{k_2} \mathcal{U}) \right\|_{F_k(T) \cap S_k^{\frac{1}{2}}(T)} d\tau$$

$$\lesssim \sum_{k_0 \leqslant j \leqslant -k} C(1 + 2^{k+j})^{-12} 2^{-\sigma k} h_{-j} h_{-j}(\sigma) 2^{(1 \pm \delta)(k+j)} + \sum_{j \geqslant -k} (\cdots)$$

$$\lesssim \sum_{k_0 \leqslant j \leqslant -k} (1 + B_1 \varepsilon) 2^{-\sigma k} h_{-j} h_{-j}(\sigma), \tag{1.4.32}$$

其中 (1.4.32) 中的 $\sum_{j \geqslant -k}(\cdots)$ 部分, 通过直接使用 $k + k_0 \geqslant 0$ 情况的结果, 可知被 $(1 + B_1 \varepsilon) 2^{-\sigma k} h_k h_k(\sigma)$ 所控制. 因此, 我们得出结论:

$$\sum_{j \geqslant k_0} \int_{2^{2j-1}}^{2^{2j+1}} \sum_{|k_1 - k_2| \leqslant 8, k_1, k_2 \geqslant k-4} \left\| P_k(P_{k_1}(\phi_i \diamond \phi_s) P_{k_2} \mathcal{U}) \right\|_{F_k(T) \cap S_k^{\frac{1}{2}}(T)} d\tau$$

$$\lesssim (1 + \varepsilon B_1) 2^{-\sigma k} (1 + 2^{j+k})^{-8} h_{k,s}(\sigma).$$

情况 (c) (Low × High → High 的证明) 在情况 (c) 中, 我们假设 $|k - k_2| \leqslant 4$ 且 $k \geqslant k_1 + 4$, 即 Low × High → High. 我们将应用以下界:

$$\left\| P_k(f_{k_1} g_{k_2}) \right\|_{F_k \cap S_k^{\frac{1}{2}}} \lesssim 2^{k_1} \| P_{k_1} f \|_{F_{k_1} \cap S_{k_1}^{\frac{1}{2}}} \| P_{k_2} g \|_{F_{k_2}(T)}, \quad |k - k_2| \leqslant 20.$$

为了避免公式过长, 我们回顾一下符号:

$$T_{k,j} = \mathbf{1}_{k+j \geqslant 0} 2^j + \mathbf{1}_{k+j \leqslant 0} 2^{-k}.$$

因此, 依据 (1.4.22), (1.4.27) 和 (1.4.28), 对于 $j \geqslant k_0$ 和 $\sigma \in \left[0, \dfrac{99}{100}\right]$, 我们可以得到 Low × High → High 部分的估计. 事实上, 对于 $k + k_0 \geqslant 0$, 我们有

$$\sum_{j \geqslant k_0} \int_{2^{2j-1}}^{2^{2j+1}} \sum_{|k_2 - k| \leqslant 4, k_1 \leqslant k-4} \left\| P_k \left(P_{k_1}(\phi_s \diamond \phi_i) P_{k_2} \mathcal{U} \right) \right\|_{F_k(T) \cap S_k^{\frac{1}{2}}(T)}$$

$$\lesssim 2^{-\sigma k}(1 + B_1\varepsilon)(1 + 2^{2k+2j})^{-4}h_{k,2^{2k_0}}(\sigma).$$

对于 $k + k_0 \leqslant 0$, 我们同样有

$$\sum_{j \geqslant k_0} \sum_{|k_2-k| \leqslant 8, k_1 \leqslant k} \int_{2^{2j-1}}^{2^{2j+1}} \left\| P_k\left(P_{k_1}(\phi_s \diamond \phi_i)P_{k_2}\mathcal{U}\right) \right\|_{F_k(T) \cap S_k^{\frac{1}{2}}(T)}$$

$$\lesssim 2^{-\sigma k}\left(1 + B_1\varepsilon^{\frac{1}{2}}\right)(1 + 2^{2k+2j})^{-4}h_{k,2^{2k_0}}(\sigma).$$

因此, Low × High 部分也已处理完毕.

综合以上三种情况, 我们总结得

$$\|P_k(A_i(s))\|_{F_k \cap S_k^{\frac{1}{2}}} \lesssim (\varepsilon^{\frac{1}{2}}B_1 + 1)2^{-\sigma k}(1 + 2^{k+k_0})^{-8}h_{k,2^{2k_0}}(\sigma). \tag{1.4.33}$$

然后 (1.4.33) 表明

$$B_1 \lesssim \varepsilon^{\frac{1}{2}}B_1 + 1. \tag{1.4.34}$$

因此 $B_1 \lesssim 1$. 所以, 在假定 bootstrap 假设 A 满足的情况下, 我们已完成对 $\sigma \in \left[0, \dfrac{99}{100}\right]$ 的引理证明.

步骤 4　在这一步, 我们证明, 去掉 (1.4.28) 和 (1.4.27) 中的 bootstrap 假设 A 时, 本引理仍然成立. 首先, 我们证明一个论断.

论断 A　如果 (1.4.27), (1.4.28) 成立, 则对于所有 $k, j \in \mathbb{Z}$, $\sigma \in \left[0, \dfrac{99}{100}\right]$, $s \in [2^{2j-1}, 2^{2j+1})$, 有

$$\|P_k\mathcal{U}_I\|_{F_{k_2}(T) \cap S_k^{\frac{1}{2}}(T)} \leqslant c_0^* 2^{-\sigma k}(1 + 2^{k+j})^{-7}T_{k,j}h_k(\sigma), \tag{1.4.35}$$

$$\|P_k\mathcal{U}_{II}\|_{F_{k_2}(T)} \leqslant c_0^* 2^{-\sigma k}(1 + 2^{k+j})^{-7}T_{k,j}h_k(\sigma). \tag{1.4.36}$$

回顾 $\mathcal{U}_I$ 的定义

$$\mathcal{U}_I = -\Gamma_l^{\infty,(1)} \int_s^\infty \sum_{i=1,2}(A_i\psi_i)^l(s')ds',$$

对于 $\mathcal{U}_{II}$, 更好的表达是

$$\mathcal{U}_{II} = -\int_s^\infty \sum_{i=1,2}(A_i\psi_i)^p(s')\left[(\widetilde{\nabla}\mathbf{R})(e_p; e_{j_0}, \cdots, e_{j_3}) - \Gamma_p^{\infty,(1)}\right]ds'.$$

回顾符号

$$\widetilde{\mathcal{G}}^{(1)} = (\widetilde{\nabla}\mathbf{R})(e; e_{j_0}, \cdots, e_{j_3}) - \Gamma^{\infty,(1)}.$$

此外, 根据 (1.3.50) 和 $c_0^* := \|\{h_k\}\|_{\ell^2}$, 我们有

$$\|P_k(\widetilde{\mathcal{G}}^{(1)})(s)\|_{L_{t,x}^\infty} \lesssim 2^{-\sigma k} h_k(\sigma)(1 + s2^{2k})^{-20}, \quad \forall \sigma \in \left[0, \frac{99}{100}\right]. \tag{1.4.37}$$

因此, 为了证明 $\mathcal{U}_{II}$ 的论断 A, 只需证明

$$\int_s^\infty \|(A_i\psi_i)\widetilde{\mathcal{G}}^{(1)}\|_{F_k(T)} ds' \lesssim (1 + 2^k s^{\frac{1}{2}})^{-7} c_0^* T_{k,j}. \tag{1.4.38}$$

$\mathcal{U}_I$ 的界较容易验证. 因为现在 $B_1 \lesssim 1$, 应用引理 2.8.2, 对于 $j + k \geqslant 0$, $s \in [2^{2j-1}, 2^{2j+1})$, 有

$$\|(A_i\psi_i)\|_{F_k(T) \cap S_{k_1}^{\frac{1}{2}}(T)} \lesssim \left(\mathbf{1}_{k+j \geqslant 0} 2^{-j} + \mathbf{1}_{k+j \leqslant 0} 2^{\frac{k-j}{2}}\right)(1 + 2^{2k+2j})^{-4} 2^{-\sigma k} c_0^* h_{k,s}(\sigma). \tag{1.4.39}$$

对 $j \geqslant k_0$ 求和, 我们得到

$$\int_s^\infty \|A_i\psi_i\|_{F_k(T) \cap S_k^{\frac{1}{2}}(T)} ds' \lesssim c_0^* 2^{-\sigma k} T_{k,k_0}(1 + 2^{k_0+k})^{-7} h_k(\sigma). \tag{1.4.40}$$

因此, 论断 A 对 $\mathcal{U}_I$ 已得到验证.

对于 $\mathcal{U}_{II}$, 我们将使用以下不等式 (见 (1.4.47))

$$\|P_k(P_{k_1}f P_{k_2}g)\|_{F_k(T)} \lesssim \|P_{k_2}g\|_{L_x^\infty} \|P_{k_1}f\|_{F_{k_1}(T) \cap S_{k_1}^{\frac{1}{2}}(T)}.$$

通过双线性 Littlewood-Paley 分解, 我们得到

$$\|P_k((A_i\psi_i)\widetilde{\mathcal{G}}^{(1)})\|_{F_k(T)}$$
$$\lesssim \sum_{|k_1-k| \leqslant 4} \|P_{k_1}(A_i\psi_i)\|_{F_{k_1}(T) \cap S_{k_1}^{\frac{1}{2}}(T)} \|P_{\leqslant k-4}\widetilde{\mathcal{G}}^{(1)}\|_{L^\infty}$$
$$+ \sum_{|k_1-k_2| \leqslant 8, k_1, k_2 \geqslant k-4} \|P_{k_1}(A_i\psi_i)\|_{F_{k_1}(T) \cap S_{k_1}^{\frac{1}{2}}(T)} \|P_{k_2}\widetilde{\mathcal{G}}^{(1)}\|_{L^\infty}$$
$$+ \sum_{|k_2-k| \leqslant 4, k_1 \leqslant k-4} \|P_{k_1}(A_i\psi_i)\|_{F_{k_1}(T) \cap S_{k_1}^{\frac{1}{2}}(T)} \|P_{k_2}\widetilde{\mathcal{G}}^{(1)}\|_{L^\infty}.$$

因此根据 (1.4.39), $(A_i\psi_i)\widetilde{\mathcal{G}}^{(1)}$ 的 High × Low 部分由下式控制:

$$\sum_{|k-k_1| \leqslant 4} \|P_k(P_{k_1}(A_i\psi_i)P_{\leqslant k-4}\widetilde{\mathcal{G}}^{(1)})\|_{F_k(T)}$$

$$\lesssim c_0^* 2^{-\sigma k}\left(\mathbf{1}_{k+j\leqslant 0}2^{\frac{k-j}{2}+\delta|k+j|}h_k(\sigma)+\mathbf{1}_{k+j\geqslant 0}2^{-j}(1+2^{k+j})^{-7}h_k(\sigma)h_{-j}\right).$$

对 $j\geqslant k_0$ 求和得到

$$\sum_{j\geqslant k_0}2^{2j}\sum_{|k-k_1|\leqslant 4}\|P_k(P_{k_1}(A_i\psi_i)P_{\leqslant k}\widetilde{\mathcal{G}}^{(1)})\|_{F_k(T)}$$

$$\lesssim c_0^* 2^{-\sigma k}h_k(\sigma)\left(\mathbf{1}_{k+k_0\geqslant 0}2^{k_0}(1+2^{k+k_0})^{-7}+\mathbf{1}_{k+k_0\leqslant 0}2^{-k}\right).$$

使用 (1.4.37) 和 (1.4.39), $(A_i\psi_i)\widetilde{\mathcal{G}}^{(1)}$ 的 High × High 部分有如下估计

$$\sum_{|k_2-k_1|\leqslant 8,k_1,k_2\geqslant k-4}\|P_k(P_{k_1}(A_i\psi_i)P_{k_2}\widetilde{\mathcal{G}}^{(1)})\|_{F_k(T)}$$

$$\lesssim c_0^*\mathbf{1}_{k+j\geqslant 0}\sum_{k_1\geqslant k-4}2^{-\sigma k_1}(1+2^{2j+2k})^{-7}2^{k_1}h_{k_1}(\sigma)$$

$$+c_0^*\mathbf{1}_{k+j\leqslant 0}\left(\sum_{k-4\leqslant k_1\leqslant -j}2^{\frac{k_1-j}{2}}2^{\delta|k_1+j|}2^{-\sigma k_1}h_{k_1}(\sigma)\right.$$

$$\left.+\sum_{k_1\geqslant -j}2^{-\sigma k_1}(1+2^{2j+2k})^{-7}2^{k_1}h_{k_1}(\sigma)\right)$$

$$\lesssim c_0^*\mathbf{1}_{k+j\geqslant 0}2^{-j}(1+2^{j+k})^{-10}2^{-\sigma k}h_k(\sigma)+c_0^*\mathbf{1}_{k+j\leqslant 0}2^{-j}2^{\delta|k+j|}2^{-\sigma k}h_k(\sigma).$$

对 $j\geqslant k_0$ 求和得到

$$\sum_{j\geqslant k_0}2^{2j}\sum_{|k-k_2|\leqslant 4,k_1\leqslant k+4}\|P_k(P_{k_1}(A_i\psi_i)P_{k_2}\widetilde{\mathcal{G}}^{(1)})\|_{F_k(T)}$$

$$\lesssim c_0^* 2^{-\sigma k}\mathbf{1}_{k+k_0\geqslant 0}2^{k_0}(1+2^{k+k_0})^{-7}h_k(\sigma)+c_0^*\mathbf{1}_{k+k_0\leqslant 0}2^{-k}2^{-\sigma k}h_k(\sigma).$$

因此回到 (1.4.38) 的左边, 我们得出结论: 如果 (1.4.28) 成立, 则

$$\|P_k\mathcal{U}_{II}\|_{F_k(T)}\lesssim c_0^* 2^{-\sigma k}\mathbf{1}_{k+k_0\geqslant 0}2^{k_0}(1+2^{k+k_0})^{-7}h_k(\sigma)+c_0^*\mathbf{1}_{k+k_0\leqslant 0}2^{-k}2^{-\sigma k}h_k(\sigma).$$

特别地, (1.4.28) 成立, 从而证明论断 A.

现在来证明我们引理 1.4.1, 下面我们不再假设 (1.4.27) 和 (1.4.28) 成立. 定义函数 $\Phi(T')$ 在 $T'\in[0,T]$ 上为

$$\Phi(T')=\sum_{\{j_c\}\subset\{1,\cdots,2n\}}\sup_{k,j\in\mathbb{Z}}\sup_{s\in[2^{2j-1},2^{2j+1}]}(c_0^*)^{-1}(1+2^k2^{\frac{s}{2}})^7 T_{k,j}^{-1}h_k^{-1}$$

$$\times\left(\|P_k\mathcal{U}_I\|_{F_k(T')}+\|P_k\mathcal{U}_{II}\|_{F_k(T')}\right).$$

利用引理 1.3.3 和 Sobolev 嵌入定理, 我们发现 $\Phi(T')$ 是 $T' \in [0, T]$ 上的一个连续函数. 因此, 为了证明引理 1.4.1, 只需证明 $\Phi \lesssim 1$. 很容易看出 Φ 也是一个在 $T' \in [0, T]$ 上递增的连续函数. 并且, 论断 A 显示

$$\Phi(T') \leqslant \varepsilon^{-\frac{1}{2}} \Longrightarrow \Phi(T') \lesssim 1.$$

因此, 只需验证

$$\lim_{T' \to 0} \Phi(T') \lesssim 1.$$

这转化为证明对所有 $j, k \in \mathbb{Z}$ 和 $s \in [2^{2j-1}, 2^{2j+1})$, 有

$$\sum_{\{j_c\} \subset \{1, \cdots, 2n\}} \left\| P_k \int_s^\infty (A_i \psi_i)^q \left[(\widetilde{\nabla} \mathbf{R})(e_q; e_{j_0}, \cdots, e_{j_3}) - \Gamma_q^{\infty, (1)} \right] \right\|_{L_x^2}$$

$$+ \int_s^\infty \|P_k(A_i \psi_i)\|_{L_x^2} ds' \lesssim c_0^*(1 + 2^k 2^{\frac{s}{2}})^{-7} T_{k,j} h_k,$$

其中所有这些场 ψ_i 和矩阵 A_i 是由初值为 u_0 的热流定义的. 这可以通过应用 1.3 节的结果来证明. 事实上, 根据 $h_k(\sigma)$ 的定义, 有

$$2^{\sigma k} \|\phi_i \upharpoonright_{s=0}\|_{L_t^\infty L_x^2} \leqslant h_k(\sigma),$$

如果 $\sigma \in \left[0, \dfrac{99}{100}\right]$. 然后根据命题 1.3.5, 取 $\eta_k(\sigma) = h_k(\sigma)$, 我们得到

$$(1 + 2^{2k} s)^{29} \|P_k A_i(s)\|_{L_t^\infty L_x^2} \leqslant 2^{-\sigma k} h_{k,s}(\sigma). \tag{1.4.41}$$

而命题 1.3.5 显示

$$(1 + 2^{2k} s)^{30} \|P_k \psi_i(s)\|_{L_t^\infty L_x^2} \leqslant 2^{-\sigma k} h_k(\sigma), \tag{1.4.42}$$

对 $\sigma \in \left[0, \dfrac{99}{100}\right]$. 通过 (1.4.41), (1.4.42) 和双线性 Littlewood-Paley 分解, 进一步可以得到

$$(1 + 2^{2k} s)^{28} \int_s^\infty \|P_k(A_i \psi_i)\|_{L_t^\infty L_x^2} ds' \lesssim \|\{h_k\}\|_{\ell^2} T_{k,j} h_k(\sigma) 2^{-\sigma k},$$

对任意的 $s \in [2^{2j-1}, 2^{2j+1})$, $k, j \in \mathbb{Z}$. 剩下的部分是证明

$$(1 + 2^{2k} s)^{28} \int_s^\infty \|P_k[A_i \psi_i \widetilde{\mathcal{G}}^{(1)}]\|_{L_t^\infty L_x^2} ds' \lesssim \|\{h_k\}\|_{\ell^2} T_{k,j} h_k(\sigma) 2^{-\sigma k}, \quad \sigma \in \left[0, \dfrac{99}{100}\right]. \tag{1.4.43}$$

注意到, 这也可以通过 (1.4.41), (1.4.42) 和双线性 Littlewood-Paley 分解来证明.

$\square$

注 1.4.1　检查引理 1.4.1 的证明, 我们发现 $\sigma \in \left[0, \dfrac{99}{100}\right]$ 的范围仅在步骤 2 和步骤 3 $(\partial_i \psi_i) \widetilde{\mathcal{G}}^{(1)}$, $(A_i \psi_i)(\mathcal{U}_I + \mathcal{U}_{II})$ 的 Low × High 相互作用中使用.

引理 1.4.2　如果 $|k_1 - k| \leqslant 4$, 则

$$\|P_k(P_{k_1} f P_{\leqslant k-4} g)\|_{F_k(T)} \lesssim \|P_{k_1} g\|_{F_{k_1}(T)} \|P_{\leqslant k-4} g\|_{L^\infty}. \tag{1.4.44}$$

如果 $|k_2 - k_1| \leqslant 8$, $k_1, k_2 \geqslant k - 4$, 则

$$\|P_k(P_{k_1} f P_{k_2} g)\|_{F_k(T)} \lesssim \|P_{k_1} f\|_{F_{k_1}(T)} (\|P_{k_2} g\|_{L^\infty} + 2^{\frac{1}{2} k_2} \|P_{k_2} g\|_{L_x^4 L_t^\infty}). \tag{1.4.45}$$

如果 $|k_2 - k| \leqslant 4$, $k_1 \leqslant k - 4$, 则

$$\|P_k(P_{k_1} f P_{k_2} g)\|_{F_k(T)} \lesssim 2^{\frac{k_1}{2}} \|P_{k_1} f\|_{F_{k_1}(T)} \|P_{k_2} g\|_{L_x^4 L_t^\infty} + 2^{k_1} \|P_{k_1} f\|_{F_{k_1}(T)} \|P_{k_2} g\|_{L^4}. \tag{1.4.46}$$

对于任意 $k_1, k_2, k \in \mathbb{Z}$, 有

$$\|P_k(P_{k_1} f P_{k_2} g)\|_{F_k(T)} \lesssim \|P_{k_1} f\|_{F_{k_1}(T) \cap S_{k_1}^{\frac{1}{2}}(T)} \|P_{k_2} g\|_{L^\infty}. \tag{1.4.47}$$

证明　(1.4.44) 已在 [BIKT11] 中给出. [第 5 节, [BIKT11]] 的结果表明

$$\|P_k f\|_{F_k(T)} \lesssim \|P_k f\|_{L_x^2 L_t^\infty} + \|P_k f\|_{L_{t,x}^4}.$$

据此, (1.4.45) 由 Hölder 不等式得到. (1.4.46) 由相同的理由和 Bernstein 不等式给出. 此外, 根据定义

$$\|P_k f\|_{L_{t,x}^4} \leqslant \|f\|_{F_k(T)}, \quad \|P_k f\|_{L_x^2 L_t^\infty} \leqslant \|f\|_{S_k^{\frac{1}{2}}(T)},$$

可以得到

$$\begin{aligned}
\|P_k(P_{k_1} f P_{k_2} g)\|_{F_k(T)} &\lesssim \|P_{k_1} f P_{k_2} g\|_{L_x^2 L_t^\infty} + \|P_{k_1} f P_{k_2} g\|_{L_{t,x}^4} \\
&\lesssim \left(\|P_{k_1} f\|_{L_x^2 L_t^\infty} + \|P_{k_1} f\|_{L_{t,x}^4}\right) \|P_{k_2} g\|_{L^\infty} \\
&\lesssim \|P_{k_2} g\|_{L^\infty} \|P_{k_1} f\|_{F_{k_1}(T) \cap S_{k_1}^{\frac{1}{2}}(T)}. \qquad \square
\end{aligned}$$

引理 1.4.1 的证明得出

推论 1.4.1　在命题 1.4.1 和 (1.4.9) 的假设下, 对于 $s \in [2^{2j-1}, 2^{2j+1})$, $\sigma \in \left[0, \dfrac{99}{100}\right]$, $j, k \in \mathbb{Z}$, 有

$$\|P_k(\widetilde{\mathcal{G}})\|_{F_k(T)} \lesssim 2^{-\sigma k} h_k(\sigma) T_{k,j} (1 + 2^{j+k})^{-7},$$

其中 $T_{k,j}$ 由 (1.4.29) 定义. 当 $s = 0$ 时, 我们有

$$\|P_k(\widetilde{\mathcal{G}}) \upharpoonright_{s=0} \|_{F_k(T)} \lesssim 2^{-\sigma k} h_k(\sigma) 2^{-k}.$$

证明 引理 1.4.1 给出

$$\|P_k(\mathcal{U}_{00})\|_{F_k(T)} + \|P_k(\mathcal{U}_{01})\|_{F_k(T)} \lesssim 2^{-\sigma k} h_k(\sigma) T_{k,j}(1 + 2^{j+k})^{-7},$$

$$\|P_k \mathcal{U}_I\|_{F_k(T) \cap S_k^{\frac{1}{2}}(T)} \lesssim 2^{-\sigma k} T_{k,j} h_k(\sigma)(1 + 2^{j+k})^{-7},$$

$$\|P_k \mathcal{U}_{II}\|_{F_k(T)} \lesssim 2^{-\sigma k} T_{k,j} h_k(\sigma)(1 + 2^{j+k})^{-7}.$$

则通过分解

$$\widetilde{\mathcal{G}} = \mathcal{G} - \Gamma^\infty = \mathcal{U}_{00} + \mathcal{U}_{01} + \mathcal{U}_I + \mathcal{U}_{II}$$

和不等式 $(1 + 2^{j+k})^{-1} T_{k,j} \leqslant 2^{-k}$, 可知想要的结果对所有 $j, k \in \mathbb{Z}$ 成立. $\square$

1.4.3 微分场在热方向上的演化

回顾在沿热流方向, ϕ_i 的演化方程为

$$(\partial_s - \Delta)\phi_i = K_i,$$

$$K_i := 2\sum_{j=1}^{2} \partial_j(A_j\phi_i) + \sum_{j=1}^{2}(A_j^2 - \partial_j A_j)\phi_i + \sum_{j=1}^{2} \phi_j \diamond \phi_i \diamond \phi_j \mathcal{G}. \tag{1.4.48}$$

现在我们控制上述方程中的非线性项.

引理 1.4.3 在命题 1.4.1和 (1.4.9) 的假设下, 对于所有 $s \in [0, \infty)$, $i = 1, 2$ 和 $\sigma \in \left[0, \dfrac{99}{100}\right]$, 我们有

$$\left\|\int_0^s e^{(s-\tau)\Delta} P_k K_i(\tau) d\tau\right\|_{F_k(T)} \lesssim \varepsilon(1 + s2^{2k})^{-4} 2^{-\sigma k} h_k(\sigma). \tag{1.4.49}$$

证明 首先, 我们考虑 K_i 中的四次项 $\mathcal{G}(\phi_i \diamond \phi_j) \diamond \phi_j$. 注意到 [[BIKT11], (5.25)] 已经证明, 对于 $\tau \in [2^{2j-1}, 2^{2j+1})$,

$$\|P_k(\phi_i \diamond \phi_p \diamond \phi_l)(\tau)\|_{F_k(T) \cap S_k^{\frac{1}{2}}(T)}$$

$$\lesssim \varepsilon 2^{-\sigma k} 2^{2k}(1 + 2^{2k+2j})^{-4}\left[h_k(\sigma) + 2^{-\frac{3}{2}(k+j)} h_{-j}(\sigma)\right]. \tag{1.4.50}$$

回顾 $\mathcal{G} = \widetilde{\mathcal{G}} + \Gamma^\infty$. 常数部分由 (1.4.50) 给出.

通过双线性 Littlewood-Paley 分解, 我们有

$$\left\| P_k \left(\phi_i \diamond \phi_p \diamond \phi_l \widetilde{\mathcal{G}} \right) \right\|_{F_k(T)}$$

$$\lesssim \sum_{\substack{k_1 \geqslant k-4}}^{|k_1-k_2| \leqslant 8} \left\| P_{k_1} \left(\phi_i \diamond \phi_p \diamond \phi_l \right) P_{k_2} \widetilde{\mathcal{G}} \right\|_{F_k(T)}$$

$$+ \sum_{\substack{k_1 \leqslant k-4}}^{|k_2-k| \leqslant 4} \left\| P_{k_1} \left(\phi_i \diamond \phi_p \diamond \phi_l \right) P_{k_2} \widetilde{\mathcal{G}} \right\|_{F_k(T)}$$

$$+ \sum_{|k_1-k| \leqslant 4} \left\| P_{k_1} \left(\phi_i \diamond \phi_p \diamond \phi_l \right) P_{\leqslant k-4} \widetilde{\mathcal{G}} \right\|_{F_k(T)}.$$

对于 High × Low 项, 直接应用 $\|\widetilde{\mathcal{G}}\|_{L^\infty_{t,x}} \leqslant K(\mathcal{N})$ 得到

$$\left\| P_{k_1} \left(\phi_i \diamond \phi_p \diamond \phi_l \right) P_{\leqslant k-4} \widetilde{\mathcal{G}} \right\|_{F_k(T)}$$

$$\lesssim \left\| P_k \left(\phi_i \diamond \phi_p \diamond \phi_l \right) \right\|_{F_k(T) \cap S_k^{\frac{1}{2}}(T)}$$

$$\lesssim \varepsilon 2^{-\sigma k} 2^{2k} (1 + 2^{2k+2j})^{-4} \left[h_k(\sigma) + 2^{-\frac{3}{2}(k+j)} h_{-j}(\sigma) \right].$$

对于 High × High 项, 记 $\mathcal{V} := \phi_i \diamond \phi_p \diamond \phi_l$, 由推论 1.4.1 和 (1.8.3) 可知

$$\sum_{|k_1-k_2| \leqslant 8, k_1, k_2 \geqslant k-4} \left\| P_{k_1} \left(\phi_i \diamond \phi_p \diamond \phi_l \right) P_{k_2} \mathcal{G} \right\|_{F_k(T)}$$

$$\lesssim \sum_{|k_1-k_2| \leqslant 8, k_1, k_2 \geqslant k-4} 2^{\frac{k_1+k}{2}} \left\| P_{k_1} \mathcal{V} \right\|_{F_{k_1}(T) \cap S_{k_1}^{\frac{1}{2}}(T)} \left\| P_{k_2} \mathcal{G} \right\|_{F_{k_2}(T)}$$

$$\lesssim \sum_{k_1, k_2 \geqslant k-4, |k_1-k_2| \leqslant 8} 2^{\frac{k_1+k}{2}} 2^{-\sigma k_1 + 2k_1} (1 + 2^{k_1+j})^{-15}$$

$$\times \left[h_{k_1}(\sigma) + 2^{-\frac{3}{2}(k_1+j)} h_{-j}(\sigma) \right] T_{k_2,j} h_{k_2}. \tag{1.4.51}$$

如果 $k + j \geqslant 0$, 则由包络的缓慢变化性, (1.4.51) 由下式控制:

$$2^{3k+j} 2^{-\sigma k} (1 + 2^{k+j})^{-14} h_k(\sigma) h_k.$$

如果 $k + j \leqslant 0$, 使用 $(1 + 2^{k+j})^{-1} T_{k,j} \leqslant 2^{-k}$, 则 (1.4.51) 由下式控制:

$$2^{\frac{k}{2} - \frac{3j}{2}} 2^{-\sigma k} h_k(\sigma) h_k 2^{\delta|j+k|}.$$

因此对于 High × High 作用, 如果 $s \in [2^{2j-1}, 2^{2j+1})$, 则

$$\sum_{|k_1-k_2| \leqslant 8, k_1, k_2 \geqslant k-4} \|P_{k_1}(\phi_i \diamond \phi_p \diamond \phi_l) P_{k_2}\widetilde{\mathcal{G}}\|_{F_k(T)}$$

$$\lesssim 2^{-\sigma k - \frac{3}{2}j} 2^{\frac{1}{2}k} 2^{\delta|j+k|} h_k h_k(\sigma)(1 + 2^{2k+2j})^{-5}. \tag{1.4.52}$$

为了完成对 High × High 相互作用的估计, 我们转而验证 (1.4.49) 中的对应部分. 我们使用 (1.4.52) 来验证 (1.4.49). 令 $s \in [2^{2k_0-1}, 2^{2k_0+1})$, 其中 $k_0 \in \mathbb{Z}$ 固定. 若 $k + k_0 \leqslant 0$, 通过 (1.2.6), 有

$$\left\| \int_0^s e^{(s-\tau)\Delta} \sum_{k_1 \geqslant k-4, |k_1-k_2| \leqslant 8} P_k(P_{k_1}\mathcal{V}P_{k_2}\widetilde{\mathcal{G}})d\tau \right\|_{F_k(T)}$$

$$\lesssim \sum_{j \leqslant k_0} \int_{2^{2j-1}}^{2^{2j+1}} \sum_{k_1 \geqslant k-4, |k_1-k_2| \leqslant 8} \|P_k(P_{k_1}\mathcal{V}P_{k_2}\widetilde{\mathcal{G}})\|_{F_k(T)} d\tau$$

$$\lesssim \varepsilon \sum_{j \leqslant k_0} 2^{-\sigma k} h_k(\sigma) \left(2^{\frac{1}{2}(j+k)} + 2^{(\frac{1}{2}\pm\delta)(k+j)} \right) \lesssim \varepsilon 2^{-\sigma k} h_k(\sigma).$$

对于 $k + k_0 \geqslant 0$, 通过 (1.2.6) 和 (1.4.52), 有

$$\int_0^s \|e^{(s-\tau)\Delta} \sum_{k_1 \geqslant k-4, |k_1-k_2| \leqslant 8} P_k(P_{k_1}\mathcal{V}P_{k_2}\widetilde{\mathcal{G}})\|_{F_k(T)} d\tau$$

$$\lesssim \int_0^{\frac{s}{2}} \cdots d\tau + \int_{\frac{s}{2}}^s \cdots d\tau$$

$$\lesssim \sum_{j \leqslant -k_0-1} \int_{2^{2j-1}}^{2^{2j+1}} 2^{-20(k+k_0)} \sum_{k_1 \geqslant k-4, |k_1-k_2| \leqslant 8} \|P_k(P_{k_1}\mathcal{V}P_{k_2}\widetilde{\mathcal{G}})\|_{F_k(T)} d\tau$$

$$+ 2^{2k_0} \sum_{k_1 \geqslant k-4, |k_1-k_2| \leqslant 8} \sup_{\tau \in [2^{2k_0-2}, 2^{2k_0+1}]} \|P_k(P_{k_1}\mathcal{V}P_{k_2}\widetilde{\mathcal{G}})\|_{F_k(T)}$$

$$\lesssim \varepsilon 2^{-20(k+k_0)} \sum_{j \leqslant -k_0-1} 2^{-\sigma k} h_k(\sigma) \left(2^{\frac{1}{2}(j+k)} + 2^{(\frac{1}{2}\pm\delta)(j+k)} \right)$$

$$+ \varepsilon 2^{-\sigma k} h_k(\sigma)(1 + 2^{k+k_0})^{-10} \left(2^{\frac{1}{2}(k_0+k)} + 2^{(\frac{1}{2}\pm\delta)(k_0+k)} \right)$$

$$\lesssim \varepsilon(1 + 2^{k+k_0})^{-8} 2^{-\sigma k} h_k(\sigma).$$

因此, 我们可以得出

$$\int_0^s \left\| e^{(s-\tau)\Delta} \sum_{k_1 \geqslant k-4, |k_1-k_2| \leqslant 8} P_k(P_{k_1}\mathcal{V}P_{k_2}\widetilde{\mathcal{G}}) \right\|_{F_k(T)} d\tau \lesssim \varepsilon 2^{-\sigma k} h_k(\sigma)(1+2^{2k}s)^{-4}.$$

对于 Low × High 项, 使用

$$\|P_{k_1}(\mathcal{V})\|_{L_{t,x}^\infty} \lesssim 2^{k_1} \varepsilon 2^{-\sigma k_1 + 2k_1}(1+2^{k_1+j})^{-8}\left[h_{k_1}(\sigma) + 2^{-\frac{3}{2}(k_1+j)}h_{-j}(\sigma)\right],$$

通过推论 1.4.1 和引理 1.4.2, 我们得到

$$\sum_{k_1 \leqslant k-4, |k-k_2| \leqslant 4} \left\| P_k\left(P_{k_1}(\phi_i \diamond \phi_p \diamond \phi_l)P_{k_2}\widetilde{\mathcal{G}}\right) \right\|_{F_k(T)}$$

$$\lesssim 2^{-\sigma k}T_{k,j}(1+2^{j+k})^{-7}h_k(\sigma)\varepsilon \sum_{k_1 \leqslant k-4} 2^{3k_1}(1+2^{k_1+j})^{-8}\left(1+2^{-\frac{3}{2}(k_1+j)}\right).$$

对于 $k+j \geqslant 0$, 我们有

$$\sum_{k_1 \leqslant k-4, |k-k_2| \leqslant 4} \left\| P_k\left(P_{k_1}(\phi_i \diamond \phi_p \diamond \phi_l)P_{k_2}\widetilde{\mathcal{G}}\right) \right\|_{F_k(T)} \lesssim \varepsilon 2^{-\sigma k} 2^{-2j}(1+2^{k+j})^{-7}h_k(\sigma).$$

对于 $k+j \leqslant 0$, 我们有

$$\sum_{k_1 \leqslant k-4, |k-k_2| \leqslant 4} \left\| P_k\left(P_{k_1}(\phi_i \diamond \phi_p \diamond \phi_l)P_{k_2}\widetilde{\mathcal{G}}\right) \right\|_{F_k(T)} \lesssim \varepsilon 2^{-\sigma k} 2^{\frac{1}{2}k-\frac{3}{2}j}(1+2^{k+j})^{-7}h_k(\sigma).$$

令 $s \in [2^{2k_0-1}, 2^{2k_0+1})$, 其中 k_0 固定. 对于 $k+k_0 \leqslant 0$, 通过 (1.2.6), 我们有 Low × High 相互作用的估计

$$\int_0^s \|e^{(s-\tau)\Delta} \sum_{k_1 \leqslant k-4, |k-k_2| \leqslant 4} P_k(P_{k_1}\mathcal{V}P_{k_2}\widetilde{\mathcal{G}})\|_{F_k(T)} d\tau$$

$$\lesssim \sum_{j \leqslant k_0} \int_{2^{2j-1}}^{2^{2j+1}} \cdots d\tau \lesssim \varepsilon \sum_{j \leqslant k_0} 2^{\frac{j}{2}+\frac{k}{2}} 2^{-\sigma k} h_k(\sigma) \lesssim 2^{-\sigma k}\varepsilon h_k(\sigma).$$

对于 $k+k_0 \geqslant 0$, 类似地, 我们有

$$\int_0^s \|e^{(s-\tau)\Delta} \sum_{k_1 \leqslant k-4, |k-k_2| \leqslant 4} P_k(P_{k_1}\mathcal{V}P_{k_2}\widetilde{\mathcal{G}})\|_{F_k(T)} d\tau$$

$$\lesssim \varepsilon 2^{-20(k+k_0)} 2^{-\sigma k} h_k(\sigma) \sum_{j \leqslant -k_0-1} 2^{\frac{1}{2}(j+k)} + \varepsilon 2^{-\sigma k} h_k(\sigma)(1 + 2^{k+k_0})^{-7} 2^{-2k_0-2k}$$

$$\lesssim \varepsilon(1 + 2^{k+k_0})^{-8} 2^{-\sigma k} h_k(\sigma).$$

因此, 我们可以得出

$$\int_0^s \left\| e^{(s-\tau)\Delta} \sum_{k_1 \leqslant k-4, |k-k_2| \leqslant 4} P_k(P_{k_1} \mathcal{V} P_{k_2} \widetilde{\mathcal{G}}) \right\|_{F_k(T)} d\tau \lesssim \varepsilon(1 + 2^{k+k_0})^{-8} 2^{-\sigma k} h_k(\sigma).$$

而 High × Low 的情况很容易通过重复相同的论证或直接应用 [[BIKT11], 引理 5.3] 的结果来处理. 因此, 曲率项已经处理完毕:

$$\left\| \int_0^s e^{(s-\tau)\Delta} P_k \left(\phi_i \diamond \phi_p \diamond \phi_l \widetilde{\mathcal{G}} \right) d\tau \right\|_{F_k(T)} \lesssim \varepsilon(1 + s2^{2k})^{-4} 2^{-\sigma k} h_k(\sigma).$$

其次, 我们处理联络系数项, 即 $\partial_l(A_l \psi_i)$, $\partial_l A_l \phi_i$ 和 $A_l^2 \phi_i$. 在引理 1.4.1 的帮助下, 所有这些项可以直接通过重复 [[BIKT11], 引理 5.3] 的论证来处理. $\qquad\square$

引理 1.4.4 在命题 1.4.1 和 (1.4.9) 的假设下, 对于所有 $k \in \mathbb{Z}, s \geqslant 0, i = 1, 2$, 我们有

$$\|P_k \phi_i(s)\|_{F_k(T)} \lesssim b_k(\sigma) 2^{-\sigma k}(1 + s2^{2k})^{-4}, \quad \sigma \in \left[0, \frac{99}{100}\right]. \tag{1.4.53}$$

证明 根据 Duhamel 原理和 (1.4.49), 我们得到

$$\sup_{s \geqslant 0}(1 + s2^{2k})^4 2^{\sigma k} \|P_k \phi_i(s)\|_{F_k(T)} \lesssim b_k(\sigma) + \varepsilon h_k(\sigma). \tag{1.4.54}$$

由于 (1.4.54) 的右侧是 δ 阶的频率包络, 根据 $\{h_k(\sigma)\}$ 的定义, 我们有

$$h_k(\sigma) \lesssim b_k(\sigma) + \varepsilon h_k(\sigma). \tag{1.4.55}$$

当 ε 充分小时, 这导致

$$h_k(\sigma) \lesssim b_k(\sigma). \tag{1.4.56}$$

$\qquad\square$

引理 1.4.5 在命题 1.4.1 和 (1.4.9) 的假设下, 对于所有 $k \in \mathbb{Z}, s \geqslant 0, i = 1, 2$, 我们有

$$\|P_k A_i \restriction_{s=0}\|_{L_{t,x}^4} \lesssim b_k(\sigma) 2^{-\sigma k}. \tag{1.4.57}$$

证明　引理 1.4.4 已经证明了 (1.4.56). 因此, 可以在之前引理 1.4.1 的估计中, 用 $b_k(\sigma)$ 替换 $h_k(\sigma)$.

[[BIKT11], 第 1473—1474 页] 中证明了

$$\|P_k\phi_s\|_{L^4_{t,x}} \lesssim 2^k 2^{-\sigma k} b_k(\sigma)(2^{2k}s)^{-\frac{3}{8}}(1+s2^{2k})^{-3}. \tag{1.4.58}$$

我们还需 [[BIKT11], 引理 5.4] 中的双线性估计 (见附录中引理 1.8.3). 则由 (1.4.58) 和 (1.4.53) 推出

$$\|P_k(\phi_i \diamond \phi_s)\|_{L^4_{t,x}} \lesssim 2^{-\sigma k}\sum_{l\leqslant k} b_k(\sigma)b_l 2^{l+k}(s2^{2k})^{-\frac{3}{8}}(1+s2^{2k})^{-3}$$

$$+ 2^{-\sigma k}\sum_{l\leqslant k} b_k(\sigma)b_l 2^{2l}2^{\frac{1}{2}(k-l)}(2^{2k}s)^{-\frac{3}{8}}(1+s2^{2k})^{-4}$$

$$+ \sum_{l\geqslant k} 2^{-\sigma l}b_l(\sigma)b_l 2^{k+l}(2^{2l}s)^{-\frac{3}{8}}(1+s2^{2l})^{-7}.$$

因此, 对于 $s \in [2^{2j-1}, 2^{2j+2})$ 且 $j \in \mathbb{Z}$, 当 $k+j \geqslant 0$ 时, 可得

$$\|P_k(\phi_i \diamond \phi_s)\|_{L^4_{t,x}} \lesssim b_k(\sigma)b_k 2^{2k-\sigma k}(s2^{2k})^{-\frac{3}{8}}(1+s2^{2k})^{-3}. \tag{1.4.59}$$

当 $k+j \leqslant 0$ 时, 有

$$\|P_k(\phi_i \diamond \phi_s)\|_{L^4_{t,x}} \lesssim b_k(\sigma)b_k 2^{2\delta|k+j|}2^{-\sigma k}2^k 2^{-j}. \tag{1.4.60}$$

回顾 $i = 1, 2$ 时,

$$A_i(0) = \int_0^\infty (\phi_i \diamond \phi_s)\mathcal{G}ds. \tag{1.4.61}$$

接下来需要处理的是 $\phi_s \diamond \phi_i$ 与 $\mathcal{G}$ 的相互作用.

回顾 $\mathcal{G} = \Gamma^\infty + \widetilde{\mathcal{G}}$, 并且

$$\|P_k(\widetilde{\mathcal{G}})\|_{F_k(T)} \lesssim 2^{-\sigma k}T_{k,j}(1+2^{k+j})^{-7}h_k(\sigma), \tag{1.4.62}$$

对于 $s \in [2^{2j-1}, 2^{2j+1}), j \in \mathbb{Z}$.

由 (1.4.60) 和 (1.4.59) 可知, 常数项 Γ^∞ 对 $\|A_i(0)\|_{L^4_{t,x}}$ 的贡献是 $b_k(\sigma)2^{-\sigma k}$.

因此, 剩下的任务是控制 $(\phi_i \diamond \phi_s)\widetilde{\mathcal{G}}$. 为此, 如前所述, 根据 Littlewood-Paley 分解, 我们处理三种情况, 最终可得

$$\|P_k(A_i(0))\|_{L^4_{t,x}} \lesssim 2^{-\sigma k}b_k(\sigma). \qquad\qquad \square$$

现在我们转向命题 1.4.1 中的 ϕ_t 界.

引理1.4.6 假设命题 1.4.1 中的条件和 (1.4.9) 成立. 那么对于 $\sigma \in \left[0, \dfrac{99}{100}\right]$, 有

$$\|P_k\phi_t(s)\|_{L^4_{t,x}} \lesssim b_k(\sigma)2^{-(\sigma-1)k}(1+2^{2k}s)^{-2}. \tag{1.4.63}$$

证明 回忆 ϕ_t 满足

$$\partial_s\phi_t - \Delta\phi_t = L(\phi_t),$$

$$L(\phi_t) = L_1(\phi_t) + L_2(\phi_t),$$

$$L_1(\phi_t) = \sum_{i=1}^2 2\partial_i(A_i\phi_t) + \left(\sum_{l=1}^2 A_l^2 - \partial_l A_l\right)\phi_t,$$

$$L_2(\phi_t) = \sum_{i=1}^2 (\phi_t \diamond \phi_i) \diamond \phi_i\mathcal{G}.$$

根据 Duhamel 原理, ϕ_t 可以写成

$$\phi_t = e^{s\Delta}\phi_t(\lceil_{s=0}) + \int_0^s e^{(s-\tau)\Delta}L(\phi_t(\tau))d\tau. \tag{1.4.64}$$

根据 [[BIKT11], 引理 5.6] 中的唯一性论证, 为了证明 (1.4.63), 我们只需要证明

$$\|P_k\phi_t(s)\|_{L^4_{t,x}} \lesssim b_k(\sigma)2^{-(\sigma-1)k}(1+2^{2k}s)^{-2} \tag{1.4.65}$$

$$\Downarrow$$

$$\int_0^s \|e^{(s-\tau)\Delta}L(\phi_t(\tau))\|_{L^4_{t,x}}d\tau \lesssim \varepsilon^2 b_k(\sigma)2^{-(\sigma-1)k}(1+2^{2k}s)^{-2}. \tag{1.4.66}$$

(1.4.66) 中的 $L_1(\phi_t)$ 部分在 [[BIKT11], 引理 5.6] 中已完成. 因此, 只需在 (1.4.65) 的假设下证明 $L_2(\phi_t)$ 部分的 (1.4.66). 又 $\mathcal{G} = \Gamma^\infty + \widetilde{\mathcal{G}}$ 满足

$$\|P_k(\mathcal{G} - \Gamma^\infty)\|_{F_k(T)} \lesssim 2^{-\sigma k}(1+2^{j+k})^{-7}T_{k,j}. \tag{1.4.67}$$

根据 [[BIKT11], 引理 5.6] 中的证明, 有

$$\|P_k(\phi_t(s) \diamond \phi_i \diamond \phi_l)\|_{L^4_{t,x}} \lesssim b_k^2 2^{-(\sigma-3)k}(1+2^{2k}s)^{-2}(s2^{2k})^{-\frac{7}{8}}b_k(\sigma). \tag{1.4.68}$$

因此, $L_2(\phi_t)$ 中的 Γ^∞ 部分直接由 [[BIKT11], 引理 5.6] 中的证明得到.

记 $\mathbf{P} = \phi_t(s) \diamond \phi_i \diamond \phi_l$. 为了控制 $\mathbf{P}(\mathcal{G} - \Gamma^\infty)$, 我们首先控制 $\|(\phi_i \diamond \phi_l)\widetilde{\mathcal{G}}\|_{S_k^{\frac{1}{2}}(T)}$. 注意到, 之前已证明

$$\|P_k(\phi_i \diamond \phi_l)\|_{F_k(T) \cap S_k^{\frac{1}{2}}(T)} \lesssim 2^{-\sigma k}(1+2^{2k+2j})^{-4}2^{-j}b_{-j}b_{\max(k,-j)}(\sigma). \tag{1.4.69}$$

因此, 应用双线性 Littlewood-Paley 分解, 我们根据 (1.4.67) 得到

$$\|P_k(\phi_i \diamond \phi_l \widetilde{\mathcal{G}})\|_{F_k(T) \cap S_k^{\frac{1}{2}}(T)}$$
$$\lesssim 2^{-\sigma k} b_k(\sigma) b_k 2^{\delta|k+j|} \left(\mathbf{1}_{k+j \leqslant 0} 2^{-j} + 2^k \mathbf{1}_{k+j \geqslant 0} (1 + 2^{k+j})^{-7} \right).$$

使用引理 1.8.3, 取 $\omega = \frac{1}{2}$, 结合 (1.4.67), 我们得到 $\mathbf{P}\widetilde{\mathcal{G}}$ 的估计如下:

$$\left\| P_k \left(P_{k_1} \phi_t P_{k_2} (\phi_i \diamond \phi_l \widetilde{\mathcal{G}}) \right) \right\|_{L_{t,x}^4}$$
$$\lesssim 2^{-\sigma k} b_k(\sigma) b_k 2^{\delta|k+j|} \mathbf{1}_{k+j \leqslant 0} \left(2^{\frac{3}{2}k - \frac{3}{2}j} + 2^{2k-j} \right)$$
$$+ 2^{-\sigma k} b_k(\sigma) b_k \mathbf{1}_{k+j \geqslant 0} \left(2^{\delta|k+j|} 2^{3k} (1 + 2^{k+j})^{-10} \right.$$
$$+ 2^{\frac{3}{2}(k-j)} (1 + 2^{k+j})^{-7} + 2^{k-2j} (1 + 2^{k+j})^{-4} \big),$$

对于 $s \in [2^{2j-1}, 2^{2j+1}), j, k \in \mathbb{Z}$.

将此界代入以下热方程估计

$$\int_0^{\widetilde{s}} \left\| e^{(\widetilde{s}-s)\Delta} P_k[\phi_t \diamond \phi_i \diamond \phi_l \widetilde{\mathcal{G}}] \right\|_{L_{t,x}^4} ds \lesssim \int_0^{\widetilde{s}} (1 + |\widetilde{s} - s|)^{-N} (\cdots) ds,$$

我们得出

$$\left\| P_k \int_0^s e^{(s-\tau)\Delta} L_2(\phi_t(\tau)) d\tau \right\|_{L_{t,x}^4} \lesssim \varepsilon (1 + 2^{2k}s)^{-2} 2^{-\sigma k + k} b_k(\sigma).$$

因此, 由于 L_1 部分已经完成, 我们完成了证明. □

引理 1.4.7 在命题 1.4.1 的假设下, bootstrap 假设 (1.4.9) 可以改进为

$$2^{\frac{1}{2}k} \|P_k \widetilde{\mathcal{G}}^{(1)}\|_{L_x^4 L_t^\infty} \lesssim h_k \left(\mathbf{1}_{k+j \geqslant 0} (1 + s2^{2k})^{-20} + 2^{\delta|k+j|} \mathbf{1}_{k+j \leqslant 0} \right),$$

对于任意的 $k, j \in \mathbb{Z}, s \in [2^{2j-1}, 2^{2j+1})$.

证明   引理 1.4.1 的证明表明, 对于任意的 $\sigma \in \left[0, \frac{99}{100}\right], k, j \in \mathbb{Z}, s \in [2^{2j-1}, 2^{2j+1})$,

$$\|P_k(\mathcal{G} D_i \phi_i)\|_{L^4 \cap L_t^\infty L_x^2} \lesssim h_k(\sigma) 2^{-\sigma k + k} (1 + s2^{2k})^{-3} \mathbf{1}_{j+k \geqslant 0} + 2^{-j} 2^{\delta|k+j|} \mathbf{1}_{k+j \leqslant 0}.$$
$$(1.4.70)$$

同时, 引理 1.4.6 导出

$$\|P_k\phi_t\|_{L^4} \lesssim b_k 2^k(1+s2^{2k})^{-2}. \qquad (1.4.71)$$

回忆一下, 对于任意 $k \in \mathbb{Z}$, 有 $b_k \leqslant \varepsilon^{\frac{1}{2}}$. 故双线性 Littlewood-Paley 分解导出

$$\|P_k(\phi_t(D_i\phi_i\mathcal{G}))\|_{L^4}$$
$$\lesssim h_k(\sigma)2^{-\sigma k+3k}(1+s2^{2k})^{-2}\mathbf{1}_{k+j\geqslant 0} + 2^{-2j}2^{k-\sigma k}2^{2\delta|k+j|}h_k(\sigma)h_k\mathbf{1}_{k+j\leqslant 0},$$

对于 $i = 1, 2$, 任意 $\sigma \in \left[0, \dfrac{99}{100}\right]$, $k, j \in \mathbb{Z}$, $s \in [2^{2j-1}, 2^{2j+1})$. 在 $\phi_t(D_i\phi_i\mathcal{G})$ 的高低频作用中, 我们使用

$$\sum_{|k_1-k|\leqslant 4, k_2\leqslant k-4} \|P_k(P_{k_1}\phi_t P_{k_2}(D_i\phi_i\mathcal{G}))\|_{L^4}$$
$$\lesssim b_k 2^k \sum_{k_2\leqslant k-4} h_{k_2}(\sigma)2^{-\sigma k_2+2k_2}\left((1+s2^{2k_2})^{-3}\mathbf{1}_{j+k_2\geqslant 0} + 2^{-j}2^{\delta|k_2+j|}\mathbf{1}_{k_2+j\leqslant 0}\right).$$

其他两个频率作用的估计是标准的. 因此

$$\int_s^\infty \|P_k(\phi_t D_i\phi_i)\mathcal{G}\|_{L^4}ds' \lesssim h_k(\sigma)2^{-\sigma k+k}(1+2^{2k+2k_0})^{-1}\mathbf{1}_{k+k_0\geqslant 0}$$
$$+ 2^{k-\sigma k}h_k(\sigma)(1+2^{2\delta|k+k_0|}h_k)\mathbf{1}_{k+k_0\leqslant 0}, \qquad (1.4.72)$$

对于任意的 $\sigma \in \left[0, \dfrac{99}{100}\right]$, $k, k_0 \in \mathbb{Z}$, $s \in [2^{2k_0-1}, 2^{2k_0+1})$. 回忆

$$A_t = \int_s^\infty (\phi_t \diamond \phi_s)\mathcal{G}ds', \quad \phi_s = \sum_{i=1,2} D_i\phi_i,$$

我们看到 $\|P_k A_t\|_{L^4}$ 被 (1.4.72) 的右边控制. 根据形式公式

$$\partial_t(\widetilde{\mathcal{G}}^{(1)}) = \phi_t\mathcal{G}^{(2)} + A_t\mathcal{G}^{(1)}$$

和界

$$\|P_k(\widetilde{\mathcal{G}}^{(l)})\|_{L^4\cap L_t^\infty L_x^2} \lesssim (1+s2^{2k})^{-30}2^{-\sigma k-k}h_k(\sigma), \quad \forall l = 1, 2,$$

我们从双线性 Littlewood-Paley 分解得出

$$\|P_k\partial_t(\widetilde{\mathcal{G}}^{(1)})\|_{L^4} \lesssim h_k 2^k\left(1+2^{2\delta|k+k_0|}h_k\mathbf{1}_{k+k_0\leqslant 0}\right).$$

然后根据 Gagliardo-Nirenberg 不等式有

$$2^{\frac{1}{2}k}\|P_k(\widetilde{\mathcal{G}}^{(1)})\|_{L_x^4 L_t^\infty} \lesssim \|P_k(\widetilde{\mathcal{G}}^{(1)})\|_{L^4}^{\frac{3}{4}}\|\partial_t P_k(\widetilde{\mathcal{G}}^{(1)})\|_{L^4}^{\frac{1}{4}}$$
$$\lesssim h_k\left((1+s2^{2k})^{-20}\mathbf{1}_{k+k_0\geqslant 0} + h_k 2^{\delta|k+k_0|}\mathbf{1}_{k+k_0\leqslant 0}\right),$$

对于 $k_0, k \in \mathbb{Z}$, $s \in [2^{2k_0-1}, 2^{2k_0+1})$.　　　　　　　　　　$\square$

1.4.4　命题 1.4.1 的证明 II

根据引理 1.4.7, 可以省略引理 1.4.4—1.4.6 中的假设 (1.4.9). 事实上, 定义

$$\widetilde{\Phi}(T') := \sup_{k,j\in\mathbb{Z}} \sup_{s\in[2^{2j-1},2^{2j+1})} h_k^{-1}\big(\mathbf{1}_{k+j\geqslant 0}(1+s2^{2k})^{-20}$$
$$+ 2^{\delta|k+j|}\mathbf{1}_{k+j\leqslant 0}\big)^{-1} 2^{\frac{1}{2}k}\|P_k\widetilde{\mathcal{G}}^{(1)}\|_{L_x^4 L_t^\infty(T')},$$

引理 1.3.3 和 Sobolev 嵌入定理表明 $\widetilde{\Phi}$ 是在 $T' \in [0,T]$ 上的递增连续函数. 引理 1.4.7 表明

$$\widetilde{\Phi}(T') \leqslant \varepsilon^{-\frac{1}{4}} \Longrightarrow \widetilde{\Phi}(T') \lesssim 1.$$

则通过 Bernstein 不等式, 并令 $T' \to 0$, 我们只需要证明, 沿着从 u_0 出发的热流, 有

$$2^k\|P_k\widetilde{\mathcal{G}}^{(1)}\|_{L_x^2} \lesssim h_k\left(\mathbf{1}_{k+j\geqslant 0}(1+s2^{2k})^{-20} + 2^{\delta|k+j|}\mathbf{1}_{k+j\leqslant 0}\right).$$

这跟 (1.3.50) 是一致的.

根据引理 1.3.3 和类似的论证, 假设 (1.4.3) 也可以被去掉. 因此, 引理 1.4.4—1.4.6 都只需假设命题 1.4.1 的 (1.4.1) 和 (1.4.2).

对于命题 1.4.1 剩下的部分是证明 A_t 的 $L_{t,x}^2$ 估计.

引理 1.4.8　在命题 1.4.1 的假设 (1.4.1) 和 (1.4.2) 下, 对于所有 $k\in\mathbb{Z}$, 有

$$\|P_k A_t\!\restriction_{s=0}\|_{L_{t,x}^2} \lesssim \varepsilon b_k(\sigma)2^{-\sigma k}, \quad 如果\ \sigma \in \left[\frac{1}{100},\frac{99}{100}\right], \tag{1.4.73}$$

$$\|A_t\!\restriction_{s=0}\|_{L_{t,x}^2} \lesssim \varepsilon^2, \quad 如果\ \sigma \in \left[0,\frac{99}{100}\right]. \tag{1.4.74}$$

证明　[BIKT11] 的引理 5.7 已证明

$$\|P_k(\phi_t \diamond \phi_s)\|_{L_{t,x}^2}$$
$$\lesssim \sum_{l\leqslant k} 2^{-\sigma l}2^{l+k}b_k(\sigma)b_l(s2^{2l})^{-\frac{3}{8}}(1+s2^{2k})^{-2}$$

$$+ \sum_{l \geqslant k} 2^{-\sigma l} 2^{2l} b_l(\sigma) b_l (s2^{2l})^{-\frac{3}{8}} (1 + s2^{2l})^{-4}. \tag{1.4.75}$$

为简化记号, 将 (1.4.75) 的右侧记为 $\mathbf{a}_k(\sigma)$.

由于

$$A_t(0) = \int_0^\infty (\phi_t \diamond \phi_s) \mathcal{G} ds,$$

(1.4.74) 可通过直接应用 [[BIKT11], 引理 5.7] 和 $\|\mathcal{G}\|_{L^\infty} \lesssim K(\mathcal{N})$ 得到. 对于 (1.4.73), 我们需要厘清 $(\phi_t \diamond \phi_s)$ 和 $\mathcal{G}$ 之间的频率作用部分. 常数部分的 $\mathcal{G}$ 由 (1.4.75) 得出估计. 剩下的是处理 $\widetilde{\mathcal{G}}$ 部分. 在 $P_k[(\phi_t \diamond \phi_s)\widetilde{\mathcal{G}}]$ 的 High × Low 部分, 我们有

$$\sum_{|k_1 - k| \leqslant 4} \|P_{k_1}(\phi_t \diamond \phi_s) P_{\leqslant k-4} \widetilde{\mathcal{G}}\|_{L^2_{t,x}} \lesssim \sum_{|k_1 - k| \leqslant 4} \|P_{k_1}(\phi_t \diamond \phi_s)\|_{L^2_{t,x}} \|\widetilde{\mathcal{G}}\|_{L^\infty} \lesssim \mathbf{a}_k(\sigma).$$

因此, High × Low 部分可以通过直接重复 [[BIKT11], 引理 5.7] 来处理.

从现在开始到本引理的结尾, 我们假设 $\sigma \in \left[\dfrac{1}{100}, \dfrac{99}{100}\right]$. 在 $P_k[(\phi_t \diamond \phi_s)\widetilde{\mathcal{G}}]$ 的 High × High 部分, 通过 $\|P_k f\|_{L^\infty} \lesssim 2^k \|f\|_{F_k}$ 和 (1.4.62), 我们有

$$\sum_{|k_1 - k_2| \leqslant 8, k_1, k_2 \geqslant k-4} \|P_{k_1}(\phi_t \diamond \phi_s) P_{k_2} \widetilde{\mathcal{G}}\|_{L^2_{t,x}}$$

$$\lesssim \sum_{|k_1 - k_2| \leqslant 8, k_1, k_2 \geqslant k-4} \|P_{k_1}(\phi_t \diamond \phi_s)\|_{L^2_{t,x}} 2^{k_2} \|\widetilde{\mathcal{G}}\|_{F_{k_2}}$$

$$\lesssim \sum_{k_1 \geqslant k-4} 2^{-\sigma k_1} b_{k_1}(\sigma) (1 + s2^{2k_1})^{-3} \sum_{l \leqslant k_1} 2^{l+k_1} b_{k_1} b_l (s2^{2l})^{-\frac{3}{8}} (1 + s2^{2k_1})^{-2} \tag{1.4.76}$$

$$+ \sum_{k_1 \geqslant k-4} 2^{-\sigma k_1} b_{k_1}(\sigma) (1 + s2^{2k_1})^{-3} \sum_{l \geqslant k_1} 2^{2l} b_l b_l (s2^{2l})^{-\frac{3}{8}} (1 + s2^{2l})^{-4}. \tag{1.4.77}$$

因此, 对于 $j \in \mathbb{Z}$, $s \in [2^{2j-1}, 2^{2j+1})$, 当 $k + j \geqslant 0$ 时, (1.4.76) 和 (1.4.77) 有上界:

$$(1 + 2^{2j+2k})^{-2} 2^{2k-\sigma k} b_k b_k(\sigma) (2^{2k+2j})^{-\frac{3}{8}}.$$

当 $k + j \leqslant 0$ 时, 通过 (1.4.76) 和 (1.4.77), High × High 部分被约化为

$$\left(\sum_{k_1 \geqslant -j} + \sum_{k-4 \leqslant k_1 \leqslant -j} \right) (1 + 2^{2k_1+2j})^{-3} 2^{2k_1-\sigma k_1} b_{k_1}^2 b_{k_1}(\sigma) 2^{-\frac{3}{4}(k_1+j)}$$

$$+ \sum_{k_1 \geqslant k-4} \mathbf{1}_{k_1+j \geqslant 0} (1 + 2^{2k_1+2j})^{-3} 2^{-\sigma k_1} b_{k_1}(\sigma) \left(\sum_{l \geqslant k_1} 2^{2l} b_l^2 2^{-\frac{3}{4}(j+l)} (1 + 2^{2l+2j})^{-4} \right)$$

$$+ \sum_{k_1 \geqslant k-4} \mathbf{1}_{k_1+j\leqslant 0}(1+2^{2k_1+2j})^{-3}2^{-\sigma k_1}b_{k_1}(\sigma)\left(\sum_{l\geqslant -j}2^{2l}b_l^2 2^{-\frac{3}{4}(j+l)}(1+2^{2l+2j})^{-4}\right).$$

它进一步被下式控制:

$$b_{-j}^2 b_{-j}(\sigma)2^{\sigma j}2^{-2j} + \sum_{k_1\geqslant k-4} \mathbf{1}_{k_1+j\leqslant 0}b_{-j}^2 b_{k_1}(\sigma)2^{-\sigma k_1}2^{-2j}$$

$$\lesssim b_{-j}^2 b_{-j}(\sigma)2^{\sigma j}2^{-2j} + 2^{-\sigma k}b_k(\sigma)b_{-j}^2 2^{-2j},$$

其中我们使用了 $\sigma \geqslant \dfrac{1}{100}$.

对 $j \geqslant k_0$ 进行求和, 我们看到 High × High 部分满足

$$\int_0^\infty \sum_{|k_1-k_2|\leqslant 8, k_1,k_2\geqslant k-4} \|P_k[P_{k_1}(\phi_t \diamond \phi_s)P_{k_2}\widetilde{\mathcal{G}}]\|_{L^2_{t,x}}ds' \lesssim \varepsilon^2 2^{-\sigma k}b_k(\sigma),$$

其中我们再次应用了 $\sigma \geqslant \dfrac{1}{100}$.

现在让我们考虑 $P_k[(\phi_t \diamond \phi_s)\widetilde{\mathcal{G}}]$ 的 Low × High 部分. 由于与 High × High 部分的相同原因, Low × High 部分控制如下

$$\int_0^\infty \sum_{|k_2-k|\leqslant 4} \|P_{\leqslant k-4}(\phi_t \diamond \phi_s)P_{k_2}\widetilde{\mathcal{G}}\|_{L^2_{t,x}}ds'$$

$$\lesssim \int_0^\infty \sum_{|k_2-k|\leqslant 4} \|P_{\leqslant k-4}(\phi_t \diamond \phi_s)\|_{L^2_{t,x}}2^{k_2}\|P_{k_2}\widetilde{\mathcal{G}}\|_{L^\infty_t L^2_x}ds'$$

$$\lesssim b_k(\sigma)2^{-\sigma k}\int_0^\infty \|(\phi_t \diamond \phi_s)\|_{L^2_{t,x}}ds' \lesssim b_k(\sigma)2^{-\sigma k}\varepsilon^2,$$

其中我们在第三个不等式中应用了 (1.4.62) 和 $2^k T_{k,j}(1+2^{j+k})^{-1} \lesssim 1$.　　　□

1.5　沿 Schrödinger 映射流方向的演化

在本节中, 我们证明以下命题, 这对于封闭 Schrödinger 演化方向上解的 bootstrap 非常关键.

命题 1.5.1　假设 $\sigma \in \left[0, \dfrac{99}{100}\right]$. 令 $Q \in \mathcal{N}$ 为一个固定点, ϵ_0 为一个足够小的常数. 给定任意 $\mathcal{L} \in \mathbb{Z}_+$, 假设 $T \in (0, 2^{2\mathcal{L}}]$. 设 $\{c_k\}$ 为一个 ϵ_0-频率包络, 阶数

为 δ. 另设 $\{c_k(\sigma)\}$ 为另一个频率包络, 阶数为 δ. 设 $u \in \mathcal{H}_Q(T)$ 为 Schrödinger 映射流 (SMF) 的解, 其初值为 u_0, 满足

$$\|P_k \nabla u_0\|_{L_x^2} \leqslant c_k, \tag{1.5.1}$$

$$\|P_k \nabla u_0\|_{L_x^2} \leqslant c_k(\sigma) 2^{-\sigma k}. \tag{1.5.2}$$

令 $\{\phi_i\}$ 为以 u 为初值的热流的相应微分场. 假设在热流初始时间 $s = 0$ 时,

$$\|P_k \phi_i\|_{G_k(T)} \leqslant \epsilon_0^{-\frac{1}{2}} c_k \quad i = 1, 2. \tag{1.5.3}$$

那么当 $s = 0$ 时, 对于所有 $i = 1, 2$, $k \in \mathbb{Z}$, 我们有

$$\|P_k \phi_i\|_{G_k(T)} \lesssim c_k, \tag{1.5.4}$$

$$\|P_k \phi_i\|_{G_k(T)} \lesssim c_k(\sigma) 2^{-\sigma k}. \tag{1.5.5}$$

命题 1.5.1 的证明将分为几个引理. 首先, 推论 1.3.1 表明

$$\sum_{i=1}^{2} \|P_k \phi_i(\lceil_{s=0,t=0})\|_{L_x^2} \lesssim 2^{-\sigma k} c_k(\sigma), \tag{1.5.6}$$

对任意的 $k \in \mathbb{Z}$, $\sigma \in \left[0, \dfrac{99}{100}\right]$.

其次, 我们将证明简化为频率包络的界. 设

$$b(k) = \sum_{i=1}^{2} \|P_k \phi_i \lceil_{s=0}\|_{G_k(T)}. \tag{1.5.7}$$

对任意的 $\sigma \in \left[0, \dfrac{99}{100}\right]$, 定义频率包络

$$b_k(\sigma) = \sup_{k' \in \mathbb{Z}} 2^{\sigma k'} 2^{-\delta |k-k'|} b(k'). \tag{1.5.8}$$

根据命题 1.3.1 和 Sobolev 嵌入定理, 可知它们是有限的且 ℓ^2 可求和的, 并且

$$\|P_k \phi_i \lceil_{s=0}\|_{G_k(T)} \lesssim 2^{-\sigma k} b_k(\sigma). \tag{1.5.9}$$

为了证明 (1.5.4) 和 (1.5.5) 仅需证明

$$b_k(\sigma) \lesssim c_k(\sigma). \tag{1.5.10}$$

根据 (1.5.3), 我们有 $b_k \leqslant \epsilon_0^{-\frac{1}{2}} c_k$, 特别地,

$$\sum_{k\in\mathbb{Z}} b_k^2 \leqslant \epsilon_0. \tag{1.5.11}$$

命题 1.4.1 的假设 (1.4.1) 源自 $G_k \subset F_k$ 的包含关系. 以下引理将说明假设 (1.4.2) 可以作为 (1.5.9) 的推论得到, 如果 u 满足 SMF.

引理 1.5.1　$\{b_k(\sigma)\}$ 定义如前, 则在热初始时间 $s = 0$ 时, 场 ϕ_t 满足

$$\|P_k\phi_t \upharpoonright_{s=0} \|_{L_{t,x}^4} \lesssim b_k(\sigma)2^{-(\sigma-1)k}. \tag{1.5.12}$$

证明　当 $s = 0$ 时,

$$\phi_t(0) = \sqrt{-1}\sum_{i=1}^d \partial_i\phi_i(0) + A_i(0)\phi_i(0),$$

其中 $\psi_i(0), A_i(0)$ 在 1.4 节中已经估计过. 因此, 复制 [[BIKT11], 引理 6.1] 的证明可以得到 (1.5.12).　　　　□

因此, 命题 1.4.1 的假设 (1.4.1) 和假设 (1.4.2) 都得到了验证. 现在我们可以应用命题 1.4.1, 因为 (1.4.3) 可以被省略. 我们总结结果如下

$$\begin{cases} \|P_k(\phi_i(s))\|_{F_k(T)} \lesssim 2^{-\sigma k}b_k(\sigma)(1+2^{2k}s)^{-4}, \\ \|P_k(D_i\phi_i(s))\|_{F_k(T)} \lesssim 2^k 2^{-\sigma k}b_k(\sigma)(s2^{2k})^{-\frac{3}{8}}(1+2^{2k}s)^{-2}, \end{cases} \tag{1.5.13}$$

并且对于 $F \in \{\psi_i \diamond \psi_j, A_l^2\}_{l.i,j=1} \upharpoonright_{s=0}$ 有

$$\|P_kF\|_{L_{t,x}^2} \lesssim 2^{-\sigma k}b_{>k}^2(\sigma), \quad \|F\|_{L_{t,x}^2} \lesssim \epsilon_0. \tag{1.5.14}$$

在 $s = 0$ 时, A_t 满足

$$\begin{cases} \|A_t(0)\|_{L_{t,x}^2} \lesssim \epsilon_0, & \text{如果 } \sigma \in \left[0, \dfrac{99}{100}\right], \\ \|P_kA_t(0)\|_{L_{t,x}^2} \lesssim 2^{-\sigma k}b_k(\sigma), & \text{如果 } \sigma \in \left[\dfrac{1}{100}, \dfrac{99}{100}\right]. \end{cases}$$

回忆一下, 当 $s = 0$ 时, 沿 Schrödinger 映射流方向的 ϕ_i 的演化方程 (见引理 1.1.1) 是

$$-\sqrt{-1}D_t\phi_i = \sum_{j=1}^2 D_jD_j\phi_i + \sum_{j=1}^2 \mathcal{R}(\phi_i,\phi_j)\phi_j. \tag{1.5.15}$$

1.5.1 控制非线性项

现在让我们处理 (1.5.15) 中的非线性项. **在本节中我们始终假设 $s = 0$.**
定义

$$L'_j = A_t \phi_j + \sum_{i=1}^{2} A_i^2 \phi_j + 2 \sum_{i=1}^{2} \partial_i (A_i \phi_j) - \sum_{i=1}^{2} (\partial_i A_i) \phi_j. \tag{1.5.16}$$

命题 1.5.2 ([BIKT11]) 对于所有 $j \in \{1, 2\}$ 和 $\sigma \in \left[0, \dfrac{99}{100}\right]$, 我们有

$$\| P_k(L'_j) \upharpoonright_{s=0} \|_{N_k(T)} \lesssim \epsilon_0 2^{-\sigma k} b_k(\sigma), \tag{1.5.17}$$

$$\sum_{j_0, j_1, j_3 = 1}^{2} \| P_k (\phi_{j_0} \diamond \phi_{j_1} \diamond \phi_{j_3}) \upharpoonright_{s=0} \|_{N_k(T)} \lesssim \epsilon_0 2^{-\sigma k} b_k(\sigma). \tag{1.5.18}$$

证明 (1.5.17) 和 (1.5.18) 已经在 [[BIKT11], 命题 6.2] 中证明. 我们强调, 为了控制 $\| A_t \phi_i \|_{N_k}$, [[BIKT11], 命题 6.2] 使用了当 $\sigma \in \left[0, \dfrac{1}{12}\right]$ 时 $\| A_t \|_{L_{t,x}^2} \leqslant \varepsilon^2$, 以及当 $\sigma \geqslant \dfrac{1}{12}$ 时 $\| P_k A_t \|_{L_{t,x}^2} \leqslant 2^{-\sigma k} b_k(\sigma)$. 因此, 尽管 (1.4.73)—(1.4.74) 本身与 [[BIKT11], 引理 5.7] 所述的界有所不同, 但我们的估计 (1.4.73) 和 (1.4.74) 足以控制 $\| A_t \phi_i \|_{N_k}$. $\qquad\square$

现在我们转到 (1.5.15) 中剩余的曲率项.

命题 1.5.3 对于所有 $k \in \mathbb{Z}$ 和 $\sigma \in \left[0, \dfrac{99}{100}\right]$, 我们有

$$\sum_{j_0, j_1, j_3 = 1}^{2} \| P_k ((\phi_{j_0} \diamond \phi_{j_1} \diamond \phi_{j_3}) \mathcal{G}) \|_{N_k(T)} \lesssim 2^{-\sigma k} \epsilon_0 b_k(\sigma). \tag{1.5.19}$$

证明 回忆 $\mathcal{G} = \Gamma^\infty + \widetilde{\mathcal{G}}$. 常数 Γ^∞ 部分, 通过直接应用 (1.5.18), 满足 (1.5.19). 接下来, 只需控制 $\widetilde{\mathcal{G}}$ 部分.

作为准备, 我们首先证明以下估计

$$\sum_{i=1}^{2} \| P_k (\widetilde{\mathcal{G}} \phi_i) \|_{F_k(T)} \lesssim \begin{cases} 2^{-\sigma k} b_k(\sigma), & \text{如果 } \dfrac{1}{100} < \sigma \leqslant \dfrac{99}{100}, \\ 2^{-\sigma k} \displaystyle\sum_{j \geqslant k} b_j b_j(\sigma), & \text{如果 } 0 \leqslant \sigma \leqslant \dfrac{1}{100}. \end{cases} \tag{1.5.20}$$

这直接通过应用推论 1.4.1 和引理 1.8.2 得出: 如果 $\sigma > \dfrac{1}{100}$, 那么

$$\|P_k(\widetilde{\mathcal{G}}\phi_i)\|_{F_k(T)} \lesssim 2^{-\sigma k}b_k(\sigma) + 2^{-k-\sigma k}b_k(\sigma)\sum_{l\leqslant k}2^{\delta|k-l|}2^l b_l + b_k(\sigma)\sum_{j\geqslant k}2^{-\sigma j}2^{2\delta|k-j|}$$

$$\lesssim 2^{-\sigma k}b_k(\sigma).$$

如果 $\sigma \in \left[0, \dfrac{1}{100}\right]$, 对于 High × High 作用, 我们直接使用

$$\sum_{|k_1-k_2|\leqslant 8, k_1, k_2\geqslant k-4}\|P_k(P_{k_1}\widetilde{\mathcal{G}}P_{k_2}\phi_i)\|_{F_k(T)}$$

$$\lesssim \sum_{j\geqslant k-4}2^j\left(\sum_{|k_1-j|\leqslant 28}\|P_{k_1}\widetilde{\mathcal{G}}\|_{F_{k_1}(T)}\right)\left(\sum_{|k_2-j|\leqslant 28}\|P_{k_2}\phi_i\|_{F_{k_2}(T)}\right)$$

$$\lesssim 2^{-\sigma k}\sum_{j\geqslant k}b_j b_j(\sigma).$$

其他两种相互作用与 $\sigma \geqslant \dfrac{1}{100}$ 的情况相同. 因此, (1.5.20) 得证.

如前所述, 记 $\mathbf{F} = \phi_{j_0}\diamond\phi_{j_1}$, 通过双线性 Littlewood-Paley 分解, 我们有

$$\|P_k\left(\mathbf{F}\diamond(\phi_{j_3}\widetilde{\mathcal{G}})\right)\|_{N_k(T)}$$

$$= \sum_{|l-k|\leqslant 4}\|P_k(P_{<k-100}\mathbf{F}P_l(\widetilde{\mathcal{G}}\phi_{j_3}))\|_{N_k(T)} + \sum_{|k_1-k|\leqslant 4}\|P_k(P_{k_1}\mathbf{F}P_{<k-100}(\widetilde{\mathcal{G}}\phi_{j_3}))\|_{N_k(T)}$$

$$+ \sum_{\substack{|k_1-k_2|\leqslant 120 \\ k_1, k_2\geqslant k-100}}\|P_k(P_{k_1}\mathbf{F}P_{k_2}(\widetilde{\mathcal{G}}\phi_{j_3}))\|_{N_k(T)}. \tag{1.5.21}$$

对于 (1.5.21) 的第一个右端项, 应用 (1.8.11) 和

$$\|\widetilde{\mathcal{G}}\|_{L_{t,x}^\infty} \lesssim 1, \tag{1.5.22}$$

$$\|\phi_x\|_{L_{t,x}^4}^2 \lesssim \epsilon_0, \tag{1.5.23}$$

以及 (1.5.20), 当 $\sigma \in \left[\dfrac{1}{100}, \dfrac{99}{100}\right]$ 时, 我们得到

$$\sum_{|k_0-k|\leqslant 4}\|P_k(P_{<k-100}\mathbf{F}P_{k_0}(\widetilde{\mathcal{G}}\phi_{j_3}))\|_{N_k(T)}$$

$$\lesssim \|\phi_{j_0}\phi_{j_1}\|_{L^2_{t,x}}\|P_k(\widetilde{\mathcal{G}}\phi_{j_3})\|_{F_k(T)} \lesssim \epsilon_0 2^{-\sigma k}b_k(\sigma).$$

对于 (1.5.21) 的右端第一个项, 当 $\sigma \in \left[0, \dfrac{1}{100}\right]$ 时, 我们进一步将 $P_{[k-4,k+4]}(\widetilde{\mathcal{G}}\phi_{j_3})$ 分解为 High × High, Low × High, High × Low. 简写为

$$\mathrm{sum}_{|k_0-k|\leqslant 4}\left\|P_k\left(P_{<k-100}\mathbf{F}P_{k_0}(\widetilde{\mathcal{G}}\phi_{j_3})\right)\right\|_{N_k(T)}$$

$$\lesssim \sum_{|l-k|\leqslant 8}\left\|P_k\left((P_{<k-100}\mathbf{F})P_l\phi_{j_3}(P_{\leqslant k-8}\widetilde{\mathcal{G}})\right)\right\|_{N_k(T)} \tag{1.5.24}$$

$$+ \sum_{|l-k|\leqslant 8}\left\|P_k\left((P_{<k-100}\mathbf{F})(P_{\leqslant k-8}\phi_{j_3}P_l\widetilde{\mathcal{G}})\right)\right\|_{N_k} \tag{1.5.25}$$

$$+ \sum_{|k_1-k_2|\leqslant 16, k_1, k_2\geqslant k-8}\|P_k((P_{<k-100}\mathbf{F})P_{k_1}\phi_{j_3}(P_{k_2}\widetilde{\mathcal{G}}))\|_{N_k(T)}. \tag{1.5.26}$$

由于对所有 $\sigma \in \left[0, \dfrac{99}{100}\right]$, Low × High (简记作 P_k^{lh}) 和 High × Low (简记为 P_k^{hl}) 作用部分满足

$$\|(P_k^{lh}+P_k^{hl})(\widetilde{\mathcal{G}}\phi_{j_3})\|_{F_k} \lesssim 2^{-\sigma k}b_k(\sigma),$$

我们有

$$(1.5.24)+(1.5.25) \lesssim \|\phi_{j_0}\phi_{j_1}\|_{L^2_{t,x}}\left(\|P_k^{lh}(\mathcal{G}\phi_{j_3})\|_{F_k(T)}+\|P_k^{hl}(\mathcal{G}\phi_{j_3})\|_{F_k(T)}\right)$$

$$\lesssim \epsilon_0 2^{-\sigma k}b_k(\sigma).$$

对于 (1.5.26) 项, 应用 (1.8.13) 得到

$$(1.5.26) \lesssim \sum_{k_2\geqslant k-8}\sum_{|k_1-k_2|\leqslant 16}\left\|P_k\left[\left((P_{<k-100}\mathbf{F})P_{k_2}\widetilde{\mathcal{G}}\right)P_{k_1}\phi_{j_3}\right]\right\|_{N_k}$$

$$\lesssim \sum_{k_2\geqslant k-8, |k_1-k_2|\leqslant 16}\left\|(P_{<k-100}\mathbf{F})P_{k_2}\widetilde{\mathcal{G}}\right\|_{L^2_{t,x}}2^{\frac{k-k_1}{6}}\|P_{k_1}\phi_{j_3}\|_{G_{k_1}}$$

$$\lesssim \sum_{k_1\geqslant k-12}\|\mathbf{F}\|_{L^2_{t,x}}2^{\frac{k-k_1}{6}}2^{-\sigma k_1}b_{k_1}(\sigma) \lesssim \epsilon_0 2^{-\sigma k}b_k(\sigma).$$

因此, (1.5.21) 的第一个右端项已经完成.

对于 (1.5.21) 的第二个右端项, 我们进一步将 $\mathbf{F}$ 分解为

$$\sum_{|k_1-k|\leqslant 4}\|P_k(P_{k_1}\mathbf{F}P_{<k-100}(\mathcal{G}\phi_{j_3}))\|_{N_k(T)}$$

$$\lesssim \sum_{|l-k|\leqslant 8} \|P_k[(P_l\phi_{j_0})(P_{\leqslant k-8}\phi_{j_1})P_{\leqslant k-100}(\mathcal{G}\phi_{j_3})]\|_{N_k(T)} \tag{1.5.27}$$

$$+ \sum_{|l-k|\leqslant 8} \|P_k[(P_l\phi_{j_1})(P_{\leqslant k-8}\phi_{j_0})P_{\leqslant k-100}(\mathcal{G}\phi_{j_3})]\|_{N_k(T)} \tag{1.5.28}$$

$$+ \sum_{|l_1-l_2|\leqslant 16, l_1, l_2\geqslant k-8} \|P_k[(P_{l_1}\phi_{j_0})(P_{l_2}\phi_{j_1})P_{\leqslant k-100}(\mathcal{G}\phi_{j_3})]\|_{N_k(T)}. \tag{1.5.29}$$

对于右端的前两项, 重新使用 (1.8.11) 和 (1.5.22), (1.5.23), 得到

$$(1.5.28) + (1.5.27) \lesssim \|P_k(\phi_x)\|_{F_k(T)}\|\phi_x\|_{L^4_{t,x}}^2 \lesssim \epsilon_0 2^{-\sigma k}b_k(\sigma).$$

并且重新使用 (1.8.13) 和估计 (1.5.22), (1.5.23), 我们有

$$(1.5.29) \lesssim \sum_{|l_1-l_2|\leqslant 16, l_1, l_2\geqslant k-8} 2^{\frac{k-l_2}{6}}\left\|\left(P_{\leqslant k-100}(\widetilde{\mathcal{G}}\phi_{j_3})\right)P_{l_1}\phi_{j_1}\right\|_{L^2_{t,x}}\|P_{l_2}\phi_{j_0}\|_{G_l(T)}$$

$$\lesssim \|\phi_x\|_{L^4_{t,x}}^2 \sum_{l_2\geqslant k-8} 2^{\frac{k-l_2}{6}}2^{-\sigma l_2}b_{l_2}(\sigma) \lesssim \epsilon_0 2^{-\sigma k}b_k(\sigma),$$

我们在第二个不等式中使用了嵌入 $L^4_k(T) \hookrightarrow F_k(T) \hookrightarrow G_k(T)$ 和 $\|P_{k_2}(\widetilde{\mathcal{G}}\phi_{j_3})\|_{L^4} \lesssim \|\phi_x\|_{L^4}$ 的事实. 因此, (1.5.21) 的前两个右端项已完成.

　　对于 (1.5.21) 的第三项, 对 $\mathbf{F}$ 应用 Littlewood-Paley 分解, 我们得到

$$\sum_{k_1,k_2\geqslant k-100}^{|k_1-k_2|\leqslant 120} \|P_k(P_{k_1}\mathbf{F}P_{k_2}(\widetilde{\mathcal{G}}\phi_{j_3}))\|_{N_k}$$

$$\lesssim \sum_{k_1,k_2\geqslant k-100}^{|k_1-k_2|\leqslant 120} \sum_{|l-k_1|\leqslant 4} \left\|P_k\left[P_l\phi_{j_0}P_{\leqslant k_1-8}\phi_{j_1}P_{k_2}(\widetilde{\mathcal{G}}\phi_{j_3})\right]\right\|_{N_k} \tag{1.5.30}$$

$$+ \sum_{k_1,k_2\geqslant k-100}^{|k_1-k_2|\leqslant 120} \sum_{|l-k_1|\leqslant 4} \left\|P_k\left[P_l\phi_{j_1}P_{\leqslant k_1-8}\phi_{j_0}P_{k_2}(\widetilde{\mathcal{G}}\phi_{j_3})\right]\right\|_{N_k} \tag{1.5.31}$$

$$+ \sum_{k_1,k_2\geqslant k-100}^{|k_1-k_2|\leqslant 120} \sum_{l_1,l_2\geqslant k_1-8, |l_1-l_2|\leqslant 16} \left\|P_k\left[P_{l_1}\phi_{j_1}P_{l_2}\phi_{j_0}P_{k_2}(\widetilde{\mathcal{G}}\phi_{j_3})\right]\right\|_{N_k}. \tag{1.5.32}$$

通过引理 1.8.5 和 (1.5.20), (1.5.23), 前两项的估计为

$$(1.5.30) + (1.5.31)$$

$$\lesssim \sum_{k_1\geqslant k-100} \sum_{|k_1-k_2|\leqslant 120} \sum_{|l-k_1|\leqslant 4} 2^{\frac{k-l}{6}}\|P_l\phi_x\|_{G_l(T)}\|\phi_x\|_{L^4_{t,x}}\|P_{k_2}(\widetilde{\mathcal{G}}\phi_{j_3})\|_{L^4_{t,x}}$$

$$\lesssim \epsilon_0 2^{-\sigma k} b_k(\sigma).$$

使用引理 1.8.5, 特别是 (1.8.13) 和 (1.8.11), 我们有

(1.5.32)

$$\lesssim \sum_{k_1,k_2 \geq k-100}^{|k_1-k_2| \leq 120} \sum_{l_1,l_2 \geq k_1-8, |l_1-l_2| \leq 16} 2^{\frac{k-l_1}{6}} \|P_{l_1}\phi_{j_1}\|_{G_{l_1}(T)} \|P_{l_2}\phi_{j_0}\|_{L^4} \|P_{k_2}(\widetilde{\mathcal{G}}\phi_{j_3})\|_{L^4}$$

$$\lesssim \epsilon_0 \sum_{k_1 \geq k-100} \sum_{l_1 \geq k_1-4, |l_1-l_2| \leq 16} 2^{\frac{k-l_1}{6}} 2^{-\sigma l_1} b_{l_1}(\sigma)$$

$$\lesssim \epsilon_0 2^{-\sigma k} b_k(\sigma).$$

因此, (1.5.21) 的第三个右端项也已完成. 证毕. $\qquad\square$

推论 1.5.1 在命题 1.5.1 的假设下, 对于所有 $i \in \{1,2\}$ 和 $\sigma \in \left[0, \frac{99}{100}\right]$, 我们有

$$\|P_k\phi_i\|_{G_k(T)} \lesssim 2^{-\sigma k} c_k(\sigma). \tag{1.5.33}$$

证明 (1.5.6) 显示对于任意 $k \in \mathbb{Z}$ 和 $\sigma \in \left[0, \frac{99}{100}\right]$,

$$2^{\sigma k} \|P_k\phi_i(0,0,\cdot)\|_{L_x^2} \lesssim c_k(\sigma). \tag{1.5.34}$$

然后通过命题 1.5.3, 命题 1.5.2 和命题 1.2.1 的线性估计, 我们有

$$b_k(\sigma) \lesssim c_k(\sigma) + \epsilon_0 b_k(\sigma), \tag{1.5.35}$$

对于所有 $\sigma \in \left[0, \frac{99}{100}\right]$. 因此 $b_k(\sigma) \lesssim c_k(\sigma)$, 于是想要的结果由 1.5 节中 $\{b_k(\sigma)\}$ 的定义得到. $\qquad\square$

1.5.2 $\sigma \in \left[0, \frac{99}{100}\right]$ 的一致界

我们用以下命题结束对 $\sigma \in \left[0, \frac{99}{100}\right]$ 的讨论.

命题 1.5.4 假设 $\sigma \in \left[0, \frac{99}{100}\right]$. 令 $Q \in \mathcal{N}$ 为一个固定点, ϵ_0 为一个足够小的常数. 给定任意 $\mathcal{L} \in \mathbb{Z}_+$, 假设 $T \in (0, 2^{2\mathcal{L}}]$. 令 $\{c_k\}$ 为一个 ϵ_0-频率包络, 阶数

为 δ. 令 $\{c_k(\sigma)\}$ 为另一个阶数为 δ 的频率包络. 令 $u \in \mathcal{H}_Q(T)$ 为 SMF 的解, 其初值为 u_0, 满足

$$\|P_k \nabla u_0\|_{L_x^2} \leqslant c_k, \tag{1.5.36}$$

$$\|P_k \nabla u_0\|_{L_x^2} \leqslant c_k(\sigma) 2^{-\sigma k}. \tag{1.5.37}$$

记 $\{\phi_i\}$ 为以 u 为初值的热流的对应微分场. 则对于所有 $i = 1, 2$, $k \in \mathbb{Z}$, $\sigma \in \left[0, \dfrac{99}{100}\right]$, 我们有

$$\|P_k \phi_i \restriction_{s=0}\|_{G_k(T)} \lesssim c_k, \tag{1.5.38}$$

$$\|P_k \phi_i \restriction_{s=0}\|_{G_k(T)} \lesssim c_k(\sigma) 2^{-\sigma k}, \tag{1.5.39}$$

$$\sup_{s \geqslant 0}(1 + s 2^{2k})^4 \|P_k \phi_i(s)\|_{F_k(T)} \lesssim c_k(\sigma) 2^{-\sigma k}. \tag{1.5.40}$$

证明　定义函数 $\Theta : [-T, T] \to \mathbb{R}^+$ 为

$$\Theta(T') := \sup_{k \in \mathbb{Z}} c_k^{-1} \left(\|P_k \phi_i \restriction_{s=0}\|_{G_k(T')} + \|P_k \nabla u\|_{L_t^\infty L_x^2(T')} \right).$$

根据引理 1.3.3, 函数 $\Theta(T')$ 在 $T' \in [0, T]$ 上是连续的. 继而命题 1.5.1 表明

$$\Theta(T') \leqslant \epsilon_0^{-\frac{1}{2}} \Longrightarrow \sup_{k \in \mathbb{Z}} c_k^{-1} \left(\|P_k \phi_i \restriction_{s=0}\|_{G_k(T')} \right) \lesssim 1.$$

并且根据命题 1.3.5,

$$\sup_{k \in \mathbb{Z}} c_k^{-1} \left(\|P_k \phi_i \restriction_{s=0}\|_{G_k(T')} \right) \lesssim 1 \Longrightarrow \sup_{k \in \mathbb{Z}} c_k^{-1} \left(\|P_k \nabla u\|_{L_t^\infty L_x^2(T')} \right) \lesssim 1.$$

因此, 我们得出

$$\Theta(T') \leqslant \epsilon_0^{-\frac{1}{2}} \Longrightarrow \Theta(T') \lesssim 1.$$

并且很容易看到 $\Theta(T')$ 是连续且递增的. 此外, 通过 $\Theta(T')$ 的定义、$G_k(T')$ 和推论 3.1, 我们有

$$\lim_{T' \to 0} \Theta(T') \lesssim 1.$$

因此, 根据 Θ 的连续性, (1.5.36) 和 (1.5.37) 可以得到

$$\Theta(T) \lesssim 1,$$

从而得到 (1.5.38). 最后, 命题 1.5.1 推出 (1.5.39), 而 (1.5.40) 由包含关系 $G_k \subset F_k$ 和命题 2.4.1 得出. □

1.6 迭 代 方 案

从现在开始, 符号 $a_k^{(j)}(\sigma)$ 和 $a_{k,s}^{(j)}(\sigma)$ 与 1.3 节中的定义不同. 它们的定义如下.

定义 1.6.1 假设 $u_0 \in \mathcal{H}_Q$. 给定 $j \in \mathbb{N}$, 定义

$$c_{k,(j)}(\sigma) = \sup_{k' \in \mathbb{Z}} 2^{-\frac{1}{2^j} \delta |k-k'|} \| P_{k'} \nabla u_0 \|_{L_x^2}, \quad k \in \mathbb{Z}.$$

- 对于 $\sigma \in \left[0, \dfrac{99}{100}\right]$, 定义

$$c_k^{(0)}(\sigma) = c_{k,(0)}(\sigma), \quad \forall \sigma \in \left[0, \frac{99}{100}\right].$$

- 对于 $\sigma \in \left[0, \dfrac{5}{4}\right]$, 定义

$$c_k^{(1)}(\sigma) = \begin{cases} c_{k,(1)}(\sigma), & \text{如果 } \sigma \in \left[0, \dfrac{99}{100}\right], \\[2mm] c_{k,(1)}(\sigma) + c_{k,(1)}\left(\dfrac{3}{8}\right) c_{k,(1)}\left(\sigma - \dfrac{3}{8}\right), & \text{如果 } \sigma \in \left(\dfrac{99}{100}, \dfrac{5}{4}\right]. \end{cases}$$

- 给定整数 $j \geqslant 2$, 对于 $\sigma \in \left[0, \dfrac{j}{4}+1\right]$, 我们通过归纳法定义 $\{c_k^{(j)}(\sigma)\}$:

$$c_k^{(j)}(\sigma) = \begin{cases} c_{k,(j)}(\sigma), & \text{如果} \sigma \in \left[0, \dfrac{99}{100}\right], \\[2mm] c_{k,(j)}(\sigma) + c_{k,(j)}\left(\dfrac{3}{8}\right) c_{k,(j)}\left(\sigma - \dfrac{3}{8}\right), & \text{如果 } \sigma \in \left(\dfrac{99}{100}, \dfrac{5}{4}\right], \\[2mm] \cdots \\[1mm] c_{k,(j)}(\sigma) + c_{k,(j)}\left(\dfrac{3}{8}\right) c_k^{(j)}\left(\sigma - \dfrac{3}{8}\right), & \text{如果 } \sigma \in \left(\dfrac{m+3}{4}, \dfrac{m}{4}+1\right], \\[2mm] \cdots \\[1mm] c_{k,(j)}(\sigma) + c_{k,(j)}\left(\dfrac{3}{8}\right) c_k^{(j)}\left(\sigma - \dfrac{3}{8}\right), & \text{如果 } \sigma \in \left(\dfrac{j+3}{4}, \dfrac{j}{4}+1\right]. \end{cases}$$

定义 1.6.2 - 假设 $\{a_k(\sigma)\}$ 是阶数为 δ 的频率包络, 其中 $\sigma \in \left[0, \dfrac{99}{100}\right]$. 定义

$$a_k^{(0)}(\sigma) = c_k^{(0)}(\sigma), \quad \forall \sigma \in \left[0, \frac{99}{100}\right].$$

- 假设 $\{a_k(\sigma)\}$ 是阶数为 δ 的频率包络, 其中 $\sigma \in \left[0, \dfrac{99}{100}\right]$. 定义

$$
a_k^{(1)}(\sigma) = \begin{cases}
c_k^{(1)}(\sigma), & \text{如果 } \sigma \in \left[0, \dfrac{99}{100}\right], \\[3mm]
a_k(\sigma) + c_k^{(1)}\left(\dfrac{3}{8}\right) c_k^{(1)}\left(\sigma - \dfrac{3}{8}\right), & \text{如果 } \sigma \in \left(\dfrac{99}{100}, \dfrac{5}{4}\right].
\end{cases}
$$

- 给定整数 $j \geqslant 2$, 假设 $\{a_k(\sigma)\}$ 是阶数为 δ 的频率包络, 其中 $\sigma \in \left[0, \dfrac{j}{4}+1\right]$. 定义

$$
a_k^{(j)}(\sigma) = \begin{cases}
c_k^{(j)}(\sigma), & \text{如果 } \sigma \in \left[0, \dfrac{j+3}{4}\right], \\[3mm]
a_k(\sigma) + c_k^{(j)}\left(\dfrac{3}{8}\right) c_k^{(j)}\left(\sigma - \dfrac{3}{8}\right), & \text{如果 } \sigma \in \left(\dfrac{j+3}{4}, \dfrac{j}{4}+1\right].
\end{cases}
$$

给定整数 $j \in \mathbb{N}$, 假设 $\{a_k(\sigma)\}$ 是阶数为 δ 的频率包络, 其中 $\sigma \in \left[0, \dfrac{j}{4}+1\right]$, 我们还定义

$$
a_{k,s}^{(j)}(\sigma) = \begin{cases}
2^{k+k_0} a_{-k_0}(0) a_k^{(j)}(\sigma), & \text{如果 } k + k_0 \geqslant 0, \\[3mm]
\displaystyle\sum_{l=k}^{-k_0} a_l(0) a_l^{(j)}(\sigma), & \text{如果 } k + k_0 \leqslant 0,
\end{cases}
$$

对于 $s \in [2^{2k_0-1}, 2^{2k_0+1})$, $k, k_0 \in \mathbb{Z}$.

注 1.6.1　给定 $j \geqslant 2$, 从定义 1.6.1 可知, 如果 $\sigma \in \left(\dfrac{m+3}{4}, \dfrac{m}{4}+1\right]$, 其中 $2 \leqslant m \leqslant j$, 则 $\{c^{(j)}(\sigma)\}$ 的阶数为 $\dfrac{1}{2^m}\delta$. 特别地, 对于所有 $\sigma \in \left[0, \dfrac{j}{4}+1\right]$, $\{c^{(j)}(\sigma)\}$ 的阶数为 δ. 还可以从定义 1.6.2 看出, 对于所有 $\sigma \in \left[0, \dfrac{j}{4}+1\right]$, $\{a^{(j)}(\sigma)\}$ 的阶数为 δ.

现在我们迭代前几节的论证, 以获得对所有 $\sigma \in \left[0, \dfrac{5}{4}\right]$ 的一致界. 我们旨在证明以下命题:

命题 1.6.1　假设 $\sigma \in \left[0, \dfrac{5}{4}\right]$. 令 $Q \in \mathcal{N}$ 为一个固定点, ϵ_0 为一个足够小的常数. 给定任意 $\mathcal{L} \in \mathbb{Z}_+$, 假设 $T \in (0, 2^{2\mathcal{L}}]$. 令 $u \in \mathcal{H}_Q(T)$ 为 SMF 的解, 其初值

为 u_0. 令 $\{c_k^{(1)}(\sigma)\}$ 为定义 1.6.1 中的频率包络，并假设 $\{c_k^{(1)}(0)\}$ 是一个 ϵ_0-频率包络. 记 $\{\phi_i\}$ 为以 u 为初值的热流的对应微分场. 则对于所有 $i=1,2$, $k \in \mathbb{Z}$, $\sigma \in \left[0, \dfrac{5}{4}\right]$, 我们有

$$2^{\sigma k} \|P_k \phi_i \upharpoonright_{s=0}\|_{G_k(T)} \lesssim c_k^{(1)}(\sigma).$$

如前所述，此命题将被分为两个子命题进行证明，一个是关于热流演化的，另一个是关于 Schrödinger 映射流演化的. 在以下命题或引理的陈述中，符号 ✓ 表示它所在的行可以被省略.

命题 1.6.2 令 $\sigma \in \left[0, \dfrac{5}{4}\right]$, $\{b_k(\sigma)\}$ 为阶数为 δ 的频率包络，使得对于 $\sigma \in \left[0, \dfrac{99}{100}\right]$, 有 $b_k(\sigma) \lesssim c_k^{(1)}(\sigma)$. 假设 $\{c_k^{(1)}(0)\}$ 是一个 ϵ_0-频率包络.

- 设对于 $i=1,2$,

$$\|P_k \phi_i \upharpoonright_{s=0}\|_{F_k(T)} \leqslant b_k(\sigma') 2^{-\sigma' k}, \quad \sigma' \in \left[0, \frac{5}{4}\right], \tag{1.6.1}$$

$$\checkmark \|P_k \phi_i(s)\|_{F_k(T)} \leqslant \varepsilon^{-1} b_k^{(1)}(0)(1+s2^{2k})^{-4}. \tag{1.6.2}$$

那么，对于 $\sigma \in \left[0, \dfrac{5}{4}\right]$, $i=1,2$, 有

$$\|P_k \phi_i(s)\|_{F_k(T)} \lesssim 2^{-\sigma k}(1+s2^{2k})^{-4} b_k^{(1)}(\sigma), \tag{1.6.3}$$

$$\|P_k A_i \upharpoonright_{s=0}\|_{L_{t,x}^4} \lesssim b_k^{(1)}(\sigma) 2^{-\sigma k}. \tag{1.6.4}$$

- 进一步假设

$$\|P_k \phi_t \upharpoonright_{s=0}\|_{L_{t,x}^4} \lesssim b_k(\sigma') 2^{-(\sigma'-1)k}, \quad \sigma' \in \left[0, \frac{5}{4}\right]. \tag{1.6.5}$$

那么，对于 $\sigma \in \left[0, \dfrac{5}{4}\right]$, 有

$$\|A_t \upharpoonright_{s=0}\|_{L_{t,x}^2} \lesssim \varepsilon^2, \tag{1.6.6}$$

$$\|P_k \phi_t(s)\|_{L_{t,x}^4} \lesssim b_k^{(1)}(\sigma) 2^{-(\sigma-1)k}(1+2^{2k}s)^{-2}, \tag{1.6.7}$$

$$\|P_k A_t \upharpoonright_{s=0}\|_{L_{t,x}^2} \lesssim \varepsilon b_k^{(1)}(\sigma) 2^{-\sigma k}. \tag{1.6.8}$$

证明 回顾定义 1.6.1 和定义 1.6.2 中的 $c_k^{(1)}(\sigma)$ 和 $b_k^{(1)}(\sigma)$, 根据命题 1.4.1 和命题 1.5.4, 可以看出, 对于 $\sigma \in \left[0, \dfrac{99}{100}\right]$, (1.6.3), (1.6.4), (1.6.7) 和 (1.6.8) 已经得到了证明. 此外, (1.6.6) 和假设 (1.6.2) 自然成立. 剩下的工作是证明 (1.6.3), (1.6.4), (1.6.7) 和 (1.6.8) 对于 $\sigma \in \left[\dfrac{99}{100}, \dfrac{5}{4}\right]$ 成立.

SMF 迭代方案的关键和起点是逐步改进 $\|P_k \widetilde{\mathcal{G}}^{(1)}\|_{L_x^4 L_t^\infty}$.

引理 1.6.1 令 $u \in \mathcal{H}_Q(T)$ 为 SMF 的解, 初值为 u_0. 给定任意 $\sigma \in \left[0, \dfrac{99}{100}\right]$, 令 $\{c_k^{(1)}(\sigma)\}$ 为定义 1.6.1 中的频率包络. 还假设 $\{c_k^{(1)}(0)\}$ 是一个 ϵ_0-频率包络. 则当 ϵ_0 足够小时, 有

$$2^{\frac{1}{2}k} \|P_k \widetilde{\mathcal{G}}^{(1)}\|_{L_x^4 L_t^\infty} \leqslant c_k^{(1)}(\sigma) 2^{-\sigma k} \left[(1 + 2^{2k+2k_0})^{-20} \mathbf{1}_{k+k_0 \geqslant 0} + \mathbf{1}_{k+k_0 \leqslant 0} 2^{\delta|k+k_0|}\right],$$

对任意的 $\sigma \in \left[0, \dfrac{99}{100}\right]$, $k, k_0 \in \mathbb{Z}$, $s \in [2^{2k_0 - 1}, 2^{2k_0 + 1})$.

证明 结合命题 1.5.1 和命题 1.4.1, 我们得到

$$\|P_k \phi_t\|_{L^4} \lesssim (1 + s2^{2k})^{-2} 2^{-\sigma k + k} c_k^{(1)}(\sigma), \quad \sigma \in \left[0, \dfrac{99}{100}\right],$$

$$\|P_k \phi_i\|_{L^4} \lesssim (1 + s2^{2k})^{-4} 2^{-\sigma k} c_k^{(1)}(\sigma), \quad \sigma \in \left[0, \dfrac{99}{100}\right].$$

回顾命题 2.3.6 的结果为

$$\left\|P_k \widetilde{\mathcal{G}}\right\|_{L_{t,x}^4 \cap L_t^\infty L_x^2} \lesssim (1 + s2^{2k})^{-30} 2^{-\sigma k - k} c_k^{(1)}(\sigma), \quad \sigma \in \left[0, \dfrac{99}{100}\right],$$

$$\left\|P_k \widetilde{\mathcal{G}}^{(m)}\right\|_{L_{t,x}^4 \cap L_t^\infty L_x^2} \lesssim (1 + s2^{2k})^{-30} 2^{-\sigma k - k} c_k^{(1)}(\sigma), \quad m = 1, 2, \quad \sigma \in \left[0, \dfrac{99}{100}\right].$$

所以利用公式

$$A_t = \int_s^\infty \phi_t \diamond (D_i \phi_i) \mathcal{G} ds'$$

和双线性 Littlewood-Paley 分解 (见引理 1.4.7), 我们得到

$$\|P_k A_t\|_{L^4} \leqslant c_k^{(1)}(\sigma) 2^{-\sigma k + k} \left[(1 + 2^{2k+2j})^{-1} \mathbf{1}_{k+j \geqslant 0} + \mathbf{1}_{k+j \leqslant 0} c_k^{(1)} 2^{\delta|k+j|}\right],$$

对于任意 $\sigma \in \left[0, \dfrac{99}{100}\right]$, $k, j \in \mathbb{Z}$, $s \in [2^{2j-1}, 2^{2j+1})$. 因此, 使用 $\partial_t \widetilde{\mathcal{G}}^{(1)} = A_t \mathcal{G}^{(1)} + \mathcal{G}^{(2)} \phi_t$ 和插值 (见引理 2.4.7), 可以推得

$$2^{\frac{1}{2}k} \|P_k \widetilde{\mathcal{G}}^{(1)}\|_{L_x^4 L_t^\infty} \leqslant c_k^{(1)}(\sigma) 2^{-\sigma k} \left[(1 + 2^{2k+2k_0})^{-20} \mathbf{1}_{k+k_0 \geqslant 0} + \mathbf{1}_{k+k_0 \leqslant 0} 2^{\delta|k+k_0|}\right],$$

对于任意 $\sigma \in \left[0, \dfrac{99}{100}\right]$, $k, k_0 \in \mathbb{Z}$, $s \in [2^{2k_0-1}, 2^{2k_0+1})$. $\qquad\square$

如前所述, 我们从联络形式的估计开始.

引理 1.6.2 设 $\sigma \in \left[\dfrac{99}{100}, \dfrac{5}{4}\right]$. 定义

$$h(k) = \sup_{s \geqslant 0} (1 + s 2^{2k})^4 \sum_{i=1}^{2} \|P_k \phi_i(s)\|_{F_k(T)}. \tag{1.6.9}$$

相应的包络定义为

$$h_k(\sigma) = \sup_{k' \in \mathbb{Z}} 2^{\sigma k'} 2^{-\delta|k'-k|} h(k'). \tag{1.6.10}$$

则在命题 1.6.2 的假设下, 对于所有 $k \in \mathbb{Z}$, $s \geqslant 0$, $i = 1, 2$, 我们有

$$\left\|P_k(A_i(s))\right\|_{F_k(T) \cap S_k^{\frac{1}{2}}(T)} \lesssim 2^{-\sigma k} (1 + s 2^{2k})^{-4} h_{k,s}^{(1)}(\sigma), \tag{1.6.11}$$

其中序列 $\{h_{k,s}^{(1)}\}$ 在 $2^{2k_0-1} \leqslant s < 2^{2k_0+1}$, $k_0 \in \mathbb{Z}$ 时, 定义为

$$h_{k,s}^{(1)}(\sigma) = \begin{cases} 2^{k+k_0} h_{-k_0} h_k^{(1)}(\sigma), & k + k_0 \geqslant 0, \\ \displaystyle\sum_{l=k}^{-k_0} h_l h_l^{(1)}(\sigma), & k + k_0 \leqslant 0, \end{cases} \tag{1.6.12}$$

其中

$$h_k^{(1)}(\sigma') = \begin{cases} c_k^{(1)}(\sigma'), & \sigma' \in \left[0, \dfrac{99}{100}\right], \\ h_k(\sigma') + c_k^{(1)}\left(\dfrac{3}{8}\right) c_k^{(1)}\left(\sigma' - \dfrac{3}{8}\right), & \sigma' \in \left(\dfrac{99}{100}, \dfrac{5}{4}\right]. \end{cases} \tag{1.6.13}$$

证明 该结果的证明与引理 1.4.1 几乎相同, 不同之处在引理 1.4.1 的步骤 4. 事实上, 我们对于 $P_k[\widetilde{\mathcal{G}}^{(1)} \psi_s]$ 的 High $\times$ Low 作用需要更多的关注. 首先, 我们指出命题 1.5.4 的 (1.5.40) 表明对于所有 $\sigma' \in \left[0, \dfrac{99}{100}\right]$,

$$h_k(\sigma') \lesssim c_k^{(1)}(\sigma'). \tag{1.6.14}$$

设 $B_1^{(1)}$ 为最小常数, 使得对于所有 $\sigma \in \left[\dfrac{99}{100}, \dfrac{5}{4}\right]$, $s \geqslant 0$, $k \in \mathbb{Z}$, 有

$$\|P_k(A_i(s))\|_{F_k(T) \cap S_k^{\frac{1}{2}}(T)} \lesssim B_1^{(1)} 2^{-\sigma k}(1 + s2^{2k})^{-4} h_{k,s}^{(1)}(\sigma). \tag{1.6.15}$$

回顾 $\mathcal{G}$ 的以下分解

$$\mathcal{G} = \Gamma^\infty - \Gamma_p^{\infty,(1)} \int_s^\infty \psi_s^p ds' - \int_s^\infty \psi_s^p \widetilde{\mathcal{G}}^{(1)} ds'.$$

由于 $\psi_s = \sum_{i=1}^2 \partial_i \psi_i + A_i \psi_i$, 我们可将 ψ_s 进一步分解. 因此, 粗略地有

$$\mathcal{G} = \Gamma^\infty - \Gamma_l^{\infty,(1)} \int_s^\infty (\partial_i \psi_i)^l ds' - \int_s^\infty (\partial_i \psi_i)^l \widetilde{\mathcal{G}}_l^{(1)} ds'$$
$$- \Gamma_l^{\infty,(1)} \int_s^\infty (A_i \psi_i)^l ds' - \int_s^\infty (A_i \psi_i)^l \widetilde{\mathcal{G}}_l^{(1)} ds'.$$

为了证明引理 1.6.2, 像之前一样, 我们引入**假设 B**: 对于固定给定的 $\sigma \in \left(\dfrac{99}{100}, \dfrac{5}{4}\right]$, 有

$$\int_s^\infty \|P_k(A_i \psi_i)\|_{F_k(T)} ds' \lesssim \varepsilon^{-\frac{1}{2}} 2^{-\sigma k} T_{k,j}(1 + s^{\frac{1}{2}} 2^k)^{-7} h_k^{(1)}(\sigma) c_0^*,$$

$$\int_s^\infty \|P_k[(A_i \psi_i)\widetilde{\mathcal{G}}^{(1)}]\|_{F_k(T)} ds' \lesssim \varepsilon^{-\frac{1}{2}} 2^{-\sigma k} T_{k,j}(1 + s^{\frac{1}{2}} 2^k)^{-7} h_k^{(1)}(\sigma) c_0^*,$$

其中 $c_0^* := \|\{h_k\}\|_{\ell^2}$, $s \in [2^{2j-1}, 2^{2j+1})$, 而 $T_{k,j}$ 在 (1.4.29) 中定义. 我们在假设 B 下证明 $B_1^{(1)} \lesssim 1$. 这一部分与引理 1.4.1 的步骤 2 相同, 只是需要控制

$$\left\| P_k \left(\int_s^\infty (\partial_i \psi_i)(\widetilde{\mathcal{G}}^{(1)}) ds' \right) \right\|_{F_k(T)}, \tag{1.6.16}$$

这是引理 1.4.1 中记为 $\mathcal{U}_{01}$ 的那部分. 为了估计 (1.6.16), 回顾引理 1.6.1 和命题 1.3.6 给出的 $\widetilde{\mathcal{G}}^{(1)}$ 的估计:

$$2^k \|P_k(\widetilde{\mathcal{G}}^{(1)})\|_{L_t^\infty L_x^2 \cap L^4} + 2^{\frac{1}{2}k} \|P_k(\widetilde{\mathcal{G}}^{(1)})\|_{L_x^4 L_t^\infty}$$
$$\lesssim 2^{-\widetilde{\sigma} k} c_k(\widetilde{\sigma})(\mathbf{1}_{k+j \geqslant 0}(1 + 2^{2k}s)^{-20} + \mathbf{1}_{k+j \leqslant 0} 2^{\delta|k+j|}), \tag{1.6.17}$$

对于任意 $k, j \in \mathbb{Z}$, $s \in [2^{2j-1}, 2^{2j+1})$, $\widetilde{\sigma} \in \left[0, \dfrac{99}{100}\right]$. 通过双线性 Littlewood-Paley 分解和引理 1.4.2, 我们有

$$\|P_k((\partial_i \psi_i)\widetilde{\mathcal{G}}^{(1)})\|_{F_k(T)}$$

$$\lesssim \sum_{|k_1-k|\leqslant 4} \|P_{k_1}(\partial_i\psi_i)\|_{F_{k_1}(T)}\|P_{\leqslant k-4}\widetilde{\mathcal{G}}^{(1)}\|_{L^\infty}$$

$$+ \sum_{|k_1-k_2|\leqslant 8, k_1,k_2\geqslant k-4} \|P_{k_1}(\partial_i\psi_i)\|_{F_{k_1}(T)}\left(\|P_{k_2}(\widetilde{\mathcal{G}}^{(1)})\|_{L^\infty} + 2^{\frac{k_1}{2}}\|P_{k_2}(\widetilde{\mathcal{G}}^{(1)})\|_{L_x^4 L_t^\infty}\right)$$

$$+ \sum_{|k_2-k|\leqslant 4, k_1\leqslant k-4} 2^{\frac{k_1}{2}}\|P_{k_1}(\partial_i\psi_i)\|_{F_{k_1}(T)}\|P_{k_2}(\widetilde{\mathcal{G}}^{(1)})\|_{L_x^4 L_t^\infty}$$

$$+ 2^{k_1}\|P_{k_1}(\partial_i\psi_i)\|_{F_{k_1}(T)}\|P_{k_2}(\widetilde{\mathcal{G}}^{(1)})\|_{L^4}$$

$$\lesssim 2^{-\sigma k}h_k^{(1)}(\sigma) + 2^{-\sigma k}h_k h_k^{(1)}(\sigma)\left[\mathbf{1}_{k+j\geqslant 0}2^k(1+2^{2k}s)^{-4} + \mathbf{1}_{k+j\leqslant 0}2^{\delta|k+j|}2^{-j}\right]$$

$$+ R_{j,k}2^{-(\sigma-\frac{3}{8})k}c_k^{(1)}\left(\sigma - \frac{3}{8}\right)\left[2^{-\frac{1}{2}k}\sum_{k_1\leqslant k-4} 2^{\frac{3}{2}k_1 - \frac{3}{8}k_1}c_{k_1}^{(1)}\left(\frac{3}{8}\right)\right.$$

$$\left. + 2^{-k}\sum_{k_1\leqslant k-4} 2^{2k_1 - \frac{3}{8}k_1}c_{k_1}^{(1)}\left(\frac{3}{8}\right)\right],$$

其中, 我们记 $R_{j,k} := \mathbf{1}_{k+j\geqslant 0}(1+2^{2k}s)^{-20} + \mathbf{1}_{k+j\leqslant 0}2^{\delta|k+j|}$, 并使用了 (1.6.14). 因此, 通过包络的缓慢变化性我们得到

$$\|P_k((\partial_i\psi_i)\widetilde{\mathcal{G}}^{(1)})\|_{F_k(T)} \lesssim 2^{-\sigma k}h_k^{(1)}(\sigma)\left(\mathbf{1}_{k+j\geqslant 0}2^k(1+2^{2k_2}s)^{-4} + \mathbf{1}_{k+j\leqslant 0}2^{-j}2^{\delta|k+j|}\right),$$

对任意的 $s\in[2^{2j-1}, 2^{2j+1})$, $j,k\in\mathbb{Z}$. 这个界与引理 1.4.1 中的 $\mathcal{U}_{01}$ 相同, 且是可接受的.

接下来, 我们证明以下论断: 如果假设 B 成立, 则

$$\int_s^\infty \|P_k(A_i\psi_i)\|_{F_k(T)}ds' \lesssim 2^{-\sigma k}T_{k,j}(1+s^{\frac{1}{2}}2^k)^{-7}h_k^{(1)}(\sigma)c_0^*, \tag{1.6.18}$$

$$\int_s^\infty \|P_k(A_i\psi_i)\widetilde{\mathcal{G}}^{(1)}\|_{F_k(T)}ds' \lesssim 2^{-\sigma k}T_{k,j}(1+s^{\frac{1}{2}}2^k)^{-7}h_k^{(1)}(\sigma)c_0^*. \tag{1.6.19}$$

(1.6.18) 的证明与引理 1.4.1 的步骤 4 相同. 对于 (1.6.19), 由于 σ 较大, $P_k[(A_i\psi_i)\widetilde{\mathcal{G}}^{(1)}]$ 的 Low × High 相互作用有所不同. 其他两个相互作用与之前相同. 我们给出如下修改.

由于在假设 B 下有 $B_1^{(1)}\lesssim 1$, $P_k(A_i\psi_i)$ 拥有与引理 1.4.1 中相同的 $F_k\cap S_k^{\frac{1}{2}}$ 界, 事实上, 我们只需将 $h_k(\sigma)$ 替换为 $h_k^{(1)}(\sigma)$:

$$\|P_k(A_i\psi_i)\|_{F_k(T)\cap S_k^{\frac{1}{2}}(T)} \lesssim c_0^* 2^{-\sigma k}\mathbf{1}_{k+j\leqslant 0}h_k^{(1)}(\sigma)2^{\frac{1}{2}(k-j)}2^{\delta|k+j|}$$

$$+ c_0^* 2^{-\sigma k}\mathbf{1}_{k+j\geqslant 0}h_k^{(1)}(\sigma)2^k(1+2^{j+k})^{-8},$$

对于所有 $\sigma \in \left[0, \dfrac{5}{4}\right]$, $s \in [2^{2j-1}, 2^{2j+1})$, $j, k \in \mathbb{Z}$.

然后, 利用 (1.6.17), (1.6.14) 和 (1.4.47), $(A_i\psi_i)\widetilde{\mathcal{G}}^{(1)}$ 的 Low $\times$ High 部分控制如下:

$$
\sum_{|k-k_2|\leqslant 4, k_1 \leqslant k+4} \|P_k(P_{k_1}(A_i\psi_i)P_{k_2}\widetilde{\mathcal{G}}^{(1)})\|_{F_k(T)}
$$

$$
\lesssim c_0^* 2^{-(\sigma-\frac{3}{8})k} c_k^{(1)}\left(\sigma - \frac{3}{8}\right) \mathbf{1}_{k+j\leqslant 0} \sum_{k_1 \leqslant k-4} c_{k_1}^{(1)}\left(\frac{3}{8}\right) 2^{\frac{1}{2}(k_1-j)} 2^{\delta|k_1+j|} 2^{-\frac{3}{8}k_1}
$$

$$
+ c_0^* 2^{-(\sigma-\frac{3}{8})k}(1+2^{2j+2k})^{-20} c_k^{(1)}\left(\sigma - \frac{3}{8}\right) \mathbf{1}_{k+j\geqslant 0}
$$

$$
\times \left(\sum_{-j\leqslant k_1 \leqslant k} c_{k_1}^{(1)}\left(\frac{3}{8}\right) 2^{k_1-\frac{3}{8}k_1}(1+2^{2j+2k_1})^{-4}\right)
$$

$$
+ c_0^* 2^{-(\sigma-\frac{3}{8})k}(1+2^{2j+2k})^{-20} c_k^{(1)}\left(\sigma - \frac{3}{8}\right) \mathbf{1}_{k+j\geqslant 0}
$$

$$
\times \left(\sum_{k_1 \leqslant -j} c_{k_1}^{(1)}\left(\frac{3}{8}\right) 2^{\frac{k_1-j}{2}} 2^{\delta|k_1+j|} 2^{-\frac{3}{8}k_1}\right)
$$

$$
\lesssim c_0^* 2^{-\sigma k} c_k^{(1)}\left(\sigma - \frac{3}{8}\right) c_k^{(1)}\left(\frac{3}{8}\right)\left(\mathbf{1}_{k+j\geqslant 0} 2^{-j}(1+2^{j+k})^{-7} + \mathbf{1}_{k+j\leqslant 0} 2^{\frac{k-j}{2}} 2^{\delta|k+j|}\right).
$$

对 $j \geqslant k_0$ 进行求和, 得到

$$
\sum_{j\geqslant k_0} 2^{2j} \sum_{|k-k_2|\leqslant 4, k_1 \leqslant k+4} \|P_k(P_{k_1}\psi_s P_{k_2}\widetilde{\mathcal{G}}^{(1)})\|_{F_k(T)}
$$

$$
\lesssim c_0^* 2^{-\sigma k} h_k^{(1)}(\sigma)\left(\mathbf{1}_{k+k_0\geqslant 0} 2^{k_0}(1+2^{k+k_0})^{-7} + 2^{-k}\mathbf{1}_{k+k_0\leqslant 0}\right),
$$

对于 $s \in [2^{2k_0-1}, 2^{2k_0+1})$, $k_0, k \in \mathbb{Z}$. 这个界与引理 1.4.1 中的 $\mathcal{U}_{II}$ 相同, 是可接受的.

最后, 我们需要证明在 $T \to 0$ 时, 假设 B 的 (1.6.18) 和 (1.6.19) 成立. 下面, 我们来验证 (1.6.18) 和 (1.6.19).

利用 (1.3.30) 并在 $(A_i\psi_i)$ 上分配 $\dfrac{3}{8}$ 阶导数, 同时估计 $(A_i\psi_i)\widetilde{\mathcal{G}}^{(1)}$ 的 Low $\times$ High 相互作用, 可得

$$
\int_s^\infty \|P_k[A_i\psi_i\widetilde{\mathcal{G}}^{(1)}]\|_{L_t^\infty L_x^2} ds' \lesssim \|\{h_k\}\|_{\ell^2} T_{k,j} h_k^{(1)}(\sigma) 2^{-\sigma k},
$$

对 $\sigma \in \left[\dfrac{99}{100}, \dfrac{5}{4}\right]$.

因此, 结合上述几个步骤, 我们得出引理 1.6.2. □

引理 1.6.2 的证明给出 $\|\widetilde{\mathcal{G}}\|_{F_k}$ 的一个估计.

引理 1.6.3 对任意 $\sigma \in \left(\dfrac{99}{100}, \dfrac{5}{4}\right]$, $k \in \mathbb{Z}$,

$$\left\| P_k(\widetilde{\mathcal{G}}) \right\|_{F_k(T)} \lesssim \begin{cases} 2^{-\sigma k}(1 + s2^{2k})^{-4} 2^j h_k^{(1)}(\sigma), & j+k \geqslant 0, \\ 2^{-\sigma k} 2^{-k} h_k^{(1)}(\sigma), & j+k \leqslant 0, \end{cases} \tag{1.6.20}$$

当 $2^{2j-1} \leqslant s < 2^{2j+1}, j \in \mathbb{Z}$. 并且对 $s = 0$, 有

$$\left\| P_k \widetilde{\mathcal{G}} \restriction_{s=0} \right\|_{F_k(T)} \lesssim 2^{-k-\sigma k} h_k^{(1)}(\sigma). \tag{1.6.21}$$

命题 1.6.2 的证明 使用改进后的 $\widetilde{\mathcal{G}}$ 的界, 再次利用 1.4 节中的办法可以得到

$$\sup_{s \geqslant 0} 2^{\sigma k}(1 + s2^{2k})^4 \sum_{i=1}^2 \|P_k \phi_i(s)\|_{F_k(T)} \lesssim b_k(\sigma) + \varepsilon h_k^{(1)}(\sigma).$$

由于右侧是一个频率包络函数, 阶数为 δ, 所以有

$$h_k(\sigma) \lesssim b_k(\sigma) + \varepsilon h_k^{(1)}(\sigma).$$

根据 $h_k^{(1)}(\sigma)$ 的定义, 对于 $\sigma \in \left(\dfrac{99}{100}, \dfrac{5}{4}\right]$, 我们得出

$$h_k(\sigma) \lesssim b_k(\sigma) + c_k^{(1)}\left(\frac{3}{8}\right) c_k^{(1)}\left(\sigma - \frac{3}{8}\right),$$

从而证明了 (1.6.3). 剩下的 (1.6.7), (1.6.8) 等的证明是类似的. □

在下面的命题中, 我们完成了在 Schrödinger 方向上对 σ 的迭代.

命题 1.6.3 设 $\mathcal{L} \in \mathbb{Z}_+$, $T \in (0, 2^{2\mathcal{L}}]$ 且 $Q \in \mathcal{N}$, $\sigma \in \left[0, \dfrac{5}{4}\right]$. 设 $u \in \mathcal{H}_Q(T)$ 是初值为 u_0 的 SMF 解, 并设 $\{c_k^{(1)}(\sigma)\}_{k \in \mathbb{Z}}$ 为定义 1.6.1 中的频率包络. 并且 $\{c_k^{(1)}(0)\}$ 是一个 ϵ_0-频率包络, 其中 $0 < \epsilon_0 \ll 1$. 那么对于任意的 $\sigma \in \left[0, \dfrac{5}{4}\right]$ 和 $k \in \mathbb{Z}$, 我们有

$$\|P_k \phi_i \restriction_{s=0} \|_{G_k(T)} \lesssim c_k^{(1)}(\sigma). \tag{1.6.22}$$

证明   对于 $\sigma \in \left[0, \dfrac{99}{100}\right]$ 的情况, (1.6.22) 已经在 1.5 节中被证明. 因此, 只需考虑 $\sigma \in \left(\dfrac{99}{100}, \dfrac{5}{4}\right]$ 的情况. 设

$$b(k) = \sum_{i=1}^{2} \|P_k \phi_i \restriction_{s=0}\|_{G_k(T)}.$$

对于 $\sigma \in \left[0, \dfrac{5}{4}\right]$, 定义频率包络

$$b_k(\sigma) = \sup_{k' \in \mathbb{Z}} 2^{\sigma k'} 2^{-\delta|k-k'|} b(k').$$

根据命题 1.3.1, 这些频率包络是有限的且 ℓ^2 可求和的, 并且

$$\|P_k \phi_i \restriction_{s=0}\|_{G_k(T)} \lesssim 2^{-\sigma k} b_k(\sigma).$$

通过重复引理 1.4.1 的相同论证可验证假设 (1.6.5). 因此, 利用命题 1.6.2, 可知 (1.6.3)—(1.6.8) 成立.

通过引理 1.6.3, 重复 1.5 节中的论证, 当 $s = 0$ 时, 可得

$$\|P_k \phi_i \restriction_{s=0}\|_{G_k(T)}$$

$$\lesssim c_k^{(1)}(\sigma) + \epsilon_0 \left(b_k(\sigma) + c_k^{(1)}\left(\frac{3}{8}\right) c_k^{(1)}\left(\sigma - \frac{3}{8}\right) \right), \quad \forall \sigma \in \left(\frac{99}{100}, \frac{5}{4}\right].$$

由于右侧是频率包络, 阶数为 δ, 我们得出

$$b_k(\sigma) \lesssim c_k^{(1)}(\sigma).$$

这证明了 (1.6.22), 从而完成了本命题的证明.   □

1.7   定理 1.1.1 和定理 1.1.2 的证明

1.7.1   全局正则性

为了证明 u 是全局解, 只需验证 (见附录 B)

$$\|\nabla u\|_{L_{t,x}^\infty} \lesssim 1. \tag{1.7.1}$$

为了证明 (1.7.1), 只需对 $\|u(t)\|_{\dot{H}^1 \cap \dot{H}^{2+}}$ 给出统一的界. 由于能量守恒, 这约化为 $\|u(t)\|_{\dot{H}^{2+}}$ 的界, 它与 $\sigma = 1+$ 的频率包络函数相关. 因此, 我们需要将微分场的界 (1.6.22) 转换为 u 的界.

下面的引理直接来源于命题 1.3.1.

引理 1.7.1 设 $u \in \mathcal{H}_Q(T)$ 是具有小能量初值 u_0 的 SMF 解. 对于 $\sigma \in \left[0, \frac{5}{4}\right]$, 假设 $\{c_k^{(1)}(\sigma)\}$ 是定义 1.6.1 中的频率包络函数. 并且假设与 u 相关的在热流标架下的微分场 $\{\phi_i\}$ 满足

$$\sum_{i=1,2} \|P_k\phi_i \upharpoonright_{s=0}\|_{L_t^\infty L_x^2} \leqslant 2^{-\sigma k} c_k^{(1)}(\sigma), \quad \forall k \in \mathbb{Z}. \tag{1.7.2}$$

那么, 我们有

$$2^k \|P_k u\|_{L_t^\infty L_x^2} \leqslant 2^{-\sigma k} c_k^{(1)}(\sigma), \quad \forall k \in \mathbb{Z}. \tag{1.7.3}$$

命题 1.6.3 表明引理 1.7.1 的假设 (1.7.2) 成立. 因此, 通过应用引理 1.7.1, 我们得到

$$\|u\|_{\dot{H}^\rho \cap \dot{H}^1} \lesssim C(\|u_0\|_{\dot{H}^\rho \cap \dot{H}^1}), \tag{1.7.4}$$

对于所有 $\rho \in \left[0, \frac{9}{4}\right]$. 特别地, 由 Sobolev 嵌入定理, $\|\nabla u\|_{L_{t,x}^\infty} \lesssim 1$. 因此, u 是全局解, 根据 1.8.2 节和 [McG07] 的局部适定理论, 可以得出全局正则性.

定理 1.1.1 剩余的部分是 (1.1.4) 和 (1.1.5). 它们将分别在 1.7.4 节和 1.7.5 节中证明.

1.7.2 SMF 解的 Sobolev 范数上界

为了获得 SMF 解在 $\sigma = 1 + \frac{K}{4}$ ($K \in \mathbb{Z}_+$) 下一致的 Sobolev 范数界, 在热流迭代方案中, 我们只需从抛物衰减估计开始,

$$\left\|\partial_x^{L+1}\mathcal{G}^{(K+1)}\right\|_{L_t^\infty L_x^2} \lesssim \epsilon s^{-\frac{L}{2}}, \quad \forall L \in [0, 100+K],$$

$$\left\|\partial_x^{L+1}[d\mathcal{P}]^{(K+1)}\right\|_{L_t^\infty L_x^2} \lesssim \epsilon s^{-\frac{L}{2}}, \quad \forall L \in [0, 100+K].$$

在 SMF 迭代方案中, 对于第 j 次迭代, 我们总是从证明以下不等式开始:

$$2^{\frac{1}{2}k}\|P_k\widetilde{\mathcal{G}}^{(1)}\|_{L_x^4 L_t^\infty}$$

$$\leqslant c_k^{(j)}(\sigma)2^{-\sigma k}[(1+2^{2k+2k_0})^{-20}\mathbf{1}_{k+k_0 \geqslant 0} + \mathbf{1}_{k+k_0 \leqslant 0}2^{\delta|k+k_0|}], \quad \sigma \in \left[0, 1+\frac{j-1}{4}\right],$$

对于任意 $s \in [2^{2k_0-1}, 2^{2k_0+1})$, $k_0, k \in \mathbb{Z}$. 然后, 重复第一次迭代的论证 K 次, 我们得到

$$2^k \|P_k d\mathcal{P}(e)(\upharpoonright_{s=0})\|_{L_t^\infty L_x^2} \lesssim 2^{-\sigma k} c_k^{(K)}(\sigma),$$

$$\|P_k\phi_x(\upharpoonright_{s=0})\|_{L_t^\infty L_x^2} \lesssim 2^{-\sigma k} c_k^{(K)}(\sigma).$$

通过双线性估计, 我们有

$$\|P_k\partial_x u\|_{L_t^\infty L_x^2} \lesssim 2^{-\sigma k} c_k^{(K)}(\sigma), \tag{1.7.5}$$

从而获得了一致的 Sobolev 范数估计. 注意到, 每次迭代都需要 ϵ_* 在我们的论证中变得更小. 我们强调, 后续 SMF 迭代的关键是逐步改进 $\|P_k\widetilde{\mathcal{G}}^{(1)}\|_{L_x^4 L_t^\infty}$ (参见引理 1.6.1).

因此, 有以下结果:

命题 1.7.1　给定 $j \geqslant 1$, 存在常数 $\epsilon_j > 0$, 使得如果 $u_0 \in \mathcal{H}_Q$ 且 $\|u_0\|_{\dot{H}^1} \leqslant \epsilon_j$, 则对于所有 $t \in \mathbb{R}$, 都有

$$\|u(t)\|_{\dot{H}_x^j} \leqslant C(\|u_0\|_{\dot{H}^1 \cap \dot{H}^j}).$$

由于 SMF 解的质量一般不守恒, 故 $\|u - Q\|_{L_x^2}$ 范数应当单独处理. 这将在下节中作为适定性的一个推论来证明.

1.7.3　适定性

实际上, 定理 1.1.2 中陈述的适定性紧密依赖于 [BIKT11] 的原始论证. 为方便读者, 我们简要概述如下.

[Tataru [Tat05], 命题. 3.13] 证明了: 给定两个映射 $u_0^0, u_0^1 \in \mathcal{H}_Q$, 若其满足 $\|u_0^h\|_{\dot{H}^1} \ll 1$ ($h = 0, 1$), 则存在一个光滑的参数族初值 $\{u_0^h\}_{h\in[0,1]} \in C^\infty([0,1]; \mathcal{H}_Q)$, 满足

$$\|u_0^h\|_{\dot{H}^1} \ll 1, \quad h \in [0, 1], \tag{1.7.6}$$

$$\int_0^1 \|P_k\partial_x u^h\|_{L_x^2}\, dh \approx \|u_0^0 - u_0^1\|_{L_x^2}. \tag{1.7.7}$$

对于 $h \in [0, 1]$, 定理 1.1.1 给出了一个解 $u^h(t, x) \in C(\mathbb{R}; \mathcal{H}_Q)$, 其初值为 u_0^h. 在 $u^h(t, x)$ 的热流标架 $\{e_\alpha, Je_\alpha\}$ 下, 定义微分场 ϕ_h 为

$$\phi_h^\alpha = \langle \partial_h u^h, e_\alpha \rangle + \sqrt{-1}\langle \partial_h u^h, Je_\alpha \rangle, \quad \alpha = 1, \cdots, n, \tag{1.7.8}$$

并按之前定义 $\{\phi_i\}_{i=0}^2$. 由于在 $s = 0$ 时 $-\sqrt{-1}\phi_t = \sum_{i=1,2} D_i\phi_i$ (因为对所有 $h \in [0,1]$, $u^h(t,x)$ 都满足 SMF 方程), 对两边应用 $D_h = \partial_h + A_h$ 得到

$$-\sqrt{-1}D_t\phi_h = \sum_{i=1}^2 D_iD_i\phi_h + \sum_{i=1}^2 \mathcal{R}(u^h(t,x))(\phi_i, \phi_h)\phi_i, \quad s = 0.$$

这可以进一步简写为

$$-\sqrt{-1}D_t\phi_h = \sum_{i=1}^{2} D_i D_i \phi_h + \sum (\phi_i \diamond \phi_h)\phi_i \mathcal{G}, \quad s = 0. \qquad (1.7.9)$$

给定 $\sigma \in \left[0, 1 + \dfrac{j}{4}\right)$, 其中 $j \in \mathbb{Z}_+$, 令 $\{c_{k,(j),h}(\sigma)\}$ 为

$$c_{k,(j),h}(\sigma) = \sup_{k'\in\mathbb{Z}} 2^{-\frac{1}{2^j}\delta|k'-k|} 2^{\sigma k'+k'} \|P_{k'} u_0^h\|_{L_x^2}.$$

并定义 $\{c_{k,h}^{(j)}(\sigma)\}$ (如定义 1.6.1 所示). 则 1.7.2 节给出

$$\sum_{i=1}^{2} 2^{\sigma k} \|P_k \phi_i(s=0,h,\cdot,\cdot)\|_{G_k(T)} \lesssim c_{k,h}^{(j)}(\sigma), \qquad (1.7.10)$$

因此

$$2^{\sigma k+k} \|P_k \widetilde{\mathcal{G}}(s=0,h,\cdot,\cdot)\|_{F_k(T)} \lesssim c_{k,h}^{(j)}(\sigma). \qquad (1.7.11)$$

利用 (1.7.10) 和 (1.7.11), 我们通过 (1.7.9) 得到

$$\sum_{k\in\mathbb{Z}} \|P_k \phi_h(s=0)\|_{G_k(T)}^2 \lesssim \|\phi_h(s=0,t=0)\|_{L_x^2}^2.$$

将此界限转换为 $\partial_h u^h$ 得到

$$\|\partial_h u^h\|_{L_t^\infty L_x^2} \lesssim \|\partial_h u_0^h\|_{L_x^2}.$$

然后, 从 (1.7.7) 导出

$$\|u^1 - u^0\|_{L_t^\infty L_x^2} \lesssim \|u_0^1 - u_0^0\|_{L_x^2}. \qquad (1.7.12)$$

有了 (1.7.12), 由 [[BIKT11], 1467—1468] 的相同论证可知, 如果 $\epsilon > 0$ 足够小 (仅依赖于 j, 从而仅依赖于 σ), 那么 S_Q 是从 $\mathfrak{B}_\epsilon^\sigma$ 到 $C(\mathbb{R}; H_Q^{\sigma+1})$ 的连续映射.

此外, 在 (1.7.12) 中令 $u_0^1 = Q$ 和 $u_0^0 = u_0$, 我们得到

$$\|u - Q\|_{L_t^\infty L_x^2} \lesssim \|u_0 - Q\|_{L_x^2},$$

结合命题 1.7.1 得到 (1.1.6).

1.7.4 渐近行为

我们将证明 (1.1.4).

首先, 我们注意到

$$|u(t,x) - Q| = \int_0^\infty |\partial_s v(s,t,x)| ds' \lesssim \int_0^\infty |\phi_s| ds'. \tag{1.7.13}$$

步骤 1.1 回顾定义 1.6.1 中的 $\{c_k^{(j)}(\sigma)\}$. 应用命题 1.3.6 (令 $\beta_k(\sigma) = c_k^{(0)}(\sigma)$), 以及在随后的迭代中的类似结果, 利用 Bernstein 不等式得到

$$\|\phi_s\|_{L_t^4 L_x^\infty} \lesssim s^{-\frac{1}{4}} \sum_{k \in \mathbb{Z}} c_k^{(1)}(1), \tag{1.7.14}$$

$$\|\phi_s\|_{L_t^4 L_x^\infty} \lesssim s^{-\frac{3}{4}} \sum_{k \in \mathbb{Z}} c_k^{(0)}(0). \tag{1.7.15}$$

我们发现, 通过 Young 不等式和三角不等式有

$$2^{\frac{1}{2^{j+4}} \delta |k|} c_k^{(j)} \lesssim \sup_{k' \in \mathbb{Z}} 2^{\frac{1}{2^{j+4}} \delta |k'|} \|P_{k'} \nabla u_0\|_{L_x^2},$$

因此 $u_0 \in \mathcal{H}_Q$ 导出

$$\sum_{k \in \mathbb{Z}} c_k^{(j)} \lesssim \sup_{k' \in \mathbb{Z}} 2^{\frac{1}{2^{j+4}} \delta |k'|} \|P_{k'} \nabla u_0\|_{L_x^2} \lesssim 1. \tag{1.7.16}$$

故 (1.7.14) 和 (1.7.15) 表明

$$\|\phi_s\|_{L_t^4 L_x^\infty} \lesssim \min(s^{-\frac{1}{4}}, s^{-\frac{3}{4}}). \tag{1.7.17}$$

我们发现 (1.7.17) 还不足以将 $\|\phi_s\|_{L_x^\infty}$ 放在 L_s^1 空间中, 但它对于下面的步骤 1.2 是有用的.

步骤 1.2 应用命题 1.3.6, 其中 $\beta_k(\sigma) = c_k^{(0)}(\sigma)$, $\sigma = 0$, 并通过插值, 我们看到对任意 $p \in (4, \infty)$ 和 $\tilde{p} \in (2, 4)$ 满足 $\frac{1}{p} + \frac{1}{\tilde{p}} = \frac{1}{2}$, 有

$$\|\phi_s\|_{L_t^p L_x^{\tilde{p}}} \lesssim 2^k \mathbf{1}_{k+j \geqslant 0} (1 + 2^{2j+2k})^{-4} c_k^{(0)}(0) + 2^k \mathbf{1}_{k+j \leqslant 0} 2^{\delta |k+j|} c_k^{(0)}(0),$$

对任意的 $s \in [2^{2j-1}, 2^{2j+1})$ 和 $k, j \in \mathbb{Z}$. 然后利用 Bernstein 不等式得到

$$\int_0^\infty \|\phi_s\|_{L_t^p L_x^\infty} ds' \lesssim \sum_{k \in \mathbb{Z}} \sum_{j \leqslant -k} 2^{2j+k} 2^{\frac{2k}{p}} c_k^{(0)}(0) 2^{\delta |k+j|}$$

$$+ \sum_{k \in \mathbb{Z}} \sum_{j \geqslant -k} 2^{2j+k} 2^{\frac{2k}{p}} (1 + 2^{k+j})^{-8} c_k^{(0)}(0)$$

$$\lesssim \sum_{k \in \mathbb{Z}} 2^{(\frac{2}{p}-1)k} c_k^{(0)}(0). \tag{1.7.18}$$

取 $\tilde{p} \in (2,4)$ 使得 $\left| \dfrac{2}{\tilde{p}} - 1 \right| \leqslant \dfrac{1}{8} \delta$, 由 (1.7.16) 可知 (1.7.18) 是有限的. 因此, 存在一个 $p \in (4, \infty)$ 使得

$$\int_0^\infty \|\phi_s\|_{L_t^p L_x^\infty} ds' \lesssim 1. \tag{1.7.19}$$

步骤 1.3 我们的目标是证明

$$\lim_{t \to \infty} \int_0^\infty \|\phi_s(t)\|_{L_x^\infty} ds' = 0. \tag{1.7.20}$$

如果 (1.7.20) 不成立, 那么对于某些 $\varrho > 0$, 存在一个时间序列 $\{t_\nu^1\}$, 使得

$$\lim_{\nu \to \infty} t_\nu^1 = \infty,$$

$$\int_0^\infty \|\phi_s(t_\nu^1)\|_{L_x^\infty} ds' > \varrho, \quad \forall \nu \in \mathbb{Z}_+. \tag{1.7.21}$$

我们还可以假设 $t_\nu^1 \leqslant t_{\nu+1}^1 - 4$ 对于任意 $\nu \in \mathbb{Z}_+$. 因此, 由 (1.7.19) 知, 必存在一个足够大的常数 N 和一个时间序列 $\{t_\nu^2\}$, 使得

$$t_\nu^1 - 1 \leqslant t_\nu^2 \leqslant t_\nu^1 + 1, \tag{1.7.22}$$

$$\int_0^\infty \|\phi_s(t_\nu^2)\|_{L_x^\infty} ds' \leqslant \frac{1}{8} \varrho, \quad \forall \nu \geqslant N. \tag{1.7.23}$$

步骤 2 我们有

$$\partial_t \phi_s = D_t \phi_s - A_t \phi_s = D_s \phi_t - A_t \phi_s$$

$$= \Delta \phi_t + \sum_{i=1,2} 2 A_i \partial_i \phi_t + A_i A_i \phi_t + \phi_t \partial_i A_i + \mathcal{R}(\phi_i, \phi_t) \phi_i - A_t \phi_s.$$

利用命题 1.6.2 将 $b_k(\sigma)$ 替换为 $c_k^{(1)}(\sigma)$ 和类似结果的迭代, 我们看到

$$\|\phi_t\|_{L_t^4 L_x^\infty} \lesssim \sum_{k \in \mathbb{Z}} c_k^{(2)} \left(\frac{3}{2} \right) \lesssim 1,$$

$$\|\partial_x \phi_t\|_{L_t^4 L_x^\infty} \lesssim \sum_{k \in \mathbb{Z}} c_k^{(6)} \left(\frac{5}{2}\right) \lesssim 1,$$

$$\|\partial_x^2 \phi_t\|_{L_t^4 L_x^\infty} \lesssim \sum_{k \in \mathbb{Z}} c_k^{(10)} \left(\frac{7}{2}\right) \lesssim 1,$$

因为之前有

$$\sum_{k \in \mathbb{Z}} 2^{\frac{1}{2^{j+4}} \delta |k|} c_k^{(j)}(\sigma) \lesssim 1,$$

同样地, 有

$$\|\partial_x^2 \phi_t\|_{L_t^4 L_x^\infty} \lesssim s^{-\frac{5}{4}} \sum_{k \in \mathbb{Z}} c_k^{(1)}(1) \lesssim s^{-\frac{5}{4}},$$

$$\|\partial_x \phi_t\|_{L_t^4 L_x^\infty} \lesssim s^{-\frac{3}{4}} \sum_{k \in \mathbb{Z}} c_k^{(1)}(1) \lesssim s^{-\frac{3}{4}}.$$

与此同时, 引理 1.3.3 和 (1.1.6) 显示

$$\|\phi_i\|_{L^\infty} \lesssim (1+s)^{-\frac{3}{4}}, \quad i = 1, 2,$$

$$\|\partial_x^j A_i\|_{L^\infty} \lesssim (1+s)^{-\frac{3}{4} - \frac{1}{2} j}, \quad j = 0, 1.$$

因此, 我们得出

$$\int_0^\infty \|\Delta \phi_t\|_{L_t^4 L_x^\infty} + \sum_{i=1,2} \|2 A_i \partial_i \phi_t + A_i A_i \phi_t + \phi_t \partial_i A_i + \mathcal{R}(\phi_i, \phi_t)\phi_i\|_{L_t^4 L_x^\infty} ds \lesssim 1.$$

对于剩余的 $A_t \phi_s$, 通过引理 1.6.1 的证明和类似结果的迭代, 我们得到

$$\|A_t\|_{L_t^4 L_x^\infty} \lesssim s^{-\frac{1}{4}} \sum_{k \in \mathbb{Z}} c_k^{(1)}(1) \lesssim s^{-\frac{1}{4}},$$

$$\|A_t\|_{L_t^4 L_x^\infty} \lesssim s^{-\frac{3}{4}} \sum_{k \in \mathbb{Z}} c_k^{(0)}(0) \lesssim s^{-\frac{3}{4}}.$$

因此, (1.7.17) 意味着

$$\int_0^\infty \|A_t \phi_s\|_{L_t^2 L_x^\infty} ds' \lesssim 1.$$

综上, 我们在这一步得出: 存在 $\partial_t \phi_s = I_1 + I_2$ 的分解, 使得

$$\int_0^\infty \|I_1\|_{L_t^4 L_x^\infty} ds' \lesssim 1, \quad \int_0^\infty \|I_2\|_{L_t^2 L_x^\infty} ds' \lesssim 1. \tag{1.7.24}$$

步骤 3 由 (1.7.24) 和 (1.7.22) 导出

$$\int_0^\infty \|\phi_s(t_\nu^1) - \phi_s(t_\nu^2)\|_{L_x^\infty} ds'$$

$$\lesssim \int_0^\infty \left(\|I_1\|_{L_t^2 L_x^\infty([t_\nu^2-1, t_\nu^2+1] \times \mathbb{R}^2)} + \|I_2\|_{L_t^2 L_x^\infty([t_\nu^2-1, t_\nu^2+1] \times \mathbb{R}^2)}\right) ds'. \qquad (1.7.25)$$

然后, 当 $\nu \to \infty$, (1.7.24) 进一步表明 (1.7.25) 的右侧趋于零. 因此, (1.7.23) 给出

$$\int_0^\infty \|\phi_s(t_\nu^1)\|_{L_x^\infty} ds' \leqslant \frac{1}{4}\varrho,$$

对于足够大的 ν. 然而, 这与 (1.7.21) 矛盾. 因此我们验证了 (1.7.20).

类似于 (1.7.20), 我们也有

$$\lim_{t \to -\infty} \int_0^\infty \|\phi_s(t)\|_{L_x^\infty} ds' = 0.$$

则 (1.1.4) 由 (1.7.13) 得到.

1.7.5 (1.1.5) 的证明

(1.1.5) 的证明可以归结为以下引理.

引理 1.7.2 对于 $s > 0$, 存在一个函数 $f_s : \mathbb{R}^2 \to \mathbb{C}^n$ 属于 $\dot{H}^1$, 使得

$$\lim_{t \to \infty} \|\phi_s(t) - e^{it\Delta} f_s\|_{\dot{H}_x^1} = 0.$$

此外, f_s 满足

$$\|f_s\|_{\dot{H}_x^1} \lesssim \mathbf{1}_{s \in [0,1]} + \mathbf{1}_{s \geqslant 1} s^{-\frac{3}{2}}.$$

现在, 我们用引理 1.7.2 来证明 (1.1.5). 回顾

$$\phi_i = -\int_s^\infty (\partial_i \phi_s + A_i \phi_s) ds'.$$

由 $\|A\|_{L_{s,t}^\infty L_x^2} \lesssim 1$, (1.7.20) 显示

$$\lim_{t \to \infty} \left\| \int_s^\infty |A_i \phi_s| ds' \right\|_{L_x^2} = 0.$$

然后, 引理 1.7.2 导致

$$\lim_{t \to \infty} \|\phi(0, t, x) - \nabla e^{it\Delta} f_+\|_{L_x^2} = 0, \qquad (1.7.26)$$

其中 $f_+ \in \dot{H}^1$ 定义为

$$f_+ = -\int_0^\infty f_s ds'.$$

令 $\mathcal{P}$ 表示 $\mathcal{N}$ 嵌入到 $\mathbb{R}^N$ 的等距映射. 回忆 $\{e_\alpha, Je_\alpha\}_{\alpha=1}^n$ 表示热流标架. 则热流标架条件表明

$$\sum_{l=1}^{2n} |d\mathcal{P}(e_l) - d\mathcal{P}(e_l^\infty)| \lesssim \int_0^\infty |\phi_s| ds'.$$

结合 (1.7.20), 它意味着对于 $s = 0$,

$$\lim_{t\to\infty} \|d\mathcal{P}(e_l) - d\mathcal{P}(e_l^\infty)\|_{L_x^\infty} = 0, \quad \forall l = 1, \cdots, 2n. \tag{1.7.27}$$

因此, 我们可以从

$$\partial_j u = \sum_{\alpha=1}^n \Re(\phi_j^\alpha) e_\alpha + \Im(\phi_j^\alpha) Je_\alpha$$

得出对于 $s = 0$, 有

$$\left\| d\mathcal{P}(\nabla u) - \sum_{\alpha=1}^n \Re(\nabla e^{it\Delta} f_+)^\alpha d\mathcal{P}(e_\alpha^\infty) - \sum_{\alpha=1}^n \Im(\nabla e^{it\Delta} f_+)^\alpha d\mathcal{P}(Je_\alpha^\infty) \right\|_{L_x^2}$$

$$\lesssim \|\phi - \nabla e^{it\Delta} f_+\|_{L_x^2} + \||e^{it\Delta}\nabla f_+| \cdot \|d\mathcal{P}(e) - d\mathcal{P}(e^\infty)\|_{L_x^2}$$

$$+ \||\phi - \nabla e^{it\Delta} f_+| \cdot \|d\mathcal{P}(e) - d\mathcal{P}(e^\infty)\|_{L_x^2}.$$

因此, 由 (1.7.26) 和 (1.7.27) 给出

$$\lim_{t\to\infty} \left\| d\mathcal{P}(\nabla u) - \sum_{\alpha=1}^n \Re(\nabla e^{it\Delta} f_+)^\alpha d\mathcal{P}(e_\alpha^\infty) - \Im(\nabla e^{it\Delta} f_+)^\alpha d\mathcal{P}(Je_\alpha^\infty) \right\|_{L_x^2} = 0.$$

设 $\vec{v}_\alpha = d\mathcal{P}(e_\alpha^\infty)$, $\vec{v}_{\alpha+n} = d\mathcal{P}(Je_\alpha^\infty)$, 我们得到

$$\lim_{t\to\infty} \left\| u(t) - \sum_{j=1}^n \Re(e^{it\Delta} f_+)^j \vec{v}_j - \sum_{j=1}^n \Im(e^{it\Delta} f_+)^j \vec{v}_{j+n} \right\|_{\dot{H}_x^1} = 0. \tag{1.7.28}$$

因此, 通过令

$$h_+^j := f_+^j \vec{v}_j, \quad g_+^j := f_+^j \vec{v}_{j+n}, \quad j = 1, \cdots, n,$$

(1.1.5) 与 (1.7.28) 就可得出想要结果.

现在, 让我们证明引理 1.7.2. 验证引理 1.7.2 的便捷方法是引入所谓的 Schrödinger 映射张量场 $Z := \phi_s - i\phi_t$. 然后, 热张量场 ϕ_s 对于任意 $s \geqslant 0$ 满足

$$(i\partial_t + \Delta)\phi_s = \mathbf{N}, \tag{1.7.29}$$

$$\mathbf{N} := -\left(\sum_{k=1}^{2} \partial_k A_k\right)\phi_s - \sum_{j=1}^{2} 2A_j\partial_j\phi_s - A_jA_j\phi_s + i\partial_s Z + \sum_{j=1}^{2}\mathcal{R}(\phi_j, \phi_s)\phi_j.$$
$$\tag{1.7.30}$$

而 Schrödinger 映射张量场 Z 满足热方程

$$\begin{cases} (\partial_s - \Delta)Z = \left(\sum_{k=1}^{2}\partial_k A_k\right)Z + \sum_{j=1}^{2}[2A_j\partial_j Z + A_jA_j Z] \\ + \sum_{j=1}^{2}[\mathcal{R}(Z, \phi_j)\phi_j + i\mathcal{R}(\phi_j, \phi_s)\phi_j - \mathcal{R}(\phi_j, i\phi_s)\phi_j], \\ Z(0, t, x) = 0. \end{cases} \tag{1.7.31}$$

为了证明引理 1.7.2, 我们只需验证

$$\|\{2^k\|P_k\mathbf{N}\|_{N_k}\}\|_{\ell^2} \lesssim (1+s)^{-\frac{3}{2}},$$

其中 $\mathbf{N}$ 由 (1.7.30) 给出. 除了 $\mathbf{N}$ 中的 $\partial_s Z$ 项, 其他项已经处理过. 剩下的工作是控制 $\|P_k\partial_s Z\|_{N_k}$. 实际上, 我们可以证明一个更强的结果:

$$\|\{(1 + 2^{2k})2^k\|P_k Z\|_{L^{\frac{4}{3}}}\}\|_{\ell^2} \lesssim (1+s)^{-\frac{3}{2}}. \tag{1.7.32}$$

我们看到 (1.7.32) 是通过 bootstrap 和 (1.7.31) 得出的. 因此, 引理 1.7.2 得证.

因此, 我们已经完成了定理 1.1.1 和定理 1.1.2 的证明.

1.8　附　录

1.8.1　附录 A: 双线性估计

引理 1.8.1　设 $S : \mathbb{R}^N \to \mathbb{R}$ 是在 $y \in \mathbb{R}^N$ 上的光滑函数, $f : (-T, T) \times \mathbb{R}^2 \to \mathbb{R}^N$ 是关于 $(t, x) \in (-T, T) \times \mathbb{R}^2$ 的光滑函数. 定义

$$\mu_k = \sum_{|k_1 - k| \leqslant 20} 2^{k_1}\|P_{k_1}f\|_{L^\infty_t L^2_x}.$$

设 $\|f\|_{L_x^\infty} \lesssim 1$ 且 $\sup_{k\in\mathbb{Z}} \mu_k \leqslant 1$, 则有

$$2^k \|P_k S(f)(\partial_a f \partial_b f)\|_{L_t^\infty L_x^2}$$

$$\lesssim 2^k \sum_{k_1 \leqslant k} \mu_{k_1} 2^{k_1} \mu_k + \sum_{k_2 \geqslant k} 2^{2k} \mu_{k_2}^2$$

$$+ a_k \left(\sum_{k_1 \leqslant k} 2^{k_1} \mu_{k_1} \right)^2 + \sum_{k_2 \geqslant k} 2^{2k} 2^{-k_2} a_{k_2} \mu_{k_2} \sum_{k_1 \leqslant k_2} 2^{k_1} \mu_{k_1}, \tag{1.8.1}$$

其中 $\{a_k\}$ 表示

$$a_k := \|\nabla P_k(S(f))\|_{L_t^\infty L_x^2}. \tag{1.8.2}$$

证明　与 [[BIKT11], 引理 8.2] 的证明相同, 可得

$$2^k \|P_k S(f)(\partial_a f \partial_b f)\|_{L_t^\infty L_x^2}$$

$$\lesssim 2^{2k} \sum_{k_1 \leqslant k} \mu_{k_1} 2^k \mu_k + \sum_{k_2 \geqslant k} 2^{-2(k_2-k)} 2^{2k_2} \mu_{k_2}^2$$

$$+ a_k \left(\sum_{k_1 \leqslant k} 2^{k_1} \mu_{k_1} \right)^2 + \sum_{k_2 \geqslant k} 2^{2k} 2^{-2k_2} 2^{k_2} a_{k_2} \mu_{k_2} \sum_{k_1 \leqslant k_2} 2^{k_1} \mu_{k_1}.$$

唯一的区别是: 我们使用了

$$\|P_k(S(f))\|_{L_x^2} \leqslant 2^{-k} \|\nabla P_k(S(f))\|_{L_x^2},$$

当 $S(f)$ 比 $\partial_a f \partial_b f$ 频率高时; 以及平凡上界

$$\|P_k(S(f))\|_{L_x^\infty} \lesssim 1,$$

当 $S(f)$ 在相对低频时. □

记 $H^{\infty,\infty}(T)$ 为定义在 $(t,x) \in [-T,T] \times \mathbb{R}^2$ 上的函数集合, 其满足对于任意 $b_1, b_2 \in \mathbb{N}$, $\partial_t^{b_1} \partial_x^{b_2} f \in L^2([-T,T] \times \mathbb{R}^2)$.

引理 1.8.2 ([BIKT11], 引理 5.1)　给定 $\mathcal{L} \in \mathbb{Z}_+$, $\omega \in \left[0, \dfrac{1}{2}\right]$, $T \in (0, 2^{2\mathcal{L}}]$. 假设 $f, g \in H^{\infty,\infty}(T)$, 设

$$\alpha_k := \sum_{|k-k'| \leqslant 20} \|f_{k'}\|_{S_{k'}^\omega(T) \cap F_{k'}(T)}, \quad \beta_k := \sum_{|k-k'| \leqslant 20} \|g_{k'}\|_{S_{k'}^0(T)},$$

如果 $|k_1 - k_2| \leqslant 8$, 则

$$\|P_k(P_{k_1} f P_{k_2} g)\|_{F_k(T) \cap S_k^{\frac{1}{2}}(T)} \lesssim 2^k 2^{(k_2-k)(1-\omega)} \alpha_{k_1} \beta_{k_2}; \tag{1.8.3}$$

如果 $|k - k_1| \leqslant 4$, 则

$$\|P_k(gP_{k_1}f)\|_{F_k(T) \cap S_k^{\frac{1}{2}}(T)} \lesssim \|g\|_{L^\infty} \alpha_{k_1}. \tag{1.8.4}$$

引理 1.8.3 ([BIKT11])　给定 $\mathcal{L} \in \mathbb{Z}_+$, $\omega \in \left[0, \frac{1}{2}\right]$, $T \in (0, 2^{2\mathcal{L}}]$. 对于 $f, g \in H^{\infty,\infty}(T)$, 有

$$\|P_k(fg)\|_{L^4_{t,x}} \lesssim \sum_{l \leqslant k} 2^l(\mathbf{a}_l \mathbf{b}_k + 2^{\frac{1}{2}(k-l)} \mathbf{a}_k \mathbf{b}_l) + 2^k \sum_{l \geqslant k} 2^{-\omega(l-k)} \mathbf{a}_l \mathbf{b}_l. \tag{1.8.5}$$

其中, 我们定义

$$\mathbf{a}_k := \sum_{|l-k| \leqslant 20} \|P_k f\|_{S_l^\omega(T)}, \quad \mathbf{b}_k := \sum_{|l-k| \leqslant 20} \|P_k g\|_{L^4_{t,x}(T)}. \tag{1.8.6}$$

给定 $\mathcal{L} \in \mathbb{Z}_+$, $\omega \in \left[0, \frac{1}{2}\right]$, $T \in (0, 2^{2\mathcal{L}}]$. 假设 $f, g \in H^{\infty,\infty}(T)$, $P_k f \in S_k^\omega(T)$, $P_k g \in L^4_{t,x}$ 对所有 $k \in \mathbb{Z}$. 设

$$\mu_k := \sum_{|l-k| \leqslant 20} \|P_k f\|_{S_l^\omega(T)}, \quad \nu_k := \sum_{|l-k| \leqslant 20} \|P_k g\|_{L^4_{t,x}(T)}. \tag{1.8.7}$$

如果 $|k_2 - k| \leqslant 4$, 且 $k_1 \leqslant k - 4$, 则

$$\|P_k(f_{k_1} g_{k_2})\|_{L^4_{t,x}} \lesssim 2^{k_1} \mu_{k_2} \nu_k; \tag{1.8.8}$$

如果 $|k_1 - k| \leqslant 4$, 且 $k_2 \leqslant k - 4$, 则

$$\|P_k(f_{k_1} g_{k_2})\|_{L^4_{t,x}} \lesssim 2^{k_2} 2^{\frac{1}{2}(k-k_2)} \mu_k \nu_{k_2}; \tag{1.8.9}$$

如果 $|k_1 - k_2| \leqslant 8$, 且 $k_1, k_2 \geqslant k - 4$, 则

$$\|P_k(f_{k_1} g_{k_2})\|_{L^4_{t,x}} \lesssim 2^{k(1+\omega)} 2^{-\omega k_2} \mu_{k_2} \nu_{k_2}. \tag{1.8.10}$$

引理 1.8.4 ([BIKT11], 引理 6.3)　　• 如果 $|l - k| \leqslant 80$ 且 $f \in F_l(T)$, 则

$$\|P_k(gf)\|_{N_k(T)} \lesssim \|g\|_{L^2_t L^2_x} \|f\|_{F_l(T)}. \tag{1.8.11}$$

• 如果 $l \leqslant k - 80$ 且 $f \in F_l(T)$, 则

$$\|P_k(gf)\|_{N_k(T)} \lesssim 2^{\frac{l-k}{2}} \|g\|_{L^2_t L^2_x} \|f\|_{F_l(T)}. \tag{1.8.12}$$

- 如果 $k \leqslant l - 80$ 且 $f \in G_l(T)$, 则

$$\|P_k(gf)\|_{N_k(T)} \lesssim 2^{\frac{k-l}{6}} \|g\|_{L_t^2 L_x^2} \|f\|_{G_l(T)}. \tag{1.8.13}$$

引理 1.8.5 ([BIKT11], 引理 6.5)　　• 如果 $k \leqslant l$ 且 $f \in F_k(T)$, $g \in F_l(T)$, 则

$$\|fg\|_{L_{t,x}^2} \lesssim \|f\|_{F_k(T)} \|g\|_{F_l(T)}. \tag{1.8.14}$$

- 如果 $k \leqslant l$ 且 $f \in F_k(T)$, $g \in G_l(T)$, 则

$$\|fg\|_{L_{t,x}^2} \lesssim 2^{\frac{k-l}{2}} \|f\|_{F_k(T)} \|g\|_{G_l(T)}. \tag{1.8.15}$$

1.8.2　附录 B: 剩余命题的证明

在 SMF 的文献中, 似乎没有明确写出以下的爆破准则. 这个结果在能量临界热流中是众所周知的. 为了完整性, 我们给出一个证明.

命题 1.8.1　假设 $L \geqslant 4$, $u_0 \in H_Q^L$ 是 SMF 的初值. 如果在时间区间 $[-T, T]$ 内, SMF 解 u 满足

$$\|u(t)\|_{L_{t,x}^\infty(T)} \leqslant B < \infty, \tag{1.8.16}$$

那么 u 具有估计

$$\|u(t)\|_{L_t^\infty H_x^L} \leqslant C(B, T, \|u_0\|_{H_x^L}) < \infty. \tag{1.8.17}$$

作为一个推论, 如果 (1.8.16) 成立, 则 u 可以扩展到 $[-T - \rho, T + \rho]$ 上的 $C([-T - \rho, T + \rho]; H_Q^L)$, 其中 $\rho > 0$.

证明　回顾张量场 $\tau(u) = \sum_{j=1}^2 \nabla_j \partial_j u$. 通过分部积分,

$$\int_{\mathbb{R}^2} \langle \tau(u), \tau(u) \rangle dx = \int_{\mathbb{R}^2} \sum_{j,k=1}^2 \langle \nabla_j \partial_j u, \nabla_k \partial_k u \rangle dx$$

$$= \int_{\mathbb{R}^2} \langle \nabla_k \nabla_j \partial_k u, \nabla_k \nabla_j \partial_k u \rangle + \int_{\mathbb{R}^2} O(|du|^4) dx. \tag{1.8.18}$$

由于 u 满足 SMF, 通过分部积分, 我们得到

$$\frac{d}{dt} \int_{\mathbb{R}^2} \langle \tau(u), \tau(u) \rangle dx = 2 \sum_{j=1}^2 \int_{\mathbb{R}^2} \langle \nabla_j \partial_j \partial_t u, \tau(u) \rangle dx + \int_{\mathbb{R}^2} O(|du|^2 |\partial_t u| |\tau(u)|) dx$$

$$= 2 \sum_{j=1}^2 \int_{\mathbb{R}^2} \langle \nabla_j J \tau(u), \nabla_j \tau(u) \rangle + \int_{\mathbb{R}^2} O(|du|^2 |\partial_t u| |\tau(u)|) dx.$$

由于 J 与 ∇_j 对易, $\langle JX, X \rangle = 0$, 我们得到

$$\frac{d}{dt}\|\tau(u)\|_{L_x^2}^2 \lesssim \|du\|_{L_{t,x}^\infty}^2 \|\tau(u)\|_{L_x^2}^2.$$

Gronwall 不等式和 (1.8.16) 表明

$$\|\tau(u)\|_{L_x^2} \lesssim e^{C(B)T}\|\tau(u_0)\|_{L_x^2}.$$

利用能量估计

$$\|\nabla u\|_{L_t^\infty L_x^2} \lesssim \|\nabla u_0\|_{L_x^2}$$

和 (1.8.18), 我们有

$$\|u(t)\|_{\mathcal{W}^{2,2}} \lesssim B\|\nabla u_0\|_{L_x^2} + e^{C(B)T}\|\tau(u_0)\|_{L_x^2}. \tag{1.8.19}$$

通过分部积分, 有

$$\int_{\mathbb{R}^2} \langle \nabla_i \tau(u), \nabla_i \tau(u)\rangle dx = \int_{\mathbb{R}^2} \sum_{j,k=1}^2 \langle \nabla_i \nabla_j \partial_j u, \nabla_i \nabla_k \partial_k u\rangle dx$$

$$= \int_{\mathbb{R}^2} \langle \nabla_i \nabla_j \partial_k u, \nabla_i \nabla_j \partial_k u\rangle + \int_{\mathbb{R}^2} O(|du|^3|\nabla^2 du| + |\nabla u|^2|\nabla du|^2 + |\nabla du||du|^2)dx.$$

因此,

$$\|\nabla^2 du(t)\|_{L_x^2}^2 \lesssim \|\nabla \tau(u)\|_{L_x^2}^2 + \|du\|_{L_x^6}^6 + \|du\|_{L_x^\infty}^2\|\nabla du\|_{L_x^2}^2 + \|du\|_{L_x^4}^2\|\nabla du\|_{L_x^2}$$

$$\lesssim \|\nabla \tau(u)\|_{L_x^2}^2 + C(B, t, \|u_0\|_{\mathcal{W}^{2,2}}). \tag{1.8.20}$$

进一步应用分部积分得到

$$\frac{1}{2}\frac{d}{dt}\|\nabla \tau(u)\|_{L_x^2}^2 = \int_{\mathbb{R}^2} \sum_{i,j} \langle \nabla_i \nabla_j \partial_j u, \nabla_t \nabla_i \nabla_j \partial_j u\rangle$$

$$= \int_{\mathbb{R}^2} \sum_{i,j} \langle \nabla_i \tau(u), \nabla_i \nabla_j \nabla_j \partial_t u\rangle + \int_{\mathbb{R}^2} |\nabla \tau(u)||\nabla \partial_t u||du|^2 dx$$

$$+ \int_{\mathbb{R}^2} |\nabla^2 du||\nabla du||\partial_t u||du|dx + \int_{\mathbb{R}^2} |du|^3|\partial_t u||\nabla^2 du|dx,$$

故而

$$\frac{1}{2}\frac{d}{dt}\|\nabla \tau(u)\|_{L_x^2}^2$$

$$\lesssim -\int_{\mathbb{R}^2} \langle \sum_i \nabla_i \nabla_i \tau(u), J \sum_j \nabla_j \nabla_j \tau(u) \rangle + B^2 \|\nabla \tau(u)\|_{L_x^2}^2$$

$$+ B\|\nabla \tau(u)\|_{L_x^2} \|\nabla du\|_{L_x^4}^2 + B^3 \|\nabla \tau(u)\|_{L_x^2} \|\tau(u)\|_{L_x^2}$$

$$\lesssim B^2 \|\nabla \tau(u)\|_{L_x^2}^2 + B\|\nabla \tau(u)\|_{L_x^2} \|\nabla^2 du\|_{L_x^2} \|\nabla du\|_{L_x^2} + B^3 \|\nabla \tau(u)\|_{L_x^2} \|\tau(u)\|_{L_x^2}.$$

因此, 设 $F(t) = \|\nabla \tau(u)\|_{L_x^2}$, (1.8.19) 和 (1.8.20) 表明

$$\frac{1}{2} \frac{d}{dt} F^2(t) \lesssim C_1(B, T) F(t)[F(t) + C_2(B, T)],$$

其中 $C_1(B, T)$ 和 $C_2(B, T)$ 是关于 B 和 T 的光滑函数. 因此, u 的直到三阶 Sobolev 范数在 $[-T, T]$ 内均具有一致上界. 这与经典的局部存在理论 (见 [DW01] 或 [McG07]) 结合, 意味着 u 可以扩展到 $[-\rho - T, T + \rho]$, 其中 $\rho > 0$. 再根据 [McG07] 的定理 3.3 或归纳法, 高阶 Sobolev 范数的上界也可得到.   □

第 2 章 高维 Schrödinger 映射流

2.1 主要结果概述

设 $(\mathcal{M}, g)$ 是一个 Riemann 流形, $(\mathcal{N}, J, h)$ 是一个 Kähler 流形. 给定一个映射 $u : \mathbb{R}^d \to \mathcal{M}$, Dirichlet 能量 $\mathcal{E}(u)$ 定义为

$$\mathcal{E}(u) = \frac{1}{2} \int_{\mathbb{R}^d} |du|^2 dx. \tag{2.1.1}$$

热流是能量泛函 $\mathcal{E}(u)$ 的梯度流. 若映射 $u(x,t) : \mathbb{R}^d \times [0, \infty) \to \mathcal{M}$ 满足

$$\begin{cases} u_t = \tau(u), \\ u \upharpoonright_{t=0} = u_0, \end{cases} \tag{2.1.2}$$

则称 u 为 (调和映射) 热流.

这里, 张量场 $\tau(u)$ 定义为

$$\tau(u) = \sum_{j=1}^{d} \nabla_j \partial_j u,$$

其中 ∇ 表示拉回丛 $u^*T\mathcal{M}$ 上的诱导协变导数.

热流的 Hamilton 对比的是所谓的 Schrödinger 映射流. 我们回忆第 1 章中的定义. 若映射 $u(x,t) : \mathbb{R}^d \times \mathbb{R} \to \mathcal{N}$ 满足

$$\begin{cases} u_t = J\tau(u), \\ u \upharpoonright_{t=0} = u_0, \end{cases} \tag{2.1.3}$$

则称 u 为 Schrödinger 映射流 (SMF).

在第 1 章中, 我们证明了紧 Kähler 流形的小能量二维 Schrödinger 流的全局适定性. 我们注意到, 为了证明全局适定性, 需要在热流规范下建立与热流相关的微分场和联络系数的抛物衰减估计. 因此, 在本章的第一部分中, 我们将证明在临界 Sobolev 空间中小初值热流的衰减估计 ($d \geqslant 3$). 在第二部分中, 我们通过第 1 章中的方法, 应用衰减估计证明了 SMF 的全局存在性.

本章的主要内容之一是热流在热流标架下相关量的衰减估计. 对于目标为 $\mathbb{H}^n$ 且 $d = 2$ 的情况, Tao [Tao04] 已经建立了此类结果, 而 Smith [Smi12] 在阈值以下的一般目标下也得到了此类结果. 由于 $d \geqslant 3$ 是能量超临界的, 一般情况下, 只能期待这些衰减估计在小初值时成立. 当 $d \geqslant 3$ 为偶数时, 小初值情形下的问题相对简单, 实际上, Bochner 不等式、bootstrap 和 Sobolev 不等式就足够了. 而当 $d \geqslant 3$ 为奇数时, 则需要更多的努力. 一方面, 涉及的量如联络系数、曲率项等依赖于标架和映射本身, 而几何不等式如 Bochner 不等式仅对整数阶的协变导数提供估计; 另一方面, 奇数维度的临界 Sobolev 空间是分数阶的, 在控制曲率相关量时, 矛盾变得突出. 为了解决这个问题, 我们使用了平行移动和 Besov 空间的差分刻画. 事实上, 差分刻画使我们能够避免直接将分数导数应用于几何量. 而平行移动则使我们能够比较流形不同点的几何量.

本章的核心结果是具有小初值的 SMF 在临界 Sobolev 空间中的解的全局存在性. 为了陈述这一结果, 我们引入一些记号.

假设 $\mathcal{N}$ 等距嵌入到 $\mathbb{R}^N$ 中. 记嵌入映射为 $\mathcal{P}$. 给定点 $Q \in \mathcal{N}$, 定义外蕴 Sobolev 空间 H_Q^k 为

$$H_Q^k := \{u : \mathbb{R}^d \to \mathbb{R}^N \mid u(x) \in \mathcal{N} \text{ a.e. } x \in \mathbb{R}^d, \|u - Q\|_{H^k(\mathbb{R}^d)} < \infty\},$$

其度量为 $d_Q(f, g) = \|f - g\|_{H^k}$. 令

$$\mathcal{Q}(\mathbb{R}^d, \mathcal{N}) := \bigcap_{k=1}^{\infty} H_Q^k.$$

我们的主要定理如下:

定理 2.1.1   设 $\mathcal{N}$ 是等距嵌入到 $\mathbb{R}^N$ 中的紧 Kähler 流形. 设 $Q \in \mathcal{N}$ 是给定的固定点. 设 $u_0 \in \mathcal{Q}(\mathbb{R}^d, \mathcal{N})$ 且 $d \geqslant 3$. 存在一个仅依赖于 d 与 $\mathcal{N}$ 的足够小的常数 $\epsilon_* > 0$, 使得如果 u_0 满足

$$\|u_0\|_{\dot{H}_x^{\frac{d}{2}}} \leqslant \epsilon_*, \tag{2.1.4}$$

则初值为 u_0 的方程 (2.1.3) 有唯一全局解 $u \in C(\mathbb{R}; \mathcal{Q}(\mathbb{R}^d, \mathcal{N}))$. 此外, 当 $t \to \infty$ 时, 解 $u(t)$ 以如下意义收敛于常值映射 Q,

$$\lim_{t \to \infty} \|u(t) - Q\|_{L_x^{\infty}} = 0. \tag{2.1.5}$$

下述定理证明了类似于 [BIKT11] 的一致有界性和适定性结果.

定理 2.1.2 设 $d \geqslant 3, \sigma_1 \geqslant \dfrac{d}{2}$. 设 $\mathcal{N}$ 是等距嵌入到 $\mathbb{R}^N$ 中的紧 Kähler 流形, 且设 $Q \in \mathcal{N}$ 是给定点. 存在一个仅依赖于 σ_1, d 与 $\mathcal{N}$ 的足够小的常数 $\epsilon_{\sigma_1, d} > 0$, 使得对于任意初值 $u_0 \in \mathcal{Q}(\mathbb{R}^d, \mathcal{N})$ 且 $\|u_0 - Q\|_{\dot{H}^{\frac{d}{2}}} \leqslant \epsilon_{\sigma_1, d}$, 定理 2.1.1 中构造的全局解 $u = S_Q(t)u_0 \in C(\mathbb{R}; \mathcal{Q}(\mathbb{R}^d, \mathcal{N}))$ 满足一致有界性,

$$\sup_{t \in \mathbb{R}} \|u(t) - Q\|_{\dot{H}_x^\sigma \cap \dot{H}_x^1} \leqslant C_\sigma(\|u_0 - Q\|_{H_x^\sigma}), \quad \forall \sigma \in \left[\frac{d}{2}, \sigma_1\right]. \tag{2.1.6}$$

此外, 对于任意 $\sigma \in \left[\dfrac{d}{2}, \sigma_1\right]$, 算子 S_Q 允许一个连续扩展

$$S_Q : \mathfrak{B}_{\epsilon_{\sigma_1, d}}^\sigma \to C(\mathbb{R}; \dot{H}_Q^\sigma \cap \dot{H}_Q^{\frac{d}{2}-1}),$$

其中, 我们记

$$\mathfrak{B}_\epsilon^\sigma := \{f \in \dot{H}_Q^{\frac{d}{2}-1} \cap \dot{H}_Q^\sigma : \|f - Q\|_{\dot{H}^{\frac{d}{2}}} \leqslant \epsilon\}.$$

注 2.1.1 Tataru 在综述报告 [HK14] 中提出了一个公开问题: 对一般紧致 Kähler 目标流形, 如何在临界 Sobolev 空间建立 SMF 的小初值的整体适定性? 第 1 章已解决了 $d = 2$ 的情况. 在此, 定理 2.1.1 解决了 $d \geqslant 3$ 的情况.

记号. 我们固定两个常数 $\vartheta = 1 - \dfrac{1}{10^{10}}, \delta = \dfrac{1}{d10^{100}}$.

$A \lesssim B$ 意味着存在某个常数 $C > 0$ 使得 $A \leqslant CB$.

P_k 表示 Fourier 乘子支撑在频率环 $\{2^{k-1} \leqslant |\eta| \leqslant 2^{k+1}\}$ 的 Littlewood-Paley 投影, 其中 $k \in \mathbb{Z}$.

$\mathcal{N}$ 表示紧目标 Kähler 流形.

$\mathcal{M}$ 表示热流部分的闭 Riemann 流形.

$T\mathcal{M}$ 和 $u^*T\mathcal{M}$ 的联络分别表示为 $\widetilde{\nabla}$ 和 ∇. 在没有混淆的情况下, 我们也将 $T\mathcal{N}$ 和 $u^*T\mathcal{N}$ 的联络分别表示为 $\widetilde{\nabla}$ 和 ∇.

$\mathbf{R}$ 为 $\mathcal{M}$ 或 $\mathcal{N}$ 的曲率张量.

2.1.1 热流标架

我们回顾一些关于标架的背景材料. 部分内容在前面已介绍, 这里将进一步展开.

2.1.1.1 移动标架

在本小节中, 我们规定罗马字母指标根据上下文取值于 $\{1, \cdots, m\}$ 或 $\{1, \cdots, d\}$. 令 $\mathbb{I} = [0, \infty) \times [-T, T]$. 设 $\mathcal{M}$ 是一个 m 维黎曼流形, $v : \mathbb{I} \times \mathbb{R}^d \to \mathcal{M}$ 是一

个光滑映射. 设 $\{e_i(s,t,x)\}_{i=1}^{m}$ 是 $v^*(T\mathcal{M})$ 的全局标准正交标架. 那么 v 诱导了定义在 $\mathbb{I} \times \mathbb{R}^d$ 上取值于 $\mathbb{R}^m$ 的标量场 $\{\psi_j\}_{j=0}^{d+1}$:

$$\psi_j^l = \langle \partial_j v, e_l \rangle, \quad l = 1, \cdots, m. \tag{2.1.7}$$

在此及以下, 我们规定 $j=0$ 指的是 $t \in [-T, T]$, $j = d+1$ 指的是 $s \in [0, \infty)$, $j = 1, \cdots, d$ 指的是 $x_j \in \mathbb{R}$. 反过来, 平凡向量丛 $(\mathbb{I} \times \mathbb{R}^d; \mathbb{R}^m)$ 的截面可诱导 $v^*T\mathcal{M}$ 的截面:

$$\varphi \in \Gamma((\mathbb{I} \times \mathbb{R}^d; \mathbb{R}^m)) \to \varphi\mathbf{e} := \varphi^l e_l \in \Gamma(v^*T\mathcal{M}),$$

$$\varphi := (\langle X, e_1 \rangle, \cdots, \langle X, e_m \rangle) \in \Gamma((\mathbb{I} \times \mathbb{R}^d; \mathbb{R}^m)) \leftarrow X \in \Gamma(v^*T\mathcal{M}).$$

映射 v 诱导了在平凡向量丛 $([0, T] \times \mathbb{R}^d; \mathbb{R}^m)$ 上的协变导数

$$D_i \psi^l = \partial_i \psi^l + \sum_{q=1}^{m} \left([A_i]_q^l \right) \psi^q,$$

其中, 诱导联络系数矩阵定义为

$$[A_i]_p^q = \langle \nabla_i e_p, e_q \rangle. \tag{2.1.8}$$

回顾恒等式

$$D_\mu \psi_\nu = D_\nu \psi_\mu, \tag{2.1.9}$$

$$([D_i, D_j]\varphi)\mathbf{e} = \mathbf{R}(\partial_i v, \partial_j v)(\varphi\mathbf{e}). \tag{2.1.10}$$

(2.1.10) 可形式化地写为

$$[D_i, D_j] = \partial_i A_j - \partial_j A_i + [A_i, A_j] = \mathcal{R}(\psi_i, \psi_j).$$

2.1.1.2　Schrödinger 映射的标架

假设目标流形是具有复结构 J 和度量 h 的 $2n$ 维 Kähler 流形 $\mathcal{N}$. 设 $u \in C([-T, T]; \mathcal{Q}(\mathbb{R}^d; \mathcal{N}))$ 是 Schrödinger 映射流的一个解. 记 $v(s, t)$ 为初值 $u(t)$ 的调和映射热流解. 这里 s 表示热演化参数, t 表示 Schrödinger 映射流的演化参数. 记 $\mathbb{I} = [0, \infty) \times [-T, T]$.

对于 Kähler 目标流形, 使用 $\mathbb{I} \times \mathbb{R}^d$ 上纤维为 $\mathbb{C}^n$ (而非 $\mathbb{R}^{2n}$) 的平凡向量丛更为方便. 在这种情况下, 移动标架选择为 $\{e_\gamma, e_{\gamma+n}\}_{\gamma=1}^{n}$, 其中 $e_{\gamma+n} = Je_\gamma$. 它们给出 $\mathbb{C}^n$ 值函数

$$\phi_i^\gamma = \psi_i^\gamma + \sqrt{-1}\psi_i^{\gamma+n}, \quad i = 0, \cdots, d+1, \ \gamma = 1, \cdots, n,$$

$$\psi_i^a = \langle \partial_i v, e_a \rangle, \quad i = 0, \cdots, d+1, \ a = 1, \cdots, 2n.$$

令 $\mathbb{C}^n$ 值函数 φ 为 $(\mathbb{I} \times \mathbb{R}^d; \mathbb{C}^n)$ 的截面, 则它诱导了 $v^* T\mathcal{N}$ 的截面

$$\varphi \mathbf{e} := \varphi^\gamma e_\gamma + \varphi^{\gamma+n} J e_\gamma.$$

诱导协变导数在复向量丛 $(\mathbb{I} \times \mathbb{R}^d; \mathbb{C}^n)$ 上为 $D_i = \partial_i + A_i$, 其中 $\{A_i\}$ 表示诱导的联络系数矩阵, 定义为

$$A_{i\,\beta}^{\ \gamma} = [A_i]_\beta^\gamma + \sqrt{-1}[A_i]_\beta^{\gamma+n}, \quad i = 0, \cdots, d, d+1, \ \gamma, \beta = 1, \cdots, n. \quad (2.1.11)$$

无挠恒等式和对易子恒等式 (参见 (2.1.10), (2.1.9)) 现在表示如下:

$$D_i \phi_j = D_j \phi_i, \quad (2.1.12)$$

$$([D_i, D_j]\varphi)\mathbf{e} = [(\partial_i A_j - \partial_j A_i + [A_i, A_j])\varphi]\mathbf{e} = \mathbf{R}(\partial_i u, \partial_j u)(\varphi \mathbf{e}). \quad (2.1.13)$$

热流方程表明热张量场 ϕ_s 满足

$$\phi_s = \sum_{i=1}^d D_i \phi_i.$$

在热流方向, 微分场 $\{\phi_j\}_{j=1}^d$ 满足

$$\partial_s \phi_j = \sum_{i=1}^d D_i D_i \phi_j + \sum_{i=1}^d \mathcal{R}(\phi_j, \phi_i)\phi_i. \quad (2.1.14)$$

在热初始时间 $s = 0$ 时, 沿着 Schrödinger 映射流, 微分场 $\{\phi_j\}_{j=1}^d$ 满足

$$-\sqrt{-1} D_t \phi_j = \sum_{i=1}^d D_i D_i \phi_j + \sum_{i=1}^d \mathcal{R}(\phi_j, \phi_i)\phi_i. \quad (2.1.15)$$

我们将使用 Tao 的热流标架: 给定 $T_Q \mathcal{N}$ 的标准正交标架 $\{e_\gamma^\infty, Je_\gamma^\infty\}$, 令 $\{e_\gamma, J_\gamma\}_{\gamma=1}^n$ 满足

$$\nabla_s e_\gamma = 0, \quad \lim_{s \to \infty} e_\gamma(s) = e_\gamma^\infty, \quad \forall \gamma = 1, \cdots, n.$$

在我们的设定中, 热流标架的存在性和唯一性将在引理 2.3.5 中证明. 对于 $i = 0, 1, \cdots, d$ 和 $s > 0$, 公式 (2.1.8) 定义的联络系数可写为

$$[A_i]_q^p(s, t, x) = \int_s^\infty \langle \mathbf{R}(v(s'))(\partial_i v, \partial_s v)e_p, e_q \rangle ds'. \quad (2.1.16)$$

事实上, 热流标架条件表明 $\nabla_s e_j = 0$, 因此

$$\partial_s [A_i]_q^p = \partial_s \langle \nabla_i e_p, e_q \rangle = \langle \nabla_s \nabla_i e_p, e_q \rangle$$
$$= \langle \nabla_i \nabla_s e_p, e_q \rangle + \langle \mathbf{R}(\partial_s v, \partial_i v) e_p, e_q \rangle$$
$$= \langle \mathbf{R}(\partial_s v, \partial_i v) e_p, e_q \rangle.$$

于是 (2.1.16) 通过 $\lim_{s \to \infty} [A_i]_q^p = 0$ 得到.

设 E 为一个流形, D 为其上的联络. 假设 $\mathbb{T}$ 是 E 上的一个 $(0, r)$ 型张量. $\mathbb{T}$ 的第 k 个协变导数是 $(0, r+k)$ 型张量, 我们将其记为

$$(D^1 \mathbb{T})(X_1; Y_1, \cdots, Y_r) := (D_{X_1} \mathbb{T})(Y_1, \cdots, Y_r),$$

$$(D^k \mathbb{T})(X_1, \cdots, X_k; Y_1, \cdots, Y_r) := \left[D_{X_k}(D^{k-1}\mathbb{T}) \right](X_1, \cdots, X_{k-1}; Y_1, \cdots, Y_r),$$

其中 $\{X_j\}$ 和 $\{Y_i\}_{i=1}^r$ 是 E 上的切向量场.

2.1.2　函数空间

我们回顾由 [BIKT11] 构建的空间. 给定一个单位向量 $\vec{e} \in \mathbb{S}^{d-1}$, 我们用 $\vec{e}^\perp$ 表示它在 $\mathbb{R}^d$ 中的正交补. 空间 $L_{\vec{e}}^{p,q}$ 定义为

$$\|g\|_{L_{\vec{e}}^{p,q}} = \left(\int_{\mathbb{R}} \left(\int_{\vec{e}^\perp \times \mathbb{R}} |g(t, x_1\vec{e} + x')|^q \, dx' dt \right)^{\frac{p}{q}} dx_1 \right)^{\frac{1}{p}}, \tag{2.1.17}$$

其中, 当 $p = \infty$ 或 $q = \infty$ 时可使用标准的修改. 给定 $T \in \mathbb{R}$, $k \in \mathbb{Z}$, 定义 $I_k := \{\eta \in \mathbb{R}^d : 2^{k-1} \leqslant |\eta| \leqslant 2^{k+1}\}$, 并且

$$L_k^2(T) := \{g \in L^2([-T, T] \times \mathbb{R}^d) : \widehat{g}(t, \eta) = 0, \quad \text{若 } (t, \eta) \in \mathbb{R} \times I_k \backslash [-T, T] \times \mathbb{R}^d\}.$$

[BIKT11] 设计的工作函数空间为 $F_k(T), G_k(T), N_k(T), S_k^\omega(T)$. 在我们的工作中, 不需要 N_k, G_k 的具体定义. 我们仅回顾 F_k, S_k^ω, 详细构建请参见 [BIKT11]. 定义 $p_d = \dfrac{2d+4}{d}$, 以及

$$\frac{1}{2_\omega} - \frac{1}{2} = \frac{1}{p_{d,\omega}} - \frac{1}{p_d} = \frac{\omega}{d}. \tag{2.1.18}$$

定义 $S_k^\omega(T)$ 和 $F_k(T)$ 范数为

$$\|g\|_{S_k^\omega(T)} := 2^{k\omega} \left(\|g\|_{L_t^\infty L_x^{2\omega}} + \|g\|_{L_t^{p_d} L_x^{p_{d,\omega}}} + 2^{-\frac{kd}{d+2}} \|g\|_{L_x^{p_{d,\omega}} L_t^\infty} \right), \tag{2.1.19}$$

$$\|\psi\|_{F_k(T)} := \|\psi\|_{L_t^\infty L_x^2} + \|\psi\|_{L_{t,x}^{p_d}} + 2^{-\frac{kd}{d+2}}\|\psi\|_{L_x^{p_d}L_t^\infty} + 2^{-\frac{k(d-1)}{2}}\sup_{\vec{e}\in\mathbb{S}^{d-1}}\|\psi\|_{L_{\vec{e}}^{2,\infty}}.$$

$$(2.1.20)$$

作为空间, $S_k^\omega(T)$ 和 $F_k(T)$ 表示 $L_k^2(T)$ 中相应范数有限的函数全体.

附录 B 中回顾了 [BIKT11] 获得的线性和双线性估计.

2.1.3 定理 2.1.1 证明的路线图

让我们概述定理 2.1.1 的证明.

起点是, 在 Tao 的热流规范设定下, 移动标架相关量的衰减估计.

命题 2.1.1 给定 $d \geqslant 3$, 令 $L \geqslant (d+100)2^{d+100}$ 为一个固定整数. 设 M 是一个 m 维闭黎曼流形. 令 $\mathcal{P} : M \to \mathbb{R}^M$ 是一个等距嵌入. 设 $v(s,x)$ 满足具有初值 $v_0 \in \mathcal{Q}(\mathbb{R}^d, M)$ 的热流方程. 存在一个足够小的常数 $\epsilon_1 > 0$, 其仅依赖于 L, d, 使得: 如果

$$\|v_0\|_{\dot{H}_x^{\frac{d}{2}}} \leqslant \epsilon_1, \qquad (2.1.21)$$

则 v 可演化到所有 $s \in \mathbb{R}^+$, 并且当 $s \to \infty$ 时, 它一致收敛到 Q. 存在唯一的 Tao 的热流标架 $\{e_l\}_{l=1}^m$ 使得

$$\nabla_s e_l = 0, \quad \lim_{s\to\infty} e_l = e_l^\infty, \quad l = 1, \cdots, m,$$

其中 $\{e^\infty\}$ 是 Q^*TM 的给定标准正交标架. 在热标架下的联络系数和微分场分别记为 $\{A_i\}_{i=1}^d$ 和 $\{\psi_i\}_{i=1}^d$, 则我们有

$$\|\partial_x^j v\|_{\dot{H}_x^{\frac{d}{2}}} \lesssim s^{-\frac{j}{2}}\epsilon_1, \qquad (2.1.22)$$

$$\|\partial_x^{j'} v\|_{L_x^\infty} \lesssim s^{-\frac{j}{2}}\epsilon_1, \qquad (2.1.23)$$

$$\|\partial_x^j(d\mathcal{P}(e_l) - \chi_l^\infty)\|_{\dot{H}_x^{\frac{d}{2}}} \lesssim s^{-\frac{j}{2}}\epsilon_1, \quad \sum_{i=1}^d \|\partial_x^j A_i\|_{\dot{H}_x^{\frac{d}{2}-1}} \lesssim s^{-\frac{j}{2}}\epsilon_1,$$

$$\sum_{i=1}^d \|\partial_x^j \phi_i\|_{\dot{H}_x^{\frac{d}{2}-1}} \lesssim s^{-\frac{j}{2}}\epsilon_1, \quad \sum_{i=1}^d \|\partial_x^j \phi_i\|_{L_x^\infty} \lesssim s^{-\frac{j+1}{2}}\epsilon_1,$$

对于任意 $0 \leqslant j \leqslant L, 1 \leqslant j' \leqslant L$, 其中

$$\chi_l^\infty = \lim_{s\to\infty} d\mathcal{P}(e_l), \quad l = 1, \cdots, m.$$

命题 2.1.1 是我们证明定理 2.1.1 的基石. 实际上, 它是我们迭代方案的起点和核心.

证明概要. 假设我们有一个解 $u \in C([-T, T]; \mathcal{Q}(\mathbb{R}^d, \mathcal{N}))$, 其初值为 u_0. 设 $\{c_k(\sigma)\}$, $\{c_k\}$ 是与 u_0 相关的频率包络:

$$2^{\frac{d}{2}k} \|P_k u_0\|_{L_x^2} \leqslant c_k, \tag{2.1.24}$$

$$2^{\frac{d}{2}k + \sigma k} \|P_k u_0\|_{L_x^2} \leqslant c_k(\sigma). \tag{2.1.25}$$

设 $v(s, t): \mathbb{R}^d \to \mathcal{N}$ 是从 $u(t)$ 起始的热流. 设 $\{\phi_i\}_{i=0}^d$ 和 $\{A_i\}_{i=0}^d$ 是与 v 相关的在热流标架下的微分场和联络系数. (指标 0 指的是 t) 假设 u 满足

$$2^{\frac{d}{2}k} \|P_k u\|_{L_t^\infty L_x^2} \leqslant \epsilon^{-\frac{1}{2}} c_k, \tag{2.1.26}$$

$$2^{\frac{d-2}{2}k} \|P_k \phi_x(\lceil_{s=0})\|_{G_k(T)} \leqslant \epsilon^{-\frac{1}{2}} c_k. \tag{2.1.27}$$

步骤 1 (迭代前)　在第一步中, 我们假设 $\sigma \in [0, \vartheta]$, 其中 $\vartheta = 1 - \dfrac{1}{10^{10}}$ 在整章中固定不变.

步骤 1.1 (热方向的抛物估计)　设 $\{b_k(\sigma)\}$ 和 $\{b_k\}$ 是 $\{\phi_i \lceil_{s=0}\}_{i=1}^m$ 在 $G_k(T)$ 范数下的频率包络,

$$b_k(\sigma) := \sum_{i=1}^d \sup_{k' \in \mathbb{Z}} 2^{-\delta|k-k'|} 2^{\frac{d}{2}k' - k'} 2^{\sigma k'} \|P_{k'} \phi_i \lceil_{s=0}\|_{G_{k'}(T)}, \tag{2.1.28}$$

且 $b_k := b_k(0)$. 那么联络系数 $\{A_i\}_{i=1}^d$ 满足

$$\sum_{i=1}^d 2^{\frac{d}{2}k - k} 2^{\sigma k} \|P_k A_i(s)\|_{F_k(T) \cap S_k^\omega(T)} \lesssim (1 + s 2^{2k})^{-4} b_{k,s}(\sigma), \tag{2.1.29}$$

其中 $b_{k,s}(\sigma)$ 定义为

$$b_{k,s}(\sigma) = \begin{cases} \displaystyle\sum_{-j \leqslant l \leqslant k} b_l(\sigma) h_l, & s \in [2^{2j-1}, 2^{2j+1}), k + j \leqslant 0, \\ 2^{k+j} b_{-j} b_k(\sigma), & s \in [2^{2j-1}, 2^{2j+1}), k + j \geqslant 0. \end{cases}$$

(2.1.29) (将在推论 2.6.1 中证明) 对于推导所有其他微分场的抛物估计至关重要, 尤其是它意味着

$$2^{\frac{d}{2}k - 2k} 2^{\sigma k} \|P_k A_t \lceil_{s=0}\|_{L^2(T)} \lesssim \epsilon b_k(\sigma), \tag{2.1.30}$$

$$\sum_{i=1}^d 2^{\frac{d}{2}k - k} 2^{\sigma k} \|P_k A_i \lceil_{s=0}\|_{L^{p_d}(T)} \lesssim \epsilon b_k(\sigma). \tag{2.1.31}$$

步骤 1.2 (Schrödinger 方向的估计) 通过研究 (2.1.15) 和由 [BIKT11] 对线性 Schrödinger 方程在 G_k 与 N_k 空间中的线性估计, (2.1.30) 和 (2.1.31) 得出

$$b_k(\sigma) \lesssim c_k(\sigma), \tag{2.1.32}$$

对所有 $\sigma \in [0, \vartheta]$ 成立. 这个结论在命题 2.6.1 中证明.

步骤 2 (迭代) 在本步中, 我们假设 $\sigma \in [0, 2\vartheta]$.

步骤 2.1 (热方向的抛物估计) 设 $\{b_k^{(1)}(\sigma)\}$ 和 $\{b_k^{(1)}\}$ 为

$$b_k^{(1)}(\sigma) = \begin{cases} b_k(\sigma), & \text{若 } \sigma \in [0, \vartheta], \\ b_k(\sigma) + c_k(\sigma - \vartheta)c_k(\vartheta), & \text{若 } \sigma \in (\vartheta, 2\vartheta]. \end{cases} \tag{2.1.33}$$

于是, 联络系数 $\{A_i\}_{i=1}^d$ 满足

$$\sum_{i=1}^d 2^{\frac{d}{2}k-k} 2^{\sigma k} \|P_k A_i(s)\|_{F_k(T) \bigcap S_k^\omega(T)} \lesssim (1 + s2^{2k})^{-4} b_{k,s}^{(1)}(\sigma), \tag{2.1.34}$$

这意味着

$$2^{\frac{d}{2}k-2k} 2^{\sigma k} \|P_k A_t \upharpoonright_{s=0} \|_{L^2(T)} \lesssim \epsilon b_k^{(1)}(\sigma), \tag{2.1.35}$$

$$\sum_{i=1}^d 2^{\frac{d}{2}k-k} 2^{\sigma k} \|P_k A_i \upharpoonright_{s=0} \|_{L^{p_d}(T)} \lesssim \epsilon b_k^{(1)}(\sigma). \tag{2.1.36}$$

步骤 2.2 (Schrödinger 方向的估计) 通过 (2.1.15), (2.1.35) 和 (2.1.36) 可知

$$b_k(\sigma) \lesssim c_k(\sigma) + c_k(\vartheta)c_k(\sigma - \vartheta), \tag{2.1.37}$$

对于任意 $\sigma \in [\vartheta, 2\vartheta]$ 也成立. 因此, 作为嵌入 $G_k(T) \hookrightarrow L_t^\infty L_x^2$ 的推论, 我们得到

$$\sum_{i=1}^d 2^{\sigma k} 2^{\frac{d}{2}k-k} \|P_k \phi_i\|_{L_t^\infty L_x^2} \lesssim c_k^{(1)}(\sigma). \tag{2.1.38}$$

(2.1.34) 和 (2.1.37) 将在命题 2.6.2 中证明.

步骤 3 (全局正则性) 通过做 K 次迭代, 得到

$$\sum_{i=1}^d 2^{\sigma k} 2^{\frac{d}{2}k-k} \|P_k \phi_i\|_{L_t^\infty L_x^2} \lesssim c_k^{(K)}(\sigma), \tag{2.1.39}$$

其中 $\sigma \in [0, K\vartheta]$. 将 (2.1.39) 转化为 u 的界给出

$$\|u(t)\|_{L_t^\infty \dot{H}_x^1 \cap \dot{H}_x^L} \lesssim C(\|u_0\|_{H_Q^L}), \quad L = \frac{d}{2} + K. \tag{2.1.40}$$

通过取 $K = 2$ 以及 [DW01] 的局部 Cauchy 理论, 我们可以看到, 当 $u_0 \in \mathcal{Q}(\mathbb{R}^d, \mathcal{N})$ 时, u 是全局光滑的. (2.1.39) 和 (2.1.40) 将在命题 2.6.3 中证明.

2.1.4　约化为热流的衰减估计

首次迭代的主要思想和概述. 在一般目标的情况下, 新难点在于方程中的曲率项不仅依赖于微分场, 还依赖于映射 u 本身. 联络系数也依赖于曲率. 我们通过综合使用某种动态分离和迭代论证克服了这一难点. 在这里, 动态分离可以被视为最初在椭圆偏微分方程中开发的 "冻结系数方法".

曲率项出现在 (2.1.14), (2.1.15), (2.1.16) 中. 方程 (2.1.16) 用于控制联络系数 (见 (2.1.29), (2.1.34)), 而 (2.1.14) 和 (2.1.15) 则分别用于追踪热方向和 Schrödinger 方向上微分场的演化.

我们将遵循第 1 章的框架, 特别是 bootstrap-iteration 方案. 但在维度 $d \geqslant 3$ 时, 第 2 章的论证可以大大简化. 以下方案是 2.4—2.6 节的简化版.

精细的动态分离. 通过 (2.1.16), 由 (2.1.8)—(2.1.11) 定义的联络系数可以形式写为

$$\int_s^\infty \sum (\phi_x \diamond \phi_s) \langle \mathbf{R}(e_{j_0}, e_{j_1}) e_{j_2}, e_{j_3} \rangle ds', \tag{2.1.41}$$

其中, 符号 $f \diamond g$ 表示两个 $\mathbb{C}^n$ 值函数 f 和 g 的标量/向量/矩阵值函数, 其分量是 $f^\beta g^\alpha, f^\alpha \overline{g^\beta}, \overline{f^\alpha} \overline{g^\beta}, \overline{f^\alpha} g^\beta$ 的线性组合, 对于某些 $\alpha, \beta = 1, \cdots, n$. (2.1.41) 中的 $\{\phi_i\}_{i=1}^{d+1}$ 部分将通过 bootstrap 假设进行控制.

为简化记号, 我们将 $\langle \mathbf{R}(e_{l_0}, e_{l_1}) e_{l_2}, e_{l_3} \rangle(s)$ 的所有线性组合都记作 $\mathcal{G}(s)$.

根据热流规范条件, $\mathcal{G}$ 可展开为

$$\langle \mathbf{R}(e_{l_0}, e_{l_1}) e_{l_2}, e_{l_3} \rangle(s) = \Gamma^\infty + \mathcal{U}_0 + \mathcal{U}_1,$$

其中, 我们记

$$\mathcal{U}_0 := -\Xi_l^\infty \int_s^\infty \sum_{i=1}^2 (\partial_i \phi_i)^l ds',$$

$$\mathcal{U}_1 := -\Xi_l^\infty \int_s^\infty \sum_{i=1}^2 (A_i \phi_i)^l ds' - \int_s^\infty \sum_{i=1}^2 (\partial_i \phi_i)^l (\mathcal{G}')_l ds'$$

$$- \sum \int_s^\infty (A_i \phi_i)^l (\widetilde{s}) (\mathcal{G}')_l d\widetilde{s},$$

$$(\mathcal{G}')_l := (\widetilde{\nabla}\mathbf{R})(e_l; e_{l_0}, e_{l_1}, e_{l_2}, e_{l_3}) - \Xi_l^\infty,$$

其中 Γ^∞ 和 $\{\Xi_l^\infty\}$ 是常数向量, 定义为

$$\Gamma^\infty := \lim_{s \to \infty} \langle \mathbf{R}(e_{l_0}, e_{l_1})e_{l_2}, e_{l_3}\rangle,$$

$$\Xi_l^\infty := \lim_{s \to \infty} (\widetilde{\nabla}\mathbf{R})(e_l; e_{l_0}, e_{l_1}, e_{l_2}, e_{l_3}).$$

记

$$h_k(\sigma) := \sup_{i \in \{1,\cdots,d\}, k' \in \mathbb{Z}} 2^{-\delta|k-k'|}(1+s2^{2k'})^4 2^{\frac{d}{2}k'-k'} 2^{\sigma k'} \|P_{k'}\phi_i\|_{F_k}.$$

在 2.1.3 节的步骤 1 中, 我们额外假设

$$2^{\frac{d}{2}k}\|P_k\mathcal{U}_1\|_{F_k} \lesssim (1+2^{2k}s)^{-4}h_k. \tag{2.1.42}$$

步骤 1 的关键是证明 (2.1.29).

(2.1.29) 的证明. 有了 (2.1.42), 我们观察到, 对于 (2.1.29), 只需证明 $P_k\mathcal{G}'$ 的抛物估计即可:

$$2^{\frac{d}{2}k}\|P_k\mathcal{G}'\|_{L_t^\infty L_x^2} \lesssim_L \|u\|_{L_t^\infty \dot{H}_x^{\frac{d}{2}}}(1+s2^{2k})^{-20}, \tag{2.1.43}$$

$$2^{\frac{d}{2}k}\|P_k\mathcal{G}'\|_{L_t^\infty L^2 \cap L_{t,x}^{p_d}} \lesssim_L 2^{-\sigma k}h_k(\sigma)(1+s2^{2k})^{-20}, \tag{2.1.44}$$

$$2^{\frac{d}{2}k}\|P_k\partial_t\mathcal{G}'\|_{L_{t,x}^{p_d}} \lesssim 2^{-\sigma k+2k}h_k(\sigma), \tag{2.1.45}$$

对任意的 $\sigma \in [0,\vartheta]$. (2.1.43) 将在 2.3 节和 2.4 节通过测地平行移动和 Besov 空间的差分刻画得到证明. (2.1.44) 和 (2.1.45) 将在 2.5 节得到证明. 其中, (2.1.45) 是最困难的.

在 2.1.3 节的步骤 1 结束时, (2.1.42) 将被改进为

$$2^{\frac{d}{2}k}\|P_k\mathcal{U}_1\|_{F_k} \lesssim \varepsilon(1+2^{2k}s)^{-4}2^{-\sigma k}h_k(\sigma), \quad \forall \sigma \in [0,\vartheta]. \tag{2.1.46}$$

通过 bootstrap 方法, (2.1.42) 成立. 因此, (2.1.29) 随之成立.

(2.1.44) 和 (2.1.45) 的证明. 根据热流规范条件, $\mathcal{G}'$ 可以进一步分解为

$$(\mathcal{G}')_l(s) = -\sum \int_s^\infty \phi_s^p(s')(\widetilde{\nabla}^2\mathbf{R})(e_l, e_p; e_{l_0}, e_{l_1}, e_{l_2}, e_{l_3})(s')ds'$$

$$= -\sum \left(\int_s^\infty \phi_s^p(s')ds'\right)\Omega_{lp}^\infty - \sum \int_s^\infty \phi_s^p(s')((\mathcal{G}'')_{lp} - \Omega_{lp}^\infty)ds',$$

其中, 我们记

$$(\mathcal{G}'')_{lp} = (\widetilde{\nabla}^2 \mathbf{R})(e_l, e_p; e_{l_0}, e_{l_1}, e_{l_3}, e_{l_4}) - \Omega_{lp}^{\infty},$$

$$\Omega_{lp}^{\infty} = \lim_{s \to \infty} (\widetilde{\nabla}^2 \mathbf{R})(e_l, e_p; e_{l_0}, e_{l_1}, e_{l_3}, e_{l_4}).$$

应用双线性 Littlewood-Paley 分解将 (2.1.44), (2.1.45) 的证明简化为验证

$$2^{\frac{d}{2}k-2k}\|P_k\phi_s\|_{L_t^\infty L_x^2 \cap L_{t,x}^{p_d}} \lesssim (1 + s2^{2k})^{-M} 2^{-\sigma k} h_k(\sigma), \tag{2.1.47}$$

$$2^{\frac{d}{2}k}\|P_k(\mathcal{G}'')\|_{L_t^\infty L_x^2 \cap L_{t,x}^{p_d}} \lesssim (1 + s2^{2k})^{-M} \|u\|_{L_t^\infty \dot{H}_x^{\frac{d}{2}}}, \tag{2.1.48}$$

$$2^{\frac{d}{2}k-2k}(\|P_k\phi_t\|_{L_{t,x}^{p_d}} + \|P_kA_t\|_{L_{t,x}^{p_d}}) \lesssim 2^{-\sigma k} h_k(\sigma). \tag{2.1.49}$$

(2.1.40) 的证明. 在 (2.1.40) 中令 $K = 0$. 要从将 (2.1.38) 中依赖于移动标架的量的界转化为 (2.1.40) 中 u 自身的界, 关键在于推导标架在频率局部化空间中的界:

$$2^{\frac{d}{2}k+\sigma k}\|P_k((d\mathcal{P})(e_l) - \chi_l^\infty)\|_{L_t^\infty L_x^2} \lesssim_M (1 + s2^{2k})^{-M} h_k(\sigma), \tag{2.1.50}$$

对任意的 $\sigma \in [0, \vartheta]$. 此外, (2.1.47) 是 (2.1.50) 的推论, 并且

$$2^{\frac{dk}{2}+\sigma k}\|P_k\partial_s v\|_{L_t^\infty L_x^2 \cap L_{t,x}^{p_d}} \lesssim 2^{2k}(1 + s2^{2k})^{-L} h_k(\sigma). \tag{2.1.51}$$

进一步地, 通过动态分离和双线性 Littlewood-Paley 分解, 对于 $\sigma \in [0, \vartheta]$, (2.1.50) 简化为 (2.1.51) 和

$$2^{\frac{dk}{2}}\|P_k((\mathbf{D}d\mathcal{P})(e_p; e_l))\|_{L_t^\infty L_x^2 \cap L_{t,x}^{p_d}} \lesssim_M (1 + s2^{2k})^{-M} \|u\|_{L_t^\infty \dot{H}_x^{\frac{d}{2}}}. \tag{2.1.52}$$

要证明 (2.1.51), 除了使用热流方程外, 还需要

$$2^{\frac{dk}{2}}\|P_k DS_{ij}^l(v)\|_{L_t^\infty L_x^2 \cap L_{t,x}^{p_d}} \lesssim (1 + s2^{2k})^{-M} \|u\|_{L_t^\infty \dot{H}_x^{\frac{d}{2}}}. \tag{2.1.53}$$

逻辑图. 为了方便起见, 我们总结上述约化过程如下图:

I. $(2.1.42) \xrightarrow{+(2.1.16)} (2.1.29) \xrightarrow{+(2.1.14)} (2.1.30), (2.1.31) \xrightarrow{+(2.1.15)} (2.1.32)$

II. $\boxed{\begin{matrix}(2.1.47)\\(2.1.48)\\(2.1.49)\end{matrix}} \to \boxed{\begin{matrix}(2.1.44)\\(2.1.45)\end{matrix}} \xrightarrow{+(2.1.29)} (2.1.46)$

III. 步骤 I 中的结果 + (2.1.46) $\xrightarrow{+(2.1.16)}$ $\boxed{\begin{matrix}(2.1.35)\\(2.1.36)\end{matrix}}$ $\xrightarrow[+(2.1.32)]{(2.1.15)}$ (2.1.38)

IV. (2.1.53) $\xrightarrow{+\text{热流方程}}$ (2.1.51) $\xrightarrow{+(2.1.52)}$ (2.1.50) $\begin{cases}\xrightarrow{+(2.1.51)} (2.1.47)\\\xrightarrow{+(2.1.38)} (2.1.40)\end{cases}$

因此, 只需证明 (2.1.43), (2.1.48), (2.1.49), (2.1.52), (2.1.53). 这里, I 和 II 是第零步 SMF 迭代的部分, III 属于第一次 SMF 迭代, IV 描述了热流迭代. 注意到 (2.1.43) 将在引理 2.4.2 中证明, (2.1.48), (2.1.52), (2.1.53) 将在命题 2.5.1 中得到实质性证明, 而 (2.1.49) 将在引理 2.5.2 中得到验证.

关于迭代的评注

上述内容只是一个关于迭代方案的简单模型, 适用于单次迭代. 我们强调, 热流迭代的关键和核心在于逐步改进 $\partial_s v$ 的估计, 而 SMF 迭代的关键在于每次迭代后改进 (2.1.42). 实际方案是 bootstrap 方法与上述迭代的复杂结合, 具体见命题 2.6.3.

关于频率包络的评注

Tao 提出的频率包络概念在进行频率估计时非常方便, 并且在色散偏微分方程的研究中已成为标准工具. 由于这里使用了迭代论证, 我们需要强调第 1 章中引入的包络的 "阶":

我们称一个正的 ℓ^2 可求和序列 $\{a_k\}_{k\in\mathbb{Z}}$ 为 δ 阶的频率包络, 如果

$$a_k \leqslant a_j 2^{\delta|k-j|}, \quad \forall k,j \in \mathbb{Z}. \tag{2.1.54}$$

本节中所有的频率包络都假设为 δ 阶, 除了 $\{c_k^{(j)}, c_k, c_k(\sigma)\}_{j\in\mathbb{N}, k\in\mathbb{Z}}$. 如果我们希望在定理 2.1.1 中达到 $\sigma = [K\vartheta] + 1$, 则定义 $\{c_k, c_k(\sigma)\}_{j\in[0,K+1], k\in\mathbb{Z}}$ 为 $\dfrac{1}{2^{K+1}}\delta$ 阶.

2.2 函数空间的预备知识

我们回顾 2.1.2 节中的函数空间 F_k, G_k, N_k 和 S_k^ω. 以下双线性估计用于控制曲率项.

引理 2.2.1 如果 $|k_1 - k| \leqslant 4$, 则

$$\|P_k(P_{\leqslant k-4}g \cdot P_{k_1}f)\|_{F_k(T)} \lesssim \|P_{\leqslant k-4}g\|_{L^\infty}\|P_{k_1}f\|_{F_{k_1}(T)}. \tag{2.2.1}$$

如果 $|k_2 - k_1| \leqslant 8$, 且 $k_1, k_2 \geqslant k-4$, 则

$$\|P_k(P_{k_1}f \cdot P_{k_2}g)\|_{F_k(T)} \lesssim \left(2^{\frac{1}{2}(d-1)(k_1-k)} + 2^{\frac{d}{d+2}(k_1-k)}\right)\|P_{k_2}g\|_{L^\infty}\|P_{k_1}f\|_{F_{k_1}(T)};$$

$$(2.2.2)$$

如果 $|k_2 - k| \leqslant 4$, 且 $k_1 \leqslant k - 4$, 则

$$\|P_k(P_{k_1}f \cdot P_{k_2}g)\|_{F_k(T)}$$

$$\lesssim 2^{\frac{d-1}{2}(k_1-k)}\|P_{k_1}f\|_{F_{k_1}(T)}\|P_{k_2}g\|_{L^\infty}$$

$$+ 2^{-\frac{d}{d+2}k}\|P_{k_1}f\|_{L^\infty}\|P_{k_2}g\|_{L_x^{pd}L_t^\infty} + \|P_{k_1}f\|_{L^\infty}\|P_{k_2}g\|_{L^{pd}\cap L_t^\infty L_x^2}. \quad (2.2.3)$$

证明　(2.2.1) 和 (2.2.2) 直接由 $F_k(T)$ 的定义可得到. 对于 (2.2.3) 的证明, 我们使用

$$\|P_k(P_{k_1}f \cdot P_{k_2}g)\|_{L_{\vec{e}}^{2,\infty}} \leqslant \|P_{k_1}f\|_{L_{\vec{e}}^{2,\infty}}\|P_{k_2}g\|_{L^\infty},$$

$$\|P_k(P_{k_1}f \cdot P_{k_2}g)\|_{L_x^{pd}L_t^\infty} \leqslant \|P_{k_1}f\|_{L^\infty}\|P_{k_2}g\|_{L_x^{pd}L_t^\infty},$$

$$\|P_k(P_{k_1}f \cdot P_{k_2}g)\|_{L^{pd}\cap L_t^\infty L_x^2} \leqslant \|P_{k_1}f\|_{L^\infty}\|P_{k_2}g\|_{L^{pd}\cap L_t^\infty L_x^2}. \qquad \square$$

引理 2.2.2　设 $F : \mathbb{R}^M \to \mathbb{R}$ 是一个光滑函数, $v : \mathbb{R}^d \times [-T, T] \to \mathbb{R}^M$ 是一个光滑映射. 定义

$$\beta_k = \sum_{|k'-k|\leqslant 20} 2^{\frac{d}{2}k'}\|P_{k'}v\|_{L_t^\infty L_x^2},$$

$$\alpha_k = \sum_{|k'-k|\leqslant 20} 2^{\frac{d}{2}k'}\|P_{k'}(F(v))\|_{L_t^\infty L_x^2}.$$

假设 $\|v\|_{L_x^\infty} \lesssim 1$ 且 $\sup_{k\in\mathbb{Z}} \beta_k \leqslant 1$, 则

$$2^{\frac{d}{2}k}\|P_k F(v)(\partial_x v, \partial_x v)\|_{L_t^\infty L_x^2}$$

$$\lesssim 2^k \beta_k \sum_{k_1\leqslant k} \beta_{k_1} 2^{k_1} + \sum_{k_2\geqslant k} 2^{-d|k-k_2|}2^{2k_2}\beta_{k_2}^2$$

$$+ \alpha_k \left(\sum_{k_1\leqslant k} 2^{k_1}\beta_{k_1}\right)^2 + \sum_{k_2\geqslant k} 2^{d(k-k_2)}2^{k_2}\alpha_{k_2}\beta_{k_2}\left(\sum_{k_1\leqslant k_2}\beta_{k_1}2^{k_1}\right). \quad (2.2.4)$$

引理 2.2.3　设 $F : \mathbb{R}^M \to \mathbb{R}$ 是一个光滑函数, $v : \mathbb{R}^d \times [-T, T] \to \mathbb{R}^M$ 是一个光滑映射. 定义

$$\widetilde{\beta}_k = \sum_{|k'-k|\leqslant 30} 2^{\frac{d}{2}k'}\|P_{k'}v\|_{L_t^\infty L_x^2 \cap L_{t,x}^{pd}},$$

$$\widetilde{\alpha}_k = \sum_{|k'-k|\leqslant 30} 2^{\frac{d}{2}k'}\|P_{k'}(F(v))\|_{L_t^\infty L_x^2 \cap L_{t,x}^{p_d}}.$$

假设 $\|v\|_{L_x^\infty} \lesssim 1$, 则

$$2^{\frac{d}{2}k}\|P_k F(v)(\partial_x v, \partial_x v)\|_{L_t^\infty L_x^2 \cap L_{t,x}^{p_d}}$$

$$\lesssim 2^k \widetilde{\beta}_k \sum_{k_1\leqslant k} \widetilde{\beta}_{k_1} 2^{k_1} + \sum_{k_2\geqslant k} 2^{-d|k-k_2|} 2^{2k_2} \widetilde{\beta}_{k_2}^2$$

$$+ \widetilde{\alpha}_k \left(\sum_{k_1\leqslant k} 2^{k_1} \widetilde{\beta}_{k_1}\right)^2 + \sum_{k_2\geqslant k} 2^{d(k-k_2)} 2^{k_2} \widetilde{\alpha}_{k_2} \widetilde{\beta}_{k_2} \sum_{k_1\leqslant k_2} 2^{k_1} \widetilde{\beta}_{k_1}. \tag{2.2.5}$$

下面我们回顾分数 Leibniz 法则的一般形式 (Kato-Ponce 不等式), 参见 [GO14] 及其参考文献.

引理 2.2.4 设 $\frac{1}{2} < r < \infty$, 且 $1 < p_1, q_1, p_2, q_2 \leqslant \infty$ 满足 $\frac{1}{r} = \frac{1}{p_1} + \frac{1}{q_1} = \frac{1}{p_2} + \frac{1}{q_2}$. 对于 $s > \max\left(0, \frac{d}{r} - d\right)$ 或 $s \in 2\mathbb{N}$, 以及 $f, g \in \mathcal{S}(\mathbb{R}^d)$, 我们有

$$\||\nabla|^s(fg)\|_{L_x^r} \lesssim \|g\|_{L_x^{p_1}}\||\nabla|^s f\|_{L_x^{q_1}} + \|f\|_{L_x^{p_2}}\||\nabla|^s g\|_{L_x^{q_2}}. \tag{2.2.6}$$

2.3 热流的衰减估计

我们在 3.1.2 节中已经看到, 整个证明可以归结为热流的衰减估计, 例如 (2.1.43), (2.1.48), (2.1.49), (2.1.52), (2.1.53). 特殊的是 L^{p_d} 部分. 尤其是, (2.1.49) 比 $L_t^\infty L_x^2$ 的部分需要更多的工作. 因此, 我们将这些内容留到后续章节.

在本节中, 我们证明从 $\mathbb{R}^d$ ($d \geqslant 3$) 出发的热流在临界 Sobolev 空间中的衰减估计. 这部分具有独立性, 并且可以应用到其他问题中.

2.3.1 热流的全局演化

在本小节中, 我们证明初值在 $\dot{H}^{\frac{d}{2}}$ 中的热流 v 是全局适定的, 并且满足命题 2.1.1 中陈述的 (2.1.22). 假设目标流形 $\mathcal{M}$ 被等距地嵌入到 $\mathbb{R}^m$ 中. 设 $\{S_{kj}^q\}$ 表示嵌入 $\mathcal{M} \hookrightarrow \mathbb{R}^m$ 的第二基本形式, 则热流方程可以写作

$$\partial_s v^q - \Delta_{\mathbb{R}^d} v^q = \sum_{i=1}^d S_{ab}^q \partial_i v^a \partial_i v^b, \tag{2.3.1}$$

其中 $\{q, a, b\}$ 取遍 $\{1, \cdots, m\}$.

引理 2.3.1 设 $d \geqslant 3$, 且 $L' \geqslant (d+200)2^{d+100}$ 为一个固定整数. 假设 $v_0 \in \mathcal{Q}(\mathbb{R}^d, \mathcal{M})$. 记 $\{\gamma_k(\sigma)\}$ 为 v_0 的频率包络:

$$\gamma_j(\sigma) := \sum_{j_1 \in \mathbb{Z}} 2^{-\delta|j-j_1|} 2^{(\frac{d}{2}+\sigma)j_1} \|P_{j_1} v_0\|_{L_x^2}, \tag{2.3.2}$$

并且记 $\gamma_k(0)$ 为 γ_k. 存在 $0 < \epsilon_1 \ll 1$ 仅依赖于 L, d, 使得: 如果

$$\|v_0\|_{\dot{H}^{\frac{d}{2}}} \leqslant \epsilon_1, \tag{2.3.3}$$

则以 v_0 为初值的热流是全局的, 并且有

$$\sup_{s \in [0,\infty)} 2^{\frac{d}{2}k}(1+s^{\frac{1}{2}}2^k)^{L'} \|P_k v\|_{L_x^2} \lesssim_{L'} \gamma_k, \tag{2.3.4}$$

$$\sup_{s \in [0,\infty)} 2^{(\frac{d}{2}+\sigma)k}(1+s2^{2k})^l \|P_k v\|_{L_x^2} \lesssim_{L'} \gamma_k(\sigma), \quad 0 \leqslant l \leqslant \frac{1}{2}(L'-1), \tag{2.3.5}$$

其中, $\sigma \in [0, \vartheta]$, $s \geqslant 0$, $k \in \mathbb{Z}$. 特别地, (2.1.22) 和 (2.1.23) 成立.

证明 设 $\bar{s} > 0$ 为最大时间, 使得对于所有 $s \in [0, \bar{s})$, $0 \leqslant j \leqslant L'$, $1 \leqslant j' \leqslant L'$, 有

$$s^{\frac{j}{2}} \|\partial_x^j v\|_{\dot{H}_x^{\frac{d}{2}}} \leqslant C\epsilon_1^{\frac{1}{2}}, \tag{2.3.6}$$

$$s^{\frac{j'}{2}} \|\partial_x^{j'} v\|_{L_x^\infty} \leqslant C\epsilon_2^{\frac{1}{2}}. \tag{2.3.7}$$

步骤 1 我们首先验证

$$\left\|\partial_x^j \left(S_{ab}^q(v) - S_{ab}^q(Q)\right)\right\|_{\dot{H}_x^{\frac{d}{2}}} \leqslant C_j s^{-\frac{j}{2}} \epsilon_1^{\frac{1}{2}}. \tag{2.3.8}$$

如果 d 是偶数, 则 (2.3.8) 由链式法则、Sobolev 嵌入和 (2.3.6), (2.3.7) 得出. 当 d 是奇数时, 需要稍微多一些的工作. 设 $d = 2d_0 + 1$, 其中 $d_0 \in \mathbb{N}$. 然后由链式法则, 我们有

$$\left\|\partial_x^j \left(S_{jl}^q(v) - S_{jl}^q(Q)\right)\right\|_{\dot{H}_x^{\frac{d}{2}}} \leqslant \sum_{0 \leqslant l, l' \leqslant j+d_0} \sum_{\alpha_1 + \cdots + \alpha_l = j+d_0} \left\|\mathcal{S}^{(l')}(v) \partial_x^{\alpha_1} v \cdots \partial_x^{\alpha_l} v\right\|_{\dot{H}_x^{\frac{1}{2}}}, \tag{2.3.9}$$

其中为了简化, 我们记 $\{S_{jl}^q\}$ 的 l' 阶导数为 $\mathcal{S}^{(l')}(v)$. 则分数阶 Leibniz 公式给出

$$\left\|\mathcal{S}^{(l')}(v) \partial_x^{\alpha_1} v \cdots \partial_x^{\alpha_l} v\right\|_{\dot{H}_x^{\frac{1}{2}}} \lesssim \left\|\partial_x^{\alpha_1} v \cdots \partial_x^{\alpha_l} v\right\|_{L_x^{r_1}} \left\|\mathcal{S}^{(l')}(v)\right\|_{\dot{B}_x^{\frac{1}{2}, r_2}}$$

$$+ \left\|\partial_x^{\alpha_1} v \cdots \partial_x^{\alpha_l} v\right\|_{\dot{H}_x^{\frac{1}{2}}} \left\|\mathcal{S}^{(l')}(v)\right\|_{L_x^\infty}, \tag{2.3.10}$$

其中 $r_1, r_2 \in (2, \infty)$ 满足

$$\frac{1}{d}\left(\frac{d}{2} - \frac{1}{2}\right) = \frac{1}{2} - \frac{1}{r_2}, \quad r_1 = \frac{2d}{d-1}. \tag{2.3.11}$$

对于 $0 < \beta \leqslant \dfrac{d}{2}$, 由 Sobolev 嵌入有

$$\||\nabla_x|^\beta v\|_{L_x^{\beta^*}} \lesssim \|v\|_{\dot{H}_x^{\frac{d}{2}}}, \quad \beta^* = \frac{d}{\beta}. \tag{2.3.12}$$

类似地, 对于 $\alpha = d_0 + n$, $n \in \mathbb{N}$, 由 Sobolev 嵌入得

$$\|\partial_x^{d_0+n} v\|_{L_x^{\frac{2d}{d-1}}} \lesssim \|\partial_x^n v\|_{\dot{H}_x^{\frac{d}{2}}}. \tag{2.3.13}$$

情况 1 假设所有的 $\{\alpha_k\}_{k=1}^l$ 中存在某些 $\alpha_{k'} \geqslant \dfrac{d}{2} = \dfrac{1}{2} + d_0$, 则由 Hölder 不等式和 (2.3.7), (2.3.12), (2.3.13), 我们得到

$$\begin{aligned}
\|\partial_x^{\alpha_1} v \cdots \partial_x^{\alpha_l} v\|_{L_x^{\frac{2d}{d-1}}} &\lesssim \left(\prod_{k \in \{1, \cdots, l\} \setminus \{k'\}} \|\partial_x^{\alpha_k} v\|_{L_x^\infty}\right) \|\partial_x^{\alpha_{k'}} v\|_{L_x^{\frac{2d}{d-1}}} \\
&\lesssim \epsilon^{\frac{1}{2}} s^{-\frac{1}{2}(\alpha_1 + \cdots + \alpha_l - \alpha_{k'})} \|\partial_x^{\alpha_{k'} - d_0} v\|_{\dot{H}_x^{\frac{d}{2}}} \\
&\lesssim \epsilon^{\frac{1}{2}} s^{-\frac{1}{2}(\alpha_1 + \cdots + \alpha_l - \alpha_{k'})} s^{-\frac{1}{2}(\alpha_{k'} - d_0)}.
\end{aligned} \tag{2.3.14}$$

因此, (2.3.14) 可给出

$$\|\partial_x^{\alpha_1} v \cdots \partial_x^{\alpha_l} v\|_{L_x^{\frac{2d}{d-1}}} \lesssim \epsilon_1^{\frac{1}{2}} s^{-j}. \tag{2.3.15}$$

情况 2 假设所有的 $\{\alpha_k\}_{k=1}^l$ 满足 $1 \leqslant \alpha_k \leqslant \dfrac{d}{2}$. 则由 Hölder 不等式与 (2.3.7), (2.3.12) 和插值, 我们有

$$\|\partial_x^{\alpha_k} v\|_{L_x^p} \lesssim \epsilon_1^{\frac{1}{2}} s^{-\frac{1}{2}\alpha_k(1 - \frac{\alpha_k^*}{p})}, \tag{2.3.16}$$

对于所有 $p \in [\alpha_k^*, \infty]$. 由于 $\alpha_k^* = \dfrac{d}{\alpha_k}$, 我们得到 (2.3.16) 化为

$$\|\partial_x^{\alpha_k} v\|_{L_x^p} \lesssim \epsilon_1^{\frac{1}{2}} s^{-\frac{1}{2}\alpha_k} s^{\frac{d}{2p}}. \tag{2.3.17}$$

故而, 对于 $\sum_{k=1}^{l} \frac{1}{p_k} = \frac{1}{r_1}$ (回顾 $r_1 = \frac{2d}{d-1}$), 有

$$\|\partial_x^{\alpha_1} v \cdots \partial_x^{\alpha_l} v\|_{L_x^{r_1}} \lesssim \prod_{1 \leqslant k \leqslant l} \|\partial_x^{\alpha_k} v\|_{L^{p_k}} \lesssim \epsilon_1^{\frac{1}{2}} s^{-\frac{1}{2} \sum\limits_{k=1}^{l} \alpha_k} s^{\sum\limits_{k=1}^{l} \frac{d}{2p_k}}$$

$$\lesssim \epsilon_1^{\frac{1}{2}} s^{-\frac{1}{2} j}. \tag{2.3.18}$$

同时, 由于 $\mathcal{S}^{(l')}$ 是 Lipschitz 连续的, 我们有

$$\|\mathcal{S}^{(l')}(v)\|_{\dot{B}_x^{\frac{1}{2}, r_2}} \lesssim \|v\|_{\dot{B}_x^{\frac{1}{2}, r_2}} \lesssim \|v\|_{\dot{H}_x^{\frac{d}{2}}}, \tag{2.3.19}$$

在最后的不等式中我们使用了 Sobolev 嵌入和 (2.3.11). 因此, (2.3.15) 和 (2.3.18) 表明 (2.3.10) 中的第一个项被 $\epsilon_1^{\frac{1}{2}} s^{-j}$ 控制, 最多相差常数 C_j.

下面继续讨论第二项在 (2.3.10) 中的贡献, 我们考虑两种情况.

情况 1　假设所有的 $\{\alpha_k\}_{k=1}^l$ 满足 $1 \leqslant \alpha_k \leqslant \frac{d}{2}$. 特别地, 由于 d 是奇数, 我们有 $\alpha_k + \frac{1}{2} \leqslant \frac{d}{2}$. 根据 (2.3.18) 和分数阶 Leibniz 公式, 可得

$$\|\partial_x^{\alpha_1} v \cdots \partial_x^{\alpha_l} v\|_{\dot{H}_x^{\frac{1}{2}}} \lesssim \epsilon_1^{\frac{1}{2}} \sum_{1 \leqslant i \leqslant l} s^{-\frac{1}{2}(\alpha_i + \frac{1}{2})} s^{\frac{d}{2p_i}} \prod_{1 \leqslant k \leqslant l, k \neq i} s^{-\frac{1}{2} \alpha_k} s^{\frac{d}{2p_k}}$$

$$\lesssim \epsilon_1^{\frac{1}{2}} s^{-\frac{1}{2} j}. \tag{2.3.20}$$

情况 2　假设 $\{\alpha_k\}_{k=1}^l$ 中存在某个 k' 使得 $\alpha_{k'} \geqslant \frac{d}{2}$. 则根据 (2.3.6), (2.3.7), (2.3.12), (2.3.13) 和分数阶 Leibniz 公式, 我们可得

$$\|\partial_x^{\alpha_1} v \cdots \partial_x^{\alpha_l} v\|_{\dot{H}_x^{\frac{1}{2}}} \lesssim \|\partial_x^{\alpha_{k'}} v\|_{\dot{H}_x^{\frac{1}{2}}} \prod_{k \in \{l, \cdots, k\} \setminus \{k'\}} \|\partial_x^{\alpha_k} v\|_{L_x^{\infty}}$$

$$+ \|\partial_x^{\alpha_{k'}} v\|_{L_x^{\frac{2d}{d-2}}} \|\nabla_x^{\alpha_i + \frac{1}{2}} v\|_{L_x^d} \prod_{k \in \{l, \cdots, k\} \setminus \{k', i\}} \|\partial_x^{\alpha_k} v\|_{L_x^{\infty}}$$

$$\lesssim \epsilon_1^{\frac{1}{2}} s^{-\frac{1}{2}(\alpha_{k'} - \frac{d}{2} + \frac{1}{2})} \prod_{k \in \{l, \cdots, k\} \setminus \{k'\}} s^{-\frac{1}{2} \alpha_k}$$

$$+ \epsilon_1^{\frac{1}{2}} s^{-\frac{1}{2}(\alpha_{k'} + \frac{1}{2} - \frac{d}{2})} s^{-\frac{1}{2}(\alpha_i - \frac{1}{2})} \prod_{1 \leqslant k \leqslant l, k \neq i, k'} s^{-\frac{1}{2} \alpha_k}$$

$$\lesssim \epsilon_1^{\frac{1}{2}} s^{-\frac{1}{2} j}. \tag{2.3.21}$$

因此, (2.3.21) 和 (2.3.20) 表明 (2.3.10) 中第二项可以被 $\epsilon_1^{\frac{1}{2}} s^{-j}$ 控制, 相差某常数 C_j. 由此, (2.3.8) 得证.

步骤 2 利用 (2.3.8) 并参考第 1 章的命题 1.3.2, 我们利用引理 2.2.2 可以得到, 在 $s \in [0, \bar{s})$ 时 (2.3.4) 和 (2.3.5) 成立, 即

$$\sup_{s \in [0, \bar{s})} 2^{\frac{d}{2}k}(1 + s^{\frac{1}{2}}2^k)^{L'} \|P_k v\|_{L_x^2} \lesssim_{L'} \gamma_k, \tag{2.3.22}$$

$$\sup_{s \in [0, \bar{s})} 2^{(\frac{d}{2}+\sigma)k}(1 + s^{\frac{1}{2}}2^k)^l \|P_k v\|_{L_x^2} \lesssim_{L'} \gamma_k(\sigma), \quad \sigma \in [0, \vartheta],\ 0 \leqslant l \leqslant L' - 1. \tag{2.3.23}$$

通过双线性 Littlewood-Paley 分解, 只要 $\epsilon_1 > 0$ 足够小 (依赖于 L 和 d), 上述即可得到. 由于这一部分是常规的, 我们将细节留给读者.

步骤 3.1 (2.3.22) 表明

$$2^{\frac{d}{2}k}(s^{\frac{1}{2}}2^k)^l \|P_k v\|_{L_x^2} \lesssim_L \gamma_k, \quad \forall\ 0 \leqslant l \leqslant L'.$$

然后通过 Bernstein 不等式, 我们得到

$$2^{\frac{d}{2}k} \|P_k(|\nabla|^j v)\|_{L_x^2} \lesssim_j s^{-\frac{j}{2}} \gamma_k.$$

因此, 对于任意的 $0 \leqslant j \leqslant L'$, 有

$$\|\partial_x^j v\|_{\dot{H}_x^{\frac{d}{2}}} \lesssim_j s^{-\frac{j}{2}} \epsilon_1. \tag{2.3.24}$$

从而 (2.3.6) 成立, 其中 $\epsilon_1^{\frac{1}{2}}$ 被 ϵ_1 替代.

步骤 3.2 在本步中, 我们来改进 (2.3.7). 通过 Gagliardo-Nirenberg 不等式, 我们从步骤 3.1 得到

$$\|\partial_x(v - Q)\|_{L_x^\infty} \lesssim \|(v - Q)\|_{\dot{H}_x^{\frac{d}{2}}}^{\frac{1}{2}} \|\partial_x^{\frac{d}{2}+2}(v - Q)\|_{L_x^2}^{\frac{1}{2}} \lesssim \epsilon_1 s^{-\frac{1}{2}}. \tag{2.3.25}$$

为了证明 (2.3.7) 的改进版本

$$\|\partial_x^j v\|_{L_x^\infty} \lesssim_j s^{-\frac{j}{2}} \epsilon_1, \quad \forall\ 1 \leqslant j \leqslant L', \tag{2.3.26}$$

我们只需应用以下不等式

$$\|\partial_x v\|_{L_x^\infty} \lesssim \epsilon_1 s^{-\frac{1}{2}} \tag{2.3.27}$$

$$\|\partial_x^{l+1} v\|_{L_x^\infty} \lesssim s^{-\frac{1}{2}} \left\| \partial_x^l v\left(\frac{s}{2}\right) \right\|_{L_x^\infty} + \int_{\frac{s}{2}}^s (s-\tau)^{-\frac{1}{2}} \|\partial_x^{l+1} v\|_{L_x^\infty} \|\partial_x v\|_{L_x^\infty} d\tau$$

$$+ \sum_{q=2}^{l} \sum_{l_1+\cdots+l_q=l+2,\, l_1,\cdots,l_q \leqslant l} \int_{\frac{s}{2}}^{s} (s-\tau)^{-\frac{1}{2}} \|\partial_x^{l_1} v\|_{L_x^\infty} \cdots \|\partial_x^{l_q} v\|_{L_x^\infty} d\tau.$$

$$(2.3.28)$$

事实上, (2.3.27) 是从 (2.3.25) 得到的, 而 (2.3.28) 则可通过 Duhamel 原理和光滑估计 $\|\partial_x e^{s\Delta} f\|_{L_x^\infty} \lesssim s^{-\frac{1}{2}} \|f\|_{L_x^\infty}$ 得到.

为了得到 (2.3.26), 我们从 (2.3.27) 开始, 并通过 (2.3.28) 进行迭代. 因为 $s^{\frac{1}{2}} \|\partial_x v\|_{L_x^\infty}$ 足够小, 所以我们可以将 (2.3.28) 中右边的第一项吸收到左边, 而 (2.3.28) 右边剩余的项都是低阶导数项.

因此, (2.3.6) 和 (2.3.7) 都成立, 其中 $\epsilon_1^{\frac{1}{2}}$ 被 ϵ_1 替代. 于是, $\bar{s} = \infty$.

随后, (2.3.22) 和 (2.3.23) 可分别推导出 (2.3.4) 和 (2.3.5), 而 (2.1.23) 和 (2.1.22) 则可分别由 (2.3.26) 和 (2.3.24) 推出.　　　　　　　　　□

引理 2.3.2(时空估计)　设 v 为引理 2.3.1 中的全局热流, 初值 $v_0 \in \mathcal{Q}(\mathbb{R}^d, \mathcal{M})$, 则有

$$\|\partial_x v\|_{L_s^2 \dot{H}_x^{\frac{d}{2}}} \lesssim \epsilon_1. \tag{2.3.29}$$

证明　证明基于能量方法和三线性 Littlewood-Paley 分解. 由热流方程, 有

$$\frac{d}{ds} \|v\|_{\dot{H}_x^{\frac{d}{2}}}^2 = -\|\partial_x v\|_{\dot{H}_x^{\frac{d}{2}}}^2 + \langle |\nabla|^{\frac{d}{2}+1} v, |\nabla|^{\frac{d}{2}-1} [S(v)(\partial_x v, \partial_x v)] \rangle_{L_x^2}. \tag{2.3.30}$$

我们已经在引理 2.3.1 中看到

$$\|S(v)\|_{\dot{H}_x^{\frac{d}{2}}}^2 \lesssim \epsilon_1. \tag{2.3.31}$$

令 $\{\alpha_k\}, \{\beta_k\}$ 如引理 2.2.2 中所定义, 且取 $F = S$, 定义

$$\zeta_k(\sigma) = \sup_{k_1 \in \mathbb{Z}} 2^{-\delta|k-k_1|} \sum_{|k'-k_1| \leqslant 20} 2^{\frac{d}{2}k' + \sigma k'} \|P_{k'} v\|_{L_t^\infty L_x^2},$$

$$\check{\alpha}_k = \sup_{k' \in \mathbb{Z}} 2^{-\delta|k-k'|} \alpha_{k'}.$$

由于频率包络是缓慢变化的, 引理 2.2.2 表明

$$\||\nabla|^{\frac{d}{2}} P_k [S(v)(\partial_x v, \partial_x v)]\|_{L_t^\infty L_x^2}$$

$$\lesssim \zeta_k(1) \left(\sum_{k_1 \leqslant k} \zeta_{k_1}(0) 2^{k_1} \right) + \sum_{k_2 \geqslant k} 2^{-d|k-k_2|} \zeta_{k_2}(1) \zeta_{k_2}(0)$$

$$+ \breve{\alpha}_k \left(\sum_{k_1 \leqslant k} 2^{\frac{1}{2}k_1} \zeta_{k_1} \left(\frac{1}{2} \right) \right)^2$$

$$+ \sum_{k_2 \geqslant k} 2^{d(k-k_2)} 2^{\frac{1}{2}k_2} \breve{\alpha}_{k_2} \zeta_{k_2} \left(\frac{1}{2} \right) \left(\sum_{k_1 \leqslant k_2} \zeta_{k_1} \left(\frac{1}{2} \right) 2^{\frac{1}{2}k_1} \right)$$

$$\lesssim 2^k \zeta_k(1) \zeta_{k_1}(0) + \breve{\alpha}_k 2^k \zeta_k \left(\frac{1}{2} \right)^2.$$

因此, 由 (2.3.31) 和引理 2.3.1, 以及 $\zeta_k(1/2) \leqslant \sqrt{\zeta_k(0)\zeta_k(1)}$ 可得出

$$\sum_{k \in \mathbb{Z}} \left\| |\nabla|^{\frac{d}{2}-1} P_k[S(v)(\partial_x v, \partial_x v)] \right\|_{L_t^\infty L_x^2}^2 \lesssim \sum_{k \in \mathbb{Z}} \epsilon_1 \|\zeta_k(1)\|^2 + \epsilon_1 \left\| \zeta_k \left(\frac{1}{2} \right) \right\|^4$$

$$\lesssim \epsilon_1 \|\partial_x v\|_{L_t^\infty \dot{H}_x^{\frac{d}{2}}}^2.$$

因此, (2.3.30) 简化为

$$\frac{d}{ds} \|v\|_{\dot{H}_x^{\frac{d}{2}}}^2 + (1-\epsilon_1) \|\partial_x v\|_{\dot{H}_x^{\frac{d}{2}}}^2 \leqslant 0. \tag{2.3.32}$$

在区间 $s \in [0, \infty)$ 上对 (2.3.32) 进行积分, 结合引理 2.3.1 的 $\|v\|_{\dot{H}^{\frac{d}{2}}} \lesssim \epsilon_1$, 我们可以得到 (2.3.29). $\qquad \square$

推论 2.3.1 设 v 为引理 2.3.1 中的全局热流, 初值 $v_0 \in \mathcal{Q}(\mathbb{R}^d, \mathcal{M})$. 那么对于所有 $0 \leqslant a \leqslant L'-1$, $0 \leqslant b \leqslant L'-2$ 和 $0 \leqslant j \leqslant \left[\frac{d}{2}-1 \right]$, 有

$$\left\| \nabla_x^a \partial_x v(s) \right\|_{L_x^\infty} \lesssim \epsilon_1 s^{-\frac{a+1}{2}}, \tag{2.3.33}$$

$$\left\| \nabla_x^b \partial_s v(s) \right\|_{L_x^\infty} \lesssim \epsilon_1 s^{-\frac{a+2}{2}}, \tag{2.3.34}$$

$$\left\| \nabla_x^j \partial_x v(s) \right\|_{L_x^{d/(1+j)}} \lesssim \epsilon_1. \tag{2.3.35}$$

此外, 若 $\frac{d}{2}-1 \leqslant k \leqslant L'-1$, $p \in [2, \infty]$, 则有

$$\left\| \nabla_x^k \partial_x v(s) \right\|_{L_x^p} \lesssim \epsilon_1 s^{-\frac{k+1}{2}+\frac{d}{2p}}. \tag{2.3.36}$$

证明 嵌入子流形的基本理论表明了以下不等式

$$|\nabla_x^a \partial_i v| \lesssim \sum_{j=1}^{a+1} \sum_{\substack{\sum_l \beta_l = a+1, \beta_l \in \mathbb{Z}_+}} |\partial_x^{\beta_1} v| \cdots |\partial_x^{\beta_j} v|. \tag{2.3.37}$$

则 (2.3.33) 可由 (2.1.23) 得出. (2.3.34) 可由 (2.3.33) 和恒等式 $\partial_s v = \sum_{i=1}^{d} \nabla_j \partial_j v$ 推出. 而 (2.3.35) 经由 Sobolev 嵌入和 Hölder 不等式得出. 最后, 我们通过插值 (2.3.33) 与

$$\|\nabla_x^a \partial_i v\|_{L_x^2} \lesssim \epsilon_1 s^{-\frac{k+1}{2}+\frac{d}{4}}, \tag{2.3.38}$$

可得 (2.3.36).

为了证明 (2.3.38), 我们考虑两个情况:

情况 1　在 (2.3.37) 中, 所有 $\{\beta_l\}_{l=1}^{j}$ 满足 $\beta_l < \dfrac{d}{2} - 1$.

情况 2　存在某个 $1 \leqslant l_* \leqslant j$ 使得 $\beta_{l_*} \geqslant \dfrac{d}{2} - 1$.

故 (2.3.38) 可由引理 2.3.1 的步骤 1 推导出. □

2.3.2　热流的非临界理论

本小节涉及一些依赖于 $\||\nabla|^{d/2} v_0\|_{L_x^2}$ 和 $\|dv_0\|_{L_x^2}$ 的估计. 因此, 所有这些估计都不是临界水平. 但它们对于在下一小节中建立我们的 bootstrap 是必要的. 本小节中的大多数技术是经典的, 这里详细呈现只是为了方便读者.

引理 2.3.3　设 v 为引理 2.3.1 中的全局热流, 其初值 $v_0 \in \mathcal{Q}(\mathbb{R}^d, \mathcal{M})$. 那么当 $s \to \infty$ 时, 热流 v 将一致收敛到 Q.

证明　关于 $|\partial_s v|^2$ 的 Bochner-Weitzenböck 恒等式为

$$(\partial_s - \Delta)|\partial_s v|^2 + 2|\nabla \partial_s v|^2 = \sum_{i=1}^{d} \langle \mathbf{R}(\partial_s v, \partial_i v)\partial_s v, \partial_i v \rangle.$$

我们先假设已有

$$\|\partial_s v\|_{L_x^2} \lesssim s^{-\frac{1}{2}} \|dv_0\|_{L_x^2}. \tag{2.3.39}$$

则通过最大值原理、热方程的光滑效应和 (2.1.23), 可得

$$\|\partial_s v(s)\|_{L_x^\infty}^2 \lesssim s^{-d} \left\|\partial_s v\left(\frac{s}{2}\right)\right\|_{L_x^2}^2 + \int_{\frac{s}{2}}^{s} \|dv\|_{L_x^\infty}^2 \|\partial_s v\|_{L_x^\infty}^2 d\tau$$

$$\lesssim s^{-d-1}\|dv_0\|_{L_x^2}^2 + \epsilon_1^2 \sup_{\tau \in [s/2,s]} \|\partial_s v(\tau)\|_{L_x^\infty}^2. \tag{2.3.40}$$

由于 ϵ_1 充分小, 由 (2.3.40) 可进一步推出

$$\|\partial_s v(s)\|_{L_x^\infty} \lesssim s^{-\frac{d+1}{2}} \|\nabla v_0\|_{L_x^2}.$$

因此, 我们得出

$$\|v(s_1, \cdot) - v(s_2, \cdot)\|_{L_x^\infty} \leqslant \int_{s_1}^{s_2} \|\partial_s v(s, \cdot)\|_{L_x^\infty} ds \lesssim s_1^{-\frac{d+2}{4}+1}, \tag{2.3.41}$$

这表明当 $s \to \infty$ 时, v 一致收敛. 将 v 的极限映射记为 $\Theta : \mathbb{R}^d \to \mathcal{M}$. 然后由 $\|dv\|_{L^\infty_x} \lesssim s^{-\frac{1}{2}}$, 我们得出 Θ 是一个常值映射. 现在 (2.3.41) 表示为

$$\sup_{x \in \mathbb{R}^d} |v(s,x) - \Theta| \lesssim s^{-\frac{2+d}{4}+1} \|dv_0\|_{L^2_x}. \qquad (2.3.42)$$

由于 $v \in \mathcal{Q}(\mathbb{R}^d, \mathcal{M})$ 意味着 $\lim_{|x| \to \infty} v = Q$, 由反证法, (2.3.42) 表明 $\Theta = Q$.

因此, 我们只需验证结论 (2.3.39). 根据 Duhamel 原理和线性热方程的光滑效应, 有

$$\|\Delta v(s)\|_{L^2_x}$$

$$\lesssim \|e^{\frac{s}{2}\Delta} \nabla v\left(\frac{s}{2}\right)\|_{L^2_x} + \int_{\frac{s}{2}}^s \|e^{(s-\tau)\Delta}(\nabla(S(v)|\nabla v|^2)(\tau))\|_{L^2_x} d\tau$$

$$\lesssim s^{-\frac{1}{2}} \|\nabla v_0\|_{L^2_x} + \int_{\frac{s}{2}}^s (s-\tau)^{-\frac{1}{2}} \left(\|\nabla v\|^2_{L^\infty_x} \|\nabla v\|_{L^2_x} + \|\Delta v\|_{L^2_x} \|\nabla v\|_{L^\infty_x}\right) d\tau$$

$$\lesssim s^{-\frac{1}{2}} \|\nabla v_0\|_{L^2_x} + \int_{\frac{s}{2}}^s (s-\tau)^{-\frac{1}{2}} \|\nabla v_0\|_{L^2_x} (\epsilon_1^2 \tau^{-1} + \epsilon_1 \tau^{-\frac{1}{2}} \|\Delta v\|_{L^2_x}) d\tau$$

$$\lesssim s^{-\frac{1}{2}} \|\nabla v_0\|_{L^2_x} + \epsilon_1 \int_{\frac{s}{2}}^s (s-\tau)^{-\frac{1}{2}} \tau^{-\frac{1}{2}} \|\Delta v\|_{L^2_x} d\tau,$$

其中在第三行应用了

$$\|\nabla v\|_{L^2_x} \lesssim \|v_0\|_{L^2_x},$$

$$\|\nabla v\|_{L^\infty_x} \lesssim \epsilon_1 s^{-\frac{1}{2}}.$$

令

$$X(s) = \sup_{\tilde{s} \in [0,s]} \tilde{s}^{\frac{1}{2}} \|\Delta v(\tilde{s})\|_{L^2_x},$$

因此

$$X(s) \lesssim \|dv_0\|_{L^2_x} + \epsilon_1 X(s),$$

这表明

$$\|\Delta v\|_{L^2_x} \lesssim s^{-\frac{1}{2}} \|dv_0\|_{L^2_x}.$$

因此

$$\|\partial_s v\|_{L^2_x} \lesssim \|\Delta v\|_{L^2_x} + \|\nabla v\|_{L^\infty_x} \|\nabla v\|_{L^2_x} \lesssim s^{-\frac{1}{2}} \|dv_0\|_{L^2_x},$$

由此得出 (2.3.39). 引理证毕. $\qquad \square$

引理 2.3.3 的证明表示, 如果考虑 $\|\nabla v_0\|_{L_x^2}$, 则 $\|\Delta v\|_{L_x^\infty}$ 的衰减速度实际上比引理 2.3.1 中陈述的要快. 这些更快的衰减率将在 bootstrap 的设定中发挥作用. 事实上, 我们可以通过归纳法类似地获得 v 的高阶导数的衰减估计.

引理 2.3.4　设 v 是引理 2.3.1 中的全局热流, 初值为 $v_0 \in \mathcal{Q}(\mathbb{R}^d; \mathcal{M})$. 则对于所有 $0 \leqslant j \leqslant L' - 1, 0 \leqslant l \leqslant L' - 2$, 我们有

$$\|\nabla_x^j \partial_x v\|_{L_x^2} \lesssim s^{-\frac{j}{2}} \|dv_0\|_{L_x^2}, \tag{2.3.43}$$

$$\|\nabla_x^j \partial_x v\|_{L_x^\infty} \lesssim s^{-\frac{2j+d}{4}} \|dv_0\|_{L_x^2}, \tag{2.3.44}$$

$$\|s^{\frac{1}{2}(j-1)} \nabla_x^j \partial_x v\|_{L_s^2 L_x^2} \lesssim \|dv_0\|_{L_x^2}, \tag{2.3.45}$$

$$\|\nabla_x^l \partial_s v\|_{L_x^2} \lesssim s^{-\frac{l+1}{2}} \|dv_0\|_{L_x^2}, \tag{2.3.46}$$

$$\|\nabla_x^l \partial_s v\|_{L_x^\infty} \lesssim s^{-\frac{l+1}{2}-\frac{d}{4}} \|dv_0\|_{L_x^2}. \tag{2.3.47}$$

此外, 设 $\{e_l\}_{l=1}^m$ 为拉回丛 $v^* TM$ 的标准正交架, $\{\psi_i\}_{i=1}^d, \psi_s$ 为对应的微分场:

$$\psi_i^l := \langle \partial_i v, e_l \rangle, \quad \psi_s^l := \langle \partial_s v, e_l \rangle.$$

记 $\{D_i, D_s\}_{i=1}^d$ 为丛 $([0, \infty) \times \mathbb{R}^d, \mathbb{R}^m)$ 上的诱导协变导数. 则对于任意 $0 \leqslant j \leqslant L' - 1, 0 \leqslant l \leqslant L' - 2$, 我们也有

$$\|D_x^j \psi_x\|_{L_x^2} \lesssim s^{-\frac{j}{2}} \|dv_0\|_{L_x^2}, \tag{2.3.48}$$

$$\|D_x^j \psi_x\|_{L_x^\infty} \lesssim s^{-\frac{2j+d}{4}} \|dv_0\|_{L_x^2}, \tag{2.3.49}$$

$$\|s^{\frac{1}{2}(j-1)} D_x^j \psi_x\|_{L_s^2 L_x^2} \lesssim \|dv_0\|_{L_x^2}, \tag{2.3.50}$$

$$\|D_x^l \psi_s\|_{L_x^2} \lesssim s^{-\frac{l+1}{2}} \|dv_0\|_{L_x^2}, \tag{2.3.51}$$

$$\|D_x^l \psi_s\|_{L_x^\infty} \lesssim s^{-\frac{l+1}{2}-\frac{d}{4}} \|dv_0\|_{L_x^2}, \tag{2.3.52}$$

$$\|D_x^l \psi_s\|_{L_x^\infty} \lesssim \epsilon_1 s^{\frac{l+2}{2}}, \tag{2.3.53}$$

$$\|D_x^l \psi_x\|_{L_x^\infty} \lesssim \epsilon_1 s^{\frac{l+1}{2}}. \tag{2.3.54}$$

其中, 我们使用了简化符号 ψ_x, D_x^j 分别指代微分场 $\{\psi_i\}_{i=1}^d$ 和 $\{D_i\}_{i=1}^d$ 的不同组合.

证明　该证明基于常见技术, 这里简要说明如下, 以方便读者参考. 公式 (2.3.46), (2.3.47) 可由公式 (2.3.43), (2.3.44) 通过恒等式 $\partial_s v = \sum_{i=1}^d \nabla_i \partial_i v$ 推得. 公式 (2.3.48)—(2.3.50) 可由公式 (2.3.43)—(2.3.45) 推得, 因为 $|\nabla_x^j \partial_x v|$ 逐点地控制了 $|D_x^j \psi_x|$. 类似地, 公式 (2.3.53), (2.3.54) 可由公式 (2.3.33), (2.3.34) 推得. 同时, 公式 (2.3.51), (2.3.52) 可由公式 (2.3.48), (2.3.49) 得出.

因此, 我们只需要证明公式 (2.3.43)—(2.3.45). 定义

$$X_{j,\infty}(s) := \sup_{\tilde{s}\in[0,s]} \tilde{s}^{\frac{d+2j}{4}} \|\nabla_x^j \partial_x v(\tilde{s})\|_{L_x^\infty},$$

$$X_{j,2}(s) := \sup_{\tilde{s}\in[0,s]} \tilde{s}^{\frac{j}{2}} \|\nabla_x^j \partial_x v(\tilde{s})\|_{L_x^2},$$

$$Y_{j,2}(s) := \left(\int_0^s \int_{\mathbb{R}^d} \tilde{s}^{j-1} |\nabla_x^j \partial_x v(\tilde{s})|^2 dx d\tilde{s}\right)^{\frac{1}{2}}.$$

回顾 Bochner 不等式 (例如参见 [Smi12]):

$$(\partial_s - \Delta)|\nabla_x^j \partial_x v|^2 + 2|\nabla_x^{j+1}\partial_x v|^2$$

$$\lesssim \sum_{z=3}^{j+3} \sum_{\sum_{i=1}^z (1+n_i)=j+3} |\nabla_x^{n_1}\partial_x v| \cdots |\nabla_x^{n_z}\partial_x v||\nabla_x^j \partial_x v|. \qquad (2.3.55)$$

我们注意到公式 (2.3.55) 的右侧可以进一步展开为

$$(\partial_s - \Delta)|\nabla_x^j \partial_x v|^2 + 2|\nabla_x^{j+1}\partial_x v|^2$$

$$\lesssim |dv|^2|\nabla_x^j \partial_x v|^2 + \sum_{z=3}^{j+3} \sum_{\sum_{i=1}^z (1+n_i)=j+3, \forall i, n_i<j} |\nabla_x^{n_1}\partial_x v| \cdots |\nabla_x^{n_z}\partial_x v||\nabla_x^j \partial_x v|.$$

$$\qquad (2.3.56)$$

接着易见

$$X_{j,2}^2(s) + 2Y_{j+1,2}^2(s)$$

$$\lesssim jY_{j,2}^2(s) + \epsilon_1 Y_{j,2}^2(s)$$

$$+ \sum_{z=3}^{j+3} \sum_{\sum_{i=1}^z (1+n_i)=j+3, \forall i, n_i<j} \int_0^s \tilde{s}^j \|\nabla_x^j \partial_x v\|_{L_x^2} \|\nabla_x^{n_1}\partial_x v\|_{L_x^2}$$

$$\times \|\cdot\|_{L_x^\infty} \cdots \|\nabla_x^{n_z}\partial_x v\|_{L_x^\infty} d\tilde{s}$$

$$\lesssim Y_{j,2}^2(s) + \epsilon_1 \sum_{a=0}^{j-1} Y_{j,2}(s)Y_{a,2}(s),$$

其中在第一行中我们使用了公式 (2.1.23), 在最后一行中使用了公式 (2.3.33). 因此可以得出

$$Y_{l,2}(s) \lesssim \|dv_0\|_{L_x^2}, \forall 1 \leqslant l \leqslant j \implies X_{j,2}(s) \lesssim \|dv_0\|_{L_x^2}, \qquad (2.3.57)$$

$$X_{j,2}(s) + Y_{l,2}(s) \lesssim \|dv_0\|_{L_x^2}, \forall 1 \leqslant l \leqslant j \implies Y_{j+1,2}(s) \lesssim \|dv_0\|_{L_x^2}. \qquad (2.3.58)$$

这两个归纳关系表明, 为了证明公式 (2.3.43) 和 (2.3.45), 只需验证 $Y_{1,2}(s) + X_{0,2}(s) \lesssim \|dv_0\|_{L_x^2}$. 根据能量等式我们可以看到

$$\int_0^s \|\tau(v)\|_{L_x^2}^2 ds' + X_{0,2}^2(s) \leqslant \|dv_0\|_{L_x^2}^2. \qquad (2.3.59)$$

通过分部积分可得

$$\|\nabla dv\|_{L_x^2}^2 \lesssim \|\tau(v)\|_{L_x^2}^2 + \|\partial_x v\|_{L_x^4}^4.$$

通过 Gagliardo-Nirenberg 不等式有

$$\|\partial_x v\|_{L_x^4}^4 \lesssim \|\partial_x v\|_{L_x^2}^2 \|\partial_x v\|_{\dot{H}_x^{\frac{d}{2}}}^2.$$

因此, 由 (2.3.59) 和 (2.3.29) 推出

$$Y_{1,2}(s) + X_{0,2}(s) \lesssim \|dv_0\|_{L_x^2}.$$

于是 (2.3.43) 和 (2.3.45) 得证.

我们仍需证明 (2.3.44).

由 (2.3.56) 和 Kato 不等式可得

$$(\partial_s - \Delta)|\nabla_x^j \partial_x v| \lesssim \|dv\|_{L_x^\infty}^2 |\nabla_x^j \partial_x v| + \sum_{z=3}^{j+3} \sum_{\substack{\sum_{i=1}^z (1+n_i)=j+3, \forall i, n_i < j}} |\nabla_x^{n_1} \partial_x v| \cdots |\nabla_x^{n_z} \partial_x v|.$$

我们将通过归纳法来证明 (2.3.44).

假设对所有 $j' < j$, (2.3.44) 成立. 那么根据 Duhamel 原理和热方程的光滑效应, 我们有

$$\|\nabla_x^j \partial_x v(s)\|_{L_x^\infty}$$

$$\lesssim s^{-\frac{d}{4}} \|\nabla_x^j \partial_x v(s/2)\|_{L_x^2} + \int_{s/2}^s \|dv\|_{L_x^\infty}^2 \|\nabla_x^j \partial_x v\|_{L_x^\infty} d\tau$$

$$+ \sum_{z=3}^{j+3} \sum_{\substack{\sum_{i=1}^{z}(1+n_i)=j+3, \forall i, n_i < j}} \int_{s/2}^{s} \|\nabla_x^{n_1} \partial_x v\|_{L_x^\infty} \dots \|\nabla_x^{n_z} \partial_x v\|_{L_x^\infty} d\tau$$

$$\lesssim s^{-\frac{d}{4}} \|\nabla_x^j \partial_x v(s/2)\|_{L_x^2} + s^{-\frac{d+2j}{4}} \left(\int_{s/2}^{s} \|dv\|_{L_x^\infty}^2 d\tau \right) X_{j,\infty}(s)$$

$$+ \epsilon_1^2 \|dv_0\|_{L_x^2} \sum_{z=3}^{j+3} \sum_{\substack{\sum_{i=1}^{z}(1+n_i)=j+3, \forall i, n_i < j}} \int_{s/2}^{s} \tau^{-\frac{d+2n_1}{4}} \tau^{-\frac{n_2+1}{2}} \dots \tau^{-\frac{n_z+1}{2}} d\tau,$$

其中最后一行我们对 $\|\nabla_x^{n_1} \partial_x v\|_{L_x^\infty}$ 使用了归纳假设, 并对 $\|\nabla_x^{n_i} \partial_x v\|_{L_x^\infty}$ ($i = 2, \cdots,$ z) 使用了 (2.3.33).

因此, 根据 (2.1.23), $X_{j,\infty}(s)$ 满足

$$X_{j,\infty}(s) \lesssim X_{j,2}(s) + \epsilon_1 X_{j,\infty}(s) + \|dv_0\|_{L_x^2}.$$

由此, (2.3.43) 表明 $X_{j,\infty}(s) \lesssim \|dv_0\|_{L_x^2}$, 从而引理得证. $\square$

引理 2.3.5 设 v 是引理 2.3.1 中的全局热流, 初值 $v_0 \in \mathcal{Q}(\mathbb{R}^d, \mathcal{M})$. 给定极限标准正交标架 $\{e_l^\infty\}_{l=1}^m$, 则 $v^* T\mathcal{M}$ 存在唯一的标架 $\{e_l\}_{l=1}^m$, 使得

$$\nabla_s e_l = 0, \tag{2.3.60}$$

$$\lim_{s \to \infty} e_l = e_l^\infty, \quad \forall l = 1, \cdots, m. \tag{2.3.61}$$

此外, 联络系数 A_x 满足

$$A_i = \int_s^\infty \mathcal{R}(\psi_s, \psi_i) ds', \tag{2.3.62}$$

并且对于任意 $s \geqslant 1, 0 \leqslant l \leqslant L' - 3 + \left[\dfrac{d}{2}\right]$, 其满足以下估计

$$\|\partial_x^l A_x(s)\|_{L_x^2} \lesssim s^{-\frac{l}{2}-\frac{d}{4}+\frac{1}{2}} \|dv_0\|_{L_x^2}. \tag{2.3.63}$$

另外对于任意 $s \geqslant 1, 0 \leqslant j \leqslant L' - 3$, 标架 $\{e_l\}_{l=1}^m$ 满足

$$\|\partial_x^j (d\mathcal{P}(e_l) - d\mathcal{P}(e_l^\infty))\|_{\dot{H}_x^{\frac{d}{2}}} \lesssim s^{-\frac{2(j-1)+d}{4}} \|dv_0\|_{L_x^2}. \tag{2.3.64}$$

证明 热流标架的存在性可以按照标准步骤证明:
(i) 取任意的 $\{\tilde{e}_l\}_{l=1}^m$ 作为 (2.3.60) 的初值.

(ii) 假设带有初值 $\{\tilde{e}_l\}_{l=1}^m$ 的方程 (2.3.60) 的解是 $\{\tilde{e}_l(s,x)\}_{l=1}^m$. 证明当 $s \to \infty$ 时, $d\mathcal{P}\tilde{e}_l(s,x)$ 一致收敛到某个 $d\mathcal{P}\tilde{e}_l^\infty(x)$.

(iii) 对 $\{\tilde{e}_l^\infty(x)\}$ 应用一个与 s 无关的正交变换 $\Lambda(x) \in O(m)$, 使得 $\Lambda(x)\tilde{e}_l^\infty(x) = e_l^\infty$. 那么 $\{\Lambda(x)\tilde{e}_l(s,x)\}_{l=1}^m$ 就是满足 (2.3.60) 和 (2.3.61) 的热流标架.

因此, 为了证明热流标架的存在性, 我们只需证明步骤 (ii) 中的收敛性. 唯一性由边界条件 (2.3.61) 可得到.

为了简化记号, 我们将 $\{e_l\}$ 代替 $\{\tilde{e}_l\}$. 由 $\nabla_s e_l = 0$, 我们有

$$\partial_s d\mathcal{P}(e_l) = (\mathbf{D}d\mathcal{P})(\partial_s v; e_l),$$

其中 $\mathbf{D}$ 表示丛 $\mathcal{P}^*T\mathbb{R}^m$ 上的诱导联络. 因此 (2.3.47) 表明

$$\|d\mathcal{P}(e_l)(s_2) - d\mathcal{P}(e_l)(s_1)\|_{L_x^\infty} \lesssim \int_{s_1}^{s_2} \|\partial_s v\|_{L_x^\infty} ds \lesssim \|dv_0\|_{L_x^2} \int_{s_1}^{s_2} s^{-\frac{2+d}{4}} ds$$
$$\lesssim s_1^{-\frac{d}{4}+\frac{1}{2}},$$

这表明当 $s \to \infty$ 时, $d\mathcal{P}(e_l)$ 在 $\mathbb{R}^d$ 上一致收敛. 记 $d\mathcal{P}(e_l)$ 的极限为 χ_l^∞. 因此, 步骤 (ii) 中的收敛性得到验证. 而且

$$\chi_l^\infty = \lim_{s\to\infty} d\mathcal{P}(e_l)(s,x) = d\mathcal{P}(e_l^\infty(Q)) \tag{2.3.65}$$

关于 x 是常数. 接下来我们证明 (2.3.62)—(2.3.64).

由于 $\partial_s A_i = \mathcal{R}(\psi_s, \psi_i)$, 对于 $s_2 > s_1 \geqslant 1$, 我们有

$$\|\partial_x^j (A_x(s_2) - A_x(s_1))\|_{L_x^2}$$
$$\lesssim \int_{s_1}^{s_2} \|\partial_x^j \mathcal{R}(\psi_s, \psi_x)\|_{L_x^2} ds$$
$$\lesssim \sum_{z=1}^{j+1} \sum_{j_0+j_1+\cdots+j_z=j} \int_{s_1}^{s_2} \|D_x^{j_0}\psi_s \cdots D_x^{j_z}\psi_x\|_{L_x^2} ds$$
$$\lesssim \|dv_0\|_{L_x^2} \sum_{z=1}^{j+1} \sum_{j_0+j_1+\cdots+j_z=j} \int_{s_1}^{s_2} s^{-\frac{j_0+1}{2}} s^{-\frac{j_1}{2}-\frac{d}{4}} s^{-\frac{j_2}{2}} \cdots s^{-\frac{j_z}{2}} ds$$
$$\lesssim s_1^{-\frac{j}{2}-\frac{d}{4}+\frac{1}{2}} \|dv_0\|_{L_x^2},$$

其中在第四行我们应用了 (2.3.51) 以及估计 (2.3.54) 和 (2.3.53). 因此, 对于所有 $0 \leqslant k \leqslant L'-2$, 当 $s \to \infty$ 时, $A_x(s)$ 在 H^k 空间中收敛. 记 $\lim_{s\to\infty} A_x(s,x)$ 为 A_x^∞. 我们可总结得: 对于 $s \geqslant 1$,

$$\|\partial_x^j (A_x(s) - A_x^\infty)\|_{L_x^2} \lesssim s^{-\frac{j}{2}-\frac{d}{4}+\frac{1}{2}} \|dv_0\|_{L_x^2}. \tag{2.3.66}$$

由不等式

$$|\partial_x \partial_s d\mathcal{P}(e_l)(s_2)| \lesssim |\nabla_x \partial_s v| + |\partial_s v||A_x| + |\partial_s v||\partial_x v|,$$

我们得到: 对于 $s_2 \geqslant s_1 \geqslant 1$,

$$\|\partial_x [d\mathcal{P}(e_l)(s_2) - d\mathcal{P}(e_l)(s_1)]\|_{L_x^\infty} \lesssim \|dv_0\|_{L_x^2} s_1^{-\frac{d}{4}+\frac{1}{2}},$$

其中我们用到: 对于 $s \geqslant 1$ 有 $\|A_x(s)\|_{L_x^\infty} \lesssim 1$, 这可由 (2.3.66) 给出. 因此将其与 (2.3.65) 结合, 我们看到 $d\mathcal{P}(e_l)$ 在 C^1 拓扑下收敛到常向量 χ_l^∞. 特别地, 我们有

$$\lim_{s\to\infty} \partial_x d\mathcal{P}(e_l) = 0, \quad \forall\, l = 1, \cdots, m. \tag{2.3.67}$$

要证明 (2.3.62), 只需验证

$$A_x^\infty = 0. \tag{2.3.68}$$

而如果我们已经证明了 $A_x^\infty = 0$, (2.3.66) 将给出 (2.3.63). 因此只剩下验证 (2.3.68). 通过恒等式

$$\partial_i d\mathcal{P}(e_l) = d\mathcal{P}(\nabla_i e_l) + (\mathbf{D}d\mathcal{P})(\partial_i v; e_l),$$

以及 $d\mathcal{P}$ 的等距性, 我们看到

$$|\nabla_i e_l| \lesssim |\partial_i d\mathcal{P}(e_l)| + |\partial_i v|. \tag{2.3.69}$$

由 (2.3.67), 当 $s \to \infty$ 时, $|\partial_i d\mathcal{P}(e_l)| \to 0$. 同时, 由引理 2.3.1, 当 $s \to \infty$ 时, $|\partial_i v| \to 0$. 因此 (2.3.69) 表明

$$\lim_{s\to\infty} |\nabla_i e_l| = 0.$$

故 $A_x^\infty = 0$, 并且 (2.3.62) 随之成立. 接着 (2.3.63) 可由 (2.3.66) 得出.

对于 $k \geqslant 1$, 有

$$|\partial_x^k(d\mathcal{P}(e_l))| \lesssim \sum_{z,z'=1}^{k} \sum_{\substack{\sum\limits_{l=1}^{z}(i_l+1)+\sum\limits_{p=1}^{z'}(j_p+1)=k}} |\nabla_x^{i_1}\partial_x v| \cdots |\nabla_x^{i_z}\partial_x v||\partial_x^{j_1} A_x| \cdots |\partial_x^{j_{z'}} A_x|$$

逐点地成立, 然后 (2.3.63) 和之前获得的 $|\nabla_x^i \partial_x v|$ 的衰减可给出 (2.3.64). 注意到当 d 为奇数时, 我们使用了 Gagliardo-Nirenberg 不等式来证明 (2.3.64). 至此证毕. $\qquad\square$

2.4　命题 2.1.1 的证明

设 L' 为 2.3 节中给定的整数. 令 $L = L' - 5$.

我们从一个关于联络和标架的 L^∞ 界的简单引理开始.

引理 2.4.1　对于引理 2.3.5 中的热流标架, 联络系数 A_x 和标架 $\{e_l\}$ 满足: 对于任意 $s > 0, 0 \leqslant j \leqslant L$,

$$\|\partial_x^j A_x\|_{L_x^\infty} \lesssim_L \epsilon_1 s^{-\frac{j+1}{2}}, \tag{2.4.1}$$

$$\|\partial_x^j (d\mathcal{P}(e) - \chi^\infty)\|_{L_x^\infty} \lesssim \epsilon_1 s^{-\frac{j}{2}}. \tag{2.4.2}$$

证明　由 (2.3.53), (2.3.54), 通过直接计算可得 (2.4.1), 这类似于 (2.3.63). 然后, (2.4.2) 可从 (2.4.1) 和 (2.3.54) 得到.　　　　　　　　　　　　　　□

2.4.1　Bootstrap 设定

令 $s_* \geqslant 0$ 为最小时间, 使得对于所有 $s_* \leqslant s < \infty, 0 \leqslant j \leqslant L, 0 \leqslant j' \leqslant L$, 有

$$s^{\frac{j}{2}} \|\partial_x^{j'} A_x\|_{\dot{H}_x^{\frac{d}{2}-1}} \lesssim \epsilon_1, \tag{2.4.3}$$

$$s^{\frac{j}{2}} \|\partial_x^j (d\mathcal{P} e_l - \chi_l^\infty)\|_{\dot{H}_x^{\frac{d}{2}}} \lesssim 1. \tag{2.4.4}$$

由 (2.3.63) 和 (2.3.64), 对于足够大的 s (依赖于 $\|dv_0\|_{L_x^2}$), (2.4.3), (2.4.4) 都成立. 我们的目标是证明 $s_* = 0$.

首先, 我们改进标架的估计.

引理 2.4.2　设 $v : [0, \infty) \times \mathbb{R}^d \to \mathcal{M}$ 为初值 $v_0 \in \mathcal{Q}(\mathbb{R}^d, \mathcal{M})$ 的热流. 假设 (2.3.3) 也成立. 设 $\{e_l\}_{l=1}^m$ 为相应的热流标架, 其极限为 $\{e_l^\infty\}_{l=1}^m$. 记 $\mathcal{M} \hookrightarrow \mathbb{R}^M$ 的等距嵌入为 $\mathcal{P}$, 并且 $\lim_{s\to\infty}(d\mathcal{P})(e_p) = \chi_l^\infty$. 如果 (2.4.3), (2.4.4) 在 $s \in [s_*, \infty)$ 成立, 则有改进的估计: 对于所有 $s \in [s_*, \infty), 0 \leqslant j \leqslant L$,

$$\|\partial_x^j ((d\mathcal{P} e_l) - \chi_l^\infty)\|_{\dot{H}_x^{\frac{d}{2}}} \lesssim_j \epsilon_1 s^{-\frac{j}{2}}. \tag{2.4.5}$$

证明　如前所述, 当 d 为奇数时我们需要更多的工作. 偶数的情况留给读者作为练习.

从现在开始, 假设 $d = 2d_0 + 1$, 其中 $d_0 \in \mathbb{N}_+$. 记从 $\mathcal{P}^* T\mathbb{R}^m$ 上的诱导联络为 **D**. 直接的计算表明

$$\partial_{x_i} ((d\mathcal{P} e_p) - \chi_p^\infty) = (\mathbf{D}(d\mathcal{P}))(\partial_i v; e_p) + d\mathcal{P}(\nabla_i e_p),$$

$$\partial_{x_i x_j}^2 ((d\mathcal{P} e_p) - \chi_p^\infty) = (\mathbf{D}^2(d\mathcal{P}))(\partial_i v, \partial_j v; e_p) + (\mathbf{D}(d\mathcal{P}))(\nabla_j \partial_i v; e_p)$$

$$+ (\mathbf{D}(d\mathcal{P})) (\partial_i v; \nabla_j e_p) + (\mathbf{D}(d\mathcal{P})) (\partial_j v; \nabla_i e_p) + d\mathcal{P}(\nabla_j \nabla_i e_p).$$

并且, 我们可大致上写作

$$\partial_x^\alpha \left((d\mathcal{P} e_p) - \chi_p^\infty \right) = \sum_{k=0}^{\alpha} \sum_{a_0 + \sum_{l=1}^{k}(a_l+1) = \alpha} \left(\mathbf{D}^k(d\mathcal{P}) \right) (\nabla_x^{a_1} \partial_x v, \cdots, \nabla_x^{a_k} \partial_x v; \nabla_x^{a_0} e_p).$$

(2.4.6)

为了估计 $\dot{H}^{\frac{1}{2}}$ 范数, 使用 $\dot{H}^{\frac{1}{2}}$ 的差分刻画和测地线的平行移动是方便的.

步骤 1 给定 $h \in \mathbb{R}^+$, 对于固定的 $(s,x) \in [0,\infty) \times \mathbb{R}^d$, 设 $\gamma(\zeta)$ 为连接 $v(s, x+h)$ 和 $v(s,x)$ 的最短测地线. 假设 ζ 被归一化为弧长参数. 对于 $v^* T\mathcal{M}$ 上的任意给定向量场 V, 记 V 沿 $\gamma(\zeta)$ 的平行移动为 $\widetilde{V}(\gamma(\zeta))$, 即

$$\begin{cases} \nabla_{\dot{\gamma}(\zeta)} \widetilde{V}(\gamma(\zeta)) = 0, \\ \widetilde{V} \restriction_{\zeta=0} = V(\gamma(0)), \end{cases} \tag{2.4.7}$$

对于 $\zeta \in [0, \mathrm{dist}(v(s,x), v(s,x+h))]$. 由于 $\mathcal{P}$ 是一个等距嵌入, 我们有

$$\mathrm{dist}(v(s,x), v(s,x+h)) = |v(s,x) - v(s,x+h)|.$$

引入差分算子

$$\Delta_h f = f(x+h) - f(x). \tag{2.4.8}$$

记

$$I_1 = \left(\mathbf{D}^k(d\mathcal{P})(v(s,x)) \right) (\nabla_x^{a_1} \partial_x v, \cdots, \nabla_x^{a_k} \partial_x v; \nabla_x^{a_0} e_p),$$

$$I_2 = \left(\mathbf{D}^k(d\mathcal{P})(v(s,x+h)) \right) (\widetilde{\nabla_x^{a_1} \partial_x v}, \cdots, \widetilde{\nabla_x^{a_k} \partial_x v}; \widetilde{\nabla_x^{a_0} e_p}),$$

然后 (2.4.7) 可给出 (记住 I_1, I_2 现在取值于 $\mathbb{R}^M$)

$$I_2 - I_1 = \int_0^{|\Delta_h v(s)|} \partial_\zeta \left[\left(\mathbf{D}^k(d\mathcal{P})(\gamma(\zeta)) \right) (\widetilde{\nabla_x^{a_1} \partial_{i_1} v}, \cdots, \widetilde{\nabla_x^{a_k} \partial_{i_k} v}; \widetilde{\nabla_x^{a_0} e_p}) \right] d\zeta$$

$$= \int_0^{|\Delta_h v(s)|} \left(\mathbf{D}^{k+1}(d\mathcal{P})(\gamma(\zeta)) \right) (\widetilde{\nabla_x^{a_1} \partial_x v}, \cdots, \widetilde{\nabla_x^{a_k} \partial_x v}, \dot{\gamma}; \widetilde{\nabla_x^{a_0} e_p}) d\zeta.$$

因此, 我们逐点地得到

$$|I_1 - I_2| = |\Delta_h v(s)| \sup_{y \in \gamma} \left| \widetilde{\nabla_x^{a_1} \partial_x v} \right| \cdots \left| \widetilde{\nabla_x^{a_k} \partial_x v} \right| \left| \widetilde{\nabla_x^{a_0} e_p} \right| (y).$$

由 (2.4.7), 我们观察到 $|\widetilde{V}(\gamma(\zeta))| = |V(\gamma(0))|$. 因此, 我们得到

$$|I_1 - I_2| \leqslant |\Delta_h v(s)| \, |\nabla_x^{a_1} \partial_x v(x)| \cdots |\nabla_x^{a_k} \partial_x v(x)| \, |\nabla_x^{a_0} e_p(x)| . \tag{2.4.9}$$

然后, 由 (2.3.37), (2.4.9) 可得

$$|I_1 - I_2| \lesssim |\Delta_h v(s)| \, |\nabla_x^{a_0} e_p| \prod_{1 \leqslant l \leqslant k} \left(\sum_{j=1}^{a_l+1} \sum_{\substack{\sum\limits_{i=1}^{j} |\beta_i| = a_l+1}} |\partial_x^{\beta_1} v| \cdots |\partial_x^{\beta_j} v| \right) .$$

记

$$I_3 = \left(\mathbf{D}^k (d\mathcal{P})(v(s, x+h)) \right) \left(\nabla_x^{a_1} \partial_x v, \cdots, \nabla_x^{a_k} \partial_x v; \nabla_x^{a_0} e_p \right),$$

那么, 很容易得出

$$|I_3 - I_2| \lesssim \left(\mathbf{D}^k (d\mathcal{P})(v(s, x+h)) \right) \left(\nabla_x^{a_1} \partial_x v - \widetilde{\nabla_x^{a_1} \partial_x v}, \cdots, \nabla_x^{a_k} \partial_x v; \nabla_x^{a_0} e_p \right) + \cdots$$

$$+ \left(\mathbf{D}^k (d\mathcal{P})(v(s, x+h)) \right) \left(\nabla_x^{a_1} \partial_x v, \cdots, \nabla_x^{a_k} \partial_x v - \widetilde{\nabla_x^{a_k} \partial_x v}; \nabla_x^{a_0} e_p \right)$$

$$+ \left(\mathbf{D}^k (d\mathcal{P})(v(s, x+h)) \right) \left(\nabla_x^{a_1} \partial_x v, \cdots, \nabla_x^{a_k} \partial_x v; \nabla_x^{a_0} e_p - \widetilde{\nabla_x^{a_0} e_p} \right).$$

为了估计右端, 我们可对 $V = \nabla_x^k \partial_x v$ 或 $\nabla_x^j e_p$ 估计 $|\widetilde{V} - V|$. 注意到可将 $|d\mathcal{P}(\widetilde{V}) - d\mathcal{P}(V)|$ 作为替代, 因为后者取值于 $\mathbb{R}^M$ 并且由于等距嵌入等于前者.

　　步骤 2　在对 $V = \nabla_x^k \partial_x v$ 或 $\nabla_x^j e_p$ 进行 $|d\mathcal{P}(\widetilde{V} - V)|$ 的估计之前, 我们使用外蕴量 $\{\partial_x^j v\}$ 来表示内蕴量 $\nabla_x^k \partial_x v$. 很容易验证 (我们采用相同的符号 v 来表示 $\mathcal{P} \circ v$ 和映射 v 本身, 这不会引起混淆)

$$d\mathcal{P}(\partial_i v) = \partial_i v,$$

$$d\mathcal{P}(\nabla_j \partial_i v) = \partial_j [d\mathcal{P}(\partial_i v)] - (\mathbf{D} d\mathcal{P})(\partial_j v; \partial_i v)$$

$$= \partial_{ij}^2 v - (\mathbf{D} d\mathcal{P})(\partial_j v; \partial_i v), \tag{2.4.10}$$

$$\vdots$$

　　在步骤 1 中, 我们已经看到使用平行移动可得

$$\left| (\mathbf{D}^k d\mathcal{P})(V_1, \cdots, V_k; V_0)(x+h) - (\mathbf{D}^k d\mathcal{P})(V_1, \cdots, V_k; V_0)(x) \right| \tag{2.4.11}$$

$$\leqslant \sum_{i=1}^{k} \left| (\mathbf{D}^k d\mathcal{P})(\cdots, \widetilde{V_{i-1}}, V_i - \widetilde{V_i}, \widetilde{V_{i+1}}, \cdots; \widetilde{V_0})(x+h) \right| \tag{2.4.12}$$

$$+ \left| (\mathbf{D}^k d\mathcal{P})(\widetilde{V_1}, \cdots, \widetilde{V_k}; V_0 - \widetilde{V_0})(x+h) \right| \tag{2.4.13}$$

$$+ \left| (\mathbf{D}^k d\mathcal{P})(V_1, \cdots, V_k; V_0)(x) - (\mathbf{D}^k d\mathcal{P})(\widetilde{V_1}, \cdots, \widetilde{V_k}; \widetilde{V_0})(x+h) \right|. \tag{2.4.14}$$

此外, (2.4.14) 可由下式控制

$$\left(\sum_{i=0}^{k} \max_{y \in \{x, x+h\}} |V_i(y)| \right) \Delta_h v(s). \tag{2.4.15}$$

我们还需回顾不等式

$$\left| d\mathcal{P}V(x) - d\mathcal{P}\widetilde{V}(x+h) \right| \lesssim \left(\max_{y \in \{x, x+h\}} |V(y)| \right) \Delta_h v(s). \tag{2.4.16}$$

由于 $\mathcal{P}$ 是等距的, (2.4.16) 进一步推导出

$$\left| V(x+h) - \widetilde{V}(x+h) \right| \lesssim \left(\max_{y \in \{x, x+h\}} |V(y)| \right) \Delta_h v(s) + |\Delta_h d\mathcal{P}V|. \tag{2.4.17}$$

因此, 由 (2.4.11), (2.4.15) 和 (2.4.17) 可得

$$\left| (\mathbf{D}^k d\mathcal{P})(V_1, \cdots, V_k; V_0)(x+h) - (\mathbf{D}^k d\mathcal{P})(V_1, \cdots, V_k; V_0)(x) \right|$$

$$= \sum_{i=0}^{k} \left(\prod_{l=0, l \neq i}^{k} \max_{y \in \{x, x+h\}} |V_l(y)| \right) \left(|\Delta_h v(s)| \max_{y \in \{x, x+h\}} |V_i(y)| + |\Delta_h d\mathcal{P}V_i| \right)$$

$$+ \left(\prod_{i=0}^{k} \max_{y \in \{x, x+h\}} |V_i(y)| \right) |\Delta_h v(s)|. \tag{2.4.18}$$

因此, 将 (2.4.18) 应用于 (2.4.10) 得到

$$\left| (\mathbf{D} d\mathcal{P})(\partial_j v; \partial_i v)(x+h) - (\mathbf{D} d\mathcal{P})(\partial_j v; \partial_i v)(x) \right|$$

$$\lesssim |\Delta_h v(s)| C_{ij}^2 + \left| \partial_j v - \widetilde{\partial_j v} \right| |\partial_i v|(x+h) + \left| \partial_i v - \widetilde{\partial_i v} \right| |\partial_j v|(x+h)$$

$$\lesssim C_{ij}^2 |\Delta_h v| + (D_{ij} + C_{ij} |\Delta_h v|) C_{ij}.$$

其中, 我们记

$$C_{ij} := \max_{y \in \{x, x+h\}} |\partial_j v(y)| + \max_{y \in \{x, x+h\}} |\partial_i v(y)|,$$

$$D_{ij} := |\Delta_h \partial_j v| + |\Delta_h \partial_i v|.$$

我们总结关于第二阶内蕴导数 $\nabla_x \partial_x v$ 的结论是

$$|\Delta_h d\mathcal{P}(\nabla_j \partial_i v)| \lesssim \Delta_h \partial_{ij}^2 v + C_{ij}^2 |\Delta_h(v)| + |\Delta_h(\partial_x v)| C_{ij}.$$

通过归纳, 进一步可得

$$|\Delta_h d\mathcal{P}(\nabla_x^k \partial_x v)| \lesssim \sum_{p=0}^{k} \sum_{l+\sum_{\mu=1}^{p} j_\mu(1+i_\mu)=k+1, j_\mu, i_\mu, l \in \mathbb{N}} C_{(i_1)}^{j_1} \cdots C_{(i_p)}^{j_p} \Delta_h \partial_x^l v. \quad (2.4.19)$$

其中, 我们采用了记号

$$C_{(i)} := \sum_i \max_{y \in \{x, x+h\}} |\nabla_x^i \partial_x v(y)|, \quad 如果 \ i \geqslant 0.$$

因此, 根据 (2.4.16), (2.4.17), 和 (2.4.19), 可知 (2.4.12) 和 (2.4.14) 的右边由以下量控制

$$\sum_{p=0}^{k} \sum_{l+\sum_{\mu=1}^{p} j_\mu(1+i_\mu)=k+1, j_\mu, i_\mu, l \in \mathbb{N}} C_{(i_1)}^{j_1} \cdots C_{(i_p)}^{j_p} \Delta_h \partial_x^l v + \Delta_h(v) C_{(k)}. \quad (2.4.20)$$

我们现在转而估计 $\Delta_h d\mathcal{P}(\nabla_x^k e_p)$. 不同于上述情况, 我们通过联络系数 $\{\partial_x^j A_i\}$ 而不是外蕴量 $\{\partial_x^i d\mathcal{P} e_p\}$ 来表示 $\nabla_x^k e_p$. 形式上, 我们写

$$dP(\nabla_x e) = A_x d\mathcal{P}(e),$$

$$dP(\nabla_x^\alpha e) = \prod_{\sum_l j_l(i_l+1)=\alpha, i_l, j_l \in \mathbb{N}} (\partial^{i_l} A_x)^{j_l} d\mathcal{P}(e). \quad (2.4.21)$$

据此有

$$|\Delta_h d\mathcal{P}(\nabla_x^k e)| \lesssim \sum_{q=1}^{k} \sum_{\sum_{\mu=1}^{q} j_\mu(i_\mu+1)=k, i_\mu, j_\mu \in \mathbb{N}} D_{(i_1)}^{j_1} \cdots D_{(i_q)}^{j_q} |\Delta_h d\mathcal{P}(e)|$$

$$+ \sum_{1 \leqslant b \leqslant z \leqslant k} \sum_{\sum_{\nu=1}^{z} (1+n_\nu)m_\nu = k-1-m_b, n_\mu, m_\mu \in \mathbb{N}} D_{(m_1)}^{n_1} \cdots D_{(m_z)}^{n_z} |\Delta_h \partial_x^{m_b} A_x|,$$

$$(2.4.22)$$

其中, 如果 $j \geqslant 0$,

$$D_{(j)} := \sum_{l=1}^{d} \sum_{|\alpha|=j} \max_{y \in \{x, x+h\}} |\partial_x^\alpha A_l(y)|.$$

步骤 3 我们在这一步中对 $\|C_{(i)}\|_{L^p}$ 和 $\|D_{(i)}\|_{L^p}$ 进行估计.

(2.3.33) 和 (2.3.35) 表明, 对于所有 $0 \leqslant k \leqslant L-1$ 和 $0 \leqslant j \leqslant \left\lfloor \dfrac{d}{2}-1 \right\rfloor$, 有

$$\|C_{(k)}\|_{L_x^\infty} \lesssim \epsilon_1 s^{-\frac{k+1}{2}}, \tag{2.4.23}$$

$$\|C_{(j)}\|_{L_x^{d/(j+1)}} \lesssim \epsilon_1. \tag{2.4.24}$$

与此同时, (2.4.1) 和 (2.4.3) 表明, 对于所有 $0 \leqslant k \leqslant L-1$ 和 $0 \leqslant j \leqslant \left\lfloor \dfrac{d}{2}-1 \right\rfloor$, 有

$$\|D_{(k)}\|_{L_x^\infty} \lesssim \epsilon_1 s^{-\frac{k+1}{2}}, \tag{2.4.25}$$

$$\|D_{(j)}\|_{L_x^{d/(j+1)}} \lesssim \epsilon_1. \tag{2.4.26}$$

步骤 4 回忆 $d = 2d_0 + 1$. 将估计 (2.4.22) 和 (2.4.20) 代入 (2.4.18), 其中

$$V_i = \nabla_x^{a_i} \partial_x v, \quad i = 1, \cdots, k, \quad V_0 = \nabla_x^{a_0} e,$$

我们通过 (2.4.6) 可得

$$\left| \Delta_h \partial_x^k \left((d\mathcal{P}e) - \chi^\infty \right) \right|$$

$$\lesssim \sum_{l=1}^{k} \sum_{\Omega_1} C_{(i_1)}^{j_1} \cdots C_{(i_l)}^{j_l} D_{(i_1')}^{j_1'} \cdots D_{(i_{l'}')}^{j_{l'}'} |\Delta_h d\mathcal{P}(e_p)| \tag{2.4.27}$$

$$+ \sum_{1 \leqslant b \leqslant z}^{k} \sum_{\Omega_2} C_{(m_1)}^{n_1} \cdots C_{(m_z)}^{n_z} D_{(m_1')}^{n_1'} \cdots D_{(m_{z'}')}^{n_{z'}'} |\Delta_h \partial_x^{m_b} A_x| \tag{2.4.28}$$

$$+ \sum_{1 \leqslant b \leqslant z \leqslant k} \sum_{\Omega_3} C_{(q_1)}^{p_1} \cdots C_{(q_z)}^{p_z} D_{(q_1')}^{p_1'} \cdots D_{(q_{z'}')}^{p_{z'}'} |\Delta_h \partial_x^{m_b} v|, \tag{2.4.29}$$

其中, 指标集 $\Omega_1, \Omega_2, \Omega_3$ 被定义为

$$\Omega_1 : \sum_{\mu=1}^{l} j_\mu (1 + i_\mu) + \sum_{\nu=1}^{l'} j_\nu' (i_\nu' + 1) = k, \quad i_\mu, j_\mu, i_\nu', j_\nu' \in \mathbb{N},$$

$$\Omega_2 : \sum_{\mu=1}^{z}(1+m_\mu)n_\mu + \sum_{\nu=1}^{z'}(1+m'_\nu)n'_\nu = k - m_b - 1, \quad n_\mu, m_\mu, n'_\nu, m'_\nu \in \mathbb{N},$$

$$\Omega_3 : \sum_{\mu=1}^{z}(1+q_\mu)p_\mu + \sum_{\nu=1}^{z'}(1+q'_\nu)p'_\nu = k - m_b, \quad p_\mu, q_\mu, p'_\nu, q'_\nu \in \mathbb{N}.$$

接下来通过 $\dot{H}^{\frac{1}{2}}$ 的差分刻画、Sobolev 嵌入定理和 Hölder 不等式可得引理. 我们将在引理 2.4.3中详细介绍这一部分的内容. □

注 2.4.1 也可以在不使用平行移动的情况下证明引理 **2.4.2**, 但是以下的曲率估计似乎严重依赖于平行移动. 我们将用引理 2.4.2 证明中采取的方式统一地处理这些几何量. 平行移动技术之前由 Shatah [Sha97] 和后来的 McGahagan [McG07] 用于证明波映射和 Schrödinger 映射流的低正则解的唯一性. 然而, 在我们知道的范围内, 使用平行移动来估计几何量的分数阶 Sobolev 范数是新的.

引理 2.4.3 设 $v \in C([0,\infty); \mathcal{Q}(\mathbb{R}^d, \mathcal{M}))$ 是初值为 v_0 的热流. 假设 (2.3.3) 和 (2.4.3), (2.4.4) 在 $s_* \leqslant s < \infty$ 上成立. 设 $\{e_l\}_{l=1}^{m}$ 是对应的热流标架, 给定极限 $\{e_l^\infty\}_{l=1}^{m}$. 那么, 对于 $0 \leqslant j \leqslant L$ 有

$$\|\partial_x^j \mathcal{G}'\|_{L_t^\infty \dot{H}_x^{\frac{d}{2}}} \lesssim_L \epsilon s^{-\frac{j}{2}}, \tag{2.4.30}$$

$$\|\partial_x^j \mathcal{G}''\|_{L_t^\infty \dot{H}_x^{\frac{d}{2}}} \lesssim_L \epsilon s^{-\frac{j}{2}}. \tag{2.4.31}$$

证明 我们只考虑奇数 d. 偶数的情形留给读者作为练习. 回顾 $\mathcal{G}'$ 和 $\mathcal{G}''$ 的定义

$$(\mathcal{G}')_l = (\widetilde{\nabla}\mathbf{R})(e_l; e_{l_0}, e_{l_1}, e_{l_2}, e_{l_3}) - \Gamma_l^\infty,$$

$$(\mathcal{G}'')_{pl} = (\widetilde{\nabla}^2\mathbf{R})(e_p, e_l; e_{l_0}, e_{l_1}, e_{l_2}, e_{l_3}) - \Omega_{pl}^\infty,$$

其中我们将 $\mathbf{R}$ 视为 $(0,4)$ 张量. 与引理 2.4.2 的论证类似, 有

$$\partial_x^\alpha(\mathcal{G}') = \sum_{k=0}^{\alpha} \sum_{a_0 + \sum\limits_{l=1}^{k}(a_l+1) + \sum\limits_{\mu=0}^{3} b_\mu = j}$$

$$\times (\widetilde{\nabla}^{k+1}\mathbf{R})(\nabla_x^{a_0}e, \nabla_x^{a_1}\partial_x v, \cdots, \nabla_x^{a_k}\partial_x v; \nabla_x^{b_0}e_{l_0}, \cdots, \nabla_x^{b_3}e_{l_3}), \tag{2.4.32}$$

$$\partial_x^\alpha(\mathcal{G}'') = \sum_{k=0}^{\alpha} \sum_{\Omega} (\widetilde{\nabla}^{k+2}\mathbf{R})(\nabla_x^{a_0}e, \nabla_x^{a'_0}e, \nabla_x^{a_1}\partial_x v, \cdots, \nabla_x^{a_k}\partial_x v; \nabla_x^{b_0}e_{l_0}, \cdots, \nabla_x^{b_3}e_{l_3}),$$

$$\tag{2.4.33}$$

其中指标集 Ω 定义为

$$\Omega : a_0' + a_0 + \sum_{l=1}^{k}(1 + a_l) + \sum_{\mu=0}^{3} b_\mu = \alpha. \tag{2.4.34}$$

回忆 $d = 2d_0 + 1$. 通过 Besov 空间的差分刻画和 (2.4.32), 为了证明 (2.4.30), 我们只需验证

$$\left\| \tau^{-\frac{1}{2}} \sup_{|h| \leqslant \tau} \| \Delta_h (\widetilde{\nabla}^{k+1} \mathbf{R})(\nabla_x^{a_0} e, \nabla_x^{a_1} \partial_x v, \cdots, \right.$$
$$\left. \nabla_x^{a_k} \partial_x v; \nabla_x^{b_0} e_{l_0}, \cdots, \nabla_x^{b_3} e_{l_3}) \|_{L_x^2} \right\|_{L_t^\infty L^2(\tau^{-1} d\tau)} \lesssim_L \epsilon s^{-\frac{\beta}{2}},$$

前提是

$$a_0 + \sum_{l=1}^{k}(a_l + 1) + \sum_{\mu=0}^{3} b_\mu = \beta + d_0, \quad 0 \leqslant k \leqslant \beta + d_0.$$

使用 (2.4.18) 类型估计和 (2.4.22), 我们可得

$$\left| \Delta_h(\widetilde{\nabla}^{k+1} \mathbf{R})(\nabla_x^{a_0} e, \cdots, \nabla_x^{a_k} \partial_x v; \nabla_x^{b_0} e_{l_0}, \cdots, \nabla_x^{b_3} e_{l_3}) \right| \tag{2.4.35}$$

$$\lesssim \sum_{z,z'=1}^{\beta+d_0} \sum_{\Omega_1} C_{(i_1)}^{j_1} \cdots C_{(i_z)}^{j_z} D_{(i_1')}^{j_1'} \cdots D_{(i_{z'}')}^{j_{z'}'} |\Delta_h d\mathcal{P}(e)| \tag{2.4.36}$$

$$+ \sum_{1 \leqslant b \leqslant z', z \geqslant 1}^{\beta+d_0} \sum_{\Omega_2} C_{(m_1)}^{n_1} \cdots C_{(m_z)}^{n_z} D_{(m_1')}^{n_1'} \cdots D_{(m_{z'}')}^{n_{z'}'} \left| \Delta_h \partial_x^{m_b'} A_x \right| \tag{2.4.37}$$

$$+ \sum_{1 \leqslant b \leqslant z, z' \geqslant 1}^{\beta+d_0} \sum_{\Omega_3} C_{(q_1)}^{p_1} \cdots C_{(q_z)}^{p_z} D_{(q_1')}^{p_1'} \cdots D_{(q_{z'}')}^{p_{z'}'} \left| \Delta_h \partial_x^{m_b} v \right|, \tag{2.4.38}$$

其中, 指标集 $\Omega_1, \Omega_2, \Omega_3$ 定义为

$$\Omega_1 : \sum_{\nu=1}^{z} j_\nu(1 + i_\nu) + \sum_{\mu=1}^{z'} (i_\mu' + 1)j_\mu' = \beta + d_0, \quad j_\nu, i_\mu', j_\mu', i_\nu \in \mathbb{N}, \tag{2.4.39}$$

$$\Omega_2 : \sum_{\nu=1}^{z} (1 + m_\nu)n_\nu + \sum_{\mu=1}^{z'} (1 + m_\mu')n_\mu' = \beta + d_0 - (m_b' + 1), \quad n_\nu, n_\mu', m_\mu', m_\nu \in \mathbb{N},$$

$$\Omega_3 : \sum_{\nu=1}^{z} (1 + q_\nu)p_\nu + \sum_{\mu=1}^{z'} (1 + q_\mu')p_\mu' = \beta + d_0 - m_b, \quad p_\nu, p_\mu', q_\mu', q_\nu \in \mathbb{N}.$$

与之前一样, 我们考虑两种子情况.

情况 1　假设 (2.4.36) 中的所有 $\{i'_\mu\}$ 和 $\{i_\nu\}$ 满足

$$0 \leqslant i_\nu \leqslant \frac{d}{2} - 1, \quad 0 \leqslant i'_\mu \leqslant \frac{d}{2} - 1. \tag{2.4.40}$$

那么 (2.4.24) 和 (2.4.26) 表明, 对于

$$\frac{1}{\widehat{r}_\nu} = \frac{1}{2} - \frac{1}{d}\left(\frac{d}{2} - i_\nu - 1\right), \tag{2.4.41}$$

$$\frac{1}{\widetilde{r}_\mu} = \frac{1}{2} - \frac{1}{d}\left(\frac{d}{2} - i'_\mu - 1\right), \tag{2.4.42}$$

有

$$\|C_{(i_\nu)}\|_{L_t^\infty L_x^{\widehat{r}_\nu}} \lesssim \epsilon, \tag{2.4.43}$$

$$\|D_{(i'_\mu)}\|_{L_t^\infty L_x^{\widetilde{r}_\mu}} \lesssim \epsilon. \tag{2.4.44}$$

并且用 (2.4.43) 和 (2.4.44) 通过 L^∞ 估计 (由 (2.4.23)—(2.4.25) 给出) 进行插值, 我们得到

$$\|C_{(i_\nu)}\|_{L_t^\infty L_x^{\overline{r}}} \lesssim \epsilon s^{-\frac{1+i_\nu}{2} + \frac{d}{2\overline{r}}}, \tag{2.4.45}$$

$$\|D_{(i'_\mu)}\|_{L_t^\infty L_x^{\underline{r}}} \lesssim \epsilon s^{-\frac{1+i'_\mu}{2} + \frac{d}{2\underline{r}}}, \tag{2.4.46}$$

对于所有 $\underline{r} \in [\widetilde{r}_\mu, \infty]$ 和 $\overline{r} \in [\widehat{r}_\nu, \infty]$ 成立. 在不失一般性的情况下, 我们假设**情况 (1a)**:　$j_1 > 0$ 或**情况 (1b)**:　$j'_1 > 0$.

在情况 (1a) 中, 设 $\{\overline{r}_\nu\}$ 和 $\{\underline{r}_\mu\}$ 是某给定的指标, 使得 $\overline{r}_\nu \in [\widehat{r}_\nu, \infty]$ 和 $\underline{r}_\mu \in [\widetilde{r}_\mu, \infty]$, 并且满足

$$\sum_{\nu=1}^{z} \frac{d}{\overline{r}_\nu} j_\nu + \sum_{\mu=1}^{z'} \frac{d}{\underline{r}_\mu} j'_\mu = d_0. \tag{2.4.47}$$

在 (2.4.47) 中, 指标 $\{\underline{r}_\mu\}$ 和 $\{\overline{r}_\nu\}$ 确实存在. 实际上, 由于 $j_1 > 0$, (2.4.47) 的左侧是关于 $\overline{r}_\nu \in [\widehat{r}_\nu, \infty]$ 和 $\underline{r}_\mu \in [\widetilde{r}_\mu, \infty]$ 的连续递减函数. 因此, (2.4.47) 的左侧范围是 $[0, \beta + d_0]$. 因此, (2.4.47) 对于适当的 $\{\overline{r}_\nu, \underline{r}_\mu\}$ 是成立的. 然后, 在情况 (1a) 中我们得到

$$\left\| \frac{1}{\tau^{\frac{1}{2}}} \sup_{|h| \leqslant \tau} |C_{(i_1)}^{j_1} \cdots D_{(i_z)}^{j_z} D_{(i'_1)}^{j'_1} \cdots D_{(i'_{z'})}^{j'_{z'}}| \Delta_h d\mathcal{P}(e_p)| \right\|_{L_t^\infty L^2(\tau^{-1} d\tau) L_x^2} \tag{2.4.48}$$

$$\lesssim \|C_{(i_1)}\|_{L_t^\infty L_x^{\overline{r}_1}}^{j_1} \|C_{(i_2)}\|_{L_t^\infty L_x^{\overline{r}_2}}^{j_2} \cdots \|C_{(i_z)}\|_{L_t^\infty L_x^{\overline{r}_z}}^{j_z}$$

$$\times \|D_{(i_1')}\|_{L_t^\infty L_x^{\underline{r}_1}}^{j_1'} \cdots \|D_{(i_{z'}')}\|_{L_t^\infty L_x^{\underline{r}_{z'}}}^{j_{z'}'} \left\| \frac{1}{\tau^{\frac{1}{2}}} \sup_{|h| \leqslant \tau} |\Delta_h d\mathcal{P}(e_p)| \right\|_{L_t^\infty L^\infty(\tau^{-1} d\tau) L_x^{2d}}, \tag{2.4.49}$$

其中, 在第二行应用 Hölder 不等式时, 我们使用了以下等式

$$\frac{1}{2} - \frac{1}{2d} = \sum_{\nu=1}^z \frac{j_\nu}{\overline{r}_\nu} + \sum_{\mu=1}^{z'} \frac{j_\mu'}{\underline{r}_\mu},$$

该等式可由 (2.4.47) 得到. 因此, (2.4.48), (2.4.46) 和 (2.4.45) 意味着

$$\left\| \frac{1}{\tau} \sup_{|h| \leqslant \tau} |C_{(i_1)}^{j_1} \cdots C_{(i_z)}^{j_z} D_{(i_1')}^{j_1'} \cdots D_{(i_{z'}')}^{j_{z'}'}| \Delta_h d\mathcal{P}(e_p)| \right\|_{L_t^\infty L_\tau^2(\mathbb{R}^+) L_x^2}$$

$$\lesssim \epsilon s^{-\frac{\beta}{2}} \left\| \frac{1}{\tau} \sup_{|h| \leqslant \tau} |\Delta_h d\mathcal{P}(e_p)| \right\|_{L_t^\infty L_\tau^2(\mathbb{R}^+) L_x^{2d}}$$

$$\lesssim \epsilon s^{-\frac{\beta}{2}} \|d\mathcal{P}(e_p)\|_{L_t^\infty \dot{H}_x^{\frac{d}{2}}},$$

其中第二行中的 $s^{-\frac{\beta}{2}}$ 的幂来自于 (2.4.47) 和 (2.4.39). 故由 (2.4.4) 可得

$$\left\| \frac{1}{\tau} \sup_{|h| \leqslant \tau} |C_{(i_1)}^{j_1} \cdots C_{(i_q)}^{j_z} D_{(i_1')}^{j_1'} \cdots D_{(i_{z'}')}^{j_{z'}'}| \Delta_h d\mathcal{P}(e_p)| \right\|_{L_t^\infty L_\tau^2(\mathbb{R}^+) L_x^2} \lesssim \epsilon s^{-\frac{\beta}{2}}.$$

情况 (1.b) 也可以用相同的方法得到. 因此, (2.4.36) 证毕. 其余两个项 (2.4.37), (2.4.38) 可以通过 (2.4.3) 和引理 2.3.1 来控制.

情况 (2a) 假设在 (2.4.36) 中, $\{i_\mu' : j_\mu' > 0, \mu = 1, \cdots, z'\}$ 中存在一个 $i_{\mu'}'$ 满足

$$i_{\mu'}' > \frac{d}{2} - 1. \tag{2.4.50}$$

由于 $\|g\|_{L_x^\rho} \lesssim \|g\|_{\dot{H}_x^{\frac{1}{2}}}$, 其中

$$\frac{1}{\rho} = \frac{1}{2} - \frac{1}{2d},$$

我们通过插值和 (2.4.3) 得到

$$\|D_{(i_{\mu'}')}\|_{L_t^\infty L_x^\rho} \lesssim \epsilon s^{-\frac{1}{2}(i_{\mu'}' + \frac{3}{2} - \frac{d}{2})}. \tag{2.4.51}$$

不失一般性, 假设 $\mu' = 1$. 则在情况 (2a) 中, 我们有

$$
\left\| \frac{1}{\tau} \sup_{|h| \leqslant \tau} |C_{(i_1)}^{j_1} \cdots C_{(i_z)}^{j_z} D_{(i_1')}^{j_1'} \cdots D_{(i_{z'}')}^{j_{z'}'}| \|\Delta_h d\mathcal{P}(e)| \right\|_{L_t^\infty L_\tau^2(\mathbb{R}^+) L_x^2}
$$

$$
\lesssim \|C_{(i_1)}\|_{L_{t,x}^\infty}^{j_1} \cdots \|C_{(i_z)}\|_{L_{t,x}^\infty}^{j_z} \|D_{(i_1')}\|_{L_t^\infty L_x^\rho} \|D_{(i_1')}\|_{L_{t,x}^\infty}^{j_1'-1} \left(\prod_{\mu=2}^{z'} \|D_{(i_\mu')}\|_{L_{t,x}^\infty}^{j_\mu'} \right)
$$

$$
\times \left\| \frac{1}{\tau} \sup_{|h| \leqslant \tau} |\Delta_h d\mathcal{P}(e_p)| \right\|_{L_t^\infty L_\tau^2(\mathbb{R}^+) L_x^{2d}}
$$

$$
\lesssim \epsilon s^{-\frac{1}{2}(i_1 + \frac{3}{2} - \frac{d}{2})} s^{-\frac{j_1-1}{2}(i_1+1)} \left(\prod_{\mu=2}^{z'} s^{-\frac{j_\mu'}{2}(i_\mu'+1)} \right), \tag{2.4.52}
$$

其中我们在最后一行应用了由 (2.4.3) 和引理 2.4.2 给出的 L^∞ 估计. 容易验证的是, (2.4.52) 的右侧正是 $\epsilon s^{-\frac{\beta}{2}}$.

情况 (2b)　假设在 (2.4.36) 中, $\{i_\nu : j_\nu > 0, \nu = 1, \cdots, z\}$ 中存在一个 $i_{\nu'}$ 满足 $i_{\nu'} > \frac{d}{2} - 1$. 如果对于 $C_{(i)}$ 有类似于 (2.4.51) 的结果, 则可以用相同的方法得到

$$
\|C_{(i_{\nu'})}\|_{L_t^\infty L_x^\rho} \lesssim \epsilon s^{-\frac{1}{2}(i_{\nu'} + \frac{3}{2} - \frac{d}{2})}, \quad \frac{1}{\rho} = \frac{1}{2} - \frac{1}{2d}. \tag{2.4.53}
$$

注意到 (2.4.53) 是由 (2.3.36) 得到的.

剩余的 (2.4.37) 和 (2.4.38) 部分可以用情况 2 中相同的论证得到.

因此, 总结来说, 我们在假设 (2.4.3), (2.4.4) 下已经证明了 (2.4.30). 剩余的 (2.4.31) 是类似的. □

引理 2.4.4　设 $v : [0, \infty) \times \mathbb{R}^d \to \mathcal{M}$ 为具有初值 $v_0 \in \mathcal{Q}(\mathbb{R}^d, \mathcal{M})$ 的热流. 假设 (2.3.3) 成立, 且 (2.4.3), (2.4.4) 在 $s_* \leqslant s < \infty$ 成立. 设 $\{e_l\}_{l=1}^m$ 为对应的热流标架. 则对于 $s_* \leqslant s < \infty$ 和 $0 \leqslant j \leqslant L$, 微分场 $\{\psi_i\}_{i=1}^d$ 满足

$$
\|\partial_x^j \psi_x\|_{\dot{H}_x^{\frac{d}{2}-1}} \lesssim_j \epsilon_1 s^{-\frac{j}{2}}, \tag{2.4.54}
$$

$$
\|\partial_x^j \psi_x\|_{L_x^\infty} \lesssim_L \epsilon_1 s^{-\frac{j+1}{2}}. \tag{2.4.55}
$$

并且热张量场 ψ_s 满足: 对于任意 $s_* \leqslant s < \infty$ 和 $0 \leqslant l \leqslant L$, 有

$$
\|\partial_x^l \partial_s v\|_{\dot{H}_x^{\frac{d}{2}-1}} \lesssim_j \epsilon_1 s^{-\frac{l+1}{2}}, \tag{2.4.56}
$$

$$
\|\partial_x^l \partial_s v\|_{L_x^\infty} \lesssim_j \epsilon_1 s^{-\frac{l+2}{2}}, \tag{2.4.57}
$$

$$\|\partial_x^l \psi_s\|_{\dot{H}_x^{\frac{d}{2}-1}} \lesssim_l \epsilon_1 s^{-\frac{l+2}{2}}, \tag{2.4.58}$$

$$\|\partial_x^l \psi_s\|_{L_x^\infty} \lesssim_l \epsilon_1 s^{-\frac{l+2}{2}}. \tag{2.4.59}$$

此外, 我们有

$$\|\psi_s\|_{L_s^2 \dot{H}_x^{\frac{d}{2}-1}} \lesssim \epsilon_1. \tag{2.4.60}$$

证明 回顾 2.3 节中固定的整数 L', 其满足 $L' = L + 5$. 根据微分场 $\{\psi_x\}$ 的定义和 $d\mathcal{P}$ 的等距性, 可知

$$\psi_i^l = \partial_i v \cdot d\mathcal{P}(e_l), \tag{2.4.61}$$

$$\psi_s^l = \partial_s v \cdot d\mathcal{P}(e_l), \tag{2.4.62}$$

其中我们用了简化写法 $\partial_\alpha v$ 而不是 $\partial_\alpha (\mathcal{P} \circ v)$, $i = 1, 2, \cdots, d$. 一般来说, 有

$$\partial_x^j \psi_x = \sum_{k_1+k_2=j, k_1, k_2 \in \mathbb{N}} \partial_x^{k_1+1} v \cdot \partial_x^{k_2} d\mathcal{P}(e), \tag{2.4.63}$$

$$\partial_x^j \psi_s = \sum_{k_1+k_2=j, k_1, k_2 \in \mathbb{N}} \partial_x^{k_1} \partial_s v \cdot \partial_x^{k_2} d\mathcal{P}(e). \tag{2.4.64}$$

(2.4.2) 和引理 2.4.2 给出了 $\mathcal{P}(e)$ 的估计:

$$\|\partial_x^j (\mathcal{P}(e) - \chi^\infty)\|_{\dot{H}_x^{\frac{d}{2}}} \lesssim \epsilon s^{-\frac{j}{2}}, \tag{2.4.65}$$

$$\|\partial_x^j (\mathcal{P}(e) - \chi^\infty)\|_{L_x^\infty} \lesssim \epsilon s^{-\frac{j}{2}}. \tag{2.4.66}$$

然后, 由 (2.4.65), (2.4.66), 引理 2.3.1, 分数阶 Leibniz 法则和 Sobolev 不等式可推导出 (2.4.54). 同时, 通过 (2.4.2) 和 (2.1.23) 以及 (2.4.63) 可得 (2.4.55).

(2.4.57) 可直接由热流方程和 (2.1.22) 得到. (2.4.64) 和 (2.4.57) 则可给出 (2.4.59). 通过热流方程, (2.4.56) 转化为只需证明

$$\|\partial_x^j [S(v)(\partial_x v, \partial_x v)]\|_{\dot{H}_x^{\frac{d}{2}-1}} \lesssim \epsilon s^{-\frac{j+1}{2}},$$

这由分数阶 Leibniz 法则、Sobolev 不等式和引理 2.3.1 得出. 类似地, (2.4.64) 和 (2.4.56) 可给出 (2.4.58). 最后, (2.4.60) 则可由 (2.3.29) 和 (2.4.64)—(2.4.66) 得到. $\qquad \square$

引理 2.4.5 设 $v: [0, \infty) \times \mathbb{R}^d \to \mathcal{M}$ 为具有初值 $v_0 \in \mathcal{Q}(\mathbb{R}^d, \mathcal{M})$ 的热流. 假设 (2.3.3) 成立, 且 (2.4.3), (2.4.4) 在 $s \in [s_*, \infty)$ 成立. 设 $\{e_l\}_{l=1}^m$ 为对应的热流标架. 则联络系数满足: 对于任意 $s \in [s_*, \infty)$ 和 $0 \leqslant j \leqslant L$, 有

$$\|\partial_x^j A_x\|_{\dot{H}_x^{\frac{d}{2}-1}} \lesssim_j \epsilon^2 s^{-\frac{j}{2}}, \tag{2.4.67}$$

$$\|\partial_x^j A_x\|_{L_x^\infty} \lesssim_j \epsilon^2 s^{-\frac{j+1}{2}}. \tag{2.4.68}$$

证明　根据 (2.1.16), 我们有

$$[A_i]_q^p(s) = \int_s^\infty \langle \mathbf{R}(v(s')) \left(\partial_s v(s'), \partial_i v(s')\right) e_p, e_q \rangle ds',$$

这可简写为

$$[A_i]_q^p(s) = \int_s^\infty (\psi_s \diamond \psi_x) \langle \mathbf{R}\left(e_{l_0}, e_{l_1}\right) e_{l_2}, e_{l_3} \rangle ds'. \tag{2.4.69}$$

按照引理 2.4.3 的论证, 我们有

$$\|\partial_x^j \langle \mathbf{R}\left(e_{l_0}, e_{l_1}\right) e_{l_2}, e_{l_3} \rangle\|_{\dot{H}_x^{\frac{d}{2}}} \lesssim \epsilon s^{-\frac{j}{2}},$$

$$\|\partial_x^j \langle \mathbf{R}\left(e_{l_0}, e_{l_1}\right) e_{l_2}, e_{l_3} \rangle\|_{L_x^\infty} \lesssim c(j) s^{-\frac{j}{2}},$$

其中 $c(0) = 1$, 且如果 $1 \leqslant j \leqslant L$ 则 $c(j) = \epsilon$. 然后引理 2.4.4 和分数 Leibniz 法则表明

$$\left\|\partial_x^j \left(\psi_x \diamond \psi_s \langle \mathbf{R}(e_{l_0}, e_{l_1}) e_{l_2}, e_{l_3} \rangle \right)\right\|_{\dot{H}_x^{\frac{d}{2}-1}} \lesssim \epsilon^2 s^{-\frac{j+2}{2}}, \tag{2.4.70}$$

$$\left\|\partial_x^j \left(\psi_x \diamond \psi_s \langle \mathbf{R}(e_{l_0}, e_{l_1}) e_{l_2}, e_{l_3} \rangle \right)\right\|_{L_x^\infty} \lesssim \epsilon^2 s^{-\frac{j+3}{2}}. \tag{2.4.71}$$

因此, 对 (2.4.71) 在 $s' \in [s, \infty)$ 上积分可知, 对所有 $0 \leqslant j \leqslant L$ 皆有 (2.4.68) 成立. 对 (2.4.70) 在 $s' \in [s, \infty)$ 上积分可得到, 对任意 $1 \leqslant j \leqslant L$ 皆有 (2.4.67) 成立. 故而只需证明对于 $j = 0$ 有 (2.4.67) 成立.

如前所述, 假设 $d = 2d_0 + 1$ 是奇数. 然后通过分数阶 Leibniz 法则和 Sobolev 嵌入, 我们得到

$$\left\|\psi_x \diamond \psi_s \langle \mathbf{R}(e_{l_0}, e_{l_1}) e_{l_2}, e_{l_3} \rangle \right\|_{L_s^1 \dot{H}_x^{\frac{d}{2}-1}}$$

$$\lesssim \sum_{\substack{\sum_{i=1}^3 j_i = d_0 - 1}} \left\|\partial_x^{j_1} \psi_x \diamond \partial_x^{j_2} \psi_s \partial_x^{j_3} \langle \mathbf{R}(e_{l_0}, e_{l_1}) e_{l_2}, e_{l_3} \rangle \right\|_{L_s^1 \dot{H}_x^{\frac{1}{2}}}$$

$$\lesssim \sum_{\substack{\sum_{i=1}^3 \beta_i = d_0 - \frac{1}{2}, \beta_i \in \mathbb{N} \cup (\mathbb{N}+\frac{1}{2})}} \left\||\nabla|^{\beta_1} \psi_x \right\|_{L_s^2 L_x^{p(\beta_1)}} \left\||\nabla|^{\beta_2}_x \psi_s \right\|_{L_s^2 L_x^{q(\beta_2)}}$$

$$\times \left\||\nabla|^{\beta_3} \langle \mathbf{R}(e_{l_0}, e_{l_1}) e_{l_2}, e_{l_3} \rangle \right\|_{L_s^\infty L_x^{r(\beta_3)}}$$

$$\lesssim \left\|\psi_x\right\|_{L_s^2 \dot{H}^{\frac{d}{2}}} \left\|\psi_s\right\|_{L_s^2 \dot{H}^{\frac{d}{2}-1}}$$

$$\lesssim \epsilon^2,$$

其中, $p(\beta_1), q(\beta_2), r(\beta_3)$ 由下式定义:

$$\frac{\beta_1}{d} = \frac{1}{p(\beta_1)},$$

$$\frac{1}{d} + \frac{\beta_2}{d} = \frac{1}{q(\beta_2)},$$

$$\frac{\beta_3}{d} = \frac{1}{r(\beta_3)}.$$

偶数的情形留给读者. 因此, 对所有 $0 \leqslant j \leqslant L$ 而言 (2.4.67) 也得到了证明. $\qquad\square$

2.4.2 证明命题 2.1.1

我们想通过 bootstrap 法证明命题 2.1.1. 首先, 存在一个足够大的 s_*, 使得对于 $s \in [s_*, \infty)$, (2.4.3), (2.4.4) 成立, 因为引理 2.3.5 表明 (2.4.3) 和 (2.4.4) 的左边在 $s \to \infty$ 时趋向于 0. 其次, 通过引理 2.4.5, 可以将 s_* 推到 0. 因此, 引理 2.3.1—引理 2.4.5 所述的所有界对所有 $s \in [0, \infty)$ 成立.

2.5 热流在 F_k 空间模块中的衰减估计

根据 F_k 空间的定义, 沿着热流追踪以下四个 F_k 的空间模块是自然的:

$$L_t^\infty L_x^2, \quad L_{t,x}^{pd}, \quad L_x^{pd} L_t^\infty, \quad L_{\vec{e}}^{2,\infty}. \tag{2.5.1}$$

我们将在 2.5 节中看到, 不需要追踪 F_k 在热流上的 $L_{\vec{e}}^{2,\infty}$ 模块, 这对我们来说带来了很大的便利.

2.5.1 追踪 $L_{t,x}^{pd} \cap L_t^\infty L_x^2$ 模块

设 u 为 SMF 的解. 经过额外的论证, 由命题 2.1.1 可以得到如下结论:

推论 2.5.1 设 $u \in C([-T, T]; \mathcal{Q}(\mathbb{R}^d, \mathcal{N}))$ 是 SMF 的解. 设 v 是以 u 为初值的热流方程的全局解, 并且 $\{e_l\}_{l=1}^{2n}$ 为对应热流标架. 记 $\{\psi_i\}_{i=1}^d$ 为相应的微分场. 定义频率包络 $\{h_k(\sigma)\}$ 为

$$h_k(\sigma) = \sup_{s \geqslant 0, k' \in \mathbb{Z}} (1 + s2^{2k'})^4 2^{-\delta|k-k'|} 2^{(\frac{d}{2}-1)k'} 2^{\sigma k'} \|P_{k'}\psi_x\|_{L_t^\infty L_x^2},$$

$$h_k := h_k(0).$$

假设 $\{h_k(\sigma)\}$ 满足

$$\sum_{k\in\mathbb{Z}} h_k^2 \leqslant \epsilon_1, \quad \sum_{k\in\mathbb{Z}} h_k^2(\sigma) < \infty, \quad \forall \sigma \in [0, \vartheta], \tag{2.5.2}$$

则 v 满足: 对于 $s \in \mathbb{R}^+$ 和 $0 \leqslant l \leqslant L$, 有

$$\|\partial_x^l v\|_{L_t^\infty \dot{H}_x^{\frac{d}{2}}} \lesssim s^{-\frac{l}{2}} \epsilon_1, \tag{2.5.3}$$

$$\|\partial_x^l (d\mathcal{P}(e_l) - \chi_l^\infty)\|_{L_t^\infty \dot{H}_x^{\frac{d}{2}}} \lesssim s^{-\frac{l}{2}} \epsilon_1. \tag{2.5.4}$$

并且相应的微分场和联络系数满足: 对于所有 $0 \leqslant j \leqslant L$ 和 $s > 0$, 有

$$\|\partial_x^j \phi_x\|_{L_t^\infty \dot{H}_x^{\frac{d}{2}-1}} \lesssim_j \epsilon_1 s^{-\frac{j}{2}}, \tag{2.5.5}$$

$$\|\partial_x^j A_x\|_{L_t^\infty \dot{H}_x^{\frac{d}{2}-1}} \lesssim_j \epsilon_1 s^{-\frac{j}{2}}, \tag{2.5.6}$$

$$\|\partial_x^j \phi_x\|_{L_t^\infty L_x^\infty} \lesssim_j \epsilon_1 s^{-\frac{j+1}{2}}, \tag{2.5.7}$$

$$\|\partial_x^j A_x\|_{L_t^\infty L_x^\infty} \lesssim_j \epsilon_1 s^{-\frac{j+1}{2}}. \tag{2.5.8}$$

证明　与命题 2.1.1 相比, 这里假设了 (2.5.2), 而非

$$\|v\|_{L_t^\infty \dot{H}_x^{\frac{d}{2}}} \leqslant \epsilon_1. \tag{2.5.9}$$

为了将 (2.5.2) 转换为 (2.5.9), 我们需要一个精巧的论证.

　　首先, 我们在假设 (2.5.2) 下重构引理 2.3.3 中提出的次临界理论 (依赖于能量) 估计. 由于能量在 Schrödinger 映射流中保持不变, 我们得到

$$\|du\|_{L_t^\infty L_x^2} \leqslant \|du_0\|_{L_x^2}. \tag{2.5.10}$$

审查引理 2.3.5 中 (2.3.63) 和 (2.3.64) 的证明, 可以发现它仅使用了以下估计

$$\|dv\|_{L_t^\infty L_x^\infty} \lesssim \epsilon s^{-\frac{1}{2}}, \tag{2.5.11}$$

$$\|\nabla^j dv\|_{L_t^\infty L_x^\infty} \lesssim \epsilon s^{-\frac{j}{2}}, \tag{2.5.12}$$

$$\|\nabla^j dv\|_{L_t^\infty L_x^2} \lesssim \|dv_0\|_{L_x^2} s^{-\frac{j}{2}}, \tag{2.5.13}$$

$$\|\nabla^j dv\|_{L_t^\infty L_x^\infty} \lesssim \|dv_0\|_{L_x^2} s^{-\frac{2j+d}{4}}. \tag{2.5.14}$$

实际上, (2.3.64) 的证明使用了类似于 (2.5.11)—(2.5.14) 的估计来处理 $\{D_x^j \phi_x\}$, 但它们可通过以下关系相关联:

$$|D_x^j \phi_x| \lesssim \sum_{(l_1+1)+\cdots+(l_q+1)=j+1} |\nabla^{l_1} dv| \cdots |\nabla^{l_q} dv|,$$

$$|\nabla^j dv| \lesssim \sum_{(l_1+1)+\cdots+(l_q+1)=j+1} |D_x^{l_1}\phi_x| \cdots |D^{l_q}\phi_x|.$$

因此, 如果 (2.5.11)—(2.5.14) 是在假设 (2.5.2) 下得到的, 那么引理 2.3.5 中的估计 (2.3.63) 和 (2.3.64) 在这里也成立. 注意到 (2.5.11) 是由 (2.5.2) 和 Gagliardo-Nirenberg 不等式得到的,

$$\|dv\|_{L_t^\infty L_x^\infty} \lesssim \|\phi_x\|_{L_t^\infty L_x^\infty} \lesssim \|\phi_x\|_{L_t^\infty \dot{H}_x^{\frac{d}{2}-1}}^{\frac{1}{2}} \|\phi_x\|_{L_t^\infty \dot{H}_x^{\frac{d}{2}+1}}^{\frac{1}{2}} \lesssim \epsilon s^{-\frac{1}{2}}.$$

现在, 我们转而证明 (2.5.12). 记

$$Z_{\infty,k}(s) = \sup_{\tilde{s}\in[0,s]} \tilde{s}^{\frac{k}{2}} \|\partial_x^k v(\tilde{s})\|_{L_{t,x}^\infty}.$$

根据热流方程, 有

$$\|\partial_x^{k+1}v(s)\|_{L_{t,x}^\infty} \lesssim s^{-\frac{1}{2}}\|\partial_x^k v(s/2)\|_{L_{t,x}^\infty} + \int_{\frac{s}{2}}^s (s-s')^{\frac{1}{2}}\|\partial_x^k(S(v)(\partial_x,\partial_x))\|_{L_{t,x}^\infty} ds'$$

$$\lesssim s^{-\frac{k+1}{2}}Z_{\infty,k}(s) + \int_{\frac{s}{2}}^s (s-s')^{\frac{1}{2}}\|\partial_x^{k+1}v\|_{L_{t,x}^\infty}\|dv\|_{L_{t,x}^\infty} ds'$$

$$+ \sum_{l=2}^{k+2} \sum_{\substack{\sum_{i=1}^l j_i=k+2, 1\leqslant j_i\leqslant k}} \int_{\frac{s}{2}}^s (s-s')^{\frac{1}{2}}\|\partial_x^{j_1}v\|_{L_{t,x}^\infty}\cdots\|\partial^{j_l}v\|_{L_{t,x}^\infty} ds'.$$

然后, 我们根据 (2.5.11) 得到

$$Z_{\infty,1}(s) \lesssim \epsilon,$$

$$Z_{\infty,k'}(s) \lesssim \epsilon, \ \forall k' \leqslant k \Rightarrow Z_{\infty,k+1}(s) \lesssim \epsilon Z_{\infty,k+1}(s) + \epsilon.$$

因此, 利用这一归纳关系, 我们有

$$s^{\frac{k}{2}}\|\partial_x^k v(\tilde{s})\|_{L_{t,x}^\infty} \lesssim \epsilon. \tag{2.5.15}$$

将这一外蕴估计转化为内蕴量 $|\nabla^j \partial_x v|$, 可得到 (2.5.12).

记

$$Z_{2,k}(s) = \sup_{\tilde{s}\in[0,s]} \tilde{s}^{\frac{k-1}{2}} \|\partial_x^k v(\tilde{s})\|_{L_t^\infty L_x^2}.$$

类似地, 根据热流方程, 有

$$\|\partial_x^{k+1}v(s)\|_{L_t^\infty L_x^2}$$

$$\lesssim s^{-\frac{1}{2}}\|\partial_x^k v(s/2)\|_{L_t^\infty L_x^2} + \int_{\frac{s}{2}}^s (s-s')^{\frac{1}{2}}\|\partial_x^k (S(v)(\partial_x,\partial_x))\|_{L_t^\infty L_x^2} ds'$$

$$\lesssim s^{-\frac{k}{2}} Z_{2,k}(s) + \int_{\frac{s}{2}}^s (s-s')^{\frac{1}{2}}\|\partial_x^{k+1} v\|_{L_t^\infty L_x^2}\|dv\|_{L_{t,x}^\infty} ds'$$

$$+ \sum_{l=2}^{k+2} \sum_{\substack{\sum_{i=1}^l j_i = k+2, 1 \leqslant j_i \leqslant k}} \int_{\frac{s}{2}}^s (s-s')^{\frac{1}{2}}\|\partial_x^{j_1} v\|_{L_t^\infty L_x^2}\|\cdots\|_{L_{t,x}^\infty}\cdots\|\partial^{j_l} v\|_{L_{t,x}^\infty} ds'.$$

因此, 我们根据 (2.5.11) 和 (2.5.15) 可得

$$Z_{2,1}(s) \lesssim \|dv_0\|_{L_t^\infty L_x^2},$$

$$Z_{2,k'}(s) \lesssim \|dv_0\|_{L_t^\infty L_x^2}, \forall k' \leqslant k \Rightarrow Z_{2,k+1}(s) \lesssim \epsilon Z_{2,k+1}(s) + \|dv_0\|_{L_t^\infty L_x^2},$$

再通过转化为内蕴量得到 (2.5.13). 通过 (2.5.11)—(2.5.13), 以及将 $\|e^{s\Delta} f\|_{L_x^\infty} \lesssim s^{-\frac{d}{4}}\|f\|_{L_x^2}$ 应用到通过 Duhamel 原理写出的 v (参见引理 2.3.3), 我们容易得到 (2.5.14).

其次, 我们通过 bootstrap 获得 v 的 $L_t^\infty \dot{H}_x^{\frac{d}{2}}$ 估计. 令 $\hat{s} \geqslant 0$ 为最小的 s' 使得

$$\sup_{s \geqslant s'}\|d\mathcal{P}(e_l) - \chi_l^\infty\|_{L_t^\infty \dot{H}_x^{\frac{d}{2}}} \leqslant 1. \tag{2.5.16}$$

由于在第一步中已经验证了 (2.3.63), (2.3.64), 则可知存在一个足够大的 $s_1 \in (1,\infty)$, 使得 $\hat{s} \leqslant s_1$, 即 $\hat{s}$ 有限.

根据 $\partial_i v = d\mathcal{P}(e_l)\psi_i^l$, 对于 $s > \hat{s}$, 有

$$\|\partial_x v\|_{L_t^\infty \dot{H}_x^{\frac{d}{2}-1}} \leqslant \epsilon_1. \tag{2.5.17}$$

接着应用命题 2.1.1, 取初始时间为 $\hat{s}$, 可知对于所有 $s \geqslant \hat{s}$, 均有

$$\|d\mathcal{P}(e_l) - \chi_l^\infty\|_{L_t^\infty \dot{H}_x^{\frac{d}{2}}} \lesssim \epsilon_1. \tag{2.5.18}$$

将 (2.5.16) 和 (2.5.18) 进行比较, 我们由 bootstrap 知 $\hat{s} = 0$, 故 (2.5.16) 对所有 $s \geqslant 0$ 成立. 因此, (2.5.17) 也对所有 $s \geqslant 0$ 成立. 则我们的推论可直接由命题 2.1.1 得到. □

我们的主要结果是

命题 2.5.1 设 $\sigma \in [0,\vartheta]$. 假设 u 是由定理 2.5.1 给出的 SMF 解. 为了简化表示, 定义频率包络 $\{h_k(\sigma)\}$ 为

$$h_k(\sigma) = \sup_{s \geqslant 0, k' \in \mathbb{Z}} (1 + s2^{2k'})^4 2^{-\delta|k-k'|} 2^{(\frac{d}{2}-1)k'} 2^{\sigma k'}\|P_{k'}\psi_x\|_{L_t^\infty L_x^2 \cap L_{t,x}^{pd}}, \tag{2.5.19}$$

$$h_k := h_k(0). \tag{2.5.20}$$

假设

$$\sum_{\mathbb{Z}} h_k^2 \leqslant \epsilon_1. \tag{2.5.21}$$

则对所有 $0 \leqslant \mathbb{L} \leqslant \frac{1}{2}L - 1$, 有

$$\|P_k(d\mathcal{P}(e) - \chi^{\infty})\|_{L_{t,x}^{pd} \cap L_t^{\infty}L_x^2} \lesssim (1 + s2^{2k})^{-\mathbb{L}+1} 2^{-\frac{d}{2}k} 2^{-\sigma k} h_k(\sigma). \tag{2.5.22}$$

此外, 对于所有 $0 \leqslant \mathbb{L} \leqslant L - 2$, $\mathcal{G}'$ 和 $\mathcal{G}''$ 满足

$$\|P_k(\mathcal{G}')\|_{L_{t,x}^{pd} \cap L_t^{\infty}L_x^2} \lesssim (1 + s2^{2k})^{-\mathbb{L}+1} 2^{-\frac{d}{2}k} 2^{-\sigma k} h_k(\sigma), \tag{2.5.23}$$

$$\|P_k(\mathcal{G}'')\|_{L_{t,x}^{pd} \cap L_t^{\infty}L_x^2} \lesssim (1 + s2^{2k})^{-\mathbb{L}+1} 2^{-\frac{d}{2}k} 2^{-\sigma k} h_k(\sigma). \tag{2.5.24}$$

以及联络系数 A_x 满足

$$\|P_k A_x\|_{L_{t,x}^{pd} \cap L_t^{\infty}L_x^2} \lesssim 2^{-\sigma k + k}(1 + s2^{2k})^{-\mathbb{L}+1} h_{k,s}(\sigma), \tag{2.5.25}$$

其中, 我们定义了

$$h_{k,s}(\sigma) = \begin{cases} \displaystyle\sum_{-j \leqslant l \leqslant k} h_l(\sigma) h_l, & \text{当 } s \in [2^{2j-1}, 2^{2j+1}), k+j \leqslant 0, \\ 2^{k+j} h_{-j} h_k(\sigma), & \text{当 } s \in [2^{2j-1}, 2^{2j+1}), k+j \geqslant 0. \end{cases} \tag{2.5.26}$$

证明　设 $0 \leqslant \mathbb{L} \leqslant \frac{1}{2}L - 1$.

步骤 1.1 (证明 (2.5.22))　我们验证 $\partial_x v$ 的估计:

$$2^{\frac{d}{2}k-k}\|P_k \partial_x v(\lceil_{s=0})\|_{L_t^{\infty}L_x^2 \cap L_{t,x}^{pd}} \lesssim 2^{-\sigma k} h_k(\sigma), \tag{2.5.27}$$

$$2^{\frac{d}{2}k-k}\|P_k \partial_x v(s)\|_{L_t^{\infty}L_x^2 \cap L_{t,x}^{pd}} \lesssim 2^{-\sigma k} h_k(\sigma)(1 + s2^{2k})^{-\mathbb{L}}. \tag{2.5.28}$$

现在, 我们来证明 (2.5.27). 以下将频繁使用如下双线性估计:

$$\|P_k(fg)\|_{L_t^{pd}L_x^{pd}} \lesssim \|P_{[k-4,k+4]}f\|_{L_t^{pd}L_x^{pd}} \|P_{\leqslant k-4}g\|_{L_t^{\infty}L_x^{\infty}}$$
$$+ \sum_{k_1 \geqslant k-4} 2^{\frac{d}{2}k}\|P_{k_1}f\|_{L_t^{pd}L_x^{pd}} \|P_{[k_1-8,k_1+8]}g\|_{L_t^{\infty}L_x^2}$$
$$+ \sum_{k_2 \leqslant k-4} \|P_{k_2}f\|_{L_t^{pd}L_x^{\infty}} \|P_{[k-4,k+4]}g\|_{L_t^{\infty}L_x^{pd}}, \tag{2.5.29}$$

以及

$$\|P_k(fg)\|_{L_t^\infty L_x^2} \lesssim \|P_{[k-4,k+4]}f\|_{L_t^\infty L_x^2}\|P_{\leqslant k-4}g\|_{L_t^\infty L_x^\infty}$$
$$+ \sum_{k_1 \geqslant k-4} 2^{\frac{d}{2}k}\|P_{k_1}f\|_{L_t^\infty L_x^2}\|P_{[k_1-8,k_1+8]}g\|_{L_t^\infty L_x^2}$$
$$+ \sum_{k_2 \leqslant k-4} \|P_{k_2}f\|_{L_t^\infty L_x^\infty}\|P_{[k-4,k+4]}g\|_{L_t^\infty L_x^2}. \tag{2.5.30}$$

根据 $h_k(\sigma)$ 的定义和推论 2.5.1, 有

$$2^{\frac{d}{2}k-k}\|P_k\psi_x\restriction_{s=0}\|_{L_{t,x}^{p_d}\cap L_t^\infty L_x^2} \leqslant 2^{-\sigma k}h_k(\sigma),$$
$$2^{\frac{d}{2}k}(1+s2^{2k})^{\mathbb{L}}\|P_k(d\mathcal{P}(e)-\chi^\infty)\|_{L_t^\infty L_x^2} \leqslant \epsilon. \tag{2.5.31}$$

然后根据等式 $\partial_i v = \sum_{l=1}^{2n}\psi_i^l d\mathcal{P}(e_l)$ 和双线性估计 (2.5.29), (2.5.30), 得到

$$\|P_k\partial_x v(\restriction_{s=0})\|_{L_{t,x}^{p_d}\cap L_t^\infty L_x^2} \lesssim 2^{-\frac{d}{2}k+k}2^{-\sigma k}h_k(\sigma) + 2^{\frac{d}{2}k}\sum_{k_1 \geqslant k-4}2^{-dk_1+k_1}2^{-\sigma k_1}h_{k_1}(\sigma)$$
$$+ 2^{-\frac{d}{2}k}2^{d(\frac{1}{2}-\frac{1}{p_d})k}\sum_{k_2 \leqslant k-4}2^{k_2-\sigma k_2}2^{\frac{d}{p_d}k_2}h_{k_2}(\sigma)$$
$$+ 2^{-\frac{d}{2}k}\sum_{k_2 \leqslant k-4}h_{k_2}(\sigma)2^{k_2-\sigma k_2}.$$

由于 $d \geqslant 3$, 通过频率包络的缓慢变化性, 可知对于 $\sigma \in [0,\vartheta]$, 有

$$2^{\frac{d}{2}k-k}\|P_k\partial_x v\restriction_{s=0}\|_{L_t^{p_d}L_x^{p_d}\cap L_t^\infty L_x^2} \lesssim 2^{-\sigma k}h_k(\sigma). \tag{2.5.32}$$

因此 (2.5.27) 得证.

现在, 让我们考虑 (2.5.28). 这个结果可由 (2.5.27) 和第 1 章引理 1.3.2 的方法推出. 此外, 引理 2.3.2 和引理 2.2.2 的论证事实上给出了以下精细估计:

$$2^{\frac{d}{2}k}\|P_k v\|_{L_{t,x}^{p_d}\cap L_t^\infty L_x^2} \lesssim_M 2^{-\sigma k}\widetilde{h}_k(\sigma)(1+2^{2k}s)^{-M}, \tag{2.5.33}$$

$$\|P_k\partial_s v\|_{L_{t,x}^{p_d}\cap L_t^\infty L_x^2} \lesssim_M 2^{-\sigma k}(1+2^{2k}s)^{-M}2^{2k-\frac{d}{2}k}\widetilde{h}_k(\sigma), \tag{2.5.34}$$

其中, $M \in \left[0, \frac{1}{2}L'-1\right]$, 并且 $\{\widetilde{h}_k(\sigma)\}$ 被定义为

$$\widetilde{h}_k(\sigma) = \sup_{k\in\mathbb{Z}} 2^{-\delta|k-k'|}2^{\frac{d}{2}k'}\|P_{k'}v_0\|_{L_{t,x}^{p_d}\cap L_t^\infty L_x^2}.$$

而 (2.5.32) 表明对于 $\sigma \in [0, \vartheta]$, 有

$$\widetilde{h}_k(\sigma) \lesssim h_k(\sigma). \tag{2.5.35}$$

步骤 1.2 我们将 (2.5.34) 转换为 ψ_s 的估计.

使用双线性估计 (2.5.29), (2.5.30) 控制 $\partial_s v(d\mathcal{P}(e) - \chi^\infty)$, 我们通过 (2.5.34) 和 (2.5.31) 可得, 对于所有 $\sigma \in [0, \vartheta]$, 有

$$(1 + s2^{2k})^{\mathbb{L}} \|P_k \psi_s\|_{L_t^\infty L_x^2 \cap L_{t,x}^{p_d}} \lesssim 2^{-\frac{d}{2}k + 2k} 2^{-\sigma k} h_k(\sigma). \tag{2.5.36}$$

步骤 1.3 我们估计 $\|P_k(d\mathcal{P}(e) - \chi^\infty)\|_{L_{t,x}^{p_d}}$. 回忆

$$d\mathcal{P}(e) - \chi^\infty = -\int_s^\infty (\mathbf{D}d\mathcal{P})(e; e)\psi_s ds', \tag{2.5.37}$$

其中 χ^∞ 表示 $\lim_{s \to \infty} d\mathcal{P}(e)$. 类似于引理 3.4.1, 我们对 $(\mathbf{D}d\mathcal{P})(e; e)$ 有 $L_t^\infty L_x^2$ 的估计: 对于任意 $0 \leqslant j \leqslant L$, 有

$$\|\partial_x^j (\mathbf{D}d\mathcal{P}(e; e))\|_{L_t^\infty \dot{H}_x^{\frac{d}{2}}} \lesssim \epsilon 2^{-\frac{j}{2}s}. \tag{2.5.38}$$

故而应用双线性估计 (2.5.29), (2.5.30) 到 (2.5.37) 中, 我们由 (2.5.36) 和 (2.5.38) 可得

$$\|P_k[(\mathbf{D}d\mathcal{P})(e; e)\psi_s]\|_{L_t^\infty L_x^2 \cap L_{t,x}^{p_d}} \lesssim 2^{-\frac{d}{2}k} h_k(\sigma) 2^{-\sigma k} (1 + s2^{2k})^{-\mathbb{L}}.$$

因此, 通过对上述估计在 $s' \in [s, \infty)$ 进行积分, 可得对于任意 $k \in \mathbb{Z}$, $0 \leqslant \mathbb{L} \leqslant \frac{1}{2}L - 1$, 有

$$\|P_k(d\mathcal{P}(e) - \chi^\infty)\|_{L_{t,x}^{p_d} \cap L_t^\infty L_x^2} \lesssim (1 + s2^{2k})^{-\mathbb{L}+1} 2^{-\frac{d}{2}k} 2^{-\sigma k} h_k(\sigma).$$

特别地, (2.5.22) 成立.

步骤 2 (证明 (2.5.23), (2.5.24)) 使用与步骤 1.3 相同的论证可得

$$\mathcal{G}' = \int_s^\infty \psi_s \Omega^\infty ds' + \int_s^\infty \psi_s \mathcal{G}'' ds', \quad \Omega_{l,p}^\infty := \lim_{s \to \infty} (\nabla^2 \mathbf{R})(e_l, e_p; e, e, e, e),$$

$$\mathcal{G}'' = \int_s^\infty \psi_s \Lambda^\infty ds' + \int_s^\infty \psi_s \mathcal{G}''' ds', \quad \Lambda_{l,p,j}^\infty := \lim_{s \to \infty} (\nabla^3 \mathbf{R})(e_l, e_p, e_j; e, e, e, e),$$

$$2^{\frac{d}{2}k} \|P_k g\|_{L_t^\infty L_x^2} \lesssim \epsilon (1 + s2^{2k})^{-\mathbb{L}}, \quad \forall g = \mathcal{G}'', \mathcal{G}'''.$$

注意最后一行可以由引理 2.4.3 证明.

步骤 3 (证明 (2.5.25))　我们证明 (2.5.25). 将双线性 Littlewood-Paley 分解应用于 $\partial_i v \cdot d\mathcal{P}(e_l) = \psi_i^l$, 由 (2.5.33) 和 (2.5.22) 可得

$$2^{\frac{d}{2}k-k}\|P_k\psi_x\|_{L^{p_d}_{t,x}\cap L^\infty_t L^2_x} \lesssim 2^{-\sigma k}h_k(\sigma)(1+2^{2k}s)^{-\mathbb{L}+1}. \tag{2.5.39}$$

回忆 (2.4.69) 中 A_x 的表达式和 $\mathcal{G}$ 的一阶分解:

$$[A_i]^p_q(s) = \sum \int_s^\infty (\psi_s \diamond \psi_x) \mathbf{R}(e_{l_0}, e_{l_1}, e_{l_2}, e_{l_3})\, ds', \tag{2.5.40}$$

$$\mathcal{G} := \sum \mathbf{R}(e_{l_0}, e_{l_1}, e_{l_2}, e_{l_3}) = \Gamma^\infty + \widetilde{\mathcal{G}} = \Gamma^\infty + \Xi^\infty \int_s^\infty \psi_s ds' + \int_s^\infty \psi_s \mathcal{G}' ds'.$$

由 (2.5.23) 和 (2.5.36) 可知, 曲率项 $\widetilde{\mathcal{G}}$ 满足

$$2^{\frac{d}{2}k}\|P_k\widetilde{\mathcal{G}}\|_{L^{p_d}_{t,x}\cap L^\infty_t L^2_x} \lesssim 2^{-\sigma k}h_k(\sigma)(1+2^{2k}s)^{-\mathbb{L}+1}.$$

因此, 由 (2.5.36), (2.5.39) 和 (2.5.40), 我们可得 (2.5.25).　　□

2.5.2　关于 t 变量的微分场

命题 2.5.1 已经追踪了沿热流方向在 $L^{p_d}_x L^\infty_t \cap L^\infty_t L^2_x$ 中 $\mathcal{G}'$ 和 $\mathcal{G}''$ 的估计. 未知的 F_k 的空间模块是 $L^{p_d}_x L^\infty_t$.

首先, 我们将 $L^{p_d}_x L^\infty_t$ 范数的估计简化为关于 $L^{p_d}_{t,x}$ 空间, 这将使我们在处理几何量时更加灵活.

引理 2.5.1　如果对于所有 $0 \leqslant \mathbb{L} \leqslant \frac{1}{2}L - 1$, $f = \mathcal{G}', \mathcal{G}''$, 下列公式成立

$$2^{\frac{d}{2}k}\|P_k f\|_{L^{p_d}_{t,x}} \lesssim_L 2^{-\sigma k}h_k(\sigma)(1+2^{2k}s)^{-\mathbb{L}+1}, \tag{2.5.41}$$

$$2^{\frac{d}{2}k-2k}2^{\frac{d}{2}k}\|\partial_t P_k f\|_{L^{p_d}_{t,x}} \lesssim_L 2^{-\sigma k}h_k(\sigma). \tag{2.5.42}$$

则对于所有 $0 \leqslant \mathbb{L} \leqslant \frac{1}{2}L - 1$, 并且 $f = \mathcal{G}', \mathcal{G}''$, 有

$$2^{-\frac{d}{d+2}k}\|\partial_x^L P_k f\|_{L^{p_d}_x L^\infty_t} \lesssim_L 2^{-\sigma k}h_k(\sigma)(1+2^{2k}s)^{\frac{1}{p_d}(1-\mathbb{L})}. \tag{2.5.43}$$

证明　通过 Gagliardo-Nirenberg 不等式和 Hölder 不等式, 可以得到

$$\|f\|_{L^{p_d}_x L^\infty_t} \lesssim \|f\|_{L^{p_d}_{t,x}}^{\frac{1}{p'_d}}\|\partial_t f\|_{L^{p_d}_{t,x}}^{\frac{1}{p_d}}, \tag{2.5.44}$$

其中 $\dfrac{1}{p'_d} + \dfrac{1}{p_d} = 1$. 由此, 推论直接成立.　　□

设 $\sigma \in [0, \vartheta]$, 命题 2.5.1 已验证了 (2.5.41). 因此, 引理 2.5.1 将问题简化为证明 (2.5.42). 为此, 我们需要以下结果.

引理 2.5.2　设 $d \geqslant 3$. 假设 u 是命题 2.5.1 中给出的 SMF 解. 设 (2.5.21) 成立. 进一步假设

$$\|P_k(A_x)\|_{F_k \cap S_k^{\frac{1}{2}}} \lesssim 2^{-\frac{d}{2}k+k}2^{-\sigma k}h_{k,s}(\sigma)(1+2^{2k}s)^{-4}, \tag{2.5.45}$$

$$\|P_k(\widetilde{\mathcal{G}})\|_{F_k} \lesssim 2^{-\frac{d}{2}k}2^{-\sigma k}h_k(\sigma)(1+2^{2k}s)^{-4}. \tag{2.5.46}$$

则相应的微分场 ϕ_t 和联络系数 A_t 满足

$$\|P_k\phi_t\|_{L_{t,x}^{p_d}} \lesssim 2^{-\frac{d}{2}k+2k}2^{-\sigma k}h_k(\sigma)(1+2^{2k}s)^{-2}, \tag{2.5.47}$$

$$\|P_k(A_t)\|_{L_{t,x}^{p_d}} \lesssim 2^{-\frac{d}{2}k+2k}2^{-\sigma k}h_k(\sigma)(1+s2^{2k})^{-1}. \tag{2.5.48}$$

证明　**步骤 1**　在这一步, 我们将证明由 (2.5.45)—(2.5.46) 可推出

$$\|P_kA_x(\upharpoonright_{s=0})\|_{L_{t,x}^{p_d}} \lesssim 2^{-\frac{d}{2}k+k}2^{-\sigma k}h_k(\sigma). \tag{2.5.49}$$

由于 $\phi_s = \sum_i D_i\phi_i$, 结合 (2.5.45) 和引理 2.8.3 的双线性估计, 我们得到

$$\|P_k\phi_s\|_{L_{t,x}^{p_d}} \lesssim 2^{-\frac{d}{2}k+2k}2^{-\sigma k}h_k(\sigma)(2^{2k}s)^{-\frac{3}{8}}(1+s2^{2k})^{-3}. \tag{2.5.50}$$

回顾

$$A_i(0) = \int_0^\infty (\phi_i \diamond \phi_s)\mathcal{G}ds' = \int_0^\infty (\phi_i \diamond \phi_s)\widetilde{\mathcal{G}}ds' + \int_0^\infty (\phi_i \diamond \phi_s)\Gamma^\infty ds'.$$

因此, 由 (2.5.46), (2.5.50) 和引理 2.8.3 的双线性估计可给出 (2.5.49).

步骤 2　在这一步, 我们将证明 (2.5.47) 是 (2.5.45), (2.5.46) 的推论, 如果已得到

$$\|P_k\phi_t(\upharpoonright_{s=0})\|_{L_{t,x}^{p_d}} \lesssim 2^{-\frac{d}{2}k+2k}2^{-\sigma k}h_k(\sigma). \tag{2.5.51}$$

回忆 ϕ_t 满足

$$\partial_s\phi_t - \Delta\phi_t = L_1(\phi_t) + L_2(\phi_t),$$

$$L_1(\phi_t) = \sum_{i=1} 2\partial_i(A_i\phi_t) + \left[\sum_{i=1} A_l^2 - \partial_l A_l\right]\phi_t,$$

$$L_2(\phi_t) = \sum_{i=1} (\phi_t \diamond \phi_i) \diamond \phi_i\mathcal{G}.$$

因此, 根据 Duhamel 原理, 我们有

$$\phi_t = e^{s\Delta}\phi_t(\lceil_{s=0}) + \int_0^s e^{(s-\tau)\Delta}[L_1(\phi_t(\tau)) + L_2(\phi_t(\tau))]d\tau.$$

在假设 (2.5.51) 的条件下, 通过唯一性论证, 为了证明 (2.5.47), 只需验证

$$\|\phi_t(s)\|_{L_{t,x}^{p_d}} \lesssim h_k(\sigma)2^{-\sigma k+\frac{d}{2}k}(1+2^{2k}s)^{-2}$$

$$\Downarrow$$

$$\int_0^s \|e^{(s-\tau)\Delta}[L_1(\phi_t(\tau)) + L_2(\phi_t(\tau))]\|_{L_{t,x}^{p_d}}d\tau \lesssim \varepsilon^2 h_k(\sigma)2^{-\sigma k+\frac{d}{2}k}(1+2^{2k}s)^{-2}.$$

注意到这可由引理 2.8.3 的双线性估计推出.

步骤 3   在这一步, 让我们验证 (2.5.51). 当 $s = 0$ 时, 有 $\phi_t = \sqrt{-1}D_i\phi_i$. 使用 (2.5.49) 估计 $\|P_k(A_x\phi_x)(\lceil_{s=0})\|_{L_{t,x}^{p_d}}$, 并利用双线性 Littlewood-Paley 分解和 $d \geqslant 3$, 我们可得 (2.5.51). 因此, (2.5.47) 成立.

步骤 4   在这一步, 让我们证明 (2.5.48). 回忆

$$A_t(s) = \Gamma^\infty \int_s^\infty \phi_s \diamond \phi_t ds' + \int_s^\infty (\phi_s \diamond \phi_t)\widetilde{\mathcal{G}}ds'. \qquad (2.5.52)$$

我们在 (2.5.36) 中看到, 对于 $d \geqslant 3$,

$$2^{\frac{d}{2}k-2k}\|P_k\phi_s\|_{L_t^\infty L_x^2 \cap L_{t,x}^{p_d}} \lesssim 2^{-\sigma k}h_k(\sigma)(1+s2^{2k})^{-\mathbb{L}}.$$

由于 $d \geqslant 3$, 双线性 Littlewood-Paley 分解对于 $s \in [2^{2j-1}, 2^{2j+1})$, $k, j \in \mathbb{Z}$ 可给出

$$\|P_k(\phi_s \diamond \phi_t)\|_{L_{t,x}^{p_d}} \lesssim \mathbf{1}_{k+j\geqslant 0}2^{-\frac{d}{2}k+2k}(1+s2^{2k})^{-2}2^{-\sigma k}h_k(\sigma)$$

$$+ \mathbf{1}_{k+j\leqslant 0}2^{dj-4j}2^{\frac{d}{2}k}2^{-\sigma k}h_{-j}(\sigma)h_{-j}. \qquad (2.5.53)$$

当 $d \geqslant 3$, 对 $s' \geqslant [s, \infty)$ 积分 (2.5.53) 可得

$$\int_s^\infty \|P_k(\phi_s \diamond \phi_t)\|_{L_t^\infty L_x^2 \cap L_{t,x}^{p_d}}ds' \lesssim 2^{-\frac{d}{2}k+2k}(1+s2^{2k})^{-1}2^{-\sigma k}h_k(\sigma),$$

由此, (2.5.52) 的第一项之估计成立. 此外, (2.5.53), (2.5.46) 和双线性 Littlewood-Paley 分解可推导出对于任意 $s \in [2^{2j-1}, 2^{2j+1})$, $k, j \in \mathbb{Z}$, 有

$$\|P_k(\phi_s \diamond \phi_t)\widetilde{\mathcal{G}}\|_{L_{t,x}^{p_d}} \lesssim \mathbf{1}_{k+j\geqslant 0}h_k(\sigma)2^{-\frac{d}{2}k+2k}(1+s2^{2k})^{-2}$$

$$+ 1_{k+j \leqslant 0} 2^{dj-4j} 2^{\delta|k+j|} 2^{\frac{d}{2}k} 2^{-\sigma k} h_{-j}(\sigma) h_{-j}. \tag{2.5.54}$$

当 $d \geqslant 3$, 对 $s' \geqslant [s, \infty)$ 积分 (2.5.54) 可为 (2.5.52) 右端第二项给出可接受的估计. 因此, (2.5.48) 成立. □

以下是本节的主要结果.

命题 2.5.2 令 $d \geqslant 3$, $\sigma \in [0, \vartheta]$. 假设 u 是命题 2.5.1 中给出的 SMF 解. 那么, 对于所有 $s > \infty$, $\mathbb{L} \in [0, \frac{1}{2}L - 1]$, 我们有

$$\|P_k(\mathcal{G}')\|_{L_t^\infty L_x^2 \cap L_{t,x}^{p_d}} + \|P_k(\mathcal{G}'')\|_{L_t^\infty L_x^2 \cap L_{t,x}^{p_d}} \lesssim 2^{-\frac{d}{2}k} 2^{-\sigma k} h_k(\sigma)(1 + s2^{2k})^{-\mathbb{L}+1},$$
$$\tag{2.5.55}$$

$$2^{-\frac{d}{d+2}k} \|P_k(\mathcal{G}')\|_{L_x^{p_d} L_t^\infty} \lesssim 2^{-\frac{d}{2}k} 2^{-\sigma k} h_k(\sigma)(1 + s2^{2k})^{(1-\mathbb{L})/p_d'}. \tag{2.5.56}$$

实际上, (2.5.55), (2.5.56) 对所有 $\{\mathcal{G}^{(j)}\}_{j=0}^\infty$ 成立, 其中我们记

$$\widetilde{\mathcal{G}}^{(j)} = (\nabla^j \mathbf{R})(\underbrace{e, \cdots, e}_{j}; \underbrace{e, \cdots, e}_{4}) - \text{limit} = \mathcal{G}^{(j)} - \text{limit}. \tag{2.5.57}$$

证明 (2.5.55) 已经在命题 2.5.1 中被证明. 根据引理 2.5.1, 只需证明 (2.5.42). 我们有

$$\partial_t \mathcal{G}' = \nabla^2 \mathbf{R}(\partial_t v, e_x; e_x, \cdots, e_x) + \sum_{\substack{4 \\ \sum_{z=0} j_z = 1}} \nabla \mathbf{R}(\nabla_t^{j_0} e_x; \nabla_t^{j_1} e_x, \cdots, \nabla_t^{j_4} e_x).$$

注意到, 形式上

$$\partial_t \mathcal{G}' = \phi_t \mathcal{G}'' + A_t \mathcal{G}'. \tag{2.5.58}$$

由于 $d \geqslant 3$, 将双线性 Littlewood-Paley 分解应用于 (2.5.58), 再由 (2.5.55) 和引理 2.5.2 可得到

$$\|P_k(\phi_t \mathcal{G}')\|_{L_{t,x}^{p_d}} + \|P_k(A_t \mathcal{G}')\|_{L_{t,x}^{p_d}} \lesssim 2^{-\frac{d}{2}k+2k} 2^{-\sigma k} h_k(\sigma)(1 + 2^{2k}s)^{-1}, \tag{2.5.59}$$

由此推得 (2.5.42).

最后, 我们注意到通过重复前述论证, (2.5.57) 对所有 j 都成立. □

2.6 对于 $d \geqslant 3$ 定理 2.1.1 的证明

2.6.1 迭代前

如在 2.1 节中提到的, 关键是控制沿热流方向的 A_x 的 $F_k \cap S^{\frac{1}{2}}$ 范数 (参见 (2.1.33)) 以及 $\widetilde{\mathcal{G}}$ 沿热流方向的 F_k 范数.

回忆 $\widetilde{\mathcal{G}}$ 的表达式:

$$\widetilde{\mathcal{G}} = \mathcal{G} - \Gamma^\infty = \mathcal{U}_0 + \mathcal{U}_1,$$

$$-\mathcal{U}_0 := \Xi^\infty \int_s^\infty (\partial_i \phi_i) ds', \tag{2.6.1}$$

$$-\mathcal{U}_1 := \Xi^\infty \int_s^\infty (A_i \phi_i) ds' + \int_s^\infty (\partial_i \phi_i) \mathcal{G}' ds' + \int_s^\infty (A_i \phi_i) \mathcal{G}' ds'. \tag{2.6.2}$$

引理 2.6.1　设 $d \geqslant 3$, $\sigma \in [0, \vartheta]$. 假设 u 是 $C([-T, T]; \mathcal{Q}(\mathbb{R}^d, \mathcal{N}))$ 中的 SMF 解. 并且设 $\{h_k(\sigma)\}$ 是频率包络, 满足

$$2^{(\frac{d}{2}-1)k} \|P_k \phi_x(s)\|_{F_k} \lesssim 2^{-\sigma k} h_k(\sigma)(1 + s2^{2k})^{-4}. \tag{2.6.3}$$

假设

$$\|h_k(0)\|_{\ell^2} \leqslant \epsilon \ll 1, \tag{2.6.4}$$

$$2^{\frac{d}{2}k} \|P_k \mathcal{U}_1\|_{F_k} \lesssim (1 + 2^{2k}s)^{-4} h_k. \tag{2.6.5}$$

则有

$$2^{\frac{d}{2}k-k} \|P_k A_x\|_{F_k \cap S_k^{\frac{1}{2}}} \lesssim (1 + 2^{2k}s)^{-4} 2^{-\sigma k} h_{k,s}(\sigma), \tag{2.6.6}$$

其中 $h_{k,s}(\sigma)$ 由 (2.5.26) 定义.

证明　由于 (2.6.3) 控制了 (2.6.1), 并且 (2.6.5) 控制了 (2.6.2), 我们得到

$$2^{\frac{d}{2}k} \|P_k \widetilde{\mathcal{G}}\|_{F_k} \leqslant (1 + s2^{2k})^{-4} 2^{-\sigma k} h_k(\sigma). \tag{2.6.7}$$

令 $B \geqslant 1$ 表示最小常数, 使得

$$(1 + s2^{2k})^4 2^{\frac{d}{2}k-k} \|P_k A_x\|_{F_k \cap S_k^{\frac{1}{2}}} \leqslant B 2^{-\sigma k} h_{k,s}(\sigma), \tag{2.6.8}$$

对于所有 $\sigma \in [0, \vartheta], k \in \mathbb{Z}, s > \infty$.

通过引理 2.2.1 和引理 2.8.1中的双线性估计得到

$$2^{\frac{d-2}{2}k+\sigma k} \int_s^\infty \|P_k[(\phi_s \diamond \phi_x) \widetilde{\mathcal{G}}]\|_{F_k \cap S_k^{\frac{1}{2}}} ds' \lesssim (B\epsilon + 1) h_{k,s}(\sigma). \tag{2.6.9}$$

回忆

$$A_i(s) = \int_s^\infty (\phi_i \diamond \phi_s) \mathcal{G} ds' = \int_s^\infty (\phi_i \diamond \phi_s) \widetilde{\mathcal{G}} ds' + \int_s^\infty (\phi_i \diamond \phi_s) \Gamma^\infty ds'.$$

因此, 我们有

$$B \lesssim 1 + \epsilon B,$$

据此, (2.6.6) 得证. □

我们现在证明 (2.6.5) 的一个更强的估计.

引理 2.6.2 设 $d \geqslant 3$, $\sigma \in [0, \vartheta]$. 假设 u 是满足引理 2.6.1的 SMF 解. 则对于所有 $k \in \mathbb{Z}$, 我们有

$$\|P_k \mathcal{U}_1\|_{F_k} \lesssim \epsilon 2^{-\frac{d}{2}k} 2^{-\sigma k} h_k(\sigma)(1 + s2^{2k})^{-4}. \tag{2.6.10}$$

证明 回忆 $F_k \hookrightarrow L_{t,x}^{pd} \cap L_t^{\infty} L_x^2$ 在 L_k^2 中成立. 设 $d \geqslant 3$, 则引理 2.6.1 和 (2.6.7) 表明, 对于引理 2.6.2 中的 u, 引理 2.5.2 的假设 (2.5.45), (2.5.46) 成立. 因此, 通过命题 2.5.2, 我们得到 (2.5.55), (2.5.56).

双线性估计. 我们将使用引理 2.2.1 进行双线性估计. 假设 $s \in [2^{2j_0} - 1, 2^{2j_0+1})$. 我们分 $k + j_0 \geqslant 0$ 或 $k + j_0 \leqslant 0$ 两种情况来证明引理. 对于 $s' \in [2^{2j} - 1, 2^{2j+1})$, 假设 (2.6.3) 和引理 2.6.1给出

$$\|A_i \phi_i\|_{F_k} \lesssim 2^{2k - \frac{d}{2}k} 2^{-\sigma k} 2^{-\frac{k+j}{2}} h_{-j}^2 h_{-j}(\sigma), \quad \text{若 } k + j \leqslant 0, \tag{2.6.11}$$

$$\|A_i \phi_i\|_{F_k} \lesssim 2^{2k - \frac{d}{2}k} 2^{-\sigma k} (1 + 2^{2k+2j})^{-4} h_{-j}^2 h_k(\sigma), \quad \text{若 } k + j \geqslant 0. \tag{2.6.12}$$

因此, 通过对 (2.6.11), (2.6.12) 进行积分, 可得 (2.6.1).

对于 (2.6.2), 可应用引理 2.2.1. 我们以 (2.6.2) 的更复杂的项 $\int_s^{\infty} (A_i \phi_i)\mathcal{G}' ds'$ 为例来展示证明过程, 而 $\partial_i \phi_i \mathcal{G}'$ 项更为简单. 使用引理 2.2.1, 则 $(A_i \phi_i)\mathcal{G}'$ 的 High × Low 部分由下式控制:

$$\sum_{|k_1 - k| \leqslant 4} \|P_k(P_{k_1}(A_i \phi_i) P_{\leqslant k-4} \mathcal{G}')\|_{F_k} \lesssim \|P_k(A_i \phi_i)\|_{F_k}. \tag{2.6.13}$$

因此, High × Low 部分的估计和 (2.6.11), (2.6.12) 一致. 这完成了 (2.6.10) 的证明.

现在考虑 $(A_i \phi_i)\mathcal{G}'$ 的 Low × High 部分. 根据引理 2.2.1, 以及 (2.5.55), (2.5.56) 有

$$\sum_{|k_2 - k| \leqslant 4, k_1 \leqslant k-4} \|P_k(P_{k_1}(A_i \phi_i) P_{k_2} \mathcal{G}')\|_{F_k}$$

$$\lesssim \sum_{|k - k_2| \leqslant 4, k_1 \leqslant k-4} 2^{\frac{d-1}{2}(k_1 - k)} \|P_{k_1}(A_i \phi_i)\|_{F_{k_1}} \|P_k \mathcal{G}'\|_{L^{\infty}}$$

$$+ \|P_{k_1}(A_i\phi_i)\|_{L^\infty} 2^{\frac{d}{d+2}k} \|P_k\mathcal{G}'\|_{L_x^{p_d}L_t^\infty}$$

$$\lesssim \sum_{|k-k_2|\leqslant 4, k_1\leqslant k-4} 2^{-\sigma k} h_k(\sigma) \Big(2^{\frac{d-1}{2}(k_1-k)} \|P_{k_1}(A_i\phi_i)\|_{F_{k_1}}$$

$$+ 2^{-\frac{d}{2}k} 2^{\frac{d}{2}k_1} \|P_{k_1}(A_i\phi_i)\|_{F_{k_1}} \Big). \tag{2.6.14}$$

然后通过 (2.6.11), 当 $k+j_0 \geqslant 0$ 时, 可得 (2.6.14) 由下式控制:

$$(1+2^{2k+2j})^{-10} 2^{-\sigma k} h_k(\sigma) \sum_{-j\leqslant k_1\leqslant k-4} \Big(2^{\frac{d-1}{2}(k_1-k)} 2^{-\frac{d}{2}k_1+2k_1} + 2^{-\frac{d}{2}k} 2^{2k_1} \Big) h_{-j}^2 h_{k_1}$$

$$+ (1+2^{2k+2j})^{-10} 2^{-\sigma k} h_k(\sigma)$$

$$\times \sum_{k_1\leqslant -j} \Big(2^{\frac{d-1}{2}(k_1-k)} 2^{-\frac{d}{2}k_1+2k_1} + 2^{-\frac{d}{2}k} 2^{2k_1} \Big) 2^{-\frac{k_1+j}{2}} h_{-j}^2 h_{k_1}$$

$$\lesssim (1+2^{2k+2j})^{-10} 2^{-\sigma k} h_k(\sigma) \Big(2^{-\frac{d}{2}k+2k} h_{-j}^2 h_k + h_{-j}^3 2^{-\frac{3}{2}j} 2^{-\frac{d-1}{2}k} + h_{-j}^3 2^{-\frac{d}{2}k} 2^{-2j} \Big).$$

因此, 对于 $k+j_0 \geqslant 0$ 的 $(A_i\phi_i)\mathcal{G}'$ 的 Low × High 部分, 通过在 $s \geqslant 2^{2j_0-1}$ 上积分, 可得所需估计.

　　根据 (2.6.12), 当 $k+j \leqslant 0$ 时, (2.6.14) 有上界:

$$2^{-\sigma k} h_k(\sigma) \sum_{k_1\leqslant k} \Big(2^{\frac{d-1}{2}(k_1-k)} 2^{-\frac{d}{2}k_1+2k_1} + 2^{-\frac{d}{2}k} 2^{2k_1} \Big) 2^{-\frac{k_1+j}{2}} h_{-j}^2 h_{k_1}$$

$$\lesssim 2^{-\sigma k} h_k(\sigma) h_{-j}^2 h_k 2^{-\frac{k+j}{2}} 2^{-\frac{d}{2}k+2k}.$$

因此, 当 $k+j_0 \leqslant 0$, $(A_i\phi_i)\mathcal{G}'$ 的 Low × High 部分满足以下估计:

$$\int_s^\infty \|P_k^{lh}[(A_i\phi_i)\mathcal{G}']\|_{F_k} ds'$$

$$\lesssim \sum_{j_0\leqslant j\leqslant -k} 2^{2j} 2^{-\sigma k} h_k(\sigma) h_{-j}^2 h_k 2^{-\frac{k+j}{2}} 2^{-\frac{d}{2}k+2k}$$

$$+ \sum_{-k\leqslant j<\infty} 2^{2j} (1+2^{2k+2j})^{-10} 2^{-\sigma k} h_k(\sigma)$$

$$\times \Big(2^{-\frac{d}{2}k+2k} h_{-j}^2 h_k + h_{-j}^3 2^{-\frac{3}{2}j} 2^{-\frac{d-1}{2}k} + h_{-j}^3 2^{-\frac{d}{2}k} 2^{-2j} \Big)$$

$$\lesssim 2^{-\sigma k} h_k(\sigma) h_k^3 2^{-\frac{d}{2}k}.$$

因此, 所有三个作用部分已经处理完毕, 引理证毕. □

推论 2.6.1　令 $d \geqslant 3$, $\sigma \in [0, \vartheta]$. 假设 $u \in C([-T, T]; Q(\mathbb{R}^d, \mathcal{N}))$ 是满足 (2.6.3) 和 (2.6.4) 的 SMF 解. 则对于所有 $k \in \mathbb{Z}$, 我们有

$$\|P_k \widetilde{\mathcal{G}}\|_{F_k} \lesssim 2^{-\frac{d}{2}k} 2^{-\sigma k} h_k(\sigma)(1 + s2^{2k})^{-4}. \tag{2.6.15}$$

此外, 联络系数满足

$$\|P_k A_x(s)\|_{F_k \cap S_k^{\frac{1}{2}}} \lesssim 2^{-\frac{d}{2}k+k} 2^{-\sigma k} h_{k,s}(\sigma)(1 + s2^{2k})^{-4}. \tag{2.6.16}$$

证明　定义函数 $\Phi : [0, T_*) \to \mathbb{R}^+$ 为

$$\Phi(T) := \sup_{T' \in [0,T]} \sup_{s>0, k\in\mathbb{Z}} 2^{\frac{d}{2}k} 2^{\sigma k} h_k^{-1}(\sigma)(1 + s2^{2k})^4 \|P_k \mathcal{U}_1\|_{F_k(T')}. \tag{2.6.17}$$

由 Sobolev 嵌入定理、引理 2.7.1 和 $\{h_k(\sigma)\}$ 是频率包络的事实, 可知 $\Phi(T)$ 是 $T \in [0, T_*)$ 上的连续函数. 令 $\mathbf{u}(s, x)$ 是具有初值 u_0 的热流方程的解. 由 $F_k \hookrightarrow L_x^2 L_t^\infty \cap L^{pd}$, 可知

$$\lim_{T\downarrow 0} \Phi(T) = \sup_{s>0, k\in\mathbb{Z}} 2^{\frac{d}{2}k} 2^{\sigma k} h_k^{-1}(\sigma)(1 + s2^{2k})^4 \|P_k \mathbf{U}_1\|_{L_x^2}, \tag{2.6.18}$$

其中 $\mathbf{U}_1$ 定义为

$$\mathbf{U}_1 = \int_s^\infty \phi_s \mathcal{G}' ds'. \tag{2.6.19}$$

我们在引理 2.5.1 的证明中已看到 (2.6.18) 的右侧由 ϵ_1 控制, 因此有

$$\lim_{T\downarrow 0} \Phi(T) \lesssim \epsilon_1. \tag{2.6.20}$$

我们已在引理 2.6.2 中看到 (2.6.5) $\Rightarrow$ (2.6.10), 故而

$$\Phi(T) \lesssim 1 \Rightarrow \Phi(T) \lesssim \epsilon_1. \tag{2.6.21}$$

通过反复迭代, 对于所有 $T \in [0, T_*)$, 我们有

$$\Phi(T) \lesssim \epsilon_1.$$

然后, 通过添加 $\|\mathcal{U}_0\|_{F_k}$ 部分, 可得 $\widetilde{\mathcal{G}}$ 的估计 (2.6.15). 　　　□

联络估计 (2.6.16) 足以控制 $\phi_{x,t}$ 在热方向上的演化. 对于 $s = 0$, (2.6.16) 足以控制 ϕ_x 在 Schrödinger 方向上的演化. 事实上, 它足以控制形如

$$\phi_\mu \phi_\nu \widetilde{\mathcal{G}}$$

的三次项在 F_k, L^{pd} 和 N_k 空间中的行为.

在研究 Schrödinger 方向演化之前, 我们需要以下引理.

引理 2.6.3　令 $\sigma \in [0, \vartheta]$ 且 ϵ_0 为一个足够小的常数. 假设 v 是具有初值 $u_0 \in \mathcal{Q}(\mathbb{R}^d; \mathcal{N})$ 的热流. 令 $\{c_k(\sigma)\}$ 为另一频率包络, 其阶为 $\frac{1}{8}\delta$, 满足

$$2^{\frac{d}{2}k}\|P_k u_0\|_{L_x^2} \leqslant c_k(\sigma) 2^{-\sigma k}, \quad \forall \sigma \in [0, \vartheta].$$

令 $c_k = c_k(0)$, 并假设 $\{c_k\}$ 是一个 ϵ_0-频率包络. 则当 $t = 0, s = 0$ 时, 对所有 $i = 1, \cdots, d$ 和 $k \in \mathbb{Z}$, 有

$$2^{\frac{d}{2}k-k}\|P_k \phi_i\|_{L_x^2} \lesssim c_k(\sigma) 2^{-\sigma k}. \tag{2.6.22}$$

证明　由引理 2.3.1, 对于 $\sigma \in [0, \vartheta]$ 有

$$2^{\frac{d}{2}k-k}\|P_k v\|_{L_x^2} \lesssim c_k(\sigma) 2^{-\sigma k}(1 + s2^{2k})^{-6}. \tag{2.6.23}$$

此外, 结合 (2.6.23), 双线性 Littlewood-Paley 分解和热流方程, 我们得到

$$2^{\frac{d}{2}k-k}\|P_k \partial_s v\|_{L_x^2} \lesssim c_k(\sigma) 2^{-\sigma k}(1 + s2^{2k})^{-4}. \tag{2.6.24}$$

令 $\{e_\gamma, Je_\gamma\}_{\gamma=1}^n$ 为相应的热流标架. 回忆 $\mathcal{P} : \mathcal{N} \to \mathbb{R}^N$ 是等距嵌入. 引理 2.4.2 意味着

$$(1 + s2^{2k})^8 2^{\frac{d}{2}k-k}\|P_k[d\mathcal{P}(e) - \chi^\infty]\|_{L_x^2} \lesssim \epsilon_0. \tag{2.6.25}$$

然后, 通过 (2.6.24), (2.6.25), $\psi_i^l = \partial_i v \cdot d\mathcal{P}(e_l)$ 和双线性 Littlewood-Paley 分解, 可得

$$\|P_k[\partial_i v \cdot d\mathcal{P}(e_l)]\|_{L_x^2}$$

$$\lesssim \|P_k \partial_i v\|_{L_x^2} + \sum_{k_1, k_2 \geqslant k-4} \sum_{|k_1-k_2| \leqslant 8} \|P_{k_1} \partial_i v\|_{L_x^2}\|P_{k_2}[d\mathcal{P}(e_l) - \chi_l^\infty]\|_{L_x^\infty}$$

$$+ \sum_{k_1 \leqslant k-4} \sum_{|k-k_2| \leqslant 4} \|P_{k_1} \partial_i v\|_{L_x^\infty}\|P_{k_2}[d\mathcal{P}(e_l) - \chi_l^\infty]\|_{L_x^2}$$

$$+ \sum_{|k-k_1| \leqslant 4} \|P_{k_1} \partial_i v\|_{L_x^2}\|P_{\leqslant k-4}[d\mathcal{P}(e_l) - \chi_l^\infty]\|_{L_x^\infty}$$

$$\lesssim \sum_{k_1, k_2 \geqslant k-4} \sum_{|k_1-k_2| \leqslant 8} 2^{k_1 - \frac{d}{2}k_1 - \sigma k_1} c_{k_1}(\sigma) + 2^{-\frac{d}{2}k}$$

$$\times \sum_{k_1 \leqslant k-4} 2^{k_1 - \sigma k_1} c_{k_1}(\sigma) + 2^{k - \frac{d}{2}k} 2^{-\sigma k} c_k(\sigma).$$

故而引理得证. □

命题 2.6.1 设 $\sigma \in [0, \vartheta]$ 且 ϵ_0 为一个足够小的常数. 假设 $u \in C([-T, T];$ $\mathcal{Q}(\mathbb{R}^d, \mathcal{N}))$ 是初值为 u_0 的 SMF 方程的解. 设 $\{c_k\}$ 为 ϵ_0-频率包络, 阶数为 $\frac{1}{8}\delta$. 另设 $\{c_k(\sigma)\}$ 是另一个阶数为 $\frac{1}{8}\delta$ 的频率包络, 满足

$$2^{\frac{d}{2}k}\|P_k u_0\|_{L_x^2} \leqslant c_k, \tag{2.6.26}$$

$$2^{\frac{d}{2}k}\|P_k u_0\|_{L_x^2} \leqslant c_k(\sigma) 2^{-\sigma k}. \tag{2.6.27}$$

记 $\{\phi_i\}_{i=1}^d$ 为从 u 出发的热流的对应微分场. 假设在热初始时间 $s = 0$ 时,

$$\sum_{i=1}^d 2^{\frac{d}{2}k-k}\|P_k \phi_i\|_{G_k(T)} \leqslant \epsilon_0^{-\frac{1}{2}} c_k. \tag{2.6.28}$$

则在 $s = 0$ 时, 对于所有 $i = 1, \cdots, d$, $k \in \mathbb{Z}$, $\sigma \in [0, \vartheta]$, 有

$$2^{\frac{d}{2}k-k}\|P_k \phi_i\|_{G_k(T)} \lesssim c_k, \tag{2.6.29}$$

$$2^{\frac{d}{2}k-k}\|P_k \phi_i\|_{G_k(T)} \lesssim c_k(\sigma) 2^{-\sigma k}. \tag{2.6.30}$$

证明 **步骤 1** 利用引理 2.6.3 可得对任意 $k \in \mathbb{Z}$, $\sigma \in [0, \vartheta]$, 有

$$\sum_{i=1}^d \|P_k \phi_i(\lceil_{s=0,t=0})\|_{L_x^2} \lesssim 2^{-\sigma k+k-\frac{d}{2}k} c_k(\sigma). \tag{2.6.31}$$

通过归纳法、假设 (2.6.28) 和频率包络 $\{c_k\}$ 是一个 ϵ_0-频率包络的事实, 可见

$$b_k(\sigma) = \sup_{k' \in \mathbb{Z}} 2^{-\delta|k-k'|} 2^{\frac{d}{2}k'-k'} 2^{\sigma k'} \|P_{k'} \phi_x(\lceil_{s=0})\|_{G_{k'}} \tag{2.6.32}$$

满足

$$\sum_{k \in \mathbb{Z}} b_k^2 \leqslant \epsilon_0. \tag{2.6.33}$$

因此, 通过 $G_k \hookrightarrow F_k$, 可见假设 (2.6.3), (2.6.4) 成立. 则应用引理 2.5.2, 推论 2.6.1 给出在 $s = 0$ 时

$$\|P_k A_x(\lceil_{s=0})\|_{F_k \cap S_k^{\frac{1}{2}}} \lesssim 2^{-\frac{d}{2}k+k} 2^{-\sigma k} b_{k,s}(\sigma), \tag{2.6.34}$$

$$\|P_k A_x(\lceil_{s=0})\|_{L_{t,x}^{pd} \cap L_t^\infty L_x^2} + \|P_k \phi_x(\lceil_{s=0})\|_{L_{t,x}^{pd} \cap L_t^\infty L_x^2} \lesssim 2^{-\frac{d}{2}k+k} 2^{-\sigma k} b_k(\sigma), \tag{2.6.35}$$

$$\|P_k A_t(\lceil_{s=0})\|_{L_{t,x}^2} \lesssim 2^{-\frac{d}{2}k+2k} 2^{-\sigma k} b_k(\sigma), \tag{2.6.36}$$

$$\|P_k\phi_t(\restriction_{s=0})\|_{L^{p_d}_{t,x}} \lesssim 2^{-\frac{d}{2}k+2k}2^{-\sigma k}b_k(\sigma). \tag{2.6.37}$$

通过引理 2.8.1 中的双线性估计和 (2.6.32), (2.6.34), 我们可以获得 $D_i\phi_i$, $\phi_i \diamond \phi_j$, A_l^2 的控制, 如下所示:

$$\begin{cases} \|P_k(\phi_i(s))\|_{F_k(T)} \lesssim 2^{-\sigma k}b_k(\sigma)(1+2^{2k}s)^{-4}, \\ \|P_k(D_i\phi_i(s))\|_{F_k(T)} \lesssim 2^k 2^{-\sigma k}b_k(\sigma)(s2^{2k})^{-\frac{3}{8}}(1+2^{2k}s)^{-2}. \end{cases} \tag{2.6.38}$$

并且 (2.6.35) 表明: 对于 $F \in \{\phi_i \diamond \phi_j, A_l^2\}_{l.i,j=1}^2 \restriction_{s=0}$ 有

$$\|P_k F\|_{L^2_t L^2_x} \lesssim \epsilon_0^{\frac{1}{2}}2^{-\sigma k}2^{-\frac{d}{2}k+k}b_k(\sigma), \tag{2.6.39}$$

$$\|F\|_{L^2_t L^d_x} \lesssim \epsilon_0^{\frac{1}{2}}. \tag{2.6.40}$$

回顾当 $s=0$ 时, ϕ_i 沿 Schrödinger 映射流方向的演化方程是

$$-\sqrt{-1}D_t\phi_i = \sum_{j=1}^2 D_j D_j\phi_i + \sum_{j=1}^2 \mathcal{R}(\phi_i,\phi_j)\phi_j. \tag{2.6.41}$$

步骤 2　让我们处理 (2.6.41) 中的非线性项. **从步骤 2 到步骤 3, 我们始终假设 $s=0$.**

记

$$L'_j = A_t\phi_j + \sum_{i=1}^2 A_i^2\phi_j + 2\sum_{i=1}^2 \partial_i(A_i\phi_j) - \sum_{i=1}^2 (\partial_i A_i)\phi_j.$$

步骤 2.1　在这一步, 我们证明对于所有 $j \in \{1,\cdots,d\}$ 和 $\sigma \in [0,\vartheta]$, 有

$$2^{\frac{d}{2}k-k}\|P_k(L'_j) \restriction_{s=0}\|_{N_k(T)} \lesssim \epsilon_0 2^{-\sigma k}b_k(\sigma), \tag{2.6.42}$$

$$\sum_{j_0,j_1,j_3=1}^d 2^{\frac{d}{2}k-k}\|P_k(\phi_{j_0} \diamond \phi_{j_1} \diamond \phi_{j_3}) \restriction_{s=0}\|_{N_k(T)} \lesssim \epsilon_0 2^{-\sigma k}b_k(\sigma). \tag{2.6.43}$$

根据 (2.6.34), (2.6.36), (2.6.37) 和 (2.6.40), 可得

$$2^{\frac{d}{2}k-k}\|P_k(L'_j) \restriction_{s=0}\|_{N_k(T)} \lesssim \epsilon_0^{-\frac{1}{2}}2^{-\sigma k}b_k(\sigma). \tag{2.6.44}$$

根据 (2.6.32), (2.6.36)—(2.6.40), (2.6.43) 和 (2.6.44) 可直接由 [[BIKT11], 命题 6.2] 得到.

步骤 2.2 在这一步骤, 我们处理 (2.6.41) 中剩余的曲率项. 我们旨在证明: 对于所有 $k \in \mathbb{Z}$ 和 $\sigma \in [0, \vartheta]$, 有

$$\sum_{j_0, j_1, j_3 = 1}^{d} 2^{\frac{d}{2}k - k} \| P_k ((\phi_{j_0} \diamond \phi_{j_1} \diamond \phi_{j_3}) \mathcal{G}) \|_{N_k(T)} \lesssim 2^{-\sigma k} \epsilon_0 b_k(\sigma). \tag{2.6.45}$$

回顾 $\mathcal{G} = \Gamma^\infty + \widetilde{\mathcal{G}}$. 通过直接应用 (2.6.43), 可知常数项 Γ^∞ 满足 (2.6.45). 现只需控制 $\widetilde{\mathcal{G}}$ 部分.

首先注意到 (2.6.40) 和 F_k 的定义给出了估计

$$\| \widetilde{\mathcal{G}} \|_{L_{t,x}^\infty} \lesssim 1, \tag{2.6.46}$$

$$\| \phi_x \|_{L_t^4 L_x^{2d}} \lesssim \epsilon_0, \quad \| P_k \phi_x \|_{L_t^4 L_x^{\frac{2d}{d-1}}} \lesssim \| P_k \phi_x \|_{F_k}. \tag{2.6.47}$$

作为准备, 我们证明以下估计

$$\sum_{i=1}^{d} \| P_k (\widetilde{\mathcal{G}} \phi_i) \|_{F_k(T)} \lesssim 2^{-\sigma k + k - \frac{d}{2}k} b_k(\sigma), \quad \sigma \in [0, \vartheta]. \tag{2.6.48}$$

这直接通过应用推论 2.6.1 和引理 2.8.1可得

$$\| P_k (\widetilde{\mathcal{G}} \phi_i) \|_{F_k(T)} \lesssim 2^{-\sigma k + k - \frac{d}{2}k} b_k(\sigma) + 2^{-\frac{d}{2}k - \sigma k} b_k(\sigma) \sum_{l \leqslant k} 2^{\delta |k - l|} 2^l b_l$$

$$+ 2^{\frac{d}{2}k} \sum_{j \geqslant k} 2^{2\delta |k - j|} 2^{\frac{2d}{d+2}(j - k)} 2^{-\frac{d}{2}j + j} 2^{-\frac{d}{2}j} 2^{-\sigma j} b_j b_j(\sigma)$$

$$\lesssim 2^{-\sigma k + k - \frac{d}{2}k} b_k(\sigma).$$

因此, (2.6.48) 得证.

为简便起见, 记 $\mathbf{F} = \phi_{j_0} \diamond \phi_{j_1}$. 通过双线性 Littlewood-Paley 分解, 我们有

$$\left\| P_k \left(\mathbf{F} \diamond (\phi_{j_3} \widetilde{\mathcal{G}}) \right) \right\|_{N_k(T)} \lesssim \sum_{|l - k| \leqslant 4} \| P_k (P_{<k-100} \mathbf{F} P_l (\widetilde{\mathcal{G}} \phi_{j_3})) \|_{N_k(T)}$$

$$+ \sum_{|k_1 - k| \leqslant 4} \| P_k (P_{k_1} \mathbf{F} P_{<k-100} (\widetilde{\mathcal{G}} \phi_{j_3})) \|_{N_k(T)}$$

$$+ \sum_{\substack{k_1, k_2 \geqslant k-100 \\ |k_1 - k_2| \leqslant 120}} \| P_k (P_{k_1} \mathbf{F} P_{k_2} (\widetilde{\mathcal{G}} \phi_{j_3})) \|_{N_k(T)}. \tag{2.6.49}$$

对于 (2.6.49) 的第一个右端项, 应用 (2.8.5), (2.6.46)—(2.6.48), 对于 $\sigma \in [0, \vartheta]$, 有

$$\sum_{|k_0 - k| \leqslant 4} \|P_k(P_{<k-100}\mathbf{F}P_{k_0}(\widetilde{\mathcal{G}}\phi_{j_3}))\|_{N_k(T)} \lesssim \|\phi_{j_0}\phi_{j_1}\|_{L_t^2 L_x^d}\|P_k(\widetilde{\mathcal{G}}\phi_{j_3})\|_{F_k(T)}$$

$$\lesssim \epsilon_0 2^{-\sigma k + k - \frac{d}{2}k} b_k(\sigma) b_k.$$

因此, (2.6.49) 的第一个右端项已完成估计.

对于 (2.6.49) 的第二个右端项, 我们进一步将 $\mathbf{F}$ 划分为

$$\sum_{|k_1 - k| \leqslant 4} \|P_k(P_{k_1}\mathbf{F}P_{<k-100}(\mathcal{G}\phi_{j_3}))\|_{N_k(T)}$$

$$\lesssim \sum_{|l-k| \leqslant 8} \|P_k(P_l\phi_{j_0})(P_{\leqslant k-8}\phi_{j_1})P_{\leqslant k-100}(\mathcal{G}\phi_{j_3})\|_{N_k(T)} \tag{2.6.50}$$

$$+ \sum_{|l-k| \leqslant 8} \|P_k(P_l\phi_{j_1})(P_{\leqslant k-8}\phi_{j_0})P_{\leqslant k-100}(\mathcal{G}\phi_{j_3})\|_{N_k(T)} \tag{2.6.51}$$

$$+ \sum_{|l_1 - l_2| \leqslant 16, l_1, l_2 \geqslant k-8} \|P_k[(P_{l_1}\phi_{j_0})(P_{l_2}\phi_{j_1})P_{\leqslant k-100}(\mathcal{G}\phi_{j_3})]\|_{N_k(T)}. \tag{2.6.52}$$

对于右端的前两个项, 再次使用 (2.8.5) 和估计 (2.6.46), (2.6.47), 我们得到

$$(2.6.51) + (2.6.50) \lesssim \|P_k(\phi_x)\|_{F_k(T)}\||\phi_x|^2\|_{L_t^2 L_x^d} \lesssim \epsilon_0 2^{-\sigma k - \frac{d}{2}k + k} b_k(\sigma).$$

对于 (2.6.52), 使用 (2.8.7) 和估计 (2.6.46), (2.6.47), 我们有

$$(2.6.52) \lesssim \sum_{l \geqslant k} 2^{\frac{d-2}{2}l} 2^{\frac{k-l}{6}} \left\|\left(P_{\leqslant k-100}(\widetilde{\mathcal{G}}\phi_{j_3})\right)P_l\phi_{j_1}\right\|_{L_{t,x}^2} \|P_l\phi_{j_0}\|_{G_l(T)}$$

$$\lesssim \|\phi_x\|_{L_t^4 L_x^{2d}} \sum_{l \geqslant k} 2^{\delta|l-k|} 2^{\frac{d-2}{2}l} 2^{\frac{k-l}{6}} \|P_l\phi_{j_1}\|_{F_l}\|P_l\phi_{j_0}\|_{G_l(T)}$$

$$\lesssim \|\phi_x\|_{L_t^4 L_x^{2d}} \sum_{l \geqslant k} 2^{\delta|l-k|} 2^{\frac{k-l}{6}} 2^{-\sigma l - \frac{d}{2}l + l} b_l b_l(\sigma)$$

$$\lesssim 2^{-\sigma k - \frac{d}{2}k + k} b_k(\sigma) \epsilon_0.$$

因此, (2.6.49) 的前两个右端项已完成估计.

对于 (2.6.49) 的第三项, 将 Littlewood-Paley 分解应用到 $\mathbf{F}$ 上可得

$$\sum_{k_1, k_2 \geqslant k-100}^{|k_1 - k_2| \leqslant 120} \|P_k(P_{k_1}\mathbf{F}P_{k_2}(\widetilde{\mathcal{G}}\phi_{j_3}))\|_{N_k}$$

$$\lesssim \sum_{\substack{k_1,k_2 \geqslant k-100}}^{|k_1-k_2| \leqslant 120} \sum_{|l-k_1| \leqslant 4} \left\| P_k \left[P_l \phi_{j_0} P_{\leqslant k_1-8} \phi_{j_1} P_{k_2}(\widetilde{\mathcal{G}} \phi_{j_3}) \right] \right\|_{N_k} \tag{2.6.53}$$

$$+ \sum_{\substack{k_1,k_2 \geqslant k-100}}^{|k_1-k_2| \leqslant 120} \sum_{|l-k_1| \leqslant 4} \left\| P_k \left[P_l \phi_{j_1} P_{\leqslant k_1-8} \phi_{j_0} P_{k_2}(\widetilde{\mathcal{G}} \phi_{j_3}) \right] \right\|_{N_k} \tag{2.6.54}$$

$$+ \sum_{\substack{k_1,k_2 \geqslant k-100}}^{|k_1-k_2| \leqslant 120} \sum_{l_1,l_2 \geqslant k_1-8, |l_1-l_2| \leqslant 16} \left\| P_k \left[P_{l_1} \phi_{j_1} P_{l_2} \phi_{j_0} P_{k_2}(\widetilde{\mathcal{G}} \phi_{j_3}) \right] \right\|_{N_k}. \tag{2.6.55}$$

通过 (2.8.7) 和 (2.6.48), (2.6.47), 前两项的估计为

$$(2.6.53) + (2.6.54)$$

$$\lesssim \sum_{k_1 \geqslant k-100} \sum_{|k_1-k_2| \leqslant 120} \sum_{|l-k_1| \leqslant 4} 2^{\frac{d-2}{2}l} 2^{\frac{k-l}{6}} \| P_l \phi_x \|_{G_l(T)} \| \phi_x \|_{L_t^4 L_x^{2d}} \| P_{k_2}(\widetilde{\mathcal{G}} \phi_{j_3}) \|_{F_{k_2}}$$

$$\lesssim \epsilon_0 2^{-\sigma k - \frac{d}{2}k + k} b_k(\sigma).$$

使用 (2.8.5) 和 (2.8.7), 可得

$$(2.6.55) \lesssim \sum_{\substack{k_1,k_2 \geqslant k-100}}^{|k_1-k_2| \leqslant 120} \sum_{l_1,l_2 \geqslant k_1-8, |l_1-l_2| \leqslant 16} 2^{\frac{d-2}{2}l_1} 2^{\frac{k-l_1}{6}}$$

$$\times \| P_{l_1} \phi_{j_1} \|_{G_{l_1}(T)} \| (P_{l_2} \phi_{j_0}) P_{k_2}(\widetilde{\mathcal{G}} \phi_{j_3}) \|_{L_{t,x}^2}$$

$$\lesssim \sum_{\substack{k_1,k_2 \geqslant k-100}}^{|k_1-k_2| \leqslant 120} \sum_{l_1,l_2 \geqslant k_1-8, |l_1-l_2| \leqslant 16} 2^{\frac{d-2}{2}l_1} 2^{\frac{k-l_1}{6}}$$

$$\times \| P_{l_1} \phi_{j_1} \|_{G_{l_1}(T)} \| P_{l_2} \phi_{j_0} \|_{F_{l_2}} \| P_{k_2}(\widetilde{\mathcal{G}} \phi_{j_3}) \|_{L_t^4 L_x^{2d}}$$

$$\lesssim \epsilon_0^{\frac{1}{2}} \sum_{k_1 \geqslant k-100} \sum_{l_1 \geqslant k_1-4, |l_1-l_2| \leqslant 16} 2^{\frac{k-l_1}{6}} b_{l_1} 2^{-\sigma l_2 - \frac{d}{2} l_2 + l_2} b_{l_2}(\sigma)$$

$$\lesssim \epsilon_0 2^{-\sigma k - \frac{d}{2}k + k} b_k(\sigma),$$

其中在第三个不等式中, 我们使用了 (2.6.47) 和 $\| \widetilde{\mathcal{G}} \phi_{j_3} \|_{L_t^4 L_x^{2d}} \lesssim \| \phi_x \|_{L_t^4 L_x^{2d}}$. 因此, (2.6.49) 的第三个右端项也完成了估计. 综上, 我们完成了对 (2.6.49) 的证明.

步骤 3 (2.6.31) 表明, 对于任意 $k \in \mathbb{Z}$ 和 $\sigma \in [0, \vartheta]$,

$$2^{\sigma k + \frac{d}{2}k - k} \| P_k \phi_i(0, 0, \cdot) \|_{L_x^2} \lesssim c_k(\sigma). \tag{2.6.56}$$

然后通过步骤 2.1、步骤 2.2 和命题 2.8.1 的线性估计, 对所有 $\sigma \in [0, \vartheta]$, 可得

$$b_k(\sigma) \lesssim c_k(\sigma) + \epsilon_0 b_k(\sigma) \tag{2.6.57}$$

都成立. 故而, 所需结果由 $\{b_k(\sigma)\}$ 的定义得出. □

2.6.2 第一次迭代

命题 2.6.2 给定 $\sigma \in [\vartheta, 2\vartheta]$. 设 ϵ_0 是一个足够小的常数. 设 $u \in C([-T,T];$ $\mathcal{Q}(\mathbb{R}^d, \mathcal{N}))$ 是初值为 u_0 的 SMF 解. 设 $\{c_k\}$ 是一个 ϵ_0-频率包络, 阶数为 $\frac{1}{16}\delta$. 并且设 $\{c_k(\sigma)\}$ 是另一个频率包络, 阶数为 $\frac{1}{16}\delta$, 它满足

$$2^{\frac{d}{2}k}\|P_k u_0\|_{L_x^2} \leqslant c_k,$$

$$2^{\frac{d}{2}k}\|P_k u_0\|_{L_x^2} \leqslant 2^{-\sigma k} c_k(\sigma).$$

记 $\{\phi_i\}_{i=1}^d$ 为由 u 出发的热流对应微分场. 假设在热初始时间 $s = 0$ 时,

$$2^{\frac{d}{2}k-k}\|P_k \phi_i(s=0)\|_{G_k(T)} \leqslant \epsilon_0^{-\frac{1}{2}} c_k. \tag{2.6.58}$$

则当 $s = 0$ 时, 对于所有 $i = 1, \cdots, d$ 和 $k \in \mathbb{Z}$, 我们有

$$2^{\frac{d}{2}k-k}\|P_k \phi_i\|_{G_k(T)} \lesssim c_k, \tag{2.6.59}$$

$$2^{\frac{d}{2}k-k}\|P_k \phi_i\|_{G_k(T)} \lesssim 2^{-\sigma k}[c_k(\sigma) + c_k(\sigma - \vartheta)c_k(\vartheta)]. \tag{2.6.60}$$

证明 我们迭代的关键点和动机是 $\partial_s v$ 的估计. 因此, 我们首先改进命题 2.5.1 中 $\partial_s v$ 的估计 (见 (2.5.34)).

设 $\sigma \in [\vartheta, 2\vartheta]$. 应用命题 2.6.1 和 $\sigma_0 \in [0, \vartheta]$, 我们得到

$$2^{\frac{d}{2}k-k}\|P_k \phi_x(s=0)\|_{F_k} \lesssim 2^{-\sigma_0 k} c_k(\sigma_0), \tag{2.6.61}$$

$$2^{\frac{d}{2}k-k}\|P_k \phi_x(s)\|_{F_k} \lesssim 2^{-\sigma_0 k} c_k(\sigma_0)(1 + 2^{2k}s)^{-4}, \tag{2.6.62}$$

结合命题 3.5.1 可得

$$2^{\frac{d}{2}k}\|P_k(d\mathcal{P}(e) - \chi^\infty)\|_{L_{t,x}^{p_d} \cap L_t^\infty L_x^2} \lesssim 2^{-\sigma_0 k} c_k(\sigma_0)(1 + s2^{2k})^{-l+1}, \tag{2.6.63}$$

$$2^{\frac{d}{2}k}\|P_k v\|_{L_{t,x}^{p_d} \cap L_t^\infty L_x^2} \lesssim 2^{-\sigma_0 k} c_k(\sigma_0)(1 + 2^{2k}s)^{-l}, \tag{2.6.64}$$

$$2^{\frac{d}{2}k}\|P_k(S^{(1)}(v) - S_\infty^{(1)})\|_{L_{t,x}^{p_d} \cap L_t^\infty L_x^2} \lesssim 2^{-\sigma_0 k} c_k(\sigma_0)(1 + 2^{2k}s)^{-l}, \tag{2.6.65}$$

$$2^{\frac{d}{2}k-2k}\|P_k \partial_s v(s)\|_{L_{t,x}^{p_d} \cap L_t^\infty L_x^2} \lesssim 2^{-\sigma_0 k} c_k(\sigma_0)(1 + 2^{2k}s)^{-l}, \tag{2.6.66}$$

其中 $l \in \left[0, \dfrac{1}{2}L - 1\right]$. 定义频率包络 $\{b_k(\sigma)\}$ 为 (2.6.32), 其中 $\sigma \in [0, 2\vartheta]$. 因此, 通过命题 2.6.1, 我们得到

$$b_k(\sigma_0) \lesssim c_k(\sigma_0), \quad \forall \sigma_0 \in [0, \vartheta]. \tag{2.6.67}$$

然后根据 $b_k(\sigma)$ 的定义和 (2.6.63), 我们从双线性 Littlewood-Paley 分解中推断出

$$2^{\frac{d}{2}k-k}\|P_k(\partial_x v)(\restriction_{s=0})\|_{L_t^\infty L_x^2 \cap L_{t,x}^{p_d}} \lesssim 2^{-\sigma k}b_k(\sigma) + 2^{-\sigma k}c_k(\vartheta)c_k(\sigma-\vartheta), \quad \forall \sigma \in [\vartheta, 2\vartheta]. \tag{2.6.68}$$

令 $\mathcal{J}_1(s)$ 为定义在 $[0, \infty)$ 上的正连续函数

$$\mathcal{J}_{1,\sigma,l}(s) = \sup_{k \in \mathbb{Z}, \tilde{s} \in [0,s]} (1 + s2^{2k})^l 2^{\frac{d}{2}k}2^{\sigma k}\|P_k v\|_{L_t^\infty L_x^2 \cap L_{t,x}^{p_d}} 1/b_k^{(1)}(\sigma), \tag{2.6.69}$$

其中 $b_k^{(1)}(\sigma)$ 定义为

$$b_k^{(1)}(\sigma) = \begin{cases} b_k(\sigma), & \sigma \in [0, \vartheta], \\ b_k(\sigma) + 2^{-\sigma k}c_k(1)c_k(\sigma - 1), & \sigma \in (\vartheta, 2\vartheta]. \end{cases} \tag{2.6.70}$$

(2.6.64) 已经表明

$$\sup_{s \geqslant 0} \mathcal{J}_{1,\sigma,M}(s) \lesssim 1, \quad \forall \sigma \in [0, \vartheta]. \tag{2.6.71}$$

根据 (2.6.68) 和 (2.6.67), 我们得到

$$\lim_{s \to 0} \mathcal{J}_{1,\sigma,l}(s) \lesssim 1. \tag{2.6.72}$$

通过热流方程的 Duhamel 原理, 可得

$$\|P_k v\|_{L_t^\infty L_x^2 \cap L_{t,x}^{p_d}} \lesssim e^{-c(d)2^{2k}}\|P_k v_0\|_{L_t^\infty L_x^2 \cap L_{t,x}^{p_d}}$$
$$+ \int_0^s e^{-c(d)(s-\tau)2^{2k}}\|P_k(S(v)(\partial_x v, \partial_x v))\|_{L_t^\infty L_x^2 \cap L_{t,x}^{p_d}}. \tag{2.6.73}$$

根据引理 2.2.3, (2.6.65), (2.6.71) 和 $b_k^{(1)}(\sigma)$ 的定义, (2.6.73) 受控于

$$2^{\frac{d}{2}k}\|P_k(S(v)(\partial_x v, \partial_x v))\|_{L_t^\infty L_x^2 \cap L_{t,x}^{p_d}} \lesssim \mathcal{J}_{1,\sigma,l}2^{-\sigma k+2k}b_k^{(1)}(\sigma), \tag{2.6.74}$$

对于所有 $\sigma \in [0, 2\vartheta]$ 和 $d \geqslant 3$. 我们注意到, 由于 (2.6.65) 仅达到 $\sigma_0 \in [0, \vartheta]$, 在应用引理 2.2.3 时需要从 $(\partial_x v, \partial_x v)$ 中获得 $c_k(\vartheta)$. 具体来说, 这个问题只出现在 I_1 情况中 (见引理 2.2.3 的证明), 我们可以估计 I_1 为

$$\sum_{k_1 \leqslant k_2, k_3 \geqslant k_2+5} \|P_k(P_{k_3}S(v)P_{k_1}\partial_x v P_{k_2}\partial_x v)\|_{L_{t,x}^{p_d} \cap L_t^\infty L_x^2}$$

$$\lesssim 2^{-\frac{d}{2}k}\widetilde{\alpha}_k\left(\sum_{k_1\leqslant k}2^{k_1}\widetilde{\beta}_{k_1}\right)^2$$

$$\lesssim (1+s2^{2k})^{-l}2^{-\frac{d}{2}k}2^{2k}2^{-(\sigma-\vartheta)k}c_k(\sigma-\vartheta)\left(\sum_{k_1\leqslant k}2^{k_1-\vartheta k}c_{k_1}(\vartheta)\right)2^k c_k$$

$$\lesssim (1+s2^{2k})^{-l}2^{-\frac{d}{2}k}2^{2k-\sigma k}b_k^{(1)}(\sigma). \tag{2.6.75}$$

因此, 我们得到

$$(1+2^{2k}s)^l\|P_k v\|_{L_t^\infty L_x^2\cap L_{t,x}^{p_d}}$$

$$\lesssim (1+2^{2k}s)^l e^{-c(d)2^{2k}}\|P_k v_0\|_{L_t^\infty L_x^2\cap L_{t,x}^{p_d}}$$

$$+ (1+\epsilon\mathcal{J}_{1,\sigma,l}(s))(1+2^{2k}s)^l\int_0^s e^{-c(d)(s-\tau)2^{2k}}(1+\tau 2^{2k})^{-l}2^{-\sigma k+2k}b_k^{(1)}(\sigma)d\tau,$$

这进一步说明

$$\mathcal{J}_{1,\sigma,l}(s)\lesssim 1+\epsilon\mathcal{J}_{1,\sigma,l}(s).$$

因此, 通过 (2.6.72), 我们得到对于所有 $\sigma\in[0,2\vartheta]$, 有

$$2^{\frac{d}{2}k}\|P_k v\|_{L_t^\infty L_x^2\cap L_{t,x}^{p_d}}\lesssim (1+2^{2k}s)^{-l}2^{-\sigma k}b_k^{(1)}(\sigma). \tag{2.6.76}$$

利用热流方程, (2.6.76) 和 (2.6.74) 可导出

$$2^{\frac{d}{2}k-2k}\|P_k\partial_s v\|_{L_t^\infty L_x^2\cap L_{t,x}^{p_d}}\lesssim 2^{-\sigma k}b_k^{(1)}(\sigma)(1+2^{2k}s)^{-l}. \tag{2.6.77}$$

然后, 通过双线性 Littlewood-Paley 分解、(2.6.77) 和标架界 (2.6.63), ϕ_s 被改进为

$$2^{\frac{d}{2}k-2k}\|P_k\phi_s\|_{L_{t,x}^{p_d}\cap L_t^\infty L_x^2}\lesssim 2^{-\sigma k}b_k^{(1)}(\sigma)(1+2^{2k}s)^{-l+1}, \tag{2.6.78}$$

对所有 $\sigma\in[0,2\vartheta]$. 进而, 通过 (2.6.78), 标架估计 (2.6.63) 被改进为

$$2^{\frac{d}{2}k}\|P_k(d\mathcal{P}(e)-\chi^\infty)\|_{L_t^\infty L_x^2\cap L_{t,x}^{p_d}}\lesssim 2^{-\sigma k}b_k^{(1)}(\sigma)(1+2^{2k}s)^{-l+2}, \tag{2.6.79}$$

对所有 $\sigma\in[0,2\vartheta]$. 同样地,

$$2^{\frac{d}{2}k}\|P_k(\mathcal{G}')\|_{L_t^\infty L_x^2\cap L_{t,x}^{p_d}}\lesssim 2^{-\sigma k}b_k^{(1)}(\sigma)(1+2^{2k}s)^{-l+2}. \tag{2.6.80}$$

到目前为止, 我们已经将 2.5.2 节之前的所有结果提高到 $\sigma\in[0,2\vartheta]$. 然后, 重复 2.5.2 节的论证, 可得对 $d\geqslant 3$, $\sigma\in[0,2\vartheta]$, 有

$$2^{\frac{d}{2}k}\|P_k(\mathcal{G}')\|_{L_t^\infty L_x^2\cap L_{t,x}^{p_d}}\lesssim 2^{-\sigma k}b_k^{(1)}(\sigma)(1+s2^{2k})^{-l+2},$$

$$2^{\frac{d}{d+2}k}\|P_k(\mathcal{G}')\|_{L_x^{p_d}L_t^\infty} \lesssim 2^{-\sigma k}b_k^{(1)}(\sigma)(1+s2^{2k})^{(2-l)/p_d'}. \tag{2.6.81}$$

结合 (2.6.80) 和 (2.6.81), 重新运行 2.6.1 节的归纳程序可得, 对所有 $\sigma \in [0, 2\vartheta]$, 成立

$$b_k(\sigma) \lesssim c_k(\sigma) + \epsilon b_k^{(1)}(\sigma).$$

故命题 2.6.2 得证. $\qquad\qquad\qquad\qquad\qquad\qquad\qquad\qquad\qquad\qquad\qquad\square$

2.6.3 j 次迭代和定理 2.1.2 的证明

重复上述迭代方案 j 次得到

命题 2.6.3 设 $\vartheta \in [1-10^{-9}, 1-10^{-10}]$ 为一个固定常数, $\delta = \dfrac{1}{d10^{100}}$. 给定 $\sigma \in [j\vartheta, (j+1)\vartheta]$, $j \in \mathbb{N}$. 设 ϵ_0 为一个仅依赖于 j, d 的足够小的常数. 设 $u \in C([-T,T]; \mathcal{Q}(\mathbb{R}^d, \mathcal{N}))$ 是具有初值 u_0 的 SMF 解. 设 $\{c_k\}$ 是一个 ϵ_0-频率包络, 阶数为 $\dfrac{1}{2^{j+3}}\delta$. 并且设 $\{c_k(\sigma)\}$ 是另一个频率包络, 阶数为 $\dfrac{1}{2^{j+3}}\delta$, 满足

$$2^{\frac{d}{2}k}\|P_k u_0\|_{L_x^2} \leqslant c_k, \tag{2.6.82}$$

$$2^{\frac{d}{2}k}\|P_k u_0\|_{L_x^2} \leqslant 2^{-\sigma k}c_k(\sigma). \tag{2.6.83}$$

记 $\{\phi_i\}_{i=1}^d$ 为从 u 出发的热流的相应微分场. 假设在热初始时间 $s=0$ 时,

$$2^{\frac{d}{2}k-k}\|P_k\phi_i(s=0)\|_{G_k(T)} \leqslant \epsilon_0^{-\frac{1}{2}}c_k. \tag{2.6.84}$$

那么当 $s=0$ 时, 对于所有 $i=1,\cdots,d$ 和 $k \in \mathbb{Z}$, 我们有

$$2^{\frac{d}{2}k-k}\|P_k\phi_i\|_{G_k(T)} \lesssim 2^{-\sigma k}c_k^{(j)}(\sigma), \tag{2.6.85}$$

$$2^{\frac{d}{2}k}\|P_k(d\mathcal{P}(e)-\chi^\infty)\|_{L_t^\infty L_x^2} \lesssim 2^{-\sigma k}c_k^{(j)}(\sigma), \tag{2.6.86}$$

其中, $c_k^{(j)}(\sigma)$ 递归定义为

$$c_k^{(0)}(\sigma) = c_k(\sigma), \quad \sigma \in [0, \vartheta], \tag{2.6.87}$$

$$c_k^{(j+1)}(\sigma) = c_k^{(j)}(\sigma), \quad \sigma \in [0, j\vartheta], \tag{2.6.88}$$

$$c_k^{(j+1)}(\sigma) = c_k(\sigma) + c_k^{(j)}(\sigma-\vartheta)c_k(\vartheta), \quad \sigma \in (j\vartheta, (j+1)\vartheta]. \tag{2.6.89}$$

证明 我们将使用以下动态分离:

$$(\mathbf{D}^l d\mathcal{P})(e,\cdots,e;e) - \text{limits} = -\int_s^\infty (\mathbf{D}^{l+1}d\mathcal{P})(e,\cdots,e;e)\psi_s ds', \tag{2.6.90}$$

$$\widetilde{\mathcal{G}}^{(l)} := \mathcal{G}^{(l)} - \text{limits} = -\int_s^\infty \mathcal{G}^{(l+1)}\psi_s ds', \tag{2.6.91}$$

$$D^l S(v) - \text{limits} = -\int_s^\infty D^{l+1}S(v)\partial_s v ds', \tag{2.6.92}$$

并且我们将 $(\mathbf{D}^c d\mathcal{P})\underbrace{(e, \cdots, e; e)}_{c}$ 简记为 $[d\mathcal{P}]^{(c)}$.

为了表述清楚, 我们引入以下符号:

$(S_N^a):\ \left\|\partial_x^\ell D^a S(v)\right\|_{L_t^\infty \dot{H}_x^{\frac{d}{2}}} \leqslant \varepsilon s^{-\ell/2}, \forall 0 \leqslant \ell \leqslant K_0 + N;$

$(S_{j,N}^a):\ 2^{\frac{d}{2}k}\|P_k D^a S(v)\|_{L_t^\infty L_x^2 \cap L_{t,x}^{pd}} \leqslant 2^{-\sigma k}c_k^{(j)}(\sigma)(1+2^{2k}s)^{-L}, \forall 0 \leqslant L \leqslant K_0 + N;$

$(V_{j,N}):\ 2^{\frac{d}{2}k}\|P_k v\|_{L_t^\infty L_x^2 \cap L_{t,x}^{pd}} \leqslant 2^{-\sigma k}c_k^{(j)}(\sigma)(1+2^{2k}s)^{-K}, \forall 0 \leqslant K \leqslant K_0 + N;$

$(V_j^0):\ 2^{\frac{d}{2}k}\|P_k v(\upharpoonright_{s=0})\|_{L_t^\infty L_x^2 \cap L_{t,x}^{pd}} \lesssim 2^{-\sigma k}c_k^{(j)}(\sigma);$

$(V_{j,N}^s):\ 2^{\frac{d}{2}k}\|P_k v_s\|_{L_t^\infty L_x^2 \cap L_{t,x}^{pd}} \leqslant 2^{2k-\sigma k}c_k^{(j)}(\sigma)(1+2^{2k}s)^{-K}, \forall 0 \leqslant K \leqslant K_0 + N.$

以上这些是热流量. 引入以下符号用于曲率部分:

$(G_N^b):\ \left\|\partial_x^\ell \mathcal{G}^{(b)}\right\|_{L_t^\infty \dot{H}_x^{\frac{d}{2}}} \lesssim \varepsilon s^{-\ell/2}, \forall \ell \in [0, K_0 + N];$

$(G_{j,N}^b):\ 2^{\frac{d}{2}k}\|P_k \widetilde{\mathcal{G}}^{(b)}\|_{L_t^\infty L_x^2 \cap L_{t,x}^{pd}} \lesssim 2^{-\sigma k}c_k^{(j)}(\sigma)(1+2^{2k}s)^{-K}, \forall K \in [0, K_0 + N];$

$(G_{j,N}^{b*}):\ 2^{\frac{d}{2}k-\frac{dk}{d+2}}\|P_k \widetilde{\mathcal{G}}^{(b)}\|_{L_x^{pd}L_t^\infty} \lesssim 2^{-\sigma k}c_k^{(j)}(\sigma)(1+2^{2k}s)^{-K}, \forall K \in [0, K_0 + N];$

$(G_{j,N}):\ 2^{\frac{d}{2}k}\|P_k \widetilde{\mathcal{G}}^{(1)}\|_{L^{pd} \cap L_t^\infty L_x^2} + 2^{\frac{d}{d+2}k}\|P_k \mathcal{G}^{(1)}\|_{L_x^{pd}L_t^\infty}$
$\qquad\qquad \lesssim 2^{-\sigma k}c_k^{(j)}(\sigma)(1+2^{2k}s)^{-K}, \forall K \in [0, K_0 + N].$

标架部分:

$(E_N^c):\ \left\|\partial_x^\ell [d\mathcal{P}]^{(c)}\right\|_{L_t^\infty \dot{H}_x^{\frac{d}{2}}} \lesssim \varepsilon s^{-\ell/2}, \forall \ell \in [0, K_0 + N];$

$(E_{j,N}^c):\ 2^{\frac{d}{2}k}\|P_k [d\mathcal{P}]^{(c)}\|_{L_t^\infty L_x^2 \cap L_{t,x}^{pd}} \lesssim 2^{-\sigma k}c_k^{(j)}(\sigma)(1+2^{2k}s)^{-K}, \forall K \in [0, K_0 + N].$

以及联络部分:

$(AO_j):\ 2^{\frac{d}{2}k-k}\|P_k A_x\|_{S_k^{1/2} \cap F_k} \lesssim 2^{-\sigma k}c_{k,s}^{(j)}(\sigma)(1+2^{2k}s)^{-4};$

$(\Phi_j^t):\ 2^{\frac{d}{2}k-2k}(\|P_k A_t(\upharpoonright_{s=0})\|_{L_{t,x}^{pd}} + \|P_k \phi_t(\upharpoonright_{s=0})\|_{L_{t,x}^{pd}}) \lesssim 2^{-\sigma k}c_k^{(j)}(\sigma);$

$(\Phi_j^x):\ 2^{\frac{d}{2}k-2k}(\|P_k \phi_t(\upharpoonright_{s=0})\|_{L_{t,x}^{pd} \cap L_t^\infty L^2}) \lesssim 2^{-\sigma k}c_k^{(j)}(\sigma).$

现在, 归纳关系可以写成

$(\lambda_1): \quad (S_N^a) + (V_{0,N}^s) \Rightarrow (S_{0,N-1}^{a-1}), \quad (S_{0,N-1}^{a-1}) + (V_{1,N-1}^s) \Rightarrow (S_{1,N-2}^{a-1}),$

$\qquad \underline{(S_{j,N-k}^{a-k}) + (V_{j,N-1}^s) \Rightarrow (S_{j,N-2}^{a-k-1})};$

$(\lambda_2): \quad \underline{(S_{j,N}^0) + (V_{j,N}) \Rightarrow (V_{j,N}^s)};$

$(\lambda_3): \quad (S_N^0) + (V_{0,N}) \Rightarrow (V_{0,N}^o) \Rightarrow (V_{0,N}^*),$

$\qquad \underline{(S_{j-1,N}^0) + (V_{j,N}^o) \Rightarrow (V_{j,N}^*) \Rightarrow (V_{j,N})};$

$(\lambda_4): \quad (E_N^0) + (V_{0,N}^s) \Rightarrow (\Phi_{0,N}^s), \; (E_{1,N}^0) + (V_{1,N}^s) \Rightarrow (\Phi_{1,N}^s),$

$\qquad \underline{(E_{j,N}^0) + (V_{j,N}^s) \Rightarrow (\Phi_{j,N}^s)};$

$(\lambda_5): \quad (E_N^c) + (\Phi_{0,N}^s) \Rightarrow (E_{0,N-1}^{c-1}), (E_{0,N-1}^{c-1}) + (\Phi_{1,N-1}^s) \Rightarrow (E_{1,N-2}^{c-2}),$

$\qquad \underline{(E_{j,N-k}^{c-k}) + (\Phi_{j,N-k}^s) \Rightarrow (E_{j,N-k-1}^{c-k-1})};$

$(\lambda_6): \quad (AO_j) + (G_{j,N}) \Rightarrow (AO_{j+1}),$

$\qquad (\Phi_j^t) + (G_{j,N}^{b+1}) \Rightarrow (G_{j,\frac{1}{2}N}^{b*}),$

$\qquad (AO_j) + (G_{j,N}) \Rightarrow (\Phi_j^t),$

$\qquad \underline{(G_{j,N}) \Rightarrow (AO_j)};$

$(\lambda_7): \quad (V_j^0) \Rightarrow (V_{j,N}),$

$\qquad \underline{(E_{j,0}) + (\Phi_j^x) \Rightarrow (V_j^0)};$

$(\lambda_8): \quad SMF \Rightarrow (\Phi_j^x).$

每次像 (2.6.75) 这样的估计都会给出额外的 $c_k(\vartheta)$, 这启发了 $c_k^{(j)}(\sigma)$ 的定义. 因此, 为了达到 $\sigma \in [j\vartheta, (j+1)\vartheta]$, 我们所需的最高导数阶数和 $(S_N^a), (G_N^b), (E_N^c)$ 中的充分衰减阶数是

$$S_{4+2j}^{j+2}, \quad G_{8+j2^j}^{j+2}, \quad E_{4+2j}^{j+2}. \tag{2.6.93}$$

(2.6.93) 中的三个量纯粹与热流相关, 并可通过在 2.3 节和 2.4 节中选择一个大的 L' 来获得. $\qquad \Box$

2.6.4　Sobolev 界、适定性及渐近行为

由 (2.6.3) 和 (2.6.86) 可见

$$2^{\frac{d}{2}k}\|P_k v\|_{L_t^\infty L_x^2} \lesssim c_k^{(j)}(\sigma)2^{-\sigma k}, \tag{2.6.94}$$

这表明

$$\||\nabla|^\beta u\|_{L_t^\infty L_x^2} \lesssim \|u_0\|_{\dot{H}_x^{\frac{d}{2}}\cap\dot{H}_x^\beta}, \quad \beta = \sigma + \frac{d}{2}. \tag{2.6.95}$$

因此, 考虑到能量守恒, 我们可知对于所有 $j \geqslant \left[\dfrac{d}{2}\right] + 1$, 有

$$\|\partial_x u\|_{L_t^\infty H_Q^j} \lesssim \|\partial_x u_0\|_{H_Q^j}, \tag{2.6.96}$$

如果 ϵ_1 足够小且仅依赖于 d, j, 应用 [DW01] 或 [McG07] 的局部解存在性结果可以证明 u 是全局的. 而且 Sobolev 界 (2.6.96) 在 $t \in \mathbb{R}$ 上是一致的.

对于适定性, 可以参考第 1 章的论证, 该论证基于 [BIKT11]. 渐近行为 (2.1.5) 可以类似第 1 章证明, 实际上甚至更容易.

2.7　附录 A: 引理 2.2.3 的证明

证明　这个证明是对 [[BIKT11], 引理 8.2] 的一种调整. 根据引理 2.2.2 和对称性, 我们只需对

$$\|P_k(F(v)(P_{k_1}\partial_x v P_{k_2}\partial_x v))\|_{L_{t,x}^{p_d}}$$

部分进行估计, 其中 $k_1 \leqslant k_2$. 我们考虑三种子情况:

$$\sum_{k_1 \leqslant k_2}\|P_k(F(v)P_{k_1}\partial_x v P_{k_2}\partial_x v)\|_{L_{t,x}^{p_d}}$$

$$\lesssim \sum_{k_1 \leqslant k_2, k_3 \geqslant k_2+5}\|P_k(P_{k_3}F(v)P_{k_1}\partial_x v P_{k_2}\partial_x v)\|_{L_{t,x}^{p_d}}$$

$$+ \sum_{k_1 \leqslant k_2, |k_2-k_3| \leqslant 4}\|P_k(P_{k_3}F(v)P_{k_1}\partial_x v P_{k_2}\partial_x v)\|_{L_{t,x}^{p_d}}$$

$$+ \sum_{k_1 \leqslant k_2, k_2 \geqslant k-4}\|P_k(P_{\leqslant k_2-5}F(v)P_{k_1}\partial_x v P_{k_2}\partial_x v)\|_{L_{t,x}^{p_d}}$$

$$:= I_1 + I_2 + I_3.$$

I_1 由下式控制

$$\sum_{k_1 \leqslant k_2, k_3 \geqslant k_2+5}\|P_k(P_{k_3}F(v)P_{k_1}\partial_x v P_{k_2}\partial_x v)\|_{L_{t,x}^{p_d}}$$

$$\lesssim \sum_{|k-k_3| \leqslant 4}\|P_{k_3}F(v)\|_{L_{t,x}^{p_d}}\sum_{k_1 \leqslant k_2 \leqslant k-4}\|P_{k_1}2^{\frac{d}{2}k_1}\partial_x v\|_{L_t^\infty L_x^2}2^{\frac{d}{2}k_2}\|P_{k_2}\partial_x v\|_{L_t^\infty L_x^2}$$

$$\lesssim 2^{-\frac{d}{2}k}\widetilde{\alpha}_k\left(\sum_{k_1\leqslant k}2^{k_1}\widetilde{\beta}_{k_1}\right)^2.$$

I_2 由下式控制

$$\sum_{k_1\leqslant k_2-4,|k_2-k_3|\leqslant 4,k_2,k_3\geqslant k-5}\|P_k(P_{k_3}F(v)P_{k_1}\partial_x vP_{k_2}\partial_x v)\|_{L_{t,x}^{p_d}}$$

$$+\sum_{|k_1-k_2|\leqslant 4,|k_2-k_3|\leqslant 4,k_1,k_2,k_3\geqslant k-10}\|P_k(P_{k_3}F(v)P_{k_1}\partial_x vP_{k_2}\partial_x v)\|_{L_{t,x}^{p_d}}$$

$$\lesssim 2^{\frac{d}{2}k}\sum_{k_2\geqslant k-5}\|P_{k_2}F(v)\|_{L_t^\infty L_x^2}\|P_{k_2}\partial_x v\|_{L_{t,x}^{p_d}}\left(\sum_{k_1\leqslant k_2}2^{\frac{d}{2}k_1}\|P_{k_1}\partial_x vP_{k_2}\|_{L_t^\infty L_x^2}\right)$$

$$\lesssim 2^{\frac{d}{2}k}\sum_{k_2\geqslant k-5}2^{-dk_2+k_2}\widetilde{\alpha}_{k_2}\widetilde{\beta}_{k_2}\left(\sum_{k_1\leqslant k_2}2^{k_1}\widetilde{\beta}_{k_1}\right).$$

I_3 的估计如下

$$\sum_{k_1\leqslant k_2-4,|k_2-k|\leqslant 4}\|F(v)\|_{L_{t,x}^\infty}2^{\frac{d}{2}k_1}\|P_{k_1}\partial_x v\|_{L_t^\infty L_x^2}\|P_{k_2}\partial_x v\|_{L_{t,x}^{p_d}}$$

$$+\sum_{k_1\leqslant k_2,|k_2-k_1|\leqslant 8,k_1,k_2\geqslant k-4}2^{\frac{d}{2}k}\|F(v)\|_{L_{t,x}^\infty}\|P_{k_1}\partial_x v\|_{L_t^\infty L_x^2}\|P_{k_2}\partial_x v\|_{L_{t,x}^{p_d}}$$

$$\lesssim 2^{-\frac{d}{2}k}\widetilde{\beta}_k\left(\sum_{k_1\leqslant k}2^{k_1}\widetilde{\beta}_{k_1}\right)+2^{\frac{d}{2}k}\sum_{k_1\geqslant k-4}2^{2k_1-dk_1}\widetilde{\beta}_{k_1}^2.\qquad\qquad\square$$

类似于 [[Li23], 引理 3.1], 我们有

引理 2.7.1 设 $u\in C([-T,T];\mathcal{Q}(\mathbb{R}^d,\mathcal{N}))$ 满足 SMF. 并且设 $v(s,t,x)$ 是初值为 $u(t,x)$ 的热流. 则对于任意 $M\in\mathbb{Z}_+$, $M\geqslant 200$ 和任意 $0\leqslant\sigma\leqslant 2M$, 存在常数 $\epsilon_M>0$, $C_M>0$, $C_{M,T}$, 使得: 如果 $\|u\|_{L_t^\infty\dot{H}_x^{\frac{d}{2}}}\leqslant\epsilon_M\ll 1$, 则对于任意 $s\geqslant 0$, $i=1,\cdots,d$, $\rho=0,1$, $m=0,1,\cdots,M$, 有

$$\|\partial_t^\rho\partial_x^m(v-Q)\|_{L_t^\infty H_x^M}\leqslant C_{M,T}(s+1)^{-\frac{m}{2}},$$

$$(2^{-\frac{1}{2}k}\mathbf{1}_{k\leqslant 0}+2^{\sigma k})2^{\frac{d}{2}k-k}\|P_k\phi_i\|_{L_t^\infty L_x^2}\leqslant C_M(2^{2k}s+1)^{-30},$$

$$(2^{-\frac{1}{2}k}\mathbf{1}_{k\leqslant 0}+2^{\sigma k})2^{\frac{d}{2}k-k}\|P_kA_i\|_{L_t^\infty L_x^2}\leqslant C_M(2^{2k}s+1)^{-28},$$

$$2^{mk}2^{\frac{d}{2}k-k}\|P_k\partial_t\phi_i\|_{L_t^\infty L_x^2}\leqslant C_{M,T}(2^{2k}s+1)^{-25},$$

$$2^{mk}2^{\frac{d}{2}k-k}\|P_k\partial_tA_i\|_{L_t^\infty L_x^2}\leqslant C_{M,T}(2^{2k}s+1)^{-25}.$$

2.8　附录 B: 双线性估计

记 $H^{\infty,\infty}(T)$ 为在 $(t,x) \in [-T,T] \times \mathbb{R}^d$ 上定义的函数 f 的集合, 其满足对于任意的 $b_1, b_2 \in \mathbb{N}$, 有 $\partial_t^{b_1} \partial_x^{b_2} f \in L^2([-T,T] \times \mathbb{R}^d)$.

引理 2.8.1 ([BIKT11], 引理 5.1)　给定 $\omega \in \left[0, \dfrac{1}{2}\right]$ 和 $T > 0$, 设 $f, g \in H^{\infty,\infty}(T)$, 定义

$$\alpha_k := \sum_{|k-k'| \leqslant 20} \|f_{k'}\|_{S_{k'}^\omega(T) \cap F_{k'}(T)}, \quad \beta_k := \sum_{|k-k'| \leqslant 20} \|g_{k'}\|_{S_{k'}^0(T)}.$$

如果 $|k_1 - k_2| \leqslant 8$, 则

$$\|P_k(P_{k_1} f P_{k_2} g)\|_{F_k(T) \cap S_k^{\frac{1}{2}}(T)} \lesssim 2^{\frac{kd}{2}} 2^{(k_2-k)(\frac{2d}{d+2} - \omega)} \alpha_{k_1} \beta_{k_2}; \tag{2.8.1}$$

如果 $|k - k_1| \leqslant 4$, 则

$$\|P_k(g P_{k_1} f)\|_{F_k(T) \cap S_k^{\frac{1}{2}}(T)} \lesssim \|g\|_{L^\infty} \alpha_{k_1}. \tag{2.8.2}$$

引理 2.8.2 ([BIKT11], 引理 5.4)　给定 $\omega \in \left[0, \dfrac{1}{2}\right]$ 和 $T > 0$, 对于 $f, g \in H^{\infty,\infty}(T)$, 定义

$$\mathbf{a}_k := \sum_{|l-k| \leqslant 20} \|P_k f\|_{S_l^\omega(T)}, \quad \mathbf{b}_k := \sum_{|l-k| \leqslant 20} \|P_k g\|_{L_{t,x}^{p_d}(T)}. \tag{2.8.3}$$

那么, 我们有

$$\|P_k(fg)\|_{L_{t,x}^{p_d}} \lesssim \sum_{l \leqslant k} 2^{\frac{d}{2}l}(\mathbf{a}_l \mathbf{b}_k + 2^{\frac{d}{d+2}(k-l)} \mathbf{a}_k \mathbf{b}_l) + 2^{\frac{d}{2}k} \sum_{l \geqslant k} 2^{-\omega(l-k)} \mathbf{a}_l \mathbf{b}_l. \tag{2.8.4}$$

引理 2.8.3 ([BIKT11], 引理 5.4)　给定 $\omega \in \left[0, \dfrac{1}{2}\right]$ 和 $T > 0$, 假设 $f, g \in H^{\infty,\infty}(T)$, $P_k f \in S_k^\omega(T)$, $P_k g \in L_{t,x}^4$ 对所有 $k \in \mathbb{Z}$ 成立. 定义

$$\mu_k := \sum_{|l-k| \leqslant 20} \|P_k f\|_{S_l^\omega(T)}, \quad \nu_k := \sum_{|l-k| \leqslant 20} \|P_k g\|_{L_{t,x}^{p_d}(T)}.$$

如果 $|k_2 - k| \leqslant 4$ 且 $k_1 \leqslant k - 4$, 则

$$\|P_k(f_{k_1} g_{k_2})\|_{L_{t,x}^{p_d}} \lesssim 2^{\frac{d}{2}k_1} \mu_{k_2} \nu_k;$$

如果 $|k_1 - k| \leqslant 4$ 且 $k_2 \leqslant k - 4$, 则

$$\|P_k(f_{k_1} g_{k_2})\|_{L_{t,x}^{p_d}} \lesssim 2^{\frac{d}{2}k_2} 2^{\frac{d}{d+2}(k-k_2)} \mu_k \nu_{k_2};$$

如果 $|k_1 - k_2| \leqslant 8$ 且 $k_1, k_2 \geqslant k - 4$, 则

$$\|P_k(f_{k_1} g_{k_2})\|_{L_{t,x}^{p_d}} \lesssim 2^{k(\frac{d}{2}+\omega)} 2^{-\omega k_2} \mu_{k_2} \nu_{k_2}.$$

引理 2.8.4 ([BIKT11], 引理 6.3)　　• 如果 $|l - k| \leqslant 80$ 且 $f \in F_l(T)$, 则

$$\|P_k(gf)\|_{N_k(T)} \lesssim \|g\|_{L_t^2 L_x^d} \|f\|_{F_l(T)}. \tag{2.8.5}$$

• 如果 $l \leqslant k - 80$ 且 $f \in F_l(T)$, 则

$$\|P_k(gf)\|_{N_k(T)} \lesssim 2^{\frac{d-2}{2}l} 2^{\frac{l-k}{2}} \|g\|_{L_t^2 L_x^2} \|f\|_{F_l(T)}; \tag{2.8.6}$$

• 如果 $k \leqslant l - 80$ 且 $f \in G_l(T)$, 则

$$\|P_k(gf)\|_{N_k(T)} \lesssim 2^{\frac{d-2}{2}l} 2^{\frac{k-l}{6}} \|g\|_{L_t^2 L_x^2} \|f\|_{G_l(T)}. \tag{2.8.7}$$

以下是 [BIKT11] 建立的主要线性估计.

命题 2.8.1 ([BIKT11])　　对于每个频率局限在 I_k 内的 $u_0 \in L_x^2$, 以及每个 $F \in N_k(T)$, 我们有非齐次估计: 如果 u 满足

$$\begin{cases} i\partial_t u + \Delta u = F, \\ u(0, x) = u_0(x), \end{cases} \tag{2.8.8}$$

则

$$\|u\|_{G_k(T)} \lesssim \|u_0\|_{L_x^2} + \|F\|_{N_k(T)}. \tag{2.8.9}$$

第 3 章 朗道-利夫希茨流的爆破解构造

3.1 主要结果概述

3.1.1 问题介绍

我们考虑从 $\mathbb{R}^{2+1}$ 映到 $\mathbb{S}^2 \subset \mathbb{R}^3$ 的能量临界的朗道-利夫希茨方程

$$
\begin{cases}
u_t = \rho_1 u \wedge \Delta u - \rho_2 u \wedge (u \wedge \Delta u), & (t,x) \in \mathbb{R} \times \mathbb{R}^2, \ u(t,x) \in \mathbb{S}^2, \\
u|_{t=0} = u_0 \in \dot{H}^1,
\end{cases}
\tag{3.1.1}
$$

其中 $\rho_1 \in \mathbb{R}$ 为旋磁比常数, $\rho_2 \in \mathbb{R}_+^* \cup \{0\}$ 为 Gilbert 阻尼常数 (我们仅考虑 $\rho_2 > 0$ 的情形). 这个方程是由著名物理学家朗道 (Landau) 和利夫希茨 (Lifshitz) 在研究铁磁体磁化的色散理论时提出的 [LL92]. 它描述了经典铁磁体中磁性的演化, 因此其相关研究对于理解非平衡磁力学非常重要性, 更多细节参见 [ABP68]. 注意到, 若取 $\rho_1 = 1, \rho_2 = 0$, 方程 (3.1.1) 就退化为 Schrödinger 映射流

$$
\begin{cases}
u_t = u \wedge \Delta u, & (t,x) \in \mathbb{R} \times \mathbb{R}^2, \quad u(t,x) \in \mathbb{S}^2, \\
u|_{t=0} = u_0,
\end{cases}
\tag{3.1.2}
$$

它在微分几何中具有重要的意义 [Din]. 而若取 $\rho_1 = 0, \rho_2 = 1$, (3.1.1) 则化为调和映射热流

$$
\begin{cases}
u_t = \Delta u + |\nabla u|^2 u, & (t,x) \in \mathbb{R} \times \mathbb{R}^2, \quad u(t,x) \in \mathbb{S}^2, \\
u|_{t=0} = u_0,
\end{cases}
\tag{3.1.3}
$$

它是一种常见的液晶流动模型 [BBCH92].

方程 (3.1.1) 具有 Dirichlet 能量

$$
E(u) = \int_{\mathbb{R}^2} |\nabla u|^2 dx,
\tag{3.1.4}
$$

其时间导数为

$$
\frac{d}{dt} \left(\int_{\mathbb{R}^2} |\nabla u|^2 \right) = -2\rho_2 \int_{\mathbb{R}^2} |u \wedge \Delta u|^2.
\tag{3.1.5}
$$

由此可见, 在通常的朗道-利夫希茨方程 ($\rho_2 > 0$) 中, 能量是耗散的; 而在 Schrö-dinger 映射 (3.1.2) 中, 能量是守恒的. 该方程在常见的缩放和旋转变换

$$u(t,x) \to u_{\lambda,O}(t,x) = Ou\left(\frac{t}{\lambda}, \frac{x}{\lambda^2}\right), \quad (\lambda, O) \in \mathbb{R}_+^* \times O(3)$$

下是保持不变的. 也就是说, 假如 $u(t,x)$ 是方程的解, 那么 $u_{\lambda,O}(t,x)$ 也是方程的解. 并且, Dirichlet 能量在这个变换下也是不变的, 所以称方程 (3.1.1) 是能量临界的. 另外, 方程 (3.1.1) 的一个显著特征是, 若固定初始条件 $|u_0| = 1$, 则其演化的光滑解在 $(t,x) \in \mathbb{R}_+^* \times \mathbb{R}^2$ 上保持幅值 $|u(t,x)| = 1$, 也就是说解将一直落在单位球上, 这一点对后续研究非常重要.

在本章里, 我们最关心的是一类具有特殊对称性的解, 称为 k 等变映射, 其形式为

$$u(t,x) = e^{k\theta R} \begin{bmatrix} u_1(t,r) \\ u_2(t,r) \\ u_3(t,r) \end{bmatrix}, \quad R = \begin{bmatrix} 0 & -1 & 0 \\ 1 & 0 & 0 \\ 0 & 0 & 0 \end{bmatrix},$$

其中, (r, θ) 是 $\mathbb{R}^2$ 上的极坐标, $k \in \mathbb{Z}^*$ 是拓扑度,

$$k = \frac{1}{4\pi} \int_{\mathbb{R}^2} \left(\partial_1 u \wedge \partial_2 u\right) \cdot u.$$

这类解的一个典型例子就是 k 等变调和映射

$$Q_k(r,\theta) = \frac{e^{k\theta R}}{1 + r^{2k}} \begin{bmatrix} 2r^k \\ 0 \\ 1 - r^{2k} \end{bmatrix}, \quad k \in \mathbb{Z},$$

它是一个静态解, 也是拓扑度为 k 的解中的 Dirichlet 能量极小化子 [Bog76],

$$E(Q_k) = 4\pi|k|.$$

通常称 Q_k 是方程 (3.1.1) 的 k 等变基态. 本章研究的是 1-等变解, 我们按照惯例记 $Q = Q_1$ 为基态.

3.1.2 前沿进展

过去的十余年里, 朗道-利夫希茨方程 (包括 Schrödinger 映射) 的相关问题取得了诸多进展. 其局部适定性在 [SSB86, DW01, McG07] 被建立. 弱解或部分正则解的全局存在性已经在 [AS92, CF01, GH93, Ko05, Mel05, Wan06] 中得

到证明. 对 Schrödinger 映射, 当目标流形是 $\mathbb{S}^2$ 时, Bejenaru, Ionescu, Kenig 和 Tataru [BIKT16] 证明了临界空间中小数据的全局适定性. 其结果被 Li (作者) [Li23, Li21] 推广到了 Kähler 流形的目标. 对于能量小于 4π 的 1-等变解, Bejenaru, Ionescu, Kenig 和 Tataru [BIKT13] 证明了 Schrödinger 流在时间上是全局的并且是散射的. 而对朗道-利夫希茨方程, Li 和 Zhao (作者) [LZ17] 证明这样的解在能量空间中收敛到常数映射. Gustafson, Kang, Tsai, Nakanishi [GKT07, GKT08, GNT10] 表明, 对于 Schrödinger 映射, 在高等变类 ($k \geqslant 3$) 中, 调和映射是渐近稳定的, 这排除了那些情况下调和映射附近的爆破解. 然而, 在 1-等变类中, Bejenaru 和 Tataru [BT14] 表明调和映射在光滑良好局部化的扰动下是稳定的, 但在 $\dot{H}^1$ 拓扑下是不稳定的, 从而自然地引出在 $\dot{H}$ 中的爆破现象的研究. 对于 Schrödinger 映射, Merle, Raphaël 和 Rodnianski [MRR13] 构造了一组在能量临界拓扑中任意接近基态 Q 的初值, 从中演化的解导致了第二类爆破, 并且对爆破时刻 $t = T$ 附近解的渐近行为进行了详细描述, 即

$$u - e^{\Theta(t)\mathrm{R}}Q\left(\frac{x}{\lambda(t)}\right) \to u^* \in \dot{H}^1, \quad 当 \quad t \to T,$$

其中 $\lambda(t)$ 为伸缩参数, 表征的是解 bubble 集中的尺度, 通常称作爆破速度, 具体为

$$\lambda(t) = \frac{C(T-t)}{\left|\log(T-t)\right|^2}. \tag{3.1.6}$$

Perelman [Per14] 提出了另一种不同的第二类爆破解, 它与前者的主要区别在于这种解以 $t^{1/2+\nu}$ ($\nu > 1$) 的速度在 $t = 0$ 时刻爆破, 并且其旋转角 $\Theta(t) \to \infty$, 而前者的旋转角趋于某个固定值. 此外, 对调和映射热流, Raphaël 和 Schweyer [RS13] 得到了与 (3.1.6) 速度一致的爆破解; 他们还将其做了推广 [RS14], 构造了以 $L \in \mathbb{N}^*$ 为参数, 爆破速度为

$$\lambda_L(t) = \frac{C|T-t|^L}{\left|\log(T-t)\right|^{\frac{2L}{2L-1}}} \tag{3.1.7}$$

的一系列爆破解. 该速度与 Schrödinger 映射爆破 [MRR13] 中的爆破速度不谋而合. 因此, 一个自然的问题就是朗道-利夫希茨方程是否也存在这样速度的爆破解.

3.1.3   主要结果

本章的工作是对 Schrödinger 映射 [MRR13] 和调和映射热流 [RS14] 研究的延续. 我们对带参数的朗道-利夫希茨方程构造了 1-等变第二类爆破解. 这将 Schrödinger 映射的爆破解的构造 [MRR13] 推广到了更一般的情形.

定理 3.1.1 (朗道-利夫希茨流爆破解的存在性和描述) 存在一组光滑的局部化的 1-等变初值, 在 $\dot{H}^1$ 拓扑中任意接近基态 Q, 使得相应的 (3.1.1) 的解在有限时刻 $t = T > 0$ 内爆破. 奇点形成对应于孤立子在空间上的集中:

$$u - e^{\Theta(t)\mathrm{R}} Q\left(\frac{x}{\lambda(t)}\right) \to u^* \in \dot{H}^1, \quad \text{当 } t \to T, \qquad (3.1.8)$$

其中几何参数 $(\Theta(t), \lambda(t)) \in \mathcal{C}^1([0, T), \mathbb{R} \times \mathbb{R}_+^*)$, 其在爆破时刻 T 附近的渐近行为是

$$\lambda(t) = C(u_0)(1 + o(1))\frac{(T - t)}{|\log(T - t)|^2}, \quad C(u_0) > 0, \qquad (3.1.9)$$

$$\Theta(t) \to \Theta(u_0) \in \mathbb{R}, \quad \text{当 } t \to T. \qquad (3.1.10)$$

此外, 还有正则性的传播:

$$\Delta u^* \in L^2. \qquad (3.1.11)$$

注 3.1.1 (1) (**爆破渐近行为**): 解的整体爆破行为类似于 Schrödinger 映射爆破 [MRR13]. 主要的区别在于, 由于额外的 Gilbert 阻尼项 (热流项), 我们构造的逼近解与 Schrödinger 映射问题的逼近解完全不同. 前者表现为后者和调和热流的逼近解的结合. 不过, 热流项的出现并没有导致误差估计变差.

(2) (**Morawetz 估计**): 我们的整体证明框架与 [MRR13] 类似, 先构造一个逼近解, 然后在此基础上加入一个修正项 (辐射项), 最后用能量方法证明辐射项的存在性. 然而, 在辐射项的能量估计中, 交换子 $[\partial_t, \mathbb{H}]$ 的存在引出了一个无符号的积分二次项, 该项不能用能量的界直接控制 (见 (3.5.11)), 需要修改能量泛函的定义 (引入额外的 Morawetz 泛函) 来产生抵消. 也就是说, 构建一个合适的 Morawetz 泛函就是问题的核心. 但热流项的存在使得该构造异常复杂, 这是主要困难所在. 对此, 我们的一个关键策略是引理 3.5.3, 它阐述了算子 $\mathbb{A}, \mathbb{A}^*$ 的内在结构, 借此我们能捕捉到 Schrödinger 项和热流项的竞争, 从而得到上述的二次项. 在这个构造里, ρ_1, ρ_2 的比值也至关重要, 它使得系数 c_1, c_2, c_3, c_4 (见引理 3.5.2) 能够帮助控制 Morawetz 估计 (3.5.18) 中的各种误差.

(3) (**爆破速度**): 事实上, 我们得到的爆破速度 (3.1.9) 与系数 ρ_1, ρ_2 无关. 而系数对爆破速度的不明显关联这个观点, 早在 van den Berg 和 Williams 的形式计算 [vdBW13] 中就被提出来了. 在引理 3.3.1 中, 我们看到, 涉及 ρ_1, ρ_2 的耦合系数与表达式 (3.3.14) 相互对应. 这种对应在计算调制方程时会产生一个抵消, 导致调制参数 (3.4.28) 的常微分方程与 [MRR13, RS13] 中的相同. 这一定程度上解释了爆破速度与系数的无关性.

(4) (**初值的余一维稳定性**): 在我们的构造中, 爆破解的初值由调制参数 a_0, b_0 和修正项 $w(0)$ 的初值所决定. 其中 b_0 和 $w(0)$ 的选取在小扰动下是稳定的, 而 a_0 则是不稳定的, 因此后者需要依据 b_0 (以及 $w(0)$) 来给定, 详见 3.4 小节. 这就是说, 在较弱的意义下, 爆破解的初值集是余一维稳定的.

3.2　预 备 知 识

3.2.1　符号说明

我们将使用 $\mathbb{R}^2$ 上的极坐标 (r, θ), 它相应的规范正交基为 (e_r, e_τ), 其中 $e_\tau = r^{-1}e_\theta$. 考虑到即将引入的伸缩变换 $y = r/\lambda$, 我们也会使用极坐标 (y, θ), 它对应的规范正交基为 (e_y, e_τ), 这里 $e_\tau = y^{-1}e_\theta$. 我们记 $\mathbb{R}^3$ 中的规范正交基为 (e_x, e_y, e_z). 注意 e_y 的含义可能根据上下文语义而不同, 但这几乎不会产生歧义.

对任给函数 $f(y)$, 我们定义算子

$$\Lambda f = y \cdot \nabla_y f.$$

任给参数 $b > 0$, 我们记

$$B_0 = \frac{1}{\sqrt{b}}, \quad B_1 = \frac{|\log b|}{\sqrt{b}}. \tag{3.2.1}$$

令 χ 为标准的光滑截断 (smooth cutoff), 即 $\chi(r) = 1$ 若 $r \leqslant 1$, $\chi(r) = 0$ 若 $r \geqslant 2$. 对给定的 $M > 1$, 我们记 $\chi_M(r) = \chi(r/M)$. 此外, 对任给集合 A, 记 $\mathbf{1}_A$ 为 A 的指示函数 (indicator function); 若 A 是关于变量 y 的不等式, 则 $\mathbf{1}_A$ 表示 $\{y : A\}$ 的指示函数.

3.2.2　基态和 Frenet 基

我们先介绍朗道-利夫希茨流的 1-等变解的几何设定. 对于一个取值在二维球面 $\mathbb{S}^2$ 的映射, 我们通常将它看作为值域是欧氏空间 $\mathbb{R}^3$, 取值是欧拉角 (ϕ, θ) 的映射. 对朗道-利夫希茨流, 其基态是一个拓扑度为 1 的调和映射, 满足方程

$$\Delta Q = -|\nabla Q|^2 Q, \tag{3.2.2}$$

它的表达式是

$$Q(r, \theta) = \begin{bmatrix} \sin(\phi(r))\cos(\theta) \\ \sin(\phi(r))\sin(\theta) \\ \cos(\phi(r)) \end{bmatrix}, \quad \text{其中} \quad \phi(r) = 2\arctan(r). \tag{3.2.3}$$

为简化符号, 我们定义以下函数

$$\begin{cases} \varLambda\phi(r) = r\partial_r(2\arctan(r)) = \dfrac{2r}{1+r^2} = \sin(\phi(r)), \\[2mm] Z(r) = \dfrac{1-r^2}{1+r^2} = \cos(\phi(r)), \end{cases} \tag{3.2.4}$$

从而 (3.2.3) 可写为

$$Q(r,\theta) = \begin{bmatrix} \varLambda\phi(r)\cos(\theta) \\ \varLambda\phi(r)\sin(\theta) \\ Z(r) \end{bmatrix} = e^{\theta\mathrm{R}} \begin{bmatrix} \varLambda\phi(r) \\ 0 \\ Z(r) \end{bmatrix}.$$

为了研究 (在 $\dot{H}^1$ 中) 接近于 Q 的流映射, 我们需要选择一个合适的标架, 本章取的是 Frenet 基 $[e_r, e_\tau, Q]$,

$$e_r = \frac{\partial_r Q}{|\partial_r Q|} = e^{\theta\mathrm{R}} \begin{bmatrix} Z \\ 0 \\ -\varLambda\phi \end{bmatrix}, \quad e_\tau = \frac{\partial_\tau Q}{|\partial_\tau Q|} = e^{\theta\mathrm{R}} \begin{bmatrix} 0 \\ 1 \\ 0 \end{bmatrix}. \tag{3.2.5}$$

后面我们将在 Frenet 基下重写方程 (3.1.1), 将其看作 $\mathbb{R}^3$ 上带限制条件的三个分量的方程, 这会简化问题的计算. 为此, 我们先给出以下引理, 它列出了求导和旋转对 Frenet 基向量的作用. 证明是直接的计算, 故省略.

引理 3.2.1 (Frenet 基的求导与旋转 [MRR13]) 以下等式成立:

(i) 求导的作用:

$$\begin{cases} \partial_r e_r = -(1+Z)Q, \\ \partial_r e_\tau = 0, \\ \partial_r Q = (1+Z)e_r, \end{cases} \qquad \begin{cases} \varLambda e_r = -\varLambda\phi Q, \\ \varLambda e_\tau = 0, \\ \varLambda Q = \varLambda\phi e_r, \end{cases}$$

$$\begin{cases} \partial_\tau e_r = \dfrac{Z}{r} e_\tau, \\[2mm] \partial_\tau e_\tau = -\dfrac{Z}{r} e_r - (1+Z)Q, \\[2mm] \partial_\tau Q = (1+Z)e_\tau, \end{cases} \qquad \begin{cases} \Delta e_r = -\dfrac{1}{r^2} e_r - \dfrac{2Z(1+Z)}{r} Q, \\[2mm] \Delta e_\tau = -\dfrac{1}{r^2} e_\tau, \\[2mm] \Delta Q = -2(1+Z)^2 Q. \end{cases} \tag{3.2.6}$$

(ii) 旋转的作用:

$$\mathrm{R}e_r = Ze_\tau, \quad \mathrm{R}e_\tau = -Ze_r - \varLambda\phi Q, \quad \mathrm{R}Q = \varLambda\phi e_\tau.$$

另外, 伸缩和旋转对称性给出了如下参数变换族

$$Q_{\Theta,\lambda}(r) = e^{\Theta R} Q\left(\frac{r}{\lambda}\right), \quad (\Theta, \lambda) \in \mathbb{R} \times \mathbb{R}_+^*,$$

它对应的极小化生成元为

$$\frac{d}{d\lambda}(Q_{\Theta,\lambda})\big|_{\lambda=1,\Theta=0} = -\Lambda\phi e_r, \quad \frac{d}{d\Theta}(Q_{\Theta,\lambda})\big|_{\lambda=1,\Theta=0} = -\Lambda\phi e_\tau.$$

3.2.3　向量型方程

对 (3.1.1), 我们引入两个几何参数 $\Theta(t), \lambda(t)$. 我们将要构造以下形式的解:

$$u = \mathcal{S}(Q + \hat{v}) = e^{\Theta(t)R}(Q + \hat{v})\left(t, \frac{x}{\lambda(t)}\right), \tag{3.2.7}$$

其中 $\mathcal{S}$ 是由 λ, Θ 决定的混合变换, 而映射 $\hat{v}$ 是一个修正项. 将 $\hat{v}$ 在 Frenet 基下展开为

$$\hat{v} = [e_r, e_\tau, Q]\hat{w}, \quad \hat{w} = [\hat{\alpha}, \hat{\beta}, \hat{\gamma}]^{\mathrm{T}}. \tag{3.2.8}$$

由于 u 的像落在 $\mathbb{S}^2$ 上, 其分量 $\hat{\alpha}, \hat{\beta}, \hat{\gamma}$ 满足

$$\hat{\alpha}^2 + \hat{\beta}^2 + (1 + \hat{\gamma})^2 = 1.$$

现在, (3.1.1) 解的存在性问题就转化成了 $\hat{w}$ 耦合上几何参数 λ, Θ 的存在性问题. 本节我们将导出 $\hat{w}$ 所满足的向量方程. 对解做自相似变换

$$\frac{ds}{dt} = \frac{1}{\lambda^2(t)}, \quad \frac{y}{r} = \frac{1}{\lambda(t)}, \tag{3.2.9}$$

对任给函数 $v(t, r)$, 定义记号

$$v_\lambda(t, r) = v\left(t, \frac{r}{\lambda}\right) = v(s, y). \tag{3.2.10}$$

下面我们计算 (3.1.1) 中的每个项. 由 (3.2.9), (3.2.10) 和 $\mathcal{S}$ 的定义, 有

$$\partial_t(v_\lambda) = \frac{1}{\lambda^2}\left(\partial_s v - \frac{\lambda_s}{\lambda}\Lambda v\right)_\lambda, \quad \partial_t(\mathcal{S}v) = \frac{1}{\lambda^2}\mathcal{S}\left(\partial_s v + \Theta_s R v - \frac{\lambda_s}{\lambda}\Lambda v\right),$$

从而由 3.2.1, 有

$$\partial_t u = \frac{1}{\lambda^2}\mathcal{S}\left\{\left[\partial_s\hat{\alpha} - \frac{\lambda_s}{\lambda}\Lambda\hat{\alpha} - \Theta_s Z\hat{\beta} - \frac{\lambda_s}{\lambda}\Lambda\phi(1 + \hat{\gamma})\right]e_r\right.$$

$$+ \left[\partial_s \hat{\beta} - \frac{\lambda_s}{\lambda} \Lambda \hat{\beta} + \Theta_s Z \hat{\alpha} + \Theta_s \Lambda \phi (1 + \hat{\gamma}) \right] e_\tau$$

$$+ \left[\partial_s \hat{\gamma} - \frac{\lambda_s}{\lambda} \Lambda \hat{\gamma} + \frac{\lambda_s}{\lambda} \Lambda \phi \hat{\alpha} - \Theta_s \Lambda \phi \hat{\beta} \right] Q \Big\}.$$

另外, 对任给函数 $v(t,r)$,

$$\Delta v_\lambda = \frac{1}{\lambda^2} (\Delta v)_\lambda, \quad \mathcal{S} v_1 \wedge \mathcal{S} v_2 = \mathcal{S}(v_1 \wedge v_2),$$

因此

$$u \wedge \Delta u = \frac{1}{\lambda^2} \mathcal{S} \Big\{ (Q + \hat{v}) \wedge (\Delta Q + \Delta \hat{v}) \Big\}, \quad u \wedge (u \wedge \Delta u) = \frac{1}{\lambda^2} \mathcal{S} \Big\{ \big[(Q + \hat{v}) \wedge \big]^2 (\Delta Q + \Delta \hat{v}) \Big\},$$

又由 (3.2.3) 和引理 3.2.1, 有

$$(Q + \hat{v}) \wedge (\Delta Q + \Delta \hat{v})$$

$$= (Q + \hat{v}) \wedge (\Delta \hat{v} + 2(1 + Z)^2 \hat{v})$$

$$= \left[\Delta \hat{\alpha} + \left(2(1 + Z)^2 - \frac{1}{r^2} \right) \hat{\alpha} + 2(1 + Z) \partial_r \hat{\gamma} \right] e_r$$

$$+ \left[\Delta \hat{\beta} + \left(2(1 + Z)^2 - \frac{1}{r^2} \right) \hat{\beta} \right] e_\tau + \left[\Delta \hat{\gamma} - 2(1 + Z) \partial_r \hat{\alpha} - \frac{2}{r} Z (1 + Z) \hat{\alpha} \right] Q.$$

为简化符号, 我们定义线性 Schrödinger 算子

$$H = -\Delta + \frac{V(r)}{r^2}, \tag{3.2.11}$$

其中

$$V(r) := r^2 \left(\frac{1}{r^2} - 2(1 + Z)^2 \right) = \Lambda Z + Z^2 = \frac{r^4 - 6r^2 + 1}{(1 + r^2)^2}. \tag{3.2.12}$$

我们也定义向量型 Schrödinger 算子 $\mathbb{H}$, 和作用于各分量的算子 $\mathbb{H}^{(1)}, \mathbb{H}^{(2)}, \mathbb{H}^{(3)}$,

$$\mathbb{H}\hat{w} = \begin{bmatrix} \mathbb{H}^{(1)}(\hat{w}) \\ \mathbb{H}^{(2)}(\hat{w}) \\ \mathbb{H}^{(3)}(\hat{w}) \end{bmatrix} = \begin{bmatrix} H\hat{\alpha} \\ H\hat{\beta} \\ -\Delta\hat{\gamma} \end{bmatrix} + 2(1 + Z) \begin{bmatrix} -\partial_r \hat{\gamma} \\ 0 \\ \partial_r \hat{\alpha} + \dfrac{Z}{r} \hat{\alpha} \end{bmatrix}. \tag{3.2.13}$$

并且定义关于 $\hat{w}$ 的旋转 (复结构) $\hat{J}$ 和向量 $\hat{p}$ 为

$$\hat{J} = (e_z + \hat{w})\wedge, \quad \hat{p} = \begin{bmatrix} \Theta_s \\ \lambda_s/\lambda \\ 0 \end{bmatrix}. \tag{3.2.14}$$

那么, 就有

$$\partial_t u = \frac{1}{\lambda^2}\mathcal{S}\Big\{ [e_r, e_\tau, Q] \cdot \Big[\partial_s\hat{w} - \frac{\lambda_s}{\lambda}\Lambda\hat{w} + \Theta_s Z\mathrm{R}\hat{w} + \hat{J}\hat{p}\Lambda\phi\Big]\Big\},$$

$$u \wedge \Delta u = -\frac{1}{\lambda^2}\mathcal{S}\Big\{ [e_r, e_\tau, Q] \cdot \hat{J}\mathbb{H}\hat{w}\Big\},$$

$$u \wedge (u \wedge \Delta u) = -\frac{1}{\lambda^2}\mathcal{S}\Big\{ [e_r, e_\tau, Q] \cdot \hat{J}^2\mathbb{H}\hat{w}\Big\}.$$

将这些代入 (3.1.1), 并把所有项投影到基 $\{\mathcal{S}e_r, \mathcal{S}e_\tau, \mathcal{S}Q\}$ 上, 可得 $\hat{w}$ 的向量方程

$$\partial_s\hat{w} - \frac{\lambda_s}{\lambda}\Lambda\hat{w} + \Theta_s Z\mathrm{R}\hat{w} + \hat{J}\Big(\rho_1\mathbb{H}\hat{w} - \rho_2\hat{J}\mathbb{H}\hat{w} + \hat{p}\Lambda\phi\Big) = 0. \tag{3.2.15}$$

注 3.2.1　向量方程中的空间变量是 $y = r/\lambda$, 而非 r, 因为我们作用了变换 $\mathcal{S}$. 相应地, 在定义 (3.2.11), (3.2.13) 中, 也需要将 r 替换为 y, 例如, $H_y = -\Delta_y + V(y)/y^2$. 然而, 根据上下文这并不会产生歧义, 我们仍用沿用 $H, \mathbb{H}$ 等记号.

3.2.4　线性算子

在计算 $\mathcal{S}Q$ 附近的 Landau-Lifschtiz 流时, Schrödinger 算子 H (3.2.11) 以及向量型 Schrödinger 算子 $\mathbb{H}$ (3.2.13) 会自然地出现. 本节里, 我们列举它们的一些性质.

算子 H 具有以下分解:

$$H = A^*A, \tag{3.2.16}$$

其中

$$A = -\partial_y + \frac{Z}{y}, \quad A^* = \partial_y + \frac{1+Z}{y},$$

这里 A^* 是 A 的伴随. 对任给函数 $f(y)$, 这些算子可写为

$$Af = -\Lambda\phi\partial_y\Big(\frac{f}{\Lambda\phi}\Big), \quad A^*f = \frac{1}{y\Lambda\phi}\partial_y\big(y\Lambda\phi f\big). \tag{3.2.17}$$

故它们在 $\mathbb{R}_+^*$ 的核为

$$
\begin{cases}
Af = 0 & \Leftrightarrow \quad f \in \mathrm{span}(\Lambda\phi), \\
A^*f = 0 & \Leftrightarrow \quad f \in \mathrm{span}\left(\dfrac{1}{y\Lambda\phi}\right).
\end{cases}
$$

由 (3.2.3),

$$
\Lambda\phi = y\partial_y(2\arctan(y)) = \frac{2y}{1+y^2}, \tag{3.2.18}
$$

它是 H 的一个共振 $(\Lambda\phi \notin L^2)$, 并且

$$
\Gamma(y) = \Lambda\phi(y)\int_1^y \frac{dx}{x\left(\Lambda\phi(x)\right)^2} = \frac{1}{4(1+y^2)}\left(y^3 + 4y\log y - \frac{1}{y}\right).
$$

函数 $\Lambda\phi, \Gamma$ 的渐近分别是

$$
\Lambda\phi(y) = \begin{cases}
2y + O(y^3), & \text{当} \quad y \to 0, \\
\dfrac{2}{y} + O\left(\dfrac{1}{y^3}\right), & \text{当} \quad y \to +\infty,
\end{cases} \tag{3.2.19}
$$

以及

$$
\Gamma(y) = \begin{cases}
-\dfrac{1}{4y} + O(y\log y), & \text{当} \quad y \to 0, \\
\dfrac{y}{4} + O\left(\dfrac{\log y}{y}\right), & \text{当} \quad y \to +\infty.
\end{cases} \tag{3.2.20}
$$

对于 $\mathbb{R}_+^*$ 上的方程 $Hf = 0$, 有解 $f = C\Lambda\phi$ 或 $Af = C/(y\Lambda\phi)$, 其中 $C \in \mathbb{R}$. 也就是说

$$
Hf = 0 \quad \Leftrightarrow \quad f \in \mathrm{span}(\Lambda\phi, \Gamma),
$$

易知 $\Lambda\phi, \Gamma$ 的 Wronskian 为

$$
\Lambda\phi'\Gamma - \Gamma'\Lambda\phi = -\frac{1}{y},
$$

那么, 对于非齐次方程

$$
Hu = f
$$

利用常数变易法可得一个解

$$
u(y) = \Lambda\phi(y)\int_0^y f(x)\Gamma(x)x\,dx - \Gamma(y)\int_0^y f(x)\Lambda\phi(x)x\,dx. \tag{3.2.21}
$$

当取 $f = \Lambda\phi$ 时, 我们记这个解为

$$T_1(y) = \frac{1}{2y(1+y^2)}\left((1-y^4)\log(1+y^2) + 2y^4 - y^2 - 4y^2\int_1^y \frac{\log(1+x^2)}{x}dx\right),$$
(3.2.22)

它的渐近是

$$T_1(y) = \begin{cases} -\dfrac{y^3}{4} + O(y^5), & \text{当}\quad y \to 0, \\[2mm] -y\log y + y + O\left(\dfrac{(\log y)^2}{y}\right), & \text{当}\quad y \to +\infty. \end{cases}$$
(3.2.23)

为了处理后续定义的辐射项 (3.4.3), 我们提取 Schrödinger 算子的主要部分, 将其定义为

$$\mathbb{H}^{\perp}\begin{bmatrix}\alpha\\\beta\\\gamma\end{bmatrix} = \begin{bmatrix}H\alpha\\H\beta\\0\end{bmatrix}.$$

由 (3.2.16), 有分解 $\mathbb{H}^{\perp} = \mathbb{A}^*\mathbb{A}$,

$$\mathbb{A}\begin{bmatrix}\alpha\\\beta\\\gamma\end{bmatrix} = \begin{bmatrix}A\alpha\\A\beta\\0\end{bmatrix}, \quad \mathbb{A}^*\begin{bmatrix}\alpha\\\beta\\\gamma\end{bmatrix} = \begin{bmatrix}A^*\alpha\\A^*\beta\\0\end{bmatrix}.$$

另外, 成立以下等式

$$\mathrm{R}\mathbb{H}^{\perp} = \mathbb{H}^{\perp}\mathrm{R}, \quad \mathrm{R}\mathbb{H}\mathrm{R} = -\mathbb{H}^{\perp}.$$
(3.2.24)

3.3 逼近解构造

本节给出 (3.2.15) 的逼近解构造. 该构造依赖于调制参数 λ, Θ 和导数 λ_s/λ, Θ_s 的渐近行为, 这些会在 (3.2.15) 中出现. 为此, 我们新引入两个参数 a, b. 我们预期以下关系成立

$$a \approx -\Theta_s, \quad b \approx -\frac{\lambda_s}{\lambda}, \quad a_s \approx 0, \quad b_s \approx -(b^2 + a^2).$$
(3.3.1)

这将在 (3.4.3) 小节得到严格证明. 下面我们给出逼近解的构造.

引理 3.3.1 (逼近解) 令 M 为一个足够大的全局常数, 则存在一个全局小常数 $b^* = b^*(M) > 0$, 使得任给 $\mathcal{C}^1$ 映射

$$b : [s_0, +\infty) \mapsto (0, b^*), \quad a : [s_0, +\infty) \mapsto (-b^*, b^*),$$

若满足条件

$$|a| \lesssim \frac{b}{|\log b|}, \tag{3.3.2}$$

并且令尺度 B_0, B_1 由 (3.2.1) 给定, 则以下命题成立: *存在光滑径向函数 $\Phi_{1,0}, \Phi_{0,1}$, $\Phi_{i,j}$ 和 $S_{0,2} \sim O(|T_1|^2)$, 具有渐近*

$$\Phi_{1,0}(y), \Phi_{0,1}(y) = \begin{cases} O(y^3), & \text{当} \quad y \leqslant 1, \\ O(y \log y), & \text{当} \quad 1 \leqslant y \leqslant 2B_1, \end{cases} \tag{3.3.3}$$

以及

$$|\Phi_{i,j}(b,y)| \lesssim \begin{cases} y^{2(i+j)+1}, & \text{当} \quad y \leqslant 1, \\ \dfrac{1+y^{2(i+j)-3}}{b\,|\log b|}, & \text{当} \quad 1 \leqslant y \leqslant 2B_1, \end{cases} \tag{3.3.4}$$

对非负整数 $2 \leqslant i+j \leqslant 3$ 成立, 使得

$$w_0 = a\Phi_{1,0} + b\Phi_{0,1} + \sum_{2 \leqslant i+j \leqslant 3} a^i b^j \Phi_{i,j} + b^2 S_{0,2} \tag{3.3.5}$$

是 (3.2.15) 的一个逼近解. 这个逼近解在下述意义下成立: 令

$$\text{Mod} + \Psi_0 = \partial_s w_0 - \frac{\lambda_s}{\lambda} \Lambda w_0 + \Theta_s Z R w_0 + \hat{\mathrm{J}}\Big(\rho_1 \mathbb{H} w_0 - \rho_2 \hat{\mathrm{J}} \mathbb{H} w_0 + \hat{p} \Lambda \phi\Big), \tag{3.3.6}$$

其中 Mod 称为调制向量,

$$\begin{aligned}
\text{Mod}(t) = {} & a_s \left(\Phi_{1,0} + \sum_{2 \leqslant i+j \leqslant 3} i a^{i-1} b^j \Phi_{i,j} \right) \\
& + (b_s + b^2 + a^2)\left[\Phi_{0,1} + 2b S_{0,2} + \sum_{2 \leqslant i+j \leqslant 3} \Big(j a^i b^{j-1} \Phi_{i,j} + a^i b^j \partial_b \Phi_{i,j} \Big) \right] \\
& - \left(\frac{\lambda_s}{\lambda} + b \right) \Big(\Lambda \phi(e_x + O(w_0)) + \Lambda w_0 \Big) \\
& + (\Theta_s + a)\Big(\Lambda \phi(e_y + O(w_0)) + Z R w_0 \Big). \tag{3.3.7}
\end{aligned}$$

而 Ψ_0 是逼近解的误差, 它满足

    (i) 加权估计:

$$\int_{y \leqslant 2B_1} \frac{|\partial_y^i \Psi_0^{(1)}|^2 + |\partial_y^i \Psi_0^{(2)}|^2}{y^{6-2i}} \lesssim \frac{b^4}{|\log b|^2}, \quad 0 \leqslant i \leqslant 3, \tag{3.3.8}$$

$$\int_{y \leqslant 2B_1} \frac{|\partial_y^i \Psi_0^{(3)}|^2}{y^{8-2i}} \lesssim \frac{b^6}{|\log b|^2}, \quad 0 \leqslant i \leqslant 4, \tag{3.3.9}$$

$$\int_{y \leqslant 2B_1} |H\Psi_0^{(1)}|^2 + |H\Psi_0^{(2)}|^2 \lesssim b^4 |\log b|^2, \tag{3.3.10}$$

$$\int_{y \leqslant 2B_1} \frac{|\partial_y^i H\Psi_0^{(1)}|^2 + |\partial_y^i H\Psi_0^{(2)}|^2}{y^{2-2i}} \lesssim \frac{b^4}{|\log b|^2}, \quad 0 \leqslant i \leqslant 1, \tag{3.3.11}$$

$$\int_{y \leqslant 2B_1} |AH\Psi_0^{(1)}|^2 + |AH\Psi_0^{(2)}|^2 \lesssim b^5, \tag{3.3.12}$$

$$\int_{y \leqslant 2B_1} |H^2\Psi_0^{(1)}|^2 + |H^2\Psi_0^{(2)}|^2 \lesssim \frac{b^6}{|\log b|^2}. \tag{3.3.13}$$

(ii) 内积计算: 令 Φ_M 由 (3.4.5) 定义, 则

$$\begin{aligned}
\frac{(H\Psi_0^{(1)}, \Phi_M)}{(\Lambda\phi, \Phi_M)} &= \frac{2}{|\log b|} \frac{\rho_1 ab - \rho_2 b^2}{\rho_1^2 + \rho_2^2} \left(1 + O\left(\frac{1}{|\log b|}\right)\right), \\
\frac{(H\Psi_0^{(2)}, \Phi_M)}{(\Lambda\phi, \Phi_M)} &= \frac{2}{|\log b|} \frac{\rho_2 ab + \rho_1 b^2}{\rho_1^2 + \rho_2^2} \left(1 + O\left(\frac{1}{|\log b|}\right)\right).
\end{aligned} \tag{3.3.14}$$

证明　我们先构造逼近解的 profile (常见术语, 意思是函数轮廓) $\Phi_{1,0}, \Phi_{0,1}$, $S_{0,2}$, 推导调制向量 Mod 的表达式, 然后消除 $\Lambda T_1 - T_1$ 产生的快速增长尾部, 再构造高阶逼近 profile $\Phi_{i,j}$ $(2 \leqslant i + j \leqslant 3)$, 最后估计误差 Ψ_0.

　　步骤 1 ($\Phi_{1,0}, \Phi_{0,1}$ 的构造)　在 (3.2.15) 中令 $\hat{w} = w_0$, 可得 (3.3.6) 的右手边. 假若 a, b 的小性成立, 可以看出

$$\hat{\mathbb{J}}\left(\rho_1 \mathbb{H} w_0 - \rho_2 \hat{\mathbb{J}} \mathbb{H} w_0 + \hat{p} \Lambda\phi\right) \tag{3.3.15}$$

是逼近解误差的主要部分, 需要最先消除. 由 (3.2.14), 上述表达式可以展开为

$$\begin{aligned}
& \hat{\mathbb{J}} \left\{ (\rho_1 - \rho_2 \mathrm{R}) \mathbb{H} w_0 - \rho_2 w_0 \wedge \mathbb{H} w_0 - \begin{bmatrix} a \\ b \\ 0 \end{bmatrix} \Lambda\phi \right\} \\
& - \left(\frac{\lambda_s}{\lambda} + b\right) \Lambda\phi\left(e_x + O(w_0)\right) + \left(\Theta_s + a\right)\Lambda\phi\left(e_y + O(w_0)\right). \tag{3.3.16}
\end{aligned}$$

我们将 w_0 写为

$$w_0 = w_0^1 + w_0^2 + b^2 S_{0,2}, \quad \text{其中} \quad \begin{cases} w_0^1 = a\Phi_{1,0} + b\Phi_{0,1}, \\ w_0^2 = \displaystyle\sum_{2 \leqslant i+j \leqslant 3} a^i b^j \Phi_{i,j}, \end{cases} \tag{3.3.17}$$

再假设 profile 形如

$$S_{0,2} = S_{0,2}^{(3)} e_z, \quad \Phi_{i,j}^{(3)} = 0, \quad 1 \leqslant i+j \leqslant 3. \tag{3.3.18}$$

那么 w_0 中主要的 profile 是 $w_0^1 + b^2 S_{0,2}$. w_0^1 负责的是第一和第二个分量, 而 $b^2 S_{0,2}$ 负责第三个分量. 由此, 我们计算

$$
\begin{aligned}
(\rho_1 - \rho_2 \mathrm{R}) \mathbb{H} w_0 = {} & (\rho_1 - \rho_2 \mathrm{R}) \begin{bmatrix} \mathbb{H}^{(1)}(w_0^1) \\ \mathbb{H}^{(2)}(w_0^1) \\ 0 \end{bmatrix} + (\rho_1 - \rho_2 \mathrm{R}) \begin{bmatrix} \mathbb{H}^{(1)}(w_0^2) \\ \mathbb{H}^{(2)}(w_0^2) \\ 0 \end{bmatrix} \\
& - 2b^2 (1+Z) \partial_y S_{0,2}^{(3)} \left(\rho_1 e_x - \rho_2 e_y \right) \\
& - \rho_1 b^2 \Delta S_{0,2}^{(3)} e_z + 2\rho_1 (1+Z) \sum_{i=1,2} \left(\partial_y + \frac{Z}{y} \right) (w_0^i)^{(1)} e_z.
\end{aligned}
\tag{3.3.19}
$$

将 (3.3.19) 代入 (3.3.16), 令低阶项为 0, 得到方程

$$(\rho_1 - \rho_2 \mathrm{R}) \begin{bmatrix} \mathbb{H}^{(1)}(w_0^1) \\ \mathbb{H}^{(2)}(w_0^1) \\ 0 \end{bmatrix} - \begin{bmatrix} a \\ b \\ 0 \end{bmatrix} \Lambda \phi = 0. \tag{3.3.20}$$

相应地, 就得到了 $\Phi_{1,0}, \Phi_{0,1}$ 的方程

$$(\rho_1 - \rho_2 \mathrm{R}) \mathbb{H}^\perp \Phi_{1,0} = \Lambda \phi e_x, \quad (\rho_1 - \rho_2 \mathrm{R}) \mathbb{H}^\perp \Phi_{0,1} = \Lambda \phi e_y.$$

由 (3.2.22), 我们有解

$$\Phi_{1,0} = \frac{1}{\rho_1^2 + \rho_2^2} \begin{bmatrix} \rho_1 \\ \rho_2 \\ 0 \end{bmatrix} T_1, \quad \Phi_{0,1} = \frac{1}{\rho_1^2 + \rho_2^2} \begin{bmatrix} -\rho_2 \\ \rho_1 \\ 0 \end{bmatrix} T_1. \tag{3.3.21}$$

这就给出了一阶 profile w_0^1. 其中 $\Phi_{1,0}, \Phi_{1,0}$ 的渐近 (3.3.3) 可直接由 (3.2.23) 得到. 另外,

$$\Phi_{0,1} = \mathrm{R} \Phi_{1,0}, \quad \Phi_{1,0} = -\mathrm{R} \Phi_{0,1}. \tag{3.3.22}$$

步骤 2 ($S_{0,2}$ 的构造)　回顾 (3.2.3), 可知逼近解的各分量需满足

$$(w_0^{(1)})^2 + (w_0^{(2)})^2 + (1 + w_0^{(3)})^2 \approx 0. \tag{3.3.23}$$

由分解 (3.3.17),

$$\begin{cases} w_0^{(i)} \approx (w_0^1)^{(i)} = a\Phi_{1,0}^{(i)} + b\Phi_{0,1}^{(i)}, & i = 1, 2, \\ w_0^{(3)} = b^2 S_{0,2}. \end{cases}$$

又由假设 (3.3.2), $a\Phi_{1,0}$ 相较于 $b\Phi_{0,1}$ 是可忽略的, 因此

$$(w_0^{(1)})^2 + (w_0^{(2)})^2 \approx b^2 \left((\Phi_{0,1}^{(1)})^2 + (\Phi_{0,1}^{(2)})^2 \right).$$

为了满足 (3.3.23), 令

$$S_{0,2}^{(3)} = -\frac{1}{2(\rho_1^2 + \rho_2^2)}(T_1)^2, \tag{3.3.24}$$

再由 (3.2.23) 可得估计

$$S_{0,2}(y) = \begin{cases} O(y^6), & \text{当}\quad y \leqslant 1, \\ O(y^2(\log y)), & \text{当}\quad 1 \leqslant y \leqslant 2B_1. \end{cases} \tag{3.3.25}$$

步骤 3 (调制向量 Mod 的推导)　为得到 (3.3.6), 我们计算

$$\partial_s w_0 - \frac{\lambda_s}{\lambda} \Lambda w_0 + \Theta Z R w_0$$

$$= -\left(\frac{\lambda_s}{\lambda} + b \right) \Lambda w_0 + (\Theta_s + a) Z R w_0 + a_s \left(\Phi_{1,0} + \sum i a^{i-1} b^j \Phi_{i,j} \right)$$

$$+ (\partial_s b + a^2 + b^2) \left(\Phi_{0,1} + 2b S_{0,2} + \sum j a^i b^{j-1} \Phi_{i,j} + \sum a^i b^j \partial_b \Phi_{i,j} \right)$$

$$+ ab(\Lambda \Phi_{1,0} - \Phi_{1,0}) + b^2(\Lambda \Phi_{0,1} - \Phi_{0,1}) + b^3(\Lambda S_{0,2} - 2S_{0,2})$$

$$+ ab(1 + Z)\Phi_{1,0} - a^2(1 + Z)\Phi_{0,1} - 2a^2 b S_{0,2}$$

$$+ \sum a^i b^j \left(b\Lambda \Phi_{i,j} - a Z R \Phi_{i,j} \right) - (a^2 + b^2) \sum \left(j a^i b^{j-1} \Phi_{i,j} + a^i b^j \partial_b \Phi_{i,j} \right). \tag{3.3.26}$$

上述的求和范围是 $2 \leqslant i + j \leqslant 3$. 注意到最后一个等式使用了 (3.3.22). 将 (3.3.16), (3.3.26) 代入方程, 再合并含有 $\Theta_s + a, \lambda_s/\lambda + b, a_s, b_s + a^2 + b^2$ 的项, 即

可得调制向量 (3.3.7). 剩下的项构成误差:

$$
\begin{aligned}
\Psi_0 = \hat{\mathrm{J}}\bigg\{ &(\rho_1 - \rho_2 \mathrm{R})\Big(\mathbb{H}^{(1)}(w_0^2)e_x + \mathbb{H}^{(2)}(w_0^2)e_y\Big) - 2b^2(1+Z)\partial_y S_{0,2}^{(3)}\big(\rho_1 e_x - \rho_2 e_y\big) \\
&- \rho_2 w_0 \wedge \mathbb{H}w_0 - \rho_1 b^2 \Delta S_{0,2}^{(3)} e_z + 2\rho_1(1+Z)\sum_{i=1,2}\Big(\partial_y + \frac{Z}{y}\Big)(w_0^i)^{(1)}e_z \bigg\} \\
&+ ab\big(\Lambda\Phi_{1,0} - \Phi_{1,0}\big) + b^2\big(\Lambda\Phi_{0,1} - \Phi_{0,1}\big) + b^3\big(\Lambda S_{0,2} - 2S_{0,2}\big) \\
&+ ab(1+Z)\Phi_{1,0} - a^2(1+Z)\Phi_{0,1} - 2a^2 b S_{0,2} \\
&+ \sum_{2\leqslant i+j\leqslant 3} a^i b^j \big(b\Lambda\Phi_{i,j} - aZ\mathrm{R}\Phi_{i,j}\big) \\
&- (a^2+b^2)\sum_{2\leqslant i+j\leqslant 3}\Big(ja^i b^{j-1}\Phi_{i,j} + a^i b^j \partial_b \Phi_{i,j}\Big).
\end{aligned} \tag{3.3.27}
$$

步骤 4 (Σ_b 函数) 为了抵消之后的二阶 profile 的误差 (见 (3.3.32), (3.3.33)), 我们定义

$$
H\Sigma_b = c_b \chi_{\frac{B_0}{4}}\Lambda\phi - d_b H\Big[(1-\chi_{3B_0})\Lambda\phi\Big], \tag{3.3.28}
$$

其中

$$
\begin{cases}
c_b = \dfrac{4}{\displaystyle\int \chi_{\frac{B_0}{4}}(\Lambda\phi)^2 x\,dx} = \dfrac{2}{|\log b|}\left(1 + O\left(\dfrac{1}{|\log b|}\right)\right), \\[4mm]
d_b = c_b \displaystyle\int \chi_{\frac{B_0}{4}}\Lambda\phi\,\Gamma x\,dx = O\left(\dfrac{1}{b\,|\log b|}\right).
\end{cases} \tag{3.3.29}
$$

由 (3.2.21),

$$
\Sigma_b(y) = -\Gamma\int_0^y c_b \chi_{\frac{B_0}{4}}(\Lambda\phi)^2 + \Lambda\phi\int_0^y c_b \chi_{\frac{B_0}{4}}\Lambda\phi\,\Gamma - d_b\big(1-\chi_{3B_0}\big)\Lambda\phi,
$$

这表明

$$
\Sigma_b = \begin{cases}
c_b T_1, & \text{当} \quad y \leqslant \dfrac{B_0}{4}, \\[3mm]
-4\Gamma, & \text{当} \quad y \geqslant 6B_0.
\end{cases} \tag{3.3.30}
$$

又由 (3.2.19), (3.2.20), 我们可得 $y \geqslant 6B_0$ 的渐近

$$
\Sigma_b(y) = -y + O\left(\frac{\log y}{y}\right).
$$

而对 $1 \leqslant y \leqslant 6B_0$, 有

$$
\Sigma_b(y) = -c_b \left(\frac{y}{4} + O\left(\frac{\log y}{y} \right) \right) \int_0^y \chi_{\frac{B_0}{4}} (\Lambda\phi)^2 x dx
$$

$$
+ c_b \Lambda\phi \int_1^y O(x) dx + O\left(\frac{\mathbf{1}_{y \geqslant 3B_0}}{yb \left| \log b \right|} \right)
$$

$$
= -y \frac{\displaystyle\int_0^y \chi_{\frac{B_0}{4}} (\Lambda\phi)^2 x dx}{\displaystyle\int \chi_{\frac{B_0}{4}} (\Lambda\phi)^2 x dx} + O\left(\frac{1+y}{\left| \log b \right|} \right).
$$

更进一步地, c_b, d_b 关于 b 的导数为

$$
\partial_b c_b = O\left(\frac{1}{b \left| \log b \right|^2} \right), \quad \partial_b d_b = O\left(\frac{1}{b^2 \left| \log b \right|} \right),
$$

从而

$$
\partial_b \Sigma_b = \partial_b c_b T_1 \mathbf{1}_{y \leqslant \frac{B_0}{4}} + O\left(\frac{1}{b^2 y \left| \log b \right|} \right) \mathbf{1}_{\frac{B_0}{4} \leqslant y \leqslant 6B_0}
$$

$$
= O\left(\frac{y^3}{b \left| \log b \right|^2} \mathbf{1}_{y \leqslant 1} + \frac{y}{b \left| \log b \right|} \mathbf{1}_{1 \leqslant y \leqslant 6B_0} \right). \tag{3.3.31}
$$

步骤 5 (处理 profile 的增长尾部)　注意到 profile 构造 (3.3.21), (3.3.24) 均含有 T_1 函数, 从而 $\Lambda T_1 - T_1$ 会出现在 (3.3.27) 的第三行的每一项里. 由 (3.2.23), $\Lambda T_1 - T_1$ 在 $y \sim 2B_1$ 时为

$$
\Lambda T_1 - T_1 = -y + O\left(\frac{(\log y)^2}{y} \right). \tag{3.3.32}
$$

这显示出二阶 profile 在远处有较快增长 (见 (3.3.44), (3.3.45)), 从而使得逼近解难以控制. 为此, 我们用 Σ_b 来在区域 $6B_0 \leqslant y \leqslant 2B_1$ 产生以下抵消

$$
\Lambda T_1 - T_1 - \Sigma_b = O\left(\frac{(\log y)^2}{y} \right). \tag{3.3.33}
$$

对 $1 \leqslant y \leqslant 6B_0$, 也有

$$
\Lambda T_1 - T_1 - \Sigma_b = -y \left(1 - \frac{\displaystyle\int_0^y \chi_{\frac{B_0}{4}} (\Lambda\phi)^2 x dx}{\displaystyle\int \chi_{\frac{B_0}{4}} (\Lambda\phi)^2 x dx} \right) + O\left(\frac{(\log y)^2}{y} \right) + O\left(\frac{1+y}{\log b} \right)
$$

$$\lesssim \frac{y}{|\log b|}\Big(1 + |\log(y\sqrt{b})|\Big).$$

结合 (3.2.21),

$$|H^{-1}(\Lambda T_1 - T_1 - \Sigma_b)| = O\left(y^5 \mathbf{1}_{y \leqslant 1} + \frac{1+y}{b\,|\log b|}\mathbf{1}_{1 \leqslant y \leqslant 2B_1}\right) \lesssim \frac{1+y}{b\,|\log b|}. \quad (3.3.34)$$

据此我们定义向量值函数

$$\Sigma_{1,0} = \frac{1}{\rho_1^2 + \rho_2^2}\begin{bmatrix}\rho_1 \\ \rho_2 \\ 0\end{bmatrix}\Sigma_b, \quad \Sigma_{0,1} = \frac{1}{\rho_1^2 + \rho_2^2}\begin{bmatrix}-\rho_2 \\ \rho_1 \\ 0\end{bmatrix}\Sigma_b, \quad \Sigma_{0,2} = \frac{1}{\rho_1^2 + \rho_2^2}T_1\Sigma_b e_z,$$

分别对应于 $\Lambda\Phi_{1,0} - \Phi_{1,0}, \Lambda\Phi_{0,1} - \Phi_{0,1}, \Lambda S_{0,2} - S_{0,2}$. 与 (3.3.22) 类似地, 有

$$\Sigma_{0,1} = \mathrm{R}\Sigma_{1,0}, \quad \Sigma_{1,0} = -\mathrm{R}\Sigma_{0,1}.$$

那么 (3.3.27) 可重写为

$$\begin{aligned}
\Psi_0 = \hat{\mathrm{J}}\Bigg\{&(\rho_1 - \rho_2\mathrm{R})\Big(\mathbb{H}^{(1)}(w_0^2)e_x + \mathbb{H}^{(2)}(w_0^2)e_y\Big) - 2b^2(1+Z)\,\partial_y S_{0,2}^{(3)}(\rho_1 e_x - \rho_2 e_y) \\
&- \rho_2 w_0 \wedge \mathbb{H}w_0 - \rho_1 b^2 \Delta S_{0,2}^{(3)}e_z + 2\rho_1(1+Z)\sum_{i=1,2}\left(\partial_y + \frac{Z}{y}\right)(w_0^i)^{(1)}e_z\Bigg\} \\
&+ \sum_{2 \leqslant i+j \leqslant 4}a^i b^j E_{i,j} + b^3(\Lambda S_{0,2} - 2S_{0,2} + \Sigma_{0,2}) \\
&+ ab\Sigma_{1,0} + b^2\Sigma_{0,1} - b^3\Sigma_{0,2} - 2a^2 b S_{0,2} - (a^2 + b^2)\sum_{2 \leqslant i+j \leqslant 3}a^i b^j \partial_b \Phi_{i,j}.
\end{aligned}$$
$$(3.3.35)$$

其中

$$\begin{aligned}
&\sum_{2 \leqslant i+j \leqslant 4}a^i b^j E_{i,j} \\
&= ab(1+Z)\Phi_{1,0} - a^2(1+Z)\Phi_{0,1} \\
&\quad + ab(\Lambda\Phi_{1,0} - \Phi_{1,0} - \Sigma_{1,0}) + b^2(\Lambda\Phi_{0,1} - \Phi_{0,1} - \Sigma_{0,1}) \\
&\quad + \sum_{2 \leqslant i+j \leqslant 3}a^i b^j\Big(b\Lambda\Phi_{i,j} - aZ\mathrm{R}\Phi_{i,j}\Big) - (a^2 + b^2)\sum_{2 \leqslant i+j \leqslant 3}ja^i b^{j-1}\Phi_{i,j}. \quad (3.3.36)
\end{aligned}$$

步骤 6 (利用结构 $\hat{\mathbf{J}}$) 由定义 (3.2.14), 有

$$\hat{\mathbf{J}}e_z = (e_z + w_0) \wedge e_z = -(e_z + w_0) \wedge w_0 = -\hat{\mathbf{J}}w_0. \tag{3.3.37}$$

这意味着在 $\hat{\mathbf{J}}$ 的作用下, 第三个分量的项是小的. 这对分析 (3.3.35) 第一、二行的表达式非常有用. 首先, 我们计算其中的非线性项. 由分解 (3.3.17),

$$w_0 \wedge \mathbb{H}w_0 = w_0^1 \wedge \mathbb{H}w_0^1 + w_0^1 \wedge \mathbb{H}w_0^2 + b^2 w_0^1 \wedge \mathbb{H}S_{0,2} + w_0^2 \wedge \mathbb{H}w_0^1 + w_0^2 \wedge \mathbb{H}w_0^2$$
$$+ b^2 w_0^2 \wedge \mathbb{H}S_{0,2} + b^2 S_{0,2} \wedge \mathbb{H}w_0^1 + b^2 S_{0,2} \wedge \mathbb{H}w_0^2 + b^4 S_{0,2} \wedge \mathbb{H}S_{0,2}. \tag{3.3.38}$$

又由 (3.3.21), (3.2.13), 可得

$$w_0^1 \wedge \mathbb{H}w_0^1 = w_0^1 \wedge \begin{bmatrix} \mathbb{H}^{(1)}(w_0^1) \\ \mathbb{H}^{(2)}(w_0^1) \\ 0 \end{bmatrix} + w_0^1 \wedge \begin{bmatrix} 0 \\ 0 \\ \mathbb{H}^{(3)}(w_0^1) \end{bmatrix}$$
$$= \left(a\Phi_{1,0} + b\Phi_{0,1} \right) \wedge \mathbb{H}^{\perp}\left(a\Phi_{1,0} + b\Phi_{0,1} \right) - \mathbb{H}^{(3)}(w_0^1)\left(e_z \wedge w_0^1 \right)$$
$$= -2(1+Z)\left(\partial_y + \frac{Z}{y} \right)(w_0^1)^{(1)} \, \mathrm{R}w_0^1.$$

另外, 由 (3.3.18) 可知 $(w_0^2)^{(3)} = 0$, 结合 (3.3.37) 可得

$$\hat{\mathbf{J}}\left(w_0^1 \wedge \mathbb{H}w_0^2 \right) = \hat{\mathbf{J}}\left\{ w_0^1 \wedge \begin{bmatrix} \mathbb{H}^{(1)}(w_0^2) \\ \mathbb{H}^{(2)}(w_0^2) \\ 0 \end{bmatrix} + w_0^1 \wedge \begin{bmatrix} 0 \\ 0 \\ \mathbb{H}^{(3)}(w_0^2) \end{bmatrix} \right\}$$
$$= \hat{\mathbf{J}}\left\{ O\left(|w_0^1||\mathbb{H}w_0^2||w_0| \right) - 2(1+Z)\left(\partial_y + \frac{Z}{y} \right)(w_0^2)^{(1)} \, \mathrm{R}w_0^1 \right\}.$$

交换 w_0^1 和 w_0^2 的位置, 类似的等式依然成立. 再由 (3.3.18), $S_{0,2} = S_{0,2}^{(3)}e_z$, 直接计算可得

$$\hat{\mathbf{J}}\left(b^2 w_0^1 \wedge \mathbb{H}S_{0,2} + b^2 S_{0,2} \wedge \mathbb{H}w_0^1 \right)$$
$$= \hat{\mathbf{J}}\left(b^2 \Delta S_{0,2}^{(3)} \, \mathrm{R}w_0^1 + 2b^2(1+Z)\partial_y S_{0,2}^{(3)} (w_0^1)^{(2)} w_0 + b^2 S_{0,2}^{(3)} \, \mathrm{R}\mathbb{H}w_0^1 \right).$$

结合以上各式, 非线性项为

$$\hat{\mathbf{J}}\left(-\rho_2 w_0 \wedge \mathbb{H}w_0 \right) = \hat{\mathbf{J}}\left\{ 2\rho_2(1+Z) \sum_{i+j \leqslant 3} \left(\partial_y + \frac{Z}{y} \right)(w_0^i)^{(1)} \, \mathrm{R}w_0^j \right.$$

$$
- \rho_2 b^2 \Delta S_{0,2}^{(3)} \mathrm{R} w_0^1 - \rho_2 b^2 S_{0,2}^{(3)} \mathrm{R} \mathbb{H} w_0^1 + \sum_{4 \leqslant i+j \leqslant 7} a^i b^j R_{i,j} \bigg\},
\tag{3.3.39}
$$

其中 $R_{i,j}$ 表示所有系数为 $a^i b^j$ $(4 \leqslant i+j \leqslant 7)$ 的函数:

$$
\sum_{4 \leqslant i+j \leqslant 7} a^i b^j R_{i,j} = - \rho_2 \bigg\{ 2b^2(1+Z) \partial_y S_{0,2}^{(3)} (w_0^1)^{(2)} w_0 + w_0^2 \wedge \mathbb{H} w_0^2 + b^2 w_0^2 \wedge \mathbb{H} S_{0,2}
$$

$$
+ b^2 S_{0,2} \wedge \mathbb{H} w_0^2 + b^4 S_{0,2} \wedge \mathbb{H} S_{0,2}
$$

$$
+ O\Big(|w_0^1| |\mathbb{H} w_0^2| |w_0| \Big) + O\Big(|w_0^2| |\mathbb{H} w_0^1| |w_0| \Big) \bigg\}.
$$

其次, 对 (3.3.35) 中的后两项, 直接由 (3.3.37), 有

$$
\hat{\mathrm{J}} \bigg\{ - \rho_1 b^2 \Delta S_{0,2}^{(3)} e_z + 2\rho_1(1+Z) \sum_{i=1,2} \Big(\partial_y + \frac{Z}{y} \Big) (w_0^i)^{(1)} e_z \bigg\}
$$

$$
= \hat{\mathrm{J}} \bigg\{ \rho_1 b^2 \Delta S_{0,2}^{(3)} w_0 - 2\rho_1(1+Z) \sum_{i=1,2} \Big(\partial_y + \frac{Z}{y} \Big) (w_0^i)^{(1)} w_0 \bigg\}.
\tag{3.3.40}
$$

进一步地, 对任给向量 v, 若 $v^{(3)} = 0$, 则

$$
v = \hat{\mathrm{J}} \big(-\mathrm{R} v \big) + (w_0 \cdot v) e_z - w_0^{(3)} v.
$$

取 $v = E_{i,j}$, 则有

$$
\sum_{2 \leqslant i+j \leqslant 4} a^i b^j E_{i,j} = \sum_{2 \leqslant i+j \leqslant 4} a^i b^j \bigg\{ \hat{\mathrm{J}} \big(-\mathrm{R} E_{i,j} \big) + (w_0 \cdot E_{i,j}) e_z - b^2 S_{0,2}^{(3)} E_{i,j} \bigg\}, \tag{3.3.41}
$$

注意到 $\Phi_{i,j}^{(3)} = \Sigma_{1,0}^{(3)} = \Sigma_{0,1}^{(3)} = 0$, 故 $E_{i,j}^{(3)} = 0$. 现在再用 (3.3.41) 将 $E_{i,j}$ 转化, 写进 (3.3.35) 的大括号中, 并用 (3.3.39), (3.3.40). 最终误差项为

$$
\Psi_0 = \hat{\mathrm{J}} \bigg\{ (\rho_1 - \rho_2 \mathrm{R}) \Big(\mathbb{H}^{(1)}(w_0^2) e_x + \mathbb{H}^{(2)}(w_0^2) e_y \Big) + \sum_{2 \leqslant i+j \leqslant 7} a^i b^j \widetilde{E}_{i,j} \bigg\}
$$

$$
+ ab \Sigma_{1,0} + b^2 \Sigma_{0,1} - b^3 \Sigma_{0,2} - 2a^2 b S_{0,2} - (a^2 + b^2) \sum_{2 \leqslant i+j \leqslant 3} a^i b^j \partial_b \Phi_{i,j}
$$

$$
+ \sum_{2 \leqslant i+j \leqslant 4} a^i b^j \Big[(w_0 \cdot E_{i,j}) e_z - b^2 S_{0,2}^{(3)} E_{i,j} \Big] + b^3 \big(\Lambda S_{0,2} - 2 S_{0,2} + \Sigma_{0,2} \big),
$$

$$
\tag{3.3.42}
$$

其中

$$\sum_{2 \leqslant i+j \leqslant 7} a^i b^j \widetilde{E}_{i,j}$$

$$= -\sum_{2 \leqslant i+j \leqslant 4} a^i b^j \mathrm{R} E_{i,j} - 2b^2 (1+Z) \partial_y S_{0,2}^{(3)} (\rho_1 e_x - \rho_2 e_y)$$

$$- 2(1+Z) \sum_{i+j \leqslant 3} \left(\partial_y + \frac{Z}{y}\right) (w_0^i)^{(1)} (\rho_1 - \rho_2 \mathrm{R}) w_0^j - \rho_2 b^2 S_{0,2}^{(3)} \mathrm{R} \mathbb{H} w_0^1$$

$$+ b^2 \Delta S_{0,2}^{(3)} (\rho_1 - \rho_2 \mathrm{R}) w_0^1 + 2 \rho_1 b^2 (1+Z) \left(\partial_y + \frac{Z}{y}\right) (w_0^1)^{(1)} S_{0,2}^{(3)} w_0$$

$$+ \rho_1 \left[b^2 \Delta S_{0,2}^{(3)} - 2(1+Z) \left(\partial_y + \frac{Z}{y}\right) (w_0^2)^{(1)} \right] (w_0^2 + b^2 S_{0,2}) + \sum_{4 \leqslant i+j \leqslant 7} a^i b^j R_{i,j}.$$

$$(3.3.43)$$

步骤 7 ($\boldsymbol{\Phi_{i,j}}$ 的构造) 我们选择合适的 $\Phi_{i,j}$ 来消除误差 (3.3.43). 更准确地说, 令

$$(\rho_1 - \rho_2 \mathrm{R}) \left(\mathbb{H}^{(1)}(w_0^2) e_x + \mathbb{H}^{(2)}(w_0^2) e_y \right) + \sum_{2 \leqslant i+j \leqslant 3} a^i b^j \widetilde{E}_{i,j} = 0.$$

这结合 (3.3.18) 给出了以下线性系统

$$\begin{bmatrix} \rho_1 & \rho_2 \\ -\rho_2 & \rho_1 \end{bmatrix} \begin{bmatrix} H\Phi_{i,j}^{(1)} \\ H\Phi_{i,j}^{(2)} \end{bmatrix} = - \begin{bmatrix} \widetilde{E}_{i,j}^{(1)} \\ \widetilde{E}_{i,j}^{(2)} \end{bmatrix}, \quad 2 \leqslant i+j \leqslant 3. \qquad (3.3.44)$$

这可用 (3.2.21) 来解, 而后可得 $\Phi_{i,j}$ 的构造. 我们先考虑 $i+j=2$ 的情形. 由 (3.3.36), (3.3.43), 计算可得

$$- \sum_{i+j=2} a^i b^j \widetilde{E}_{i,j} = a^2 \left\{ (1+Z)\Phi_{1,0} + 2\rho_1 (1+Z) \left(\partial_y + \frac{Z}{y}\right) \Phi_{1,0}^{(1)} (\rho_1 - \rho_2 \mathrm{R}) \Phi_{1,0}^{(1)} \right\}$$

$$+ ab \left\{ (1+Z)\Phi_{0,1} + \left(\Lambda\Phi_{0,1} - \Phi_{0,1} - \Sigma_{0,1}\right) \right.$$

$$\left. + 2\rho_1 (1+Z) \sum_{\substack{i+k=1 \\ j+l=1}} \left(\partial_y + \frac{Z}{y}\right) \Phi_{i,j}^{(1)} (\rho_1 - \rho_2 \mathrm{R}) \Phi_{k,l}^{(1)} \right\}$$

$$+ b^2 \left\{ 2(1+Z)\partial_y S_{0,2}^{(3)} (\rho_1 e_x - \rho_2 e_y) - \left(\Lambda\Phi_{1,0} - \Phi_{1,0} - \Sigma_{1,0}\right) \right.$$

$$+ 2\rho_1(1+Z)\Big(\partial_y + \frac{Z}{y}\Big)\Phi_{0,1}^{(1)}(\rho_1 - \rho_2 \mathrm{R})\Phi_{0,1}^{(1)}\Big\}. \tag{3.3.45}$$

结合 $\Phi_{1,0}, \Phi_{0,1}, S_{0,2}$ 的渐近和 (3.3.34)，可得估计

$$\Phi_{i,j} = O\Big(y^5 \mathbf{1}_{y\leqslant 1} + \frac{1+y}{b\,|\log b|}\mathbf{1}_{y\geqslant 1}\Big) \lesssim \frac{1+y}{b\,|\log b|} \tag{3.3.46}$$

和粗糙的界

$$|\Phi_{i,j}| \lesssim 1 + y^3.$$

再由 (3.3.31)，

$$\partial_b \Phi_{i,j} = O\left(\frac{y^5}{b\,|\log b|^2}\mathbf{1}_{y\leqslant 1} + \frac{y^3}{b\,|\log b|}\mathbf{1}_{1\leqslant y\leqslant 6B_0}\right).$$

现在考虑 $i+j=3$ 情形. 由 (3.3.36), (3.3.43)，我们有

$$
\begin{aligned}
-\sum_{i+j=3} a^i b^j \widetilde{E}_{i,j} &= \sum_{i+j=2} a^i b^j \Big(b\Lambda\mathrm{R}\Phi_{i,j} + aZ\Phi_{i,j}\Big) + (a^2+b^2)\sum_{i+j=2} j a^i b^{j-1}\mathrm{R}\Phi_{i,j} \\
&\quad - 2(1+Z)\sum_{i+j=3}\Big(\partial_y + \frac{Z}{y}\Big)(w_0^i)^{(1)}(\rho_1 - \rho_2\mathrm{R})\,w_0^j \\
&\quad - \rho_2 b^2 S_{0,2}^{(3)}\mathrm{R}\mathbb{H}w_0^1 + b^2 \Delta S_{0,2}^{(3)}(\rho_1 - \rho_2\mathrm{R})w_0^1.
\end{aligned}
$$

结合 (3.3.21), (3.3.24), (3.3.46)，有

$$\Phi_{i,j} = O\left(y^7 \mathbf{1}_{y\leqslant 1} + \frac{1+y^3}{b\,|\log b|}\mathbf{1}_{y\geqslant 1}\right) \lesssim \frac{1+y^3}{b\,|\log b|} \tag{3.3.47}$$

和

$$|\Phi_{i,j}| \lesssim 1 + y^5,$$

以及

$$\partial_b \Phi_{i,j} = O\left(\frac{y^7}{b\,|\log b|^2}\mathbf{1}_{y\leqslant 1} + \frac{y^5}{b\,|\log b|}\mathbf{1}_{1\leqslant y\leqslant 6B_0}\right).$$

步骤 8 (误差估计) 由 $\Phi_{i,j}$ 的选取, 误差 (3.3.42) 最终化为

$$\Psi_0 = ab\Sigma_{1,0} + b^2\Sigma_{0,1} - b^3\Sigma_{0,2} - 2a^2 b S_{0,2} - (a^2+b^2)\sum_{2\leqslant i+j\leqslant 3} a^i b^j \partial_b \Phi_{i,j}$$

$$+ \sum_{2 \leqslant i+j \leqslant 4} a^i b^j \big(w_0 \cdot E_{i,j}\big) e_z + b^3 \big(\Lambda S_{0,2} - 2 S_{0,2} + \Sigma_{0,2}\big)$$

$$- b^2 S_{0,2}^{(3)} \sum_{2 \leqslant i+j \leqslant 4} a^i b^j E_{i,j} + \hat{\mathrm{J}}\bigg(\sum_{4 \leqslant i+j \leqslant 7} a^i b^j \widetilde{E}_{i,j} \bigg). \tag{3.3.48}$$

对上式 (3.3.48) 的每行, 我们在 $[0, 2B_1]$ 内估计它们. 由 (3.3.30), (3.3.25), 有

$$ab\Sigma_{1,0} + b^2 \Sigma_{0,1} - b^3 \Sigma_{0,2} - 2a^2 b S_{0,2}$$

$$= O\big(b^2 \Sigma_b\big)(e_x + e_y) + O\big(b^3 T_1 \Sigma_b\big) e_z + O\big(ab^2 S_{0,2}\big)$$

$$= b^2 O\bigg(\frac{y^3}{|\log b|} \mathbf{1}_{y \leqslant 1} + \frac{y \log y}{|\log b|} \mathbf{1}_{1 \leqslant y \leqslant \frac{B_0}{4}} + y \mathbf{1}_{y \geqslant \frac{B_0}{4}} \bigg)(e_x + e_y)$$

$$+ b^2 O\bigg(\frac{y^6}{|\log b|} \mathbf{1}_{y \leqslant 1} + \frac{y^2 (\log y)^2}{|\log b|} \mathbf{1}_{1 \leqslant y \leqslant \frac{B_0}{4}} + y^2 \log y \mathbf{1}_{y \geqslant \frac{B_0}{4}} \bigg) e_z$$

$$+ a^2 b O\big(y^2 (\log y)^2 \mathbf{1}_{y \geqslant 1} \big). \tag{3.3.49}$$

由关于 b 的导数估计, 我们得到

$$(a^2 + b^2) \sum_{2 \leqslant i+j \leqslant 3} a^i b^j \partial_b \Phi_{i,j} = O\left(\frac{b^3 y^5}{|\log b|^2} \mathbf{1}_{y \leqslant 1} + \frac{b^3 y^3}{|\log b|} \mathbf{1}_{1 \leqslant y \leqslant 6B_0} \right).$$

对第二行, (3.3.24) 导致抵消:

$$\big(b\big(\Lambda \Phi_{0,1} - \Phi_{0,1} - \Sigma_{0,1}\big) \cdot b\Phi_{0,1} \big) e_z + b^3 \big(\Lambda S_{0,2} - 2 S_{0,2} + \Sigma_{0,2}\big) = 0,$$

这与 (3.3.36) 表明

$$\sum_{2 \leqslant i+j \leqslant 4} a^i b^j \big(w_0 \cdot E_{i,j}\big) e_z + b^3 \big(\Lambda S_{0,2} - 2 S_{0,2} + \Sigma_{0,2}\big)$$

$$= ab^2 O\left(y^6 \mathbf{1}_{y \leqslant 1} + \frac{y^2 \log y}{|\log b|} \big(1 + |\log(y\sqrt{b})| \big) \mathbf{1}_{1 \leqslant y \leqslant 6B_0} + \frac{y^2 \log y}{|\log b|} \mathbf{1}_{y \geqslant 6B_0} \right) e_z.$$

而对第三行, 由 (3.3.36), (3.3.43), 以及 $\Phi_{i,j}$ 的粗糙界, 有

$$\left| b^2 S_{0,2}^{(3)} \sum_{2 \leqslant i+j \leqslant 4} a^i b^j E_{i,j} \right| + \left| \sum_{4 \leqslant i+j \leqslant 7} a^i b^j \widetilde{E}_{i,j} \right| \lesssim b^4 \big(y^9 \mathbf{1}_{y \leqslant 1} + y^5 (\log y)^2 \mathbf{1}_{y \geqslant 1} \big).$$

综上可得

$$\int_{y \leqslant 2B_1} \frac{|\Psi_0^{(1)}|^2 + |\Psi_0^{(2)}|^2}{y^6} \lesssim \frac{b^4}{|\log b|^2}, \qquad \int_{y \leqslant 2B_1} \frac{|\Psi_0^{(3)}|^2}{y^8} \lesssim \frac{b^6}{|\log b|^2}. \tag{3.3.50}$$

这对 $i = 0$ 证明了 (3.3.8), (3.3.9). 而 $i \geqslant 1$ 的情形是类似的. 经过 H 作用后, 我们有

$$abH\Sigma_{1,0} + b^2 H\Sigma_{0,1} = O\big(b^2 \Sigma_b\big)(e_x + e_y)$$

$$= b^2 O\left(\frac{y}{|\log b|}\mathbf{1}_{y\leqslant 1} + \frac{1}{y\,|\log b|}\mathbf{1}_{1\leqslant y\leqslant 6B_0}\right)\big(e_x + e_y\big),$$

最终得到与 (3.3.50) 一样的界. 其他的项也是类似的, 除了 $b^4 \mathrm{R}\Lambda\Phi_{0,3}$, 而它由 (3.3.47), 有

$$\int_{y\leqslant 2B_1} |H\big(b^4 \mathrm{R}\Lambda\Phi_{0,3}\big)|^2 \lesssim b^8 \left(\int_{y\leqslant 1} |H(y^7)|^2 + \int_{1\leqslant y\leqslant 2B_1} \frac{|H(y^3)|^2}{b^2\,|\log b|^2}\right) \lesssim b^4\,|\log b|^2,$$

从而得到 (3.3.10). 估计 (3.3.11)—(3.3.13) 类似可得, 我们省略证明细节. 最后, 由 (3.3.28), 有

$$(\mathbb{H}^\perp\Psi_0, \Phi_M) = \big(ab\mathbb{H}^\perp\Sigma_{1,0} + b^2\mathbb{H}^\perp\Sigma_{0,1}, \Phi_M\big) + C(M)\frac{b^6}{|\log b|^2}$$

$$= \frac{abc_b(\Lambda\phi, \Phi_M)}{\rho_1^2 + \rho_2^2}\begin{bmatrix}\rho_1 \\ \rho_2 \\ 0\end{bmatrix} + \frac{b^2 c_b(\Lambda\phi, \Phi_M)}{\rho_1^2 + \rho_2^2}\begin{bmatrix}-\rho_2 \\ \rho_1 \\ 0\end{bmatrix} + C(M)\frac{b^6}{|\log b|^2},$$

这同 (3.3.29) 一起得出 (3.3.14). □

注 3.3.1 $S_{0,2}$ 的构造 (3.3.24) 看上去并不自然, 但这实际上先对应于限制 (3.2.3), 能够保证朗道-利夫希茨映射流从 $\mathbb{R}^2$ 映射到 $\mathbb{S}^2$. 反之, 假如我们直接令 $w_0^{(3)} = S_{0,2}^{(3)} = 0$, 则由 $w^{(3)} = \gamma$ (见 (3.4.2), (3.4.3)) 产生的误差会失控, 最终导致引理 3.7.4 不成立.

3.3.1 局部化逼近解

本小节旨在对引理 3.3.1 所构造的逼近解做局部化, 将 profile 的支集限制在 $y \leqslant 2B_1$ 上.

引理 3.3.2 (局部化) 在引理 3.3.1 的假设下, 定义局部化 profile:

$$\tilde{w}_0 = \chi_{B_1} w_0,$$

以及相应的 $\tilde{\Phi}_{i,j} = \chi_{B_1}\Phi_{i,j}$, 那么 $\tilde{w}_0$ 在以下意义下是 (3.2.15) 的逼近解,

$$\widetilde{\Psi}_0 + \widetilde{\mathrm{Mod}}(t) = \partial_s\tilde{w}_0 - \frac{\lambda_s}{\lambda}\Lambda\tilde{w}_0 + \Theta_s Z\mathrm{R}\tilde{w}_0 + \tilde{\mathrm{J}}\big(\rho_1\mathbb{H}\tilde{w}_0 - \rho_2\tilde{\mathrm{J}}\mathbb{H}\tilde{w}_0 + \hat{p}\Lambda\phi\big), \quad (3.3.51)$$

其中 $\tilde{\mathrm{J}} := (e_z + \tilde{w}_0)\wedge$. 局部化的调制向量 $\widetilde{\mathrm{Mod}}$ 为

$$
\widetilde{\mathrm{Mod}} = \chi_{B_1}\mathrm{Mod} + (b_s + b^2 + a^2)O\Big(\frac{w_0}{b}\Big)\mathbf{1}_{y\sim B_1} - \Big(\frac{\lambda_s}{\lambda} + b\Big)O(w_0)\mathbf{1}_{y\sim B_1}
$$

$$
+ (\Theta_s + a)\Lambda\phi\big(e_y + O(\tilde{w}_0)\big)\mathbf{1}_{y\gtrsim B_1} - \Big(\frac{\lambda_s}{\lambda} + b\Big)\Lambda\phi\big(e_x + O(\tilde{w}_0)\big)\mathbf{1}_{y\gtrsim B_1}, \tag{3.3.52}
$$

而局部化的误差 $\tilde{\Psi}_0$ 满足以下估计

$$
\int_{y\leqslant 2B_1} \frac{|\partial_y^i \tilde{\Psi}_0^{(1)}|^2 + |\partial_y^i \tilde{\Psi}_0^{(2)}|^2}{y^{6-2i}} \lesssim \frac{b^4}{|\log b|^2}, \quad 0\leqslant i\leqslant 3, \tag{3.3.53}
$$

$$
\int_{y\leqslant 2B_1} \frac{|\partial_y^i \tilde{\Psi}_0^{(3)}|^2}{y^{8-2i}} \lesssim \frac{b^6}{|\log b|^2}, \quad 0\leqslant i\leqslant 4, \tag{3.3.54}
$$

$$
\int_{y\leqslant 2B_1} |H\tilde{\Psi}_0^{(1)}|^2 + |H\tilde{\Psi}_0^{(2)}|^2 \lesssim b^4\,|\log b|^2, \tag{3.3.55}
$$

$$
\int_{y\leqslant 2B_1} \frac{|\partial_y^i H\tilde{\Psi}_0^{(1)}|^2 + |\partial_y^i H\tilde{\Psi}_0^{(2)}|^2}{y^{2-2i}} \lesssim \frac{b^4}{|\log b|^2}, \quad 0\leqslant i\leqslant 1, \tag{3.3.56}
$$

$$
\int_{y\leqslant 2B_1} |AH\tilde{\Psi}_0^{(1)}|^2 + |AH\tilde{\Psi}_0^{(2)}|^2 \lesssim b^5, \tag{3.3.57}
$$

$$
\int_{y\leqslant 2B_1} |H^2\tilde{\Psi}_0^{(1)}|^2 + |H^2\tilde{\Psi}_0^{(2)}|^2 \lesssim \frac{b^6}{|\log b|^2}, \tag{3.3.58}
$$

$$
\frac{(H\tilde{\Psi}_0^{(1)}, \Phi_M)}{(\Lambda\phi, \Phi_M)} = \frac{2(\rho_1 ab - \rho_2 b^2)}{(\rho_1^2 + \rho_2^2)\,|\log b|}\left(1 + O\Big(\frac{1}{|\log b|}\Big)\right), \tag{3.3.59}
$$

$$
\frac{(H\tilde{\Psi}_0^{(2)}, \Phi_M)}{(\Lambda\phi, \Phi_M)} = \frac{2(\rho_1 b^2 + \rho_2 ab)}{(\rho_1^2 + \rho_2^2)\,|\log b|}\left(1 + O\Big(\frac{1}{|\log b|}\Big)\right). \tag{3.3.60}
$$

证明 由 (3.3.6)，有

$$
\partial_s\tilde{w}_0 - \frac{\lambda_s}{\lambda}\Lambda\tilde{w}_0 + \Theta_s ZR\tilde{w}_0 + \tilde{\mathrm{J}}\big(\rho_1\mathbb{H}\tilde{w}_0 - \rho_2\tilde{\mathrm{J}}\mathbb{H}\tilde{w}_0 + \hat{p}\Lambda\phi\big)
$$

$$
= \partial_s\chi_{B_1}w_0 - \frac{\lambda_s}{\lambda}\Lambda\chi_{B_1}w_0 + \chi_{B_1}\Big(\partial_s w_0 - \frac{\lambda_s}{\lambda}\Lambda w_0 + \Theta_s ZRw_0\Big)
$$

$$
+ \Big((e_z + w_0) - (1-\chi_{B_1})w_0\Big)\wedge\Big(\rho_1\mathbb{H}(\chi_{B_1}w_0) - \rho_2(e_z + \tilde{w}_0)\wedge\mathbb{H}(\chi_{B_1}w_0) + \hat{p}\Lambda\phi\Big)
$$

$$
= \chi_{B_1}\big(\Psi_0 + \mathrm{Mod}\big) + \partial_s\chi_{B_1}w_0 - \frac{\lambda_s}{\lambda}\Lambda\chi_{B_1}w_0 + (1-\chi_{B_1})\tilde{\mathrm{J}}(\hat{p}\Lambda\phi)
$$

$$
- \chi_{B_1}(1 - \chi_{B_1})w_0 \wedge \Big(\rho_1 \mathbb{H}w_0 - \rho_2(e_z + w_0) \wedge \mathbb{H}w_0 + \hat{p}\Lambda\phi\Big)
$$

$$
+ \rho_2 \chi_{B_1}(1 - \chi_{B_1})\tilde{\mathrm{J}}\big(w_0 \wedge \mathbb{H}w_0\big)
$$

$$
- \tilde{\mathrm{J}}\Big\{ \big(\rho_1 - \rho_2(e_z + \tilde{w}_0)\wedge\big)\Big(2\partial_y\chi_{B_1}\partial_y w_0 + \Delta_y w_0 + 2(1 + Z)\partial_y\chi_{B_1}e_y \wedge w_0\Big)\Big\}. \tag{3.3.61}
$$

对 (3.3.61) 的第二行进行整理可得

$$
\partial_s \chi_{B_1}w_0 - \frac{\lambda_s}{\lambda}\Lambda\chi_{B_1}w_0 + (1 - \chi_{B_1})\tilde{\mathrm{J}}\big(\hat{p}\Lambda\phi\big)
$$

$$
= (b_s + b^2 + a^2)O\left(\frac{w_0}{b}\right)\mathbf{1}_{y\sim B_1} - \left(\frac{\lambda_s}{\lambda} + b\right)O(w_0)\mathbf{1}_{y\sim B_1}
$$

$$
+ O\big(b^2 y \log y\big)(e_x + e_y)\mathbf{1}_{y\sim B_1} + O\big(b^3 y^2(\log y)^2\big)e_z\mathbf{1}_{y\sim B_1}
$$

$$
+ O\big(by^{-1}\big)(e_x + e_y)\mathbf{1}_{y\gtrsim B_1}
$$

$$
+ (\Theta_s + a)\Lambda\phi\big(e_y + O(\tilde{w}_0)\big)\mathbf{1}_{y\gtrsim B_1} - \left(\frac{\lambda_s}{\lambda} + b\right)\Lambda\phi\big(e_x + O(\tilde{w}_0)\big)\mathbf{1}_{y\gtrsim B_1}.
$$

对 (3.3.61) 的第三行, 由抵消 (3.3.20), 有

$$
(\rho_1 - \rho_2 \mathrm{R})\begin{bmatrix}\mathbb{H}^{(1)}(w_0^1)\\\mathbb{H}^{(2)}(w_0^1)\\0\end{bmatrix} - \begin{bmatrix}a\\b\\0\end{bmatrix}\Lambda\phi = 0,
$$

故有

$$
- \chi_{B_1}(1 - \chi_{B_1})w_0 \wedge \Big(\rho_1 \mathbb{H}w_0 - \rho_2(e_z + w_0) \wedge \mathbb{H}w_0 + \Lambda\phi\hat{p}\Big)
$$

$$
= O\Big(|w_0| \cdot \big(|\mathbb{H}(w_0^2)| + b^2|\mathbb{H}S_{0,2}| + |w_0||\mathbb{H}w_0|\big)\Big)\mathbf{1}_{y\sim B_1}
$$

$$
- (\Theta_s + a)\Lambda\phi\big(e_x \wedge w_0\big)\mathbf{1}_{y\sim B_1} - \left(\frac{\lambda_s}{\lambda} + b\right)\Lambda\phi\big(e_y \wedge w_0\big)\mathbf{1}_{y\sim B_1}
$$

$$
= O\big(b^3 y^2 \log y\big)\mathbf{1}_{y\sim B_1} - (\Theta_s + a)\Lambda\phi O(w_0)\mathbf{1}_{y\sim B_1} - \left(\frac{\lambda_s}{\lambda} + b\right)\Lambda\phi O(w_0)\mathbf{1}_{y\sim B_1}.
$$

更进一步地, (3.3.61) 的第四行为

$$
\rho_2 \chi_{B_1}(1 - \chi_{B_1})\tilde{\mathrm{J}}\big(w_0 \wedge \mathbb{H}w_0\big) = O\Big(|w_0||\mathbb{H}w_0| + |w_0|^2|\mathbb{H}w_0|\Big)\mathbf{1}_{y\sim B_1}
$$

$$
= O\big(b^2(\log y)^2\big)\mathbf{1}_{y\sim B_1}.
$$

最后对 (3.3.61) 的最后一行, 我们直接估计

$$-\tilde{\mathrm{J}}\bigg\{\big(\rho_1 - \rho_2(e_z + \tilde{w}_0)\wedge\big)\big(2\partial_y\chi_{B_1}\partial_y w_0 + \Delta_y w_0 + 2(1+Z)\partial_y\chi_{B_1}e_y\wedge w_0\big)\bigg\}$$

$$= O\bigg(\frac{1}{B_1}|\partial_y w_0| + \frac{1}{B_1^2}|w_0| + \frac{1}{B_1(1+y^2)}|w_0|\bigg)\mathbf{1}_{y\sim B_1} = O\bigg(\frac{b^{\frac{3}{2}}\log y}{|\log b|}\bigg)\mathbf{1}_{y\sim B_1}.$$

将这些代入 (3.3.61), 可得局部化误差

$$\begin{aligned}
\tilde{\Psi}_0 =\ & \chi_{B_1}\Psi_0 + O\big(b^2 y\log y\big)(e_x + e_y)\mathbf{1}_{y\sim B_1} + O\big(b^3 y^2(\log y)^2\big)e_z\mathbf{1}_{y\sim B_1}\\
& + O\big(by^{-1}\big)(e_x + e_y)\mathbf{1}_{y\gtrsim B_1}\\
& + O\big(b^3 y^2\log y\big)\mathbf{1}_{y\sim B_1} + O\big(b^2(\log y)^2\big)\mathbf{1}_{y\sim B_1} + O\bigg(\frac{b^{\frac{3}{2}}\log y}{|\log b|}\bigg)\mathbf{1}_{y\sim B_1}\\
=\ & \chi_{B_1}\Psi_0 + O\big(b^2 y\log y\big)(e_x + e_y)\mathbf{1}_{y\sim B_1}\\
& + O\big(b^3 y^2(\log y)^2\big)e_z\mathbf{1}_{y\sim B_1} + O\big(by^{-1}\big)(e_x + e_y)\mathbf{1}_{y\gtrsim B_1},
\end{aligned}$$

以及局部化调制向量 $\widetilde{\mathrm{Mod}}$. 注意到由 (3.3.1), 绝大多数新增的误差支在 $[B_1, 2B_1]$ 上, 因此它们并不会影响原有的估计, 见引理 3.3.1. 细节省略. □

3.4　Bootstrap 方法

在逼近解的基础上, 我们将要构造方程 (3.1.1) 的真实解. 为此, 我们在本节中引入修正项 w, 如 (3.4.2) 所述. 而后我们会基于 bootstrap 方法及调制理论 (modulation theory) 的框架来论证 w 的存在性, 给出 bootstrap 假设, 并且计算几何参数 λ, Θ, a, b 所满足的微分方程 (称作调制方程, modulation equations).

3.4.1　正交条件和 bootstrap 策略

本小节我们描述爆破解所在的初值集合, 并提出 bootstrap 策略. 对于任意初值 $u_0 \in \dot{H}^1$, 若

$$\|\nabla u_0 - \nabla Q\|_{L^2} \ll 1, \tag{3.4.1}$$

则在小区间 $[0, t_1]$ 上, 可以将其解 $u(t)$ 分解为

$$u(t) = e^{\Theta\mathrm{R}}(Q + \hat{v})_\lambda, \quad \text{其中} \quad
\begin{cases}
\hat{v} = [e_r, e_\tau, Q]\hat{w},\\
\hat{w} = \tilde{w}_0 + w,
\end{cases} \tag{3.4.2}$$

其中, $\tilde{w}_0$ 是引理 3.3.2 给出的局部化逼近解, 而 w 是一个修正项 (通常称作辐射项, radiation):

$$w = \begin{bmatrix} \alpha \\ \beta \\ \gamma \end{bmatrix}, \tag{3.4.3}$$

它刻画的是逼近解与真实解的差. 可见, 选定初值 u_0 等价于选定几何参数 λ, Θ, a, b 及 w 的初值.

那么, 根据标准的调制理论, 我们断言: 存在几何参数映射 $\lambda, \Theta, a, b \in \mathcal{C}^1([0, t_1], \mathbb{R})$, 以及辐射项 w, 使得下面的正交条件成立:

$$(\alpha, \Phi_M) = (\alpha, H\Phi_M) = (\beta, \Phi_M) = (\beta, H\Phi_M) = 0, \tag{3.4.4}$$

其中 Φ_M 定义为

$$\Phi_M = \chi_M \Lambda \phi - c_M H(\chi_M \Lambda \phi), \tag{3.4.5}$$

所含系数是

$$c_M = \frac{(\chi_M \Lambda \phi, T_1)}{(H(\chi_M \Lambda \phi), T_1)} \sim M^2(1 + o(1)),$$

而 $M \gg 1$ 为待定的全局大常数 (同引理 3.3.1 假设中的 M 一致). 注意到 Φ_M 的定义蕴含了以下非退化性和正交性:

$$\begin{cases} \|\Phi_M\|_{L^2} = 4\log M(1 + o(1)), \\ (\Lambda\phi, \Phi_M) = (T_1, H\Phi_M) = 4\log M(1 + o(1)), \\ (T_1, \Phi_M) = (\Lambda\phi, H\Phi_M) = 0. \end{cases} \tag{3.4.6}$$

事实上, 为保证分解 (3.4.2) 及正交条件 (3.4.4) 成立, 我们可以定义向量值函数

$$\mathcal{F}(\lambda, \Theta, a, b, u) = [(\alpha, \Phi_M), (\beta, \Phi_M), (\alpha, H\Phi_M), (\beta, H\Phi_M)].$$

利用 $\tilde{w}_0$ 的构造, 可计算以下导数在点 $P = (\lambda, \Theta, a, b, u) = (1, 0, 0, 0, Q)$ 处的值

$$\frac{\partial}{\partial\lambda}\Big|_P \left(e^{-\Theta R} u_{\frac{1}{\lambda}}\right) = \Lambda\phi e_r, \qquad \frac{\partial}{\partial a}\Big|_P (\tilde{w}_0) = \tilde{\Phi}_{1,0},$$

$$\frac{\partial}{\partial\Theta}\Big|_P \left(e^{-\Theta R} u_{\frac{1}{\lambda}}\right) = -\Lambda\phi e_\tau, \qquad \frac{\partial}{\partial b}\Big|_P (\tilde{w}_0) = \tilde{\Phi}_{0,1},$$

从而得到 $\mathcal{F}$ 的雅可比行列式在 P 点的非退化性:

$$
\begin{vmatrix}
(\Lambda\phi, \Phi_M) & 0 & (\Lambda\phi, H\Phi_M) & 0 \\
0 & (\Lambda\phi, \Phi_M) & 0 & (\Lambda\phi, H\Phi_M) \\
(\Phi_{1,0}^{(1)}, \Phi_M) & (\Phi_{1,0}^{(2)}, \Phi_M) & (\Phi_{1,0}^{(1)}, H\Phi_M) & (\Phi_{1,0}^{(2)}, H\Phi_M) \\
(\Phi_{0,1}^{(1)}, \Phi_M) & (\Phi_{0,1}^{(2)}, \Phi_M) & (\Phi_{0,1}^{(1)}, H\Phi_M) & (\Phi_{0,1}^{(2)}, H\Phi_M)
\end{vmatrix}
$$
$$
= \frac{(1+o(1))}{\rho_1^2 + \rho_2^2}(\Lambda\phi, \Phi_M)^4 \neq 0.
$$

那么由隐函数定理, 存在常数 $\delta > 0$, 点 P 的一个小邻域 V_P 以及唯一的连续映射

$$
(\lambda, \Theta, a, b): \left\{ u \in \dot{H}^1 : \|u - Q\|_{\dot{H}^1} < \delta \right\} \mapsto V_P,
$$

使得 $\mathcal{F}(\lambda, \Theta, a, b, u) = 0$. 结合 (3.4.2), 这就证明了正交条件 (3.4.4). 另外, 由朗道-利夫希茨流的正则性可知, 映射 (λ, Θ, a, b) 是关于 t 的 $\mathcal{C}^1$ 函数. 进一步地, 我们定义与线性算子 $\mathbb{H}$ 相应的 Sobolev 范数 (称为能量), 用以描述 w 的正则性: 一阶能量为

$$
\mathcal{E}_1 = \int |\nabla w|^2 + \left| \frac{w}{y} \right|^2,
$$

高阶能量为

$$
\mathcal{E}_2 = \int |\mathbb{H}^\perp w|^2, \quad \mathcal{E}_4 = \int |(\mathbb{H}^\perp)^2 w|^2.
$$

它们的强制性由本章附录 A 给出. 我们现在对初值 u_0 做出如下假设. 这些假设实际上刻画了一个在基态 Q 附近的余一维的初值集 (见命题 3.4.1 及其 3.5.3 节中的证明):

- 几何参数初值的界:

$$
0 < b(0) < b^*(M) \ll 1, \quad a(0) \leqslant \frac{b(0)}{4|\log b(0)|}. \tag{3.4.7}
$$

- 伸缩参数的初值 (在相差一个固定伸缩的意义下, 我们总是可以这样假设):

$$
\lambda(0) = 1. \tag{3.4.8}
$$

- 初始能量的界:

$$
\begin{cases}
0 < \mathcal{E}_1(0) < \delta(b^*) \ll 1, \\
0 < \mathcal{E}_2(0) + \mathcal{E}_4(0) < b(0)^{10},
\end{cases} \tag{3.4.9}
$$

其中 $\delta(b^*)$ 表示与 b^* 有关的无穷小

$$\delta(b^*) \to 0, \quad \text{当} \quad b^* \to 0. \tag{3.4.10}$$

解 $u(t)$ 正则性的传播保证了以上这些界在小的时间区间 $[0, t_1)$ 保持成立. 于是, 给定一个充分大的全局常数 K (与常数 M 无关), 我们可以假设在 $[0, t_1]$ 上, 以下的界仍然成立:

- 几何参数上界:

$$0 < b(t) \leqslant Kb^*(M) \ll 1, \quad a(t) \leqslant \frac{b(t)}{|\log b(t)|}. \tag{3.4.11}$$

- 能量上界:

$$\mathcal{E}_1(t) \leqslant K\delta(b^*), \tag{3.4.12}$$

$$\mathcal{E}_2(t) \leqslant Kb(t)^2 |\log b(t)|^6, \tag{3.4.13}$$

$$\mathcal{E}_4(t) \leqslant K \frac{b(t)^4}{|\log b(t)|^2}. \tag{3.4.14}$$

我们将要证明, (3.4.11)—(3.4.14) 在解 $u(t)$ 的存在区间内都成立. 论证的核心是以下命题.

命题 3.4.1 (bootstrap 策略)   假设常数 $M \gg 1$ 充分大, 且不等式 (3.4.11)—(3.4.14) 中的 K 也是充分大的常数, 与 M 无关. 那么对于充分大的初始时刻 $s = s_0$, 以及任给满足 (3.4.7)—(3.4.9) 的初值, 存在

$$a(0) = a\big(b(0), w(0)\big) \in \left[-\frac{b(0)}{4 |\log b(0)|}, \frac{b(0)}{4 |\log b(0)|} \right], \tag{3.4.15}$$

使得 (3.4.2) 成立, 并且相应的 (3.1.1) 的解在上述足够小的时间区间 $[0, t_1]$ 上满足以下更优上界:

- 几何参数的更优上界:

$$0 < b(t) \leqslant \frac{K}{2} b^*(M), \quad a(t) \leqslant \frac{b(t)}{2 |\log b(t)|}. \tag{3.4.16}$$

- 能量的更优上界:

$$\mathcal{E}_1(t) \leqslant \frac{K}{2} \delta(b^*), \tag{3.4.17}$$

$$\mathcal{E}_2(t) \leqslant \frac{K}{2} b(t)^2 |\log b(t)|^6, \tag{3.4.18}$$

$$\mathcal{E}_4(t) \leqslant K(1-\eta)\frac{b(t)^4}{\left|\log b(t)\right|^2}, \tag{3.4.19}$$

其中, $\eta \in (0,1)$ 是一个与 M 无关的全局常数.

这一命题意味着解 $u(t)$ 会陷于估计 (3.4.11)—(3.4.14) 之中, 因此由经典的 bootstrap 策略, 解 $u(t)$ 在整个存在区间上都能保持这样的调制参数和能量的界. 从而得到解的在能量空间的存在性刻画 (由能量 $\mathcal{E}_1$ 的强制性, $u \in C^1([0,t), \dot{H}^1)$), 结合几何参数在 $s \to +\infty$ (也就是 $t \to T$) 的渐近, 就可以完成爆破解构造. 这个命题的证明将在 3.5.3 节里给出.

3.4.2　辐射项的方程

回顾 (3.4.2), 我们有分解

$$\hat{w} = \tilde{w}_0 + w,$$

将其代入向量方程 (3.2.15)中, 使用 (3.3.51), 可得辐射项的方程

$$\partial_s w - \frac{\lambda_s}{\lambda}\Lambda w + \rho_1 \hat{\mathbb{J}}\mathbb{H}w - \rho_2 \hat{\mathbb{J}}^2\mathbb{H}w + f = 0, \tag{3.4.20}$$

其中

$$f = \widetilde{\mathrm{Mod}} + \tilde{\Psi}_0 + \mathcal{R}. \tag{3.4.21}$$

这里调制向量 $\widetilde{\mathrm{Mod}}$ 和误差项 $\tilde{\Psi}_0$ 由 (3.3.51) 给出, 而 $\mathcal{R}$ 包含所有的与 Θ_s 有关的项以及 $\tilde{w}_0$ 与 w 的交叉项:

$$\mathcal{R} = \Theta_s Z\mathrm{R}w - \rho_2 \hat{\mathbb{J}}(w \wedge \mathbb{H}\tilde{w}_0) + w \wedge \left(\rho_1 \mathbb{H}\tilde{w}_0 - \rho_2 \tilde{\mathbb{J}}\mathbb{H}\tilde{w}_0 + \Lambda\phi\hat{p}\right). \tag{3.4.22}$$

用原坐标变量 (r,t) 来表示 w,

$$W(t,r) = w(s,y),$$

则 (3.4.20) 可重写为

$$\partial_t W + \rho_1 \hat{\mathbb{J}}_\lambda \mathbb{H}_\lambda W - \rho_2 \hat{\mathbb{J}}_\lambda^2 \mathbb{H}_\lambda W + F = 0, \tag{3.4.23}$$

其中

$$\hat{\mathbb{J}}_\lambda = (e_z + \widehat{W})\wedge, \quad F = \frac{1}{\lambda^2}f_\lambda. \tag{3.4.24}$$

这里, 伸缩后的向量算子 $\mathbb{H}_\lambda$ 为

$$\mathbb{H}_\lambda \begin{bmatrix} \alpha_\lambda \\ \beta_\lambda \\ \gamma_\lambda \end{bmatrix} = \begin{bmatrix} H_\lambda \alpha_\lambda \\ H_\lambda \beta_\lambda \\ -\Delta_r \gamma_\lambda \end{bmatrix} + \frac{2(1+Z_\lambda)}{\lambda}\begin{bmatrix} -\partial_r \gamma_\lambda \\ 0 \\ \partial_r \alpha_\lambda + \dfrac{Z_\lambda}{r}\alpha_\lambda \end{bmatrix}, \tag{3.4.25}$$

其中 $H_\lambda = -\Delta_r + V_\lambda / r^2$. 回顾记号 (3.2.10), 我们有 $Z_\lambda(r) = Z(r/\lambda)$, $\alpha_\lambda(t, r) = \alpha(t, r/\lambda)$, 等等. 另外, 与 (3.2.16) 类似, H_λ 有分解 $H_\lambda = A_\lambda^* A_\lambda$, 其中

$$A_\lambda = -\partial_r + \frac{Z_\lambda}{r}, \quad A_\lambda^* = \partial_r + \frac{1 + Z_\lambda}{r}.$$

我们定义 $\mathbb{H}_\lambda$ 的主部为

$$\mathbb{H}_\lambda^\perp \begin{bmatrix} \alpha_\lambda \\ \beta_\lambda \\ \gamma_\lambda \end{bmatrix} = \begin{bmatrix} H_\lambda \alpha_\lambda \\ H_\lambda \beta_\lambda \\ 0 \end{bmatrix},$$

类似地, 成立分解 $\mathbb{H}_\lambda^\perp = \mathbb{A}_\lambda^* \mathbb{A}_\lambda$, 其中

$$\mathbb{A}_\lambda \begin{bmatrix} \alpha_\lambda \\ \beta_\lambda \\ \gamma_\lambda \end{bmatrix} = \begin{bmatrix} A_\lambda \alpha_\lambda \\ A_\lambda \beta_\lambda \\ 0 \end{bmatrix}, \quad \mathbb{A}_\lambda^* \begin{bmatrix} \alpha_\lambda \\ \beta_\lambda \\ \gamma_\lambda \end{bmatrix} = \begin{bmatrix} A_\lambda^* \alpha_\lambda \\ A_\lambda^* \beta_\lambda \\ 0 \end{bmatrix}. \tag{3.4.26}$$

由变量替换 $y = r/\lambda$ 知

$$\mathbb{H}w = \lambda^2 \mathbb{H}_\lambda W, \quad \mathbb{H}^\perp w = \lambda^2 \mathbb{H}_\lambda^\perp W,$$

又由 (3.2.24), 有

$$\mathrm{R}\mathbb{H}_\lambda^\perp = \mathbb{H}_\lambda^\perp \mathrm{R}, \quad \mathrm{R}\mathbb{H}_\lambda \mathrm{R} = -\mathbb{H}_\lambda^\perp. \tag{3.4.27}$$

3.4.3 调制方程

本小节主要推导几何参数 (λ, Θ, a, b) 所满足的调制方程, 它是一组常微分方程, 描述了解的爆破动力学行为. 我们将使用方程 (3.4.20) 和正交条件 (3.4.4) 来进行推导.

命题 3.4.2 (调制方程) 假设 (3.4.11)—(3.4.14) 成立. 则有以下估计

$$\left| a_s + \frac{2ab}{|\log b|} \right| + \left| b_s + b^2 \left(1 + \frac{2}{|\log b|} \right) \right| \lesssim \frac{1}{\sqrt{\log M}} \left(\sqrt{\mathcal{E}_4} + \frac{b^2}{|\log b|} \right), \tag{3.4.28}$$

$$|a + \Theta_s| + \left| b + \frac{\lambda_s}{\lambda} \right| \lesssim C(M) b^3. \tag{3.4.29}$$

注 3.4.1 (i) 在第一个不等式中 b_s 的表达式并没有出现 $a^2 + b^2$, 这看上去与 $\widetilde{\mathrm{Mod}}$ 中蕴含的表达式并不一致. 事实上, 这是 a 的小性 (3.4.11) 与 (3.3.59), (3.3.60) 导致的直接结果.

(ii) 第一个不等式右边分母中的 $\sqrt{\log M}$ 是关键的.

证明　我们将方程 (3.4.20) 投影到 $\{e_x, e_y\}$, 得到 α, β 的方程, 然后分别与 (3.4.6) 中定义的 $H\Phi_M, \Phi_M$ 做 L^2 内积. 在得到的等式中, 利用估计 (3.4.11)—(3.4.14) 以及 (3.3.52), (3.3.59), (3.3.60) 计算每一项, 可得

$$\left| \rho_1 a_s - \rho_2 (b_s + b^2 + a^2) + \frac{2}{|\log b|} (\rho_1 ab - \rho_2 b^2) \right|$$

$$\lesssim \frac{1}{\sqrt{\log M}} \left(\sqrt{\mathcal{E}_4} + \frac{b^2}{|\log b|^2} \right),$$

$$\left| \rho_2 a_s + \rho_1 (b_s + b^2 + a^2) + \frac{2}{|\log b|} (\rho_2 ab + \rho_1 b^2) \right| \tag{3.4.30}$$

$$\lesssim \frac{1}{\sqrt{\log M}} \left(\sqrt{\mathcal{E}_4} + \frac{b^2}{|\log b|^2} \right),$$

$$|a + \Theta_s| + \left| b + \frac{\lambda_s}{\lambda} \right| = C(M) b^3.$$

这就导出了 (3.4.28), 更多细节参见 [MRR13]. 这里我们仅以 (3.4.30) 中的第一个不等式为例, 叙述证明过程.

首先, 定义

$$U(t) = |a_s| + |b_s + b^2 + a^2| + |a + \Theta_s| + \left| b + \frac{\lambda_s}{\lambda} \right|. \tag{3.4.31}$$

对 (3.4.20) 的第一个分量, 取其与 $H\Phi_M$ 的 L^2 内积, 可得

$$0 = (\partial_s \alpha, H\Phi_M) - \frac{\lambda_s}{\lambda} (\Lambda\alpha, H\Phi_M) + \rho_1 ((\hat{\mathbb{J}}\mathbb{H}w)^{(1)}, H\Phi_M) - \rho_2 ((\hat{\mathbb{J}}^2\mathbb{H}w)^{(1)}, H\Phi_M)$$

$$+ (\mathcal{R}, H\Phi_M) + (\widetilde{\mathrm{Mod}}, H\Phi_M) + (\tilde{\Psi}_0, H\Phi_M). \tag{3.4.32}$$

我们逐一分析每一项. 由正交条件 (3.4.4), 时间导数项为零. 对第二项, 交换 H, Λ,

$$(\Lambda\alpha, H\Phi_M) = (\Lambda H\alpha, \Phi_M) + 2(H\alpha, \Phi_M) - \left(\frac{\Lambda V}{y^2} \alpha, \Phi_M \right). \tag{3.4.33}$$

再次, 由正交条件 (3.4.4), 上式中第二项为零. 由 (3.7.3), (3.4.14), 有

$$|(\Lambda H\alpha, \Phi_M)| \lesssim C(M) \left(\int \frac{|\partial_y H\alpha|^2}{1 + y^4} \right)^{\frac{1}{2}} \lesssim C(M) \sqrt{\mathcal{E}_4},$$

其中 $C(M)$ 为 (3.7.3) 里的常数. 对于 (3.4.33) 中的最后一项, 类似的估计成立, 从而

$$\left| \frac{\lambda_s}{\lambda} \right| |(\Lambda\alpha, H\Phi_M)| \lesssim C(M)(b + U(t)) \sqrt{\mathcal{E}_4}. \tag{3.4.34}$$

对于 (3.4.32) 的第三项, 由 (3.2.13), 它可展开成

$$|((\hat{\mathbb{J}}\mathbb{H}w)^{(1)}, H\Phi_M)|$$

$$\lesssim |((1+\hat{\gamma})H\beta, H\Phi_M)| + \left|\left(\hat{\beta}\left(-\Delta\gamma + 2(1+Z)\left(\partial_y + \frac{Z}{y}\right)\alpha\right), H\Phi_M\right)\right|,$$

$$(3.4.35)$$

由 H 自伴, 第一项是

$$|((1+\hat{\gamma})H\beta, H\Phi_M)| \lesssim |((1+\hat{\gamma})H^2\beta, \Phi_M)| + |(\partial_y\hat{\gamma}\partial_y H\beta, \Phi_M)| + |(\Delta\hat{\gamma}H\beta, \Phi_M)|,$$

由 (3.7.20), (3.7.22), 我们有

$$|((1+\hat{\gamma})H^2\beta, \Phi_M)| \lesssim \|1+\hat{\gamma}\|_{L^\infty}\|H^2\beta\|_{L^2}\|\Phi_M\|_{L^2} \lesssim \sqrt{\log M}\sqrt{\mathcal{E}_4}.$$

对于剩下的项, 由 (3.7.3), (3.7.16), 可得

$$|(\partial_y\hat{\gamma}\partial_y H\beta, \Phi_M)| + |(\Delta\hat{\gamma}H\beta, \Phi_M)|$$

$$\lesssim C(M)\left(\left\|\frac{\partial_y\hat{\gamma}}{y}\right\|_{L^\infty}\left\|\frac{\partial_y H\beta}{y(1+|\log y|)}\right\|_{L^2}\right.$$

$$\left. + \left\|\frac{\Delta\hat{\gamma}}{y(1+y)(1+|\log y|)}\right\|_{L^2}\left\|\frac{H\beta}{y(1+y)(1+|\log y|)}\right\|_{L^2}\right)$$

$$\lesssim C(M)b\sqrt{\mathcal{E}_4}.$$

类似地, (3.4.35) 的另一项也可这样处理. 回顾 (3.2.3), 我们知道 $|e_z + \hat{w}| = 1$, 从而对于任意向量 v, 有 $|\hat{\mathbb{J}}v| \leqslant |v|$. 因此, 对于 (3.4.32) 中的第四项, 我们可得到相同的上界, 也就有

$$|((\hat{\mathbb{J}}\mathbb{H}w)^{(1)}, H\Phi_M)| + |((\hat{\mathbb{J}}^2\mathbb{H}w)^{(1)}, H\Phi_M)| \lesssim \left(\sqrt{\log M} + C(M)b\right)\sqrt{\mathcal{E}_4}. \quad (3.4.36)$$

对于 (3.4.32) 中含 $\mathcal{R}$ 的项, 由 (3.4.22) 和 Cauchy-Schwarz 不等式, 有

$$|(\mathcal{R}, H\Phi_M)| \lesssim C(M)\left(\|\Theta_s Z\mathrm{R}w\|_{L^2(y\leqslant 2M)} + \|\hat{\mathbb{J}}(w \wedge \mathbb{H}\tilde{w}_0)\|_{L^2(y\leqslant 2M)}\right.$$

$$\left. + \|w \wedge \left(\rho_1\mathbb{H}\tilde{w}_0 - \rho_2\tilde{\mathbb{J}}\mathbb{H}\tilde{w}_0 + \Lambda\phi\hat{p}\right)\|_{L^2(y\leqslant 2M)}\right). \quad (3.4.37)$$

由 (3.7.3), 我们有

$$\|\Theta_s Z\mathrm{R}w\|_{L^2(y\leqslant 2M)} \lesssim C(M)(b+U(t))\sqrt{\mathcal{E}_4}.$$

类似地, 根据 $\tilde{w}_0$ 的构造, (3.4.37) 其余项的界为

$$\|\hat{\mathbb{J}}(w \wedge \mathbb{H}\tilde{w}_0)\|_{L^2(y \leqslant 2M)} + \|w \wedge (\rho_1\mathbb{H}\tilde{w}_0 - \rho_2\tilde{\mathbb{J}}\mathbb{H}\tilde{w}_0 + \Lambda\phi\hat{p})\|_{L^2(y \leqslant 2M)}$$

$$\lesssim C(M)\sqrt{\mathcal{E}_4}\left(\|\mathbb{H}\tilde{w}_0\|_{L^\infty(y \leqslant 2M)} + \|\rho_1\mathbb{H}\tilde{w}_0 - \rho_2\tilde{\mathbb{J}}\mathbb{H}\tilde{w}_0 + \Lambda\phi\hat{p}\|_{L^\infty(y \leqslant 2M)}\right)$$

$$\lesssim C(M)(b + U(t))\sqrt{\mathcal{E}_4},$$

因此,

$$|(\mathcal{R}, H\Phi_M)| \lesssim C(M)(b + U(t))\sqrt{\mathcal{E}_4}. \tag{3.4.38}$$

对于 (3.4.32) 中含 $\widetilde{\mathrm{Mod}}$ 的项, 由 (3.3.52), (3.4.6), 以及 Φ_M 支在 $\{y \leqslant 2M\}$ 上, 我们有

$$\left(\widetilde{\mathrm{Mod}}^{(1)}, H\Phi_M\right) = a_s\left(\Phi_{1,0}^{(1)}, H\Phi_M\right) + \left(b_s + a^2 + b^2\right)\left(\Phi_{0,1}^{(1)}, H\Phi_M\right) + C(M)bU(t)$$

$$= \frac{1}{\rho_1^2 + \rho_2^2}\left[\rho_1 a_s - \rho_2\left(b_s + a^2 + b^2\right)\right](\Lambda\phi, \Phi_M) + C(M)bU(t). \tag{3.4.39}$$

而对 (3.4.32) 中含 $\tilde{\Psi}_0$ 的项, 可直接应用估计 (3.3.14). 将 (3.4.34)—(3.4.36), (3.4.38), (3.4.39) 代入 (3.4.32), 可得

$$\left|\frac{1}{\rho_1^2 + \rho_2^2}\left(\rho_1 a_s - \rho_2(b_s + a^2 + b^2) + \frac{2}{|\log b|}(\rho_1 ab - \rho_2 b^2)\right)\right|$$

$$\lesssim \frac{1}{(\Lambda\phi, \Phi_M)}\left\{\left(\sqrt{\log M} + C(M)(b + U(t))\right)\sqrt{\mathcal{E}_4} + \frac{b^2}{|\log b|^2}\right\}.$$

由 b 的小性 (3.4.11), $C(M)(b + U(t))\sqrt{\mathcal{E}_4}$ 最终可被吸收到 (3.4.30) 各式的左边, 因此可以忽略. 结合 (3.4.6), 我们就得到了 (3.4.30) 中的第一行, 其余两行可类似证明. □

注 3.4.2　调制方程 (3.4.28) 给出了几何参数 (λ, Θ, a, b) 在自相似时间 $s \to +\infty$ 的渐近行为: 对 (3.4.28) 直接积分可得

$$b(s) \sim \frac{1}{s}, \quad a(s) \sim \frac{1}{s\log s}, \quad \Theta(s) \leqslant \int_{s_0}^{s}|a(\tau)|d\tau + C_2, \tag{3.4.40}$$

这实际上表明所构造的解 $u(t)$ 确实将在有限时刻爆破; 不过, 证明相位 $\Theta(s)$ 的收敛性 (3.1.10) 则需要更精细的估计; 详见 3.5.3 节和 3.6 节.

3.5 能量估计

在本节中, 我们考虑辐射项 w 的四阶能量 $\mathcal{E}_4$, 并推导它的混合能量 (Morawetz 估计), 由此可证明命题 3.4.1 中 $\mathcal{E}_4$ 的更优估计, 是分析的核心.

3.5.1 能量恒等式

本小节里, 我们通过研究 $\mathcal{E}_4$ 的等价形式 $\|\hat{\mathbb{J}}_\lambda \mathbb{H}_\lambda W_2\|_{L^2}$ (见(3.5.9)) 来研究 $\mathcal{E}_4$ 的演化. 首先, 我们定义 W 的二阶导数

$$W_2 = \hat{\mathbb{J}}_\lambda \mathbb{H}_\lambda W. \tag{3.5.1}$$

记

$$w_2 = \hat{\mathbb{J}}\mathbb{H}w = \lambda^2 W_2. \tag{3.5.2}$$

w_2 为 W_2 在自相似变量 (s, y) 上的等价形式. 为了简化符号, 我们令

$$\mathrm{R}_{\hat{w}} = \hat{w}\wedge = \widehat{W}\wedge,$$

因此,

$$\hat{\mathbb{J}}_\lambda = \mathrm{R} + \mathrm{R}_{\hat{w}} = \hat{\mathbb{J}}. \tag{3.5.3}$$

由 (3.5.3), (3.4.23), 可得 W_2 的方程

$$\begin{cases} \partial_t W_2 = -\rho_1 \hat{\mathbb{J}}_\lambda \mathbb{H}_\lambda W_2 + \rho_2 \hat{\mathbb{J}}_\lambda \mathbb{H}_\lambda \hat{\mathbb{J}}_\lambda W_2 - \hat{\mathbb{J}}_\lambda \mathbb{H}_\lambda F + \mathrm{R}\left[\partial_t, \mathbb{H}_\lambda\right]W + \mathcal{Q}_1, \\ \mathcal{Q}_1 = \partial_t \widehat{W} \wedge \mathbb{H}_\lambda W + \mathrm{R}_{\hat{w}}\left[\partial_t, \mathbb{H}_\lambda\right]W. \end{cases} \tag{3.5.4}$$

我们定义 W 的主部为

$$W^\perp = -\mathrm{R}^2 W = \left[\alpha_\lambda, \beta_\lambda, 0\right]^{\mathrm{T}}, \quad W^{(3)} = W - W^\perp = \gamma_\lambda e_z.$$

我们将 W_2 分解为

$$W_2^0 = \mathrm{R}\mathbb{H}_\lambda W^\perp, \quad W_2^1 = W_2 - W_2^0, \tag{3.5.5}$$

相应地, 有

$$w_2^0 = \mathrm{R}\mathbb{H}w^\perp, \quad w_2^1 = w_2 - w_2^0.$$

由 (3.4.23), $W^\perp$ 满足

$$\begin{cases} \partial_t W^\perp = -\rho_1 W_2^0 + \rho_2 \mathrm{R}W_2^0 - F^\perp + \mathcal{Q}_2^1, \\ \mathcal{Q}_2^1 = \rho_1 \mathrm{R}^2 W_2^1 - \rho_2 \mathrm{R}^2 \mathrm{R}_{\hat{w}} W_2^0 - \rho_2 \mathrm{R}^2 \hat{\mathbb{J}}_\lambda W_2^1, \end{cases} \tag{3.5.6}$$

而 W_2^0 满足

$$
\begin{cases}
\partial_t W_2^0 = -\rho_1 \mathrm{R}\mathbb{H}_\lambda W_2^0 - \rho_2 \mathbb{H}_\lambda W_2^0 - \mathrm{R}\mathbb{H}_\lambda F^\perp + \mathcal{Q}_2^2, \\
\mathcal{Q}_2^2 = \mathrm{R}\left[\partial_t, \mathbb{H}_\lambda\right]w^\perp + \mathrm{R}\mathbb{H}_\lambda \mathcal{Q}_2^1.
\end{cases}
\tag{3.5.7}
$$

我们再定义两个函数:

$$
G(t,r) = \frac{b(\Lambda V)_\lambda}{\lambda^2 r^2}, \quad L(t,r) = \frac{b(\Lambda Z)_\lambda}{\lambda^2 r},
\tag{3.5.8}
$$

它们在后续的 Morawetz 估计中起重要作用.

引理 3.5.1 (能量等式)　在上述定义下, 以下恒等式成立:

$$
\frac{1}{2}\frac{d}{dt}\int \left|\hat{\mathrm{J}}_\lambda \mathbb{H}_\lambda W_2\right|^2
$$

$$
= -\rho_1 \int \hat{\mathrm{J}}_\lambda \mathbb{H}_\lambda W_2 \cdot (\hat{\mathrm{J}}_\lambda \mathbb{H}_\lambda)^2 W_2 + \rho_2 \int \hat{\mathrm{J}}_\lambda \mathbb{H}_\lambda W_2 \cdot (\hat{\mathrm{J}}_\lambda \mathbb{H}_\lambda)^2 \hat{\mathrm{J}}_\lambda W_2
$$

$$
+ \int \hat{\mathrm{J}}_\lambda \mathbb{H}_\lambda W_2 \cdot (\hat{\mathrm{J}}_\lambda \mathbb{H}_\lambda) \mathcal{Q}_1 - \int \hat{\mathrm{J}}_\lambda \mathbb{H}_\lambda W_2 \cdot (\hat{\mathrm{J}}_\lambda \mathbb{H}_\lambda)^2 F
$$

$$
+ \mathcal{Q}_3 + \int \mathrm{R}\mathbb{H}_\lambda W_2^0 \cdot \left[-\mathbb{H}_\lambda^\perp(GW^\perp) + GRW_2^0 \right],
\tag{3.5.9}
$$

其中,

$$
\mathcal{Q}_3 = -\left(b + \frac{\lambda_s}{\lambda}\right)\int \mathrm{R}\mathbb{H}_\lambda W_2^0 \cdot \left[-\mathbb{H}_\lambda^\perp\left(\frac{(\Lambda V)_\lambda}{\lambda^2 r^2}W^\perp\right) + \frac{(\Lambda V)_\lambda}{\lambda^2 r^2}RW_2^0 \right]
$$

$$
+ \int \mathrm{R}\mathbb{H}_\lambda W_2^0 \cdot \left(\mathrm{R}\mathbb{H}_\lambda \mathrm{R}\left[\partial_t, \mathbb{H}_\lambda\right]\gamma e_z + \mathrm{R}_{\hat{w}}\mathbb{H}_\lambda \mathrm{R}\left[\partial_t, \mathbb{H}_\lambda\right]W \right.
$$

$$
\left. + \partial_t \widehat{W} \wedge \mathbb{H}_\lambda W_2^0 + \mathrm{R}_{\hat{w}}\left[\partial_t, \mathbb{H}_\lambda\right]W_2^0 + \left[\partial_t, \hat{\mathrm{J}}_\lambda \mathbb{H}_\lambda\right]W_2^1\right)
$$

$$
+ \int \mathrm{R}\mathbb{H}_\lambda W_2^1 \cdot \left(\hat{\mathrm{J}}_\lambda \mathbb{H}_\lambda \mathrm{R}\left[\partial_t, \mathbb{H}_\lambda\right]W + \left[\partial_t, \hat{\mathrm{J}}_\lambda \mathbb{H}_\lambda\right]W_2\right)
$$

$$
+ \int \mathrm{R}_{\hat{w}}\mathbb{H}_\lambda W_2 \cdot \left(\hat{\mathrm{J}}_\lambda \mathbb{H}_\lambda \mathrm{R}\left[\partial_t, \mathbb{H}_\lambda\right]W + \left[\partial_t, \hat{\mathrm{J}}_\lambda \mathbb{H}_\lambda\right]W_2\right).
\tag{3.5.10}
$$

注 3.5.1　(i) $\mathcal{Q}_3$ 是一个小误差项, 这一点我们将在命题 3.5.1 中严格证明.

(ii) 等式 (3.5.9) 右边的大部分项可直接使用引理 3.7.3 进行估计. 但是最后一项较难处理, 因为它的符号无法确定, 我们只能通过 (3.5.34), (3.7.3), (3.7.29), (3.7.31) 得到粗略的界:

$$
\int \mathrm{R}\mathbb{H}_\lambda W_2^0 \cdot \left[-\mathbb{H}_\lambda^\perp(GW^\perp) + GRW_2^0 \right]
$$

$$\lesssim \frac{b}{\lambda^8} \left(\int |\mathrm{R}\mathbb{H}w_2^0|^2 \right)^{\frac{1}{2}} \left(\int \left| \mathbb{H}^\perp \left(\frac{w^\perp}{1+y^4} \right) \right|^2 + \frac{|w_2^0|^2}{1+y^8} \right)^{\frac{1}{2}}$$

$$\lesssim \frac{b}{\lambda^8} \left(\mathcal{E}_4 + \frac{b^4}{|\log b|^2} \right), \tag{3.5.11}$$

而这个界与 (3.5.9) 中的主要项 (右边的前两行) 大小相同, 它将导致能量估计的右端不够小, 使得 bootstrap 界 (3.4.19) 无法实现. 我们会在下一小节中引入一个 Morawetz 泛函来处理此项.

证明 对 $\|\hat{\mathrm{J}}_\lambda \mathbb{H}_\lambda W_2\|_{L^2}$ 关于时间变量 t 求导并将 (3.5.4) 代入, 我们将得到同 (3.5.9) 类似的表达式, 只不过最后一行并非如 (3.5.9) 所示, 而是由 (3.5.12) 的左端给出. 我们还需进行些许代数运算. 由 (3.5.3), (3.5.5), 有

$$\int \hat{\mathrm{J}}_\lambda \mathbb{H}_\lambda W_2 \cdot \left(\hat{\mathrm{J}}_\lambda \mathbb{H}_\lambda \mathrm{R}[\partial_t, \mathbb{H}_\lambda] W + [\partial_t, \hat{\mathrm{J}}_\lambda \mathbb{H}_\lambda] W_2 \right)$$

$$= \int \mathrm{R}\mathbb{H}_\lambda W_2^0 \cdot \left(\hat{\mathrm{J}}_\lambda \mathbb{H}_\lambda \mathrm{R}[\partial_t, \mathbb{H}_\lambda] W + [\partial_t, \hat{\mathrm{J}}_\lambda \mathbb{H}_\lambda] W_2 \right)$$

$$+ \int \mathrm{R}\mathbb{H}_\lambda W_2^1 \cdot \left(\hat{\mathrm{J}}_\lambda \mathbb{H}_\lambda \mathrm{R}[\partial_t, \mathbb{H}_\lambda] W + [\partial_t, \hat{\mathrm{J}}_\lambda \mathbb{H}_\lambda] W_2 \right)$$

$$+ \int \mathrm{R}_{\hat{w}} \mathbb{H} W_2 \cdot \left(\hat{\mathrm{J}}_\lambda \mathbb{H}_\lambda \mathrm{R}[\partial_t, \mathbb{H}_\lambda] W + [\partial_t, \hat{\mathrm{J}}_\lambda \mathbb{H}_\lambda] W_2 \right). \tag{3.5.12}$$

这里 (3.5.12) 右侧第一项可分解为

$$\int \mathrm{R}\mathbb{H}_\lambda W_2^0 \cdot \left(\hat{\mathrm{J}}_\lambda \mathbb{H}_\lambda \mathrm{R}[\partial_t, \mathbb{H}_\lambda] W + [\partial_t, \hat{\mathrm{J}}_\lambda \mathbb{H}_\lambda] W_2 \right)$$

$$= \int \mathrm{R}\mathbb{H}_\lambda W_2^0 \cdot \left(\mathrm{R}\mathbb{H}_\lambda \mathrm{R}[\partial_t, \mathbb{H}_\lambda] W + [\partial_t, \hat{\mathrm{J}}_\lambda \mathbb{H}_\lambda] W_2^0 \right)$$

$$+ \int \mathrm{R}\mathbb{H}_\lambda W_2^0 \cdot \left(\mathrm{R}_{\hat{w}} \mathbb{H}_\lambda \mathrm{R}[\partial_t, \mathbb{H}_\lambda] W + [\partial_t, \hat{\mathrm{J}}_\lambda \mathbb{H}_\lambda] W_2^1 \right), \tag{3.5.13}$$

其中交换子为

$$[\partial_t, \hat{\mathrm{J}}_\lambda \mathbb{H}_\lambda] W = \mathrm{R}[\partial_t, \mathbb{H}_\lambda] W + \partial_t \widehat{W} \wedge \mathbb{H}_\lambda W + \mathrm{R}_{\hat{w}}[\partial_t, \mathbb{H}_\lambda] W,$$

以及

$$[\partial_t, \mathbb{H}_\lambda] W = -\frac{\lambda_s}{\lambda^3} \left\{ \left[\frac{(\Lambda V)_\lambda}{r^2} \alpha_\lambda - \frac{2}{\lambda} \left(1+Z+\Lambda Z\right)_\lambda \partial_r \gamma_\lambda \right] e_x + \left[\frac{(\Lambda V)_\lambda}{r^2} \beta_\lambda \right] e_y \right.$$

$$+ \left[\frac{2}{\lambda} \Big(1+Z+\Lambda Z\Big)_\lambda \partial_r \alpha_\lambda + \frac{2}{\lambda r} \Big(Z+Z^2+\Lambda Z(1+2Z)\Big)_\lambda \alpha_\lambda \right] e_z \bigg\}.$$

$$(3.5.14)$$

由 (3.4.27), (3.5.14), 可得

$$\begin{cases} \mathrm{R}\mathbb{H}_\lambda \mathrm{R}\big[\partial_t, \mathbb{H}_\lambda\big] W^\perp = \dfrac{\lambda_s}{\lambda} \mathbb{H}_\lambda^\perp \left(\dfrac{(\Lambda V)_\lambda}{\lambda^2 r^2} W^\perp \right) \approx -\mathbb{H}_\lambda^\perp \big(G w^\perp\big), \\[4mm] \mathrm{R}\big[\partial_t, \mathbb{H}_\lambda\big] W_2^0 = -\dfrac{\lambda_s}{\lambda} \dfrac{(\Lambda V)_\lambda}{\lambda^2 r^2} \mathrm{R} W_2^0 \approx G \mathrm{R} W_2^0. \end{cases} \tag{3.5.15}$$

因此, (3.5.13) 右侧第一项可重写为

$$\int \mathrm{R}\mathbb{H}_\lambda W_2^0 \cdot \Big(\mathrm{R}\mathbb{H}_\lambda \mathrm{R}\big[\partial_t, \mathbb{H}_\lambda\big] W + \big[\partial_t, \hat{\mathrm{J}}_\lambda \mathbb{H}_\lambda\big] W_2^0 \Big)$$

$$= \int \mathrm{R}\mathbb{H}_\lambda W_2^0 \cdot \big[-\mathbb{H}_\lambda^\perp \big(G W^\perp\big) + G \mathrm{R} W_2^0 \big]$$

$$- \left(b + \frac{\lambda_s}{\lambda} \right) \int \mathrm{R}\mathbb{H}_\lambda W_2^0 \cdot \left[-\mathbb{H}_\lambda^\perp \left(\frac{(\Lambda V)_\lambda}{\lambda^2 r^2} W^\perp \right) + \frac{(\Lambda V)_\lambda}{\lambda^2 r^2} \mathrm{R} W_2^0 \right]$$

$$+ \int \mathrm{R}\mathbb{H}_\lambda W_2^0 \cdot \Big(\mathrm{R}\mathbb{H}_\lambda \mathrm{R}\big[\partial_t, \mathbb{H}_\lambda\big] \gamma e_z + \partial_t \widehat{W} \wedge \mathbb{H}_\lambda W_2^0 + \mathrm{R}_{\hat{w}}\big[\partial_t, \mathbb{H}_\lambda\big] W_2^0 \Big).$$

将此式和 (3.5.13) 代入 (3.5.12), 就得到 (3.5.9) 的最后一行, 以及 (3.5.10).   □

3.5.2   Morawetz 修正

本小节的目标是向能量泛函中添加一个额外的泛函 (Morawetz 泛函) 来调整能量等式 (3.5.9), 得到混合能量 (Morawetz 估计). 这将抵消不可控项 (3.5.11), 从而证得 bootstrap 界 (3.4.19). 值得注意的是, Morawetz 泛函依赖于 (3.1.1) 中的系数 ρ_1, ρ_2.

首先, 我们定义比率

$$\rho = \left(\frac{\rho_1}{\rho_2} \right)^2.$$

由于 $\rho_1 \in \mathbb{R}$, $\rho_2 > 0$, 易知 ρ 是良定的, 并且 $\rho \in [0, +\infty)$. 定义条件参数

$$k_1(\rho) = \begin{cases} 1, & \rho \geqslant 1, \\ 0, & \rho < 1, \end{cases} \qquad k_2(\rho) = 1 - k_1(\rho), \quad \Delta k(\rho) = k_1(\rho) - k_2(\rho).$$

显然 $k_2 \in \{0, 1\}$ 且 $\Delta k \in \{-1, 1\}$. 现在我们介绍 Morawetz 泛函.

引理 3.5.2 (Morawetz 修正) 给定上述 $\rho, k_1, k_2, \Delta k$, 我们定义 Morawetz 泛函为

$$\mathbf{M}(t) = c_1 \int \mathbb{H}_\lambda W_2^0 \cdot GW^\perp + c_2 \int \mathbb{R}\mathbb{A}_\lambda W_2^0 \cdot LW_2^0$$

$$+ c_3 \int \mathbb{R}\mathbb{H}_\lambda W_2^0 \cdot GW^\perp - c_4 \int \mathbb{A}_\lambda W_2^0 \cdot LW_2^0, \tag{3.5.16}$$

其中系数为

$$(c_1, c_2, c_3, c_4) = \left(\frac{\rho_1}{\rho_1^2 + \rho_2^2}, \frac{2\rho_1(\rho_1^2 - \rho_2^2)}{(\rho_1^2 + \rho_2^2)(\Delta k\rho_1^2 + \rho_2^2)}, \frac{\rho_2}{\rho_1^2 + \rho_2^2}, \frac{2\rho_1^2\rho_2(1 + \Delta k)}{(\rho_1^2 + \rho_2^2)(\Delta k\rho_1^2 + \rho_2^2)} \right).$$

有以下控制

$$|\mathbf{M}(t)| \lesssim \frac{\delta(b^*)}{\lambda^6} \left(\mathcal{E}_4 + \frac{b^4}{|\log b|^2} \right), \tag{3.5.17}$$

并且, 其时间导数为

$$\frac{d}{dt}\mathbf{M}(t) = \int \mathbb{R}\mathbb{H}_\lambda W_2^0 \cdot \left[-\mathbb{H}_\lambda^\perp(GW^\perp) + GRW_2^0 \right] + \frac{b}{\lambda^8}O\left(\frac{\mathcal{E}_4}{\sqrt{\log M}} + \frac{b^4}{|\log b|^2} \right)$$

$$- 2\rho_1 c_2 k_1 \int \mathbb{H}_\lambda W_2^0 \cdot L\mathbb{A}_\lambda W_2^0 + 2\rho_1 c_2 k_2 \int \mathbb{A}_\lambda \mathbb{H}_\lambda W_2^0 \cdot LW_2^0. \tag{3.5.18}$$

注 3.5.2 (i) (3.5.18) 右侧的第一个项正是不可控二次项 (3.5.11).

(ii) 系数 c_1, c_2, c_3, c_4 是良定的, 它们的分母非零. 实际上, 我们总是有 $\rho_1^2 + \rho_2^2 > 0$ (否则 $\rho_1 = \rho_2 = 0$). 此外, 若 $\Delta k\rho_1^2 + \rho_2^2 = 0$, 则意味着 $\Delta k = -1$ 且 $\rho_1^2 = \rho_2^2$, 由此 $\rho = \rho_1^2/\rho_2^2 = 1$, 从而 $\Delta k = 1$, 矛盾.

我们先假定引理 3.5.2 成立. 从能量 (3.5.9) 中减去 (3.5.18), 就得到如下混合能量 (Morawetz 估计)

$$\frac{d}{dt}\left\{ \frac{1}{2}\int \left| \hat{\mathbb{J}}_\lambda \mathbb{H}_\lambda W_2 \right|^2 - \mathbf{M}(t) \right\}$$

$$= -\rho_1 \int \hat{\mathbb{J}}_\lambda \mathbb{H}_\lambda W_2 \cdot (\hat{\mathbb{J}}_\lambda \mathbb{H}_\lambda)^2 W_2 + \rho_2 \int \hat{\mathbb{J}}_\lambda \mathbb{H}_\lambda W_2 \cdot (\hat{\mathbb{J}}_\lambda \mathbb{H}_\lambda)^2 \hat{\mathbb{J}}_\lambda W_2$$

$$+ 2\rho_1 c_2 k_1 \int \mathbb{H}_\lambda W_2^0 \cdot L\mathbb{A}_\lambda W_2^0 - 2\rho_1 c_2 k_2 \int \mathbb{A}_\lambda \mathbb{H}_\lambda W_2^0 \cdot LW_2^0$$

$$+ \mathcal{Q}_3 + \int \hat{\mathbb{J}}_\lambda \mathbb{H}_\lambda W_2 \cdot (\hat{\mathbb{J}}_\lambda \mathbb{H}_\lambda)\mathcal{Q}_1 - \int \hat{\mathbb{J}}_\lambda \mathbb{H}_\lambda W_2 \cdot (\hat{\mathbb{J}}_\lambda \mathbb{H}_\lambda)^2 F$$

$$+ \frac{b}{\lambda^8} O\left(\frac{\mathcal{E}_4}{\sqrt{\log M}} + \frac{b^4}{|\log b|^2} \right). \tag{3.5.19}$$

注意到, 不可控二次项已被消除. 恒等式 (3.5.19) 是推导混合能量 (Morawetz 估计) 的关键. 在给出引理 3.5.2 的证明之前, 我们先介绍一个简短引理, 它叙述了 $\mathbb{A}, \mathbb{A}^*$ 的结构及其与函数 G, L 的关系.

引理 3.5.3 ($\mathbb{A}, \mathbb{A}^*$ 的结构信息)　成立如下恒等式

$$\int \mathbb{A}_\lambda \mathbb{H}_\lambda W_2^0 \cdot L W_2^0 + \int \mathbb{H}_\lambda W_2^0 \cdot L \mathbb{A}_\lambda W_2^0 = \int \mathbb{H}_\lambda W_2^0 \cdot G W_2^0, \tag{3.5.20}$$

$$\int \mathrm{R} \mathbb{A}_\lambda \mathbb{H}_\lambda W_2^0 \cdot L W_2^0 = \int \mathrm{R} \mathbb{H}_\lambda W_2^0 \cdot G W_2^0, \tag{3.5.21}$$

$$\int \mathrm{R} \mathbb{H}_\lambda W_2^0 \cdot L \mathbb{A}_\lambda W_2^0 = 0, \tag{3.5.22}$$

以及非正性

$$\int \mathbb{H}_\lambda W_2^0 \cdot L \mathbb{A}_\lambda W_2^0 \leqslant 0. \tag{3.5.23}$$

证明　回顾函数 V (3.2.12) 的定义, 我们有 $\Lambda V = \Lambda(\Lambda Z + Z^2)$. 应用 (3.4.26), 我们计算任意径向对称函数 $f(r)$, 其中 $r = \lambda y$, 得

$$
\begin{aligned}
\mathbb{A}_\lambda^*(Lf) + L\mathbb{A}_\lambda f &= \left(\partial_r L + \frac{2Z_\lambda + 1}{r} L \right) f \\
&= \frac{b}{\lambda^4} \left[\partial_y \left(\frac{\Lambda Z}{y} \right) + \frac{(2Z + 1)\Lambda Z}{y^2} \right] f \\
&= \frac{b(\Lambda(\Lambda Z + Z^2))(y)}{\lambda^4 y^2} f \\
&= Gf.
\end{aligned}
\tag{3.5.24}
$$

结合 $\mathbb{A}_\lambda \mathrm{R} = \mathrm{R} \mathbb{A}_\lambda$, 可得

$$\int \mathbb{A}_\lambda \mathbb{H}_\lambda W_2^0 \cdot L W_2^0 = - \int \mathbb{H}_\lambda W_2^0 \cdot L \mathbb{A}_\lambda W_2^0 + \int \mathbb{H}_\lambda W_2^0 \cdot G W_2^0, \tag{3.5.25}$$

$$\int \mathrm{R} \mathbb{A}_\lambda \mathbb{H}_\lambda W_2^0 \cdot L W_2^0 = - \int \mathrm{R} \mathbb{H}_\lambda W_2^0 \cdot L \mathbb{A}_\lambda W_2^0 + \int \mathrm{R} \mathbb{H}_\lambda W_2^0 \cdot G W_2^0, \tag{3.5.26}$$

这里 (3.5.25) 就是 (3.5.20). 此外, 由类似于 (3.5.24) 的计算以及 $L(t, r) < 0$, 对任意 $r > 0$, 有

$$\int \mathbb{H}_\lambda W_2^0 \cdot L \mathbb{A}_\lambda W_2^0 = \int \mathbb{A}_\lambda W_2^0 \cdot \mathbb{A}_\lambda (L \mathbb{A}_\lambda W_2^0)$$

$$= \int \mathbb{A}_\lambda W_2^0 \cdot \left[-L\mathbb{A}_\lambda^* \mathbb{A}_\lambda W_2^0 + \left(\frac{2Z_\lambda + 1}{r} L - \partial_r L \right) \mathbb{A}_\lambda W_2^0 \right]$$

$$= \int \mathbb{A}_\lambda W_2^0 \cdot \left(-L\mathbb{H}_\lambda W_2^0 + \frac{2L}{r} \mathbb{A}_\lambda W_2^0 \right)$$

$$= \int \frac{L}{r} |\mathbb{A}_\lambda W_2^0|^2 \leqslant 0,$$

这就是 (3.5.23). 这里我们使用了一个事实: 对于任意向量 X, 若其第三分量 $X^{(3)} = 0$, 则有

$$\mathbb{H}_\lambda W_2^0 \cdot X = \mathbb{H}_\lambda^\perp W_2^0 \cdot X.$$

类似于上述计算, 易证

$$\int \mathrm{R}\mathbb{H}_\lambda W_2^0 \cdot L\mathbb{A}_\lambda W_2^0 = \int \frac{L}{r} \mathrm{R}\mathbb{A}_\lambda W_2^0 \cdot \mathbb{A}_\lambda W_2^0 = 0,$$

这是 (3.5.22). 结合 (3.5.26) 可得 (3.5.21). □

我们现在用引理 3.5.3 来证明引理 3.5.2.

引理 3.5.2 的证明 **步骤 1 ($\mathbf{M}(t)$ 的控制)** 我们首先证明估计 (3.5.17). 由 (3.7.5), 有

$$|\mathbf{M}(t)| \lesssim \frac{b}{\lambda^6} \left(\int |\mathbb{H}w_2^0| \frac{|w^\perp|}{1 + y^4} + \int |\mathbb{A}w_2^0| \frac{|w_2^0|}{1 + y^3} \right)$$

$$\lesssim \frac{b}{\lambda^6} \left(\int |\mathbb{H}w_2^0|^2 + \int \frac{|\mathbb{A}w_2^0|^2}{y^2(1 + y^2)} \right)^{\frac{1}{2}} \left(\int \frac{|w^\perp|^2}{1 + y^8} + \int \frac{1 + |\log y|^2}{1 + y^4} |w_2^0|^2 \right)^{\frac{1}{2}}$$

$$\lesssim \frac{b}{\lambda^6} |\log b|^C \left(\mathcal{E}_4 + \frac{b^4}{|\log b|^2} \right)$$

$$\lesssim \frac{\delta(b^*)}{\lambda^6} \left(\mathcal{E}_4 + \frac{b^4}{|\log b|^2} \right).$$

下面证明 (3.5.18). 我们首先计算 (3.5.16) 中每一项的时间导数, 将不可控项表为合适的形式, 再利用本章附录 A 估计误差.

步骤 2 (计算时间导数) 对于 (3.5.16) 中的第一个积分, 应用方程 (3.5.6), (3.5.7), 可得

$$\partial_t \int \mathbb{H}_\lambda W_2^0 \cdot GW^\perp = \partial_t \int W_2^0 \cdot \mathbb{H}_\lambda (GW^\perp)$$

$$
\begin{aligned}
= & -\rho_1 \int \mathrm{R}\mathbb{H}_\lambda W_2^0 \cdot \mathbb{H}_\lambda^\perp (GW^\perp) - \rho_2 \int \mathbb{H}_\lambda W_2^0 \cdot \mathbb{H}_\lambda^\perp (GW^\perp) \\
& -\rho_1 \int \mathbb{H}_\lambda W_2^0 \cdot GW_2^0 - \rho_2 \int \mathrm{R}\mathbb{H}_\lambda W_2^0 \cdot GW_2^0 + \int W_2^0 \cdot [\partial_t, \mathbb{H}_\lambda] (GW^\perp) \\
& +\int \mathbb{H}_\lambda W_2^0 \cdot (\partial_t G) W^\perp + \int \mathbb{H}_\lambda \mathcal{Q}_2^2 \cdot GW^\perp + \int \mathbb{H}_\lambda W_2^0 \cdot G\mathcal{Q}_2^1 \\
& -\int \mathrm{R}\mathbb{H}_\lambda F^\perp \cdot \mathbb{H}_\lambda (GW^\perp) - \int \mathbb{H}_\lambda W_2^0 \cdot GF^\perp . \quad (3.5.27)
\end{aligned}
$$

在这些项里, 涉及 $[\partial_t, \mathbb{H}_\lambda], \partial_t G, F^\perp, \mathcal{Q}_2^1, \mathcal{Q}_2^2$ 的都会是小误差项, 这一点在后续步骤中会严格证明. 在这个步骤中, 我们主要关注 W 中系数为 ρ_1, ρ_2 的二次项. 类似地, 对 (3.5.16) 中第三项计算,

$$
\begin{aligned}
\partial_t \int \mathrm{R}\mathbb{H}_\lambda W_2^0 \cdot GW^\perp &= \partial_t \int \mathrm{R}W_2^0 \cdot \mathbb{H}_\lambda (GW^\perp) \\
= & \rho_1 \int \mathbb{H}_\lambda W_2^0 \cdot \mathbb{H}_\lambda^\perp (GW^\perp) - \rho_2 \int \mathrm{R}\mathbb{H}_\lambda W_2^0 \cdot \mathbb{H}_\lambda^\perp (GW^\perp) \\
& -\rho_1 \int \mathrm{R}\mathbb{H}_\lambda W_2^0 \cdot GW_2^0 + \rho_2 \int \mathbb{H}_\lambda W_2^0 \cdot GW_2^0 + \int \mathrm{R}W_2^0 \cdot [\partial_t, \mathbb{H}_\lambda] (GW^\perp) \\
& +\int \mathrm{R}\mathbb{H}_\lambda W_2^0 \cdot (\partial_t G) W^\perp + \int \mathrm{R}\mathbb{H}_\lambda \mathcal{Q}_2^2 \cdot GW^\perp + \int \mathrm{R}\mathbb{H}_\lambda W_2^0 \cdot G\mathcal{Q}_2^1 \\
& +\int \mathbb{H}_\lambda F^\perp \cdot \mathbb{H}_\lambda (GW^\perp) - \int \mathrm{R}\mathbb{H}_\lambda W_2^0 \cdot GF^\perp . \quad (3.5.28)
\end{aligned}
$$

对 (3.5.16) 的第二个, 继续计算,

$$
\begin{aligned}
\partial_t \int \mathrm{R}\mathbb{A}_\lambda W_2^0 \cdot LW_2^0 & \\
= & \rho_1 \int \mathbb{A}_\lambda \mathbb{H}_\lambda W_2^0 \cdot LW_2^0 - \rho_2 \int \mathrm{R}\mathbb{A}_\lambda \mathbb{H}_\lambda W_2^0 \cdot LW_2^0 \\
& -\rho_1 \int \mathbb{A}_\lambda W_2^0 \cdot L\mathbb{H}_\lambda W_2^0 - \rho_2 \int \mathrm{R}\mathbb{A}_\lambda W_2^0 \cdot L\mathbb{H}_\lambda W_2^0 \\
& +\int \mathrm{R}[\partial_t, \mathbb{A}_\lambda] W_2^0 \cdot LW_2^0 + \int \mathrm{R}\mathbb{A}_\lambda W_2^0 \cdot (\partial_t L) W_2^0 + \int \mathrm{R}\mathbb{A}_\lambda \mathcal{Q}_2^2 \cdot LW_2^0 \\
& +\int \mathrm{R}\mathbb{A}_\lambda W_2^0 \cdot L\mathcal{Q}_2^2 + \int \mathbb{A}_\lambda \mathbb{H}_\lambda F^\perp \cdot LW_2^0 - \int \mathbb{H}_\lambda F^\perp \cdot L\mathbb{A}_\lambda W_2^0 , \quad (3.5.29)
\end{aligned}
$$

由 (3.5.22), (3.5.21), 可将 (3.5.29) 右边的前两行重写为

$$\rho_1\left(\int \mathbb{A}_\lambda\mathbb{H}_\lambda W_2^0 \cdot LW_2^0 - \int \mathbb{H}_\lambda W_2^0 \cdot L\mathbb{A}_\lambda W_2^0\right) - \rho_2\int \mathbb{R}\mathbb{H}_\lambda W_2^0 \cdot GW_2^0.$$

通过 $1 = k_1 + k_2$ 重写上一行括号中的表达式, 将其分为两个相同式子, 再对每一式子使用引理 3.5.3的 (3.5.20), 得到

$$\rho_1\left(\int \mathbb{A}_\lambda\mathbb{H}_\lambda W_2^0 \cdot LW_2^0 - \int \mathbb{H}_\lambda W_2^0 \cdot L\mathbb{A}_\lambda W_2^0\right)$$

$$= (\rho_1 k_1 + \rho_1 k_2)\left(\int \mathbb{A}_\lambda\mathbb{H}_\lambda W_2^0 \cdot LW_2^0 - \int \mathbb{H}_\lambda W_2^0 \cdot L\mathbb{A}_\lambda W_2^0\right)$$

$$= \rho_1 k_1\left(\int \mathbb{H}_\lambda W_2^0 \cdot GW_2^0 - 2\int \mathbb{H}_\lambda W_2^0 \cdot L\mathbb{A}_\lambda W_2^0\right)$$

$$+ \rho_1 k_2\left(-\int \mathbb{H}_\lambda W_2^0 \cdot GW_2^0 + 2\int \mathbb{A}_\lambda\mathbb{H}_\lambda W_2^0 \cdot LW_2^0\right).$$

由 $\Delta k = k_1 - k_2$ 可得

$$\partial_t\int \mathbb{R}\mathbb{A}_\lambda W_2^0 \cdot LW_2^0$$

$$= \Delta k\rho_1\int \mathbb{H}_\lambda W_2^0 \cdot GW_2^0 - \rho_2\int \mathbb{R}\mathbb{H}_\lambda W_2^0 \cdot GW_2^0$$

$$+ 2\rho_1 k_2\int \mathbb{A}_\lambda\mathbb{H}_\lambda W_2^0 \cdot LW_2^0 - 2\rho_1 k_1\int \mathbb{H}_\lambda W_2^0 \cdot L\mathbb{A}_\lambda W_2^0$$

$$+ \int \mathbb{R}[\partial_t, \mathbb{A}_\lambda]W_2^0 \cdot LW_2^0 + \int \mathbb{R}\mathbb{A}_\lambda W_2^0 \cdot (\partial_t L)W_2^0 + \int \mathbb{R}\mathbb{A}_\lambda \mathcal{Q}_2^2 \cdot LW_2^0$$

$$+ \int \mathbb{R}\mathbb{A}_\lambda W_2^0 \cdot L\mathcal{Q}_2^2 + \int \mathbb{A}_\lambda\mathbb{H}_\lambda F^\perp \cdot LW_2^0 - \int \mathbb{H}_\lambda F^\perp \cdot L\mathbb{A}_\lambda W_2^0. \qquad (3.5.30)$$

最后, 对 (3.5.16) 的最后一项, 同样使用引理 3.5.3 计算, 可得

$$\partial_t\int \mathbb{A}_\lambda W_2^0 \cdot LW_2^0$$

$$= -\rho_1\int \mathbb{R}\mathbb{H}_\lambda W_2^0 \cdot GW_2^0 - \rho_2\int \mathbb{H}_\lambda W_2^0 \cdot GW_2^0$$

$$+ \int [\partial_t, \mathbb{A}_\lambda]W_2^0 \cdot LW_2^0 + \int \mathbb{A}_\lambda W_2^0 \cdot (\partial_t L)W_2^0 + \int \mathbb{A}_\lambda \mathcal{Q}_2^2 \cdot LW_2^0$$

$$+ \int \mathbb{A}_\lambda W_2^0 \cdot L\mathcal{Q}_2^2 - \int \mathbb{R}\mathbb{A}_\lambda\mathbb{H}_\lambda F^\perp \cdot LW_2^0 - \int \mathbb{R}\mathbb{H}_\lambda F^\perp \cdot L\mathbb{A}_\lambda W_2^0. \qquad (3.5.31)$$

步骤 3 (系数的还原)　将 (3.5.27), (3.5.28), (3.5.30), (3.5.31) 代入(3.5.16), 我们就得到

$$\frac{d}{dt}\mathbf{M}(t) = C_1 \int R\mathbb{H}_\lambda W_2^0 \cdot \mathbb{H}_\lambda^\perp (GW^\perp) + C_2 \int \mathbb{H}_\lambda W_2^0 \cdot \mathbb{H}_\lambda^\perp (GW^\perp)$$

$$+ C_3 \int R\mathbb{H}_\lambda W_2^0 \cdot GW_2^0 + C_4 \int \mathbb{H}_\lambda W_2^0 \cdot GW_2^0$$

$$- 2\rho_1 c_2 k_1 \int \mathbb{H}_\lambda W_2^0 \cdot L\mathbb{A}_\lambda W_2^0$$

$$+ 2\rho_1 c_2 k_2 \int \mathbb{A}_\lambda \mathbb{H}_\lambda W_2^0 \cdot LW_2^0 + \mathcal{Q}_4 + \mathcal{Q}_5 + \mathcal{Q}_F, \tag{3.5.32}$$

其中系数 C_i 为

$$C_1 = -(\rho_1 c_1 + \rho_2 c_3) = -1,$$

$$C_2 = \rho_1 c_3 - \rho_2 c_1 = 0,$$

$$C_3 = -\rho_1 c_3 + \rho_1 c_4 - \rho_2 c_1 - \rho_2 c_2 = 0,$$

$$C_4 = -\rho_1 c_1 + \rho_1 c_2 \Delta k + \rho_2 c_3 + \rho_2 c_4 = 1.$$

注意到 (3.5.32) 的前两行构成了不可控项 (3.5.11). 另外, 对于 (3.5.32) 最后一行的 $\mathcal{Q}_4, \mathcal{Q}_5, \mathcal{Q}_F$ 项, 它们分别由后续步骤的 (3.5.33), (3.5.37), (3.5.40) 明确给出, 我们接下来逐一估计这几项.

步骤 4 ($\mathcal{Q}_4$ 的估计)　由前面的计算,

$$\mathcal{Q}_4 = c_1 \int W_2^0 \cdot [\partial_t, \mathbb{H}_\lambda](GW^\perp) + c_3 \int RW_2^0 \cdot [\partial_t, \mathbb{H}_\lambda](GW^\perp)$$

$$+ c_2 \int R[\partial_t, \mathbb{A}_\lambda]W_2^0 \cdot LW_2^0 - c_4 \int [\partial_t, \mathbb{A}_\lambda]W_2^0 \cdot LW_2^0$$

$$+ c_1 \int \mathbb{H}_\lambda W_2^0 \cdot (\partial_t G)W^\perp + c_3 \int R\mathbb{H}_\lambda W_2^0 \cdot (\partial_t G)W^\perp$$

$$+ c_2 \int R\mathbb{A}_\lambda W_2^0 \cdot (\partial_t L)W_2^0 - c_4 \int \mathbb{A}_\lambda W_2^0 \cdot (\partial_t L)W_2^0, \tag{3.5.33}$$

由 Z, V 的定义, 有

$$\left| \frac{\Lambda Z}{y} \right| \lesssim \frac{1}{1+y^3}, \qquad \left| \frac{\Lambda V}{y^2} \right| \lesssim \frac{1}{1+y^4}, \tag{3.5.34}$$

代入 (3.5.15), 我们得到

$$R\big[\partial_t, \mathbb{H}_\lambda\big](Gw^\perp) = \frac{b^2}{\lambda^8} O\left(\frac{1}{1+y^8}\right) Rw^\perp, \quad L\big[\partial_t, \mathbb{A}_\lambda\big] W_2^0 = \frac{b^2}{\lambda^8} O\left(\frac{1}{1+y^8}\right) w_2^0.$$
(3.5.35)

那么对 (3.5.33) 第一个项, 利用 (3.7.3), (3.7.29) 和 Cauchy-Schwarz 不等式, 有

$$\left| \int W_2^0 \cdot \big[\partial_t, \mathbb{H}_\lambda\big](GW^\perp) \right|$$

$$\lesssim \frac{b^2}{\lambda^8} \int \frac{|w_2^0|}{1+y^4} \cdot \frac{|w^\perp|}{1+y^4}$$

$$\lesssim \frac{b^2}{\lambda^8} \left(\int \frac{|w_2^0|^2}{(1+y^4)(1+|\log y|^2)} \right)^{\frac{1}{2}} \left(\int \frac{|w^\perp|^2}{(1+y^8)(1+|\log y|^2)} \right)^{\frac{1}{2}}$$

$$\lesssim \frac{b\delta(b^*)}{\lambda^8} \left(\mathcal{E}_4 + \frac{b^4}{|\log b|^2} \right).$$

对 (3.5.33) 中第一、二行的其他项, 由 (3.5.35) 给出的 b^2, 我们可以计算得到同样的界. 对 (3.5.33) 的其余两行, 由定义 (3.5.8), 有

$$\partial_t G = \frac{b^2}{\lambda^4 r^2} \Big(O(\Lambda V) + O(\Lambda^2 V) \Big)(y) = \frac{b^2}{\lambda^6} O\left(\frac{1}{1+y^4}\right),$$

$$\partial_t L = \frac{b^2}{\lambda^4 r} \Big(O(\Lambda Z) + O(\Lambda^2 Z) \Big)(y) = \frac{b^2}{\lambda^6} O\left(\frac{1}{1+y^3}\right),$$

这也给出了与上述相同的 b^2 因子, 因此计算是类似的. 应用引理 3.7 的插值估计, 我们得到

$$|\mathcal{Q}_4| \lesssim \frac{b\delta(b^*)}{\lambda^8} \left(\mathcal{E}_4 + \frac{b^4}{|\log b|^2} \right).$$
(3.5.36)

步骤 5 ($\mathcal{Q}_5$ 的估计) 首先,

$$\mathcal{Q}_5 = c_1 \int \mathbb{H}_\lambda W_2^0 \cdot G\mathcal{Q}_2^1 + c_3 \int R\mathbb{H}_\lambda W_2^0 \cdot G\mathcal{Q}_2^1 + c_2 \int R\mathbb{A}_\lambda \mathcal{Q}_2^2 \cdot LW_2^0$$

$$- c_4 \int \mathbb{A}_\lambda \mathcal{Q}_2^2 \cdot LW_2^0 + c_1 \int \mathbb{H}_\lambda \mathcal{Q}_2^2 \cdot GW^\perp + c_3 \int R\mathbb{H}_\lambda \mathcal{Q}_2^2 \cdot GW^\perp$$

$$+ c_2 \int R\mathbb{A}_\lambda W_2^0 \cdot L\mathcal{Q}_2^2 - c_4 \int \mathbb{A}_\lambda W_2^0 \cdot L\mathcal{Q}_2^2,$$
(3.5.37)

由定义 (3.5.6), (3.5.7) 及交换子 (3.5.15)，我可得到如下的粗略估计

$$
\begin{cases}
\mathcal{Q}_2^1 = \dfrac{1}{\lambda^2}\Big(O(w_2^1) + O(\hat{w} \wedge w_2^0)\Big), \\[2mm]
\mathcal{Q}_2^2 = \dfrac{1}{\lambda^4}\Big[O\Big(\dfrac{b}{1+y^4}\Big)\mathrm{R}w^\perp + O(\mathbb{H}w_2^1) + O\Big(\mathbb{H}(\hat{w}\wedge w_2^0)\Big)\Big].
\end{cases}
$$

由 (3.7.8), (3.7.20), 成立 $\hat{w}$ 的小性:

$$
\|\hat{w}\|_{L^\infty} \leqslant \|\tilde{w}_0\|_{L^\infty} + \|w^\perp\|_{L^\infty} + \|\gamma\|_{L^\infty} \lesssim \delta(b^*). \tag{3.5.38}
$$

结合 w_2^1 的估计 (3.7.30), 有

$$
\left| \int \mathbb{H}_\lambda W_2^0 \cdot G\mathcal{Q}_2^1 \right| \lesssim \frac{b}{\lambda^8} \int |\mathbb{H}w_2^0| \frac{1}{1+y^4}\Big(|w_2^1| + |\hat{w}\wedge w_2^0|\Big) \lesssim \frac{b\delta(b^*)}{\lambda^8}\left(\mathcal{E}_4 + \frac{b^4}{|\log b|^2}\right).
$$

(3.5.37) 中第二项的估计也可类似得到. 对于 (3.5.37) 中涉及 $\mathcal{Q}_2^2$ 的其余项估计, 我们以第一行中的最后一项为例进行演示. 由 (3.5.24),

$$
\int \mathrm{R}\mathbb{A}_\lambda \mathcal{Q}_2^2 \cdot LW_2^0 = \int \mathrm{R}\mathcal{Q}_2^2 \cdot \mathbb{A}_\lambda^*(LW_2^0) = -\int \mathrm{R}\mathcal{Q}_2^2 \cdot L\mathbb{A}_\lambda W_2^0 + \int \mathrm{R}\mathcal{Q}_2^2 \cdot GW_2^0,
$$

因此, 可用 (3.7.3), (3.7.29) 和 (3.7.33) 来控制, 得到

$$
\left| \int \mathrm{R}\mathbb{A}_\lambda \mathcal{Q}_2^2 \cdot LW_2^0 \right|
$$
$$
\lesssim \int |\mathrm{R}\mathcal{Q}_2^2| \cdot \Big(|L\mathbb{A}_\lambda W_2^0| + |GW_2^0|\Big)
$$
$$
\lesssim \frac{b}{\lambda^8} \int \left(\frac{b|w^\perp|}{1+y^4} + |\mathbb{H}w_2^1| + \left|\mathbb{H}(\hat{w}\wedge w_2^0)\right|\right) \cdot \left(\frac{|\mathbb{A}w_2^0|}{1+y^3} + \frac{|w_2^0|}{1+y^4}\right)
$$
$$
\lesssim \frac{b\delta(b^*)}{\lambda^8}\left(\mathcal{E}_4 + \frac{b^4}{|\log b|^2}\right).
$$

含 $\mathbb{H}_\lambda \mathcal{Q}_2^2$ 的项可用 $\mathbb{H}_\lambda$ 的自伴性和本章附录 A 进行类似估计. 我们得到

$$
|\mathcal{Q}_5| \lesssim \frac{b\delta(b^*)}{\lambda^8}\left(\mathcal{E}_4 + \frac{b^4}{|\log b|^2}\right). \tag{3.5.39}
$$

步骤 6 ($\mathcal{Q}_F$ 的估计)　我们有

$$
\mathcal{Q}_F = -c_1 \int \mathrm{R}\mathbb{H}_\lambda F^\perp \cdot \mathbb{H}_\lambda(GW^\perp) + c_3 \int \mathbb{H}_\lambda F^\perp \cdot \mathbb{H}_\lambda(GW^\perp)
$$

$$+ c_2 \int \mathbb{A}_\lambda \mathbb{H}_\lambda F^\perp \cdot L W_2^0 + c_4 \int R \mathbb{A}_\lambda \mathbb{H}_\lambda F^\perp \cdot L W_2^0$$

$$- c_1 \int \mathbb{H}_\lambda W_2^0 \cdot G F^\perp - c_3 \int R \mathbb{H}_\lambda W_2^0 \cdot G F^\perp$$

$$- c_2 \int \mathbb{H}_\lambda F^\perp \cdot L \mathbb{A}_\lambda W_2^0 - c_4 \int R \mathbb{H}_\lambda F^\perp \cdot L \mathbb{A}_\lambda W_2^0. \tag{3.5.40}$$

我们断言

$$\int \frac{|f^\perp|^2}{1+y^8} + \int \frac{1 + |\log y|^2}{1 + y^4} |\mathbb{H} f^\perp|^2 + \int \frac{1 + |\log y|^2}{1 + y^2} |\mathbb{A}\mathbb{H} f^\perp|^2 \lesssim \frac{\mathcal{E}_4}{\log M} + \frac{b^4}{|\log b|^2}, \tag{3.5.41}$$

接着由 (3.5.34), (3.7.3), (3.7.29), (3.7.31), 有

$$|\mathcal{Q}_F| \lesssim \frac{b}{\lambda^8} \left(\int \frac{|w^\perp|^2}{(1 + y^8)(1 + |\log y|^2)} + \int \frac{|w_2^0|^2}{(1 + y^4)(1 + |\log y|^2)} \right.$$

$$\left. + \int |\mathbb{H} w_2^0|^2 + \int \frac{|\mathbb{A} w_2^0|^2}{(1 + y^2)(1 + |\log y|^2)} \right)^{\frac{1}{2}} \left(\mathcal{E}_4 + \frac{b^4}{|\log b|^2} \right)^{\frac{1}{2}}$$

$$\lesssim \frac{b}{\lambda^8} \left(\frac{\mathcal{E}_4}{\sqrt{\log M}} + \frac{b^4}{|\log b|^2} \right),$$

即是我们期待的 $\mathcal{Q}_F$ 的界. 这与 (3.5.36), (3.5.39) 结合起来, 就完成了引理的证明. 下面我们证明断言 (3.5.41): 回顾 (3.4.21), f 由三个独立的项组成, 即 $\tilde{\Psi}_0$, $\widetilde{\mathrm{Mod}}$, $\mathcal{R}(t)$, 因此我们只需对这三项分别证明 (3.5.41). 其中 $\tilde{\Psi}_0$ 的估计直接来自引理 3.3.2 的 (3.3.53), (3.3.56), (3.3.57). 下面我们来处理 $\widetilde{\mathrm{Mod}}$, $\mathcal{R}(t)$.

步骤 7 ($\widetilde{\mathrm{Mod}}$ 的贡献) 由 (3.4.28),

$$U(t) \lesssim \frac{1}{\sqrt{\log M}} \left(\sqrt{\mathcal{E}_4} + \frac{b^4}{|\log b|^2} \right), \tag{3.5.42}$$

结合 (3.3.7), (3.3.52) 可得

$$\widetilde{\mathrm{Mod}}^\perp = U(t) O \left(\frac{\tilde{w}_0}{b} + by^5 \mathbf{1}_{y \leqslant 1} + \frac{by^3}{|\log b|} \mathbf{1}_{1 \leqslant y \leqslant 6B_0} + \frac{1}{y} \mathbf{1}_{y \gtrsim B_1} \right),$$

以及

$$\widetilde{\mathbb{H}\mathrm{Mod}} = \chi_{B_1} \left(\frac{a_s}{\rho_1^2 + \rho_2^2} \begin{bmatrix} \rho_1 \\ \rho_2 \\ 0 \end{bmatrix} \Lambda\phi + \frac{b_s + b^2 + a^2}{\rho_1^2 + \rho_2^2} \begin{bmatrix} -\rho_2 \\ \rho_1 \\ 0 \end{bmatrix} \Lambda\phi \right)$$

$$+ U(t) O\left(by^3 \mathbf{1}_{y \leqslant 1} + \frac{by}{|\log b|} \mathbf{1}_{1 \leqslant y \leqslant 6B_0} + \frac{\log y}{y} \mathbf{1}_{1 \leqslant y \leqslant 2B_1} + \frac{1}{y^3} \mathbf{1}_{y \gtrsim B_1} \right)$$

$$+ U(t) O\left(\mathbf{1}_{y \leqslant 1} + \frac{\log y}{y^2} \mathbf{1}_{1 \leqslant y \leqslant 2B_1} \right) e_z. \tag{3.5.43}$$

因此, 我们有

$$\int \frac{|\widetilde{\mathrm{Mod}}^{\perp}|^2}{1 + y^8} + \int \frac{1 + |\log y|^2}{1 + y^4} |\widetilde{\mathbb{H}\mathrm{Mod}}^{\perp}|^2 \lesssim \frac{\mathcal{E}_4}{\log M} + \frac{b^4}{|\log b|^2}.$$

又由函数 $T_1, \Lambda\phi$ 的性质, 有

$$AHT_1 = A\Lambda\phi = 0,$$

这使得第一个 profile 在 AH 作用后为零, 从而有更优的界:

$$\int \frac{1 + |\log y|^2}{1 + y^2} |\mathbb{A}\mathbb{H}\widetilde{\mathrm{Mod}}^{\perp}|^2 \lesssim \delta(b^*) \left(\mathcal{E}_4 + \frac{b^4}{|\log b|^2} \right),$$

这证明了断言 (3.5.41) 中 $\widetilde{\mathrm{Mod}}$ 的部分.

步骤 8 ($\mathcal{R}$ 的贡献) 由定义 (3.4.22), 可将 $\mathcal{R}$ 分解成

$$\mathcal{R} = \mathcal{R}_1 + \mathcal{R}_2, \quad \text{其中} \quad \begin{cases} \mathcal{R}_1 = w \wedge \left(\rho_1 \mathbb{H}\tilde{w}_0 - \rho_2 \mathrm{R}\mathbb{H}\tilde{w}_0 + \Lambda\phi\hat{p} \right), \\ \mathcal{R}_2 = -\rho_2 \hat{\mathrm{J}}\left(w \wedge \mathbb{H}\tilde{w}_0 \right) - \rho_2 w \wedge \left(\tilde{w}_0 \wedge \mathbb{H}\tilde{w}_0 \right) \\ \qquad - \rho_2 w \wedge \left(w \wedge \mathbb{H}\tilde{w}_0 \right) + \Theta_s Z\mathrm{R}w. \end{cases} \tag{3.5.44}$$

由逼近解的构造 (3.3.3), (3.3.4), (3.3.17), 计算

$$\rho_1 \mathbb{H}\tilde{w}_0 - \rho_2 \mathrm{R}\mathbb{H}\tilde{w}_0 + \Lambda\phi\hat{p}$$

$$= \chi_{B_1} \left((\rho_1 - \rho_2 \mathrm{R}) \mathbb{H}w_0^2 + \begin{bmatrix} a + \Theta_s \\ b + \dfrac{\lambda_s}{\lambda} \\ 0 \end{bmatrix} \Lambda\phi \right)$$

$$+ \left(-2\partial_y \chi_{B_1} \partial_y w_0 - \Delta \chi_{B_1} w_0 - 2(1 + Z)\partial_y \chi_{B_1} (e_y \wedge w_0) + (1 - \chi_{B_1})\hat{p}\Lambda\phi \right)$$

$$= O\left(b^2 y^3 \mathbf{1}_{y \leqslant 1} + \frac{b^{\frac{3}{2}}}{|\log b|} \mathbf{1}_{y \sim B_1} + \frac{b}{y} \mathbf{1}_{y \gtrsim B_1} \right),$$

这给出了 $\mathbb{H}\mathcal{R}_1$ 的估计

$$\mathbb{H}\left[w \wedge \left(\rho_1 \mathbb{H}\tilde{w}_0 - \rho_2 \mathrm{R}\mathbb{H}\tilde{w}_0 + \Lambda \phi \hat{p}\right)\right]$$

$$\lesssim \left(|Hw^{\perp}| + |\Delta\gamma| + \frac{\left|\left(\partial_y + \dfrac{1}{y}\right)w\right|}{1+y^2}\right)\left(b^2 y^3 \mathbf{1}_{y\leqslant 1} + \frac{b^{\frac{3}{2}}}{|\log b|}\mathbf{1}_{y\sim B_1} + \frac{b}{y}\mathbf{1}_{y\gtrsim B_1}\right)$$

$$+ \left(|\partial_y w| + \frac{|w|}{y}\right)\left(b^2 y^2 \mathbf{1}_{y\leqslant 1} + \frac{b^{\frac{3}{2}}}{y|\log b|}\mathbf{1}_{y\sim B_1} + \frac{b}{y^2}\mathbf{1}_{y\gtrsim B_1}\right). \tag{3.5.45}$$

结合本章附录 A 的插值估计, 可得

$$\int \frac{|\mathcal{R}_1^{\perp}|^2}{1+y^8} + \int \frac{1+|\log y|^2}{1+y^4}|\mathbb{H}\mathcal{R}_1^{\perp}|^2 + \int \frac{1+|\log y|^2}{1+y^2}|\mathbb{A}\mathbb{H}\mathcal{R}_1^{\perp}|^2 \lesssim b^2\left(\mathcal{E}_4 + \frac{b^4}{|\log b|^2}\right).$$

现在处理涉及 $\mathcal{R}_2$ 的项. 同样由 $\tilde{w}_0$ 的构造, 有

$$\begin{cases} \tilde{w}_0 = bO\left(y^3\mathbf{1}_{y\leqslant 1} + y\log y\mathbf{1}_{1\leqslant y\leqslant 2B_1}\right), \\ \mathbb{H}\tilde{w}_0 = bO\left(y\mathbf{1}_{y\leqslant 1} + \dfrac{\log y}{y}\mathbf{1}_{1\leqslant y\leqslant 2B_1}\right). \end{cases} \tag{3.5.46}$$

注意到 (3.5.44) 中的前两项的估计很容易由本章附录 A 得到. 为了控制第三项, 应用 (3.5.38),

$$\int \frac{\left|w \wedge (w \wedge \mathbb{H}\tilde{w}_0)\right|^2}{1+y^8} \lesssim \delta(b^*)\left(\mathcal{E}_4 + \frac{b^4}{|\log b|^2}\right).$$

此外, 由暴力计算, 对于 $y \geqslant 1$ 有

$$\left|\mathbb{H}\left(w \wedge (w \wedge \mathbb{H}\tilde{w}_0)\right)\right| \lesssim \frac{b\log y}{y}\left(|\partial_y^2 w||w| + |\partial_y w|^2 + \frac{|\partial_y w||w|}{y} + \frac{|w|^2}{y^2}\right)\mathbf{1}_{1\leqslant y\leqslant 2B_1},$$

这与 (3.7.3), (3.7.14), (3.7.16), (3.7.21) 说明了

$$\int_{y\geqslant 1} \frac{1+|\log y|^2}{1+y^4}\left|\mathbb{H}\left(w \wedge (w \wedge \mathbb{H}\tilde{w}_0)\right)\right|^2 \lesssim b\delta(b^*)\left(\mathcal{E}_4 + \frac{b^4}{|\log b|^2}\right).$$

这里 $y \leqslant 1$ 的情况, 以及 $\mathbb{A}\mathbb{H}\left(w \wedge (w \wedge \mathbb{H}\tilde{w}_0)\right)$ 的估计均可用同样的方法得到. 对 $\mathcal{R}_2$ 中的最后一项 $\Theta_s \mathrm{ZR}w$, 由 (3.4.28), 我们有

$$|\Theta_s \mathrm{ZR}w| \lesssim \left(|a| + U(t)\right)|w^{\perp}|,$$

$$|\mathbb{H}(\Theta_s Z\mathrm{R}w)| \lesssim (|a| + U(t))\left(|\mathbb{H}^\perp w| + \frac{|\partial_y w^\perp|}{1+y^2} + \frac{|w^\perp|}{y(1+y^2)}\right),$$

$$|\mathbb{A}\mathbb{H}(\Theta_s Z\mathrm{R}w)| \lesssim (|a| + U(t))\left(|\mathbb{A}\mathbb{H}^\perp w| + \frac{|\partial_y^2 w^\perp|}{1+y^2} + \frac{\partial_y w^\perp}{y(1+y^2)} + \frac{|w^\perp|}{y^2(1+y^2)}\right),$$

结合 (3.5.42), (3.7.3) 即可得到 $\Theta_s Z\mathrm{R}w$ 的界. 因此, 我们得到

$$\int \frac{|\mathcal{R}_2^\perp|^2}{1+y^8} + \int \frac{1+|\log y|^2}{1+y^4}|\mathbb{H}\mathcal{R}_2^\perp|^2 + \int \frac{1+|\log y|^2}{1+y^2}|\mathbb{A}\mathbb{H}\mathcal{R}_2^\perp|^2$$

$$\lesssim b\delta(b^*)\left(\mathcal{E}_4 + \frac{b^4}{|\log b|^2}\right).$$

这就完成了证明.   □

命题 3.5.1(混合能量/Morawetz 估计) 在引理 3.5.2 和附录 A 的假设下, 存在一个与 M 无关的通用常数 $d_2 \in (0,1)$, 使得以下微分不等式成立

$$\frac{d}{dt}\left\{\frac{1}{\lambda^6}\left[\mathcal{E}_4 + \delta(b^*)\left(\mathcal{E}_4 + \frac{b^4}{|\log b|^2}\right)\right]\right\}$$

$$\leqslant \frac{b}{\lambda^8}\left\{2\left(1 - d_2 + \frac{C}{\sqrt{\log M}}\right)\mathcal{E}_4 + O\left(\frac{b^4}{|\log b|^2}\right)\right\}, \tag{3.5.47}$$

其中 $\delta(b^*)$ 是由 (3.4.10) 定义的无穷小量.

证明 如前所述, 由引理 3.5.2, 我们得到混合能量/Morawetz 恒等式 (3.5.19). 基于此, 我们控制能量泛函, 然后估计 (3.5.19) 右侧的每一项.

步骤 1 (泛函的控制) 回顾 (3.2.24), (3.5.3), (3.5.38), 有

$$\hat{\mathrm{J}}\mathbb{H}w_2 = (\mathrm{R} + \mathrm{R}_{\hat{w}})\mathbb{H}(\mathrm{R} + \mathrm{R}_{\hat{w}})\mathbb{H}w$$

$$= -(1 + \delta(b^*))(\mathbb{H}^\perp)^2 w^\perp + O\left(H\left(\frac{\partial_y \gamma}{1+y^2}\right)\right) + O(\mathrm{R}\mathbb{H}\mathrm{R}_{\hat{w}}(\mathbb{H}w)).$$

由 (3.7.16), (3.7.19), 上式右侧的第二项的 L^2 范数有上界为

$$\int \left|O\left(H\left(\frac{\partial_y \gamma}{1+y^2}\right)\right)\right|^2 \lesssim \sum_{0 \leqslant i \leqslant 3} \int \frac{|\partial_y^i \gamma|^2}{y^2(1+y^{6-2i})(1+|\log y|^2)} + \int \frac{|A\partial_y \gamma|^2}{y^4(1+|\log y|^2)}$$

$$\lesssim \delta(b^*)\left(\mathcal{E}_4 + \frac{b^4}{|\log b|^2}\right).$$

对上式的最后一项, 由 (3.7.3), (3.7.7), (3.7.11), (3.7.21), (3.7.22), (3.7.24), 它在 L^2 下也有相同上界. 因此, 由 $\mathcal{E}_2, \mathcal{E}_4$ 的定义, 我们得到

$$\int \left|\hat{\mathbb{J}}_\lambda \mathbb{H}_\lambda W_2\right|^2 = \frac{1}{\lambda^6} \int \left|\hat{\mathbb{J}}\mathbb{H} w_2\right|^2 = \frac{1}{\lambda^6}\left[\mathcal{E}_4 + \delta(b^*)\left(\mathcal{E}_4 + \frac{b^4}{|\log b|^2}\right)\right]. \tag{3.5.48}$$

此外, 由控制 (3.5.17), Morawetz 项是相对于 $\mathcal{E}_4$ 的无穷小, 从而

$$\frac{1}{2}\int \left|\hat{\mathbb{J}}_\lambda \mathbb{H}_\lambda W_2\right|^2 - \mathbf{M}(t) = \frac{1}{2\lambda^6}\left[\mathcal{E}_4 + \delta(b^*)\left(\mathcal{E}_4 + \frac{b^4}{|\log b|^2}\right)\right]. \tag{3.5.49}$$

步骤 2 (系数为 ρ_1, ρ_2 的拟线性项)　考虑 (3.5.19) 右侧的前两行:

$$-\rho_1 \int \hat{\mathbb{J}}_\lambda \mathbb{H}_\lambda W_2 \cdot \left(\hat{\mathbb{J}}_\lambda \mathbb{H}_\lambda\right)^2 W_2 + \rho_2 \int \hat{\mathbb{J}}_\lambda \mathbb{H}_\lambda W_2 \cdot \left(\hat{\mathbb{J}}_\lambda \mathbb{H}_\lambda\right)^2 \hat{\mathbb{J}}_\lambda W_2$$

$$+ 2\rho_1 c_2 k_1 \int \mathbb{H}_\lambda W_2^0 \cdot L\mathbb{A}_\lambda W_2^0 - 2\rho_1 c_2 k_2 \int \mathbb{A}_\lambda \mathbb{H}_\lambda W_2^0 \cdot LW_2^0. \tag{3.5.50}$$

由定义 (3.5.2), 可知

$$-\rho_1 \int \hat{\mathbb{J}}_\lambda \mathbb{H}_\lambda W_2 \cdot \left(\hat{\mathbb{J}}_\lambda \mathbb{H}_\lambda\right)^2 W_2 + \rho_2 \int \hat{\mathbb{J}}_\lambda \mathbb{H}_\lambda W_2 \cdot \left(\hat{\mathbb{J}}_\lambda \mathbb{H}_\lambda\right)^2 \hat{\mathbb{J}}_\lambda W_2$$

$$= \frac{1}{\lambda^8}\left[-\rho_1 \int \hat{\mathbb{J}}\mathbb{H} w_2 \cdot (\hat{\mathbb{J}}\mathbb{H})^2 w_2 + \rho_2 \int \hat{\mathbb{J}}^2\mathbb{H} w_2 \cdot (\hat{\mathbb{J}}\mathbb{H})^2 \hat{\mathbb{J}} w_2\right]. \tag{3.5.51}$$

为处理 (3.5.51) 的第一项, 我们引入以下引理, 其证明见附录 B.

引理 3.5.4 (获取二阶导数)　假设 (3.4.4) 成立. 存在一个常数 $d_1 \in (0,1)$, 使得在 Frenet 基 $[e_r, e_\tau, Q]$ 下的任意向量 Γ, 以下不等式成立:

$$-\int \hat{\mathbb{J}}\mathbb{H}\Gamma \cdot (\hat{\mathbb{J}}\mathbb{H})^2 \Gamma \leqslant \frac{b(1-d_1)(|\rho_1| + |\rho_2|)}{2(\rho_1^2 + \rho_2^2)}\left\|\hat{\mathbb{J}}\mathbb{H}\Gamma\right\|_{L^2}^2 + b\delta(b^*)\left\|\mathbb{H}\Gamma\right\|_{L^2}^2,$$

其中 $\delta(b^*)$ 是由 (3.4.10) 定义的无穷小量.

将 $\Gamma = w_2$ 代入引理 3.5.4, 结合 (3.7.31) 可得, 对某个与 w_2 无关的常数 $d_2 = d_2(b^*) \in (0,1)$, 成立估计

$$-\rho_1 \int \hat{\mathbb{J}}\mathbb{H} w_2 \cdot (\hat{\mathbb{J}}\mathbb{H})^2 w_2 \leqslant b(1-d_1)\left\|\hat{\mathbb{J}}\mathbb{H} w_2\right\|_{L^2}^2 + b\delta(b^*)\left\|\mathbb{H} w_2\right\|_{L^2}^2$$

$$\leqslant b(1-d_2)\mathcal{E}_4 + b\delta(b^*)\left(\mathcal{E}_4 + \frac{b^4}{|\log b|^2}\right), \tag{3.5.52}$$

这里我们用了 $\rho_1(|\rho_1| + |\rho_2|) \leqslant 2(\rho_1^2 + \rho_2^2)$. 对 (3.5.51) 的第二项, 用 (3.5.3) 将其分解为

$$
-\int \hat{J}^2 \mathbb{H} w_2 \cdot \mathbb{H}(\hat{J}\mathbb{H}\hat{J}w_2)
$$

$$
= -\int R^2 \mathbb{H} w_2 \cdot \mathbb{H}\big[(R\mathbb{H}R)w_2\big]
$$

$$
- \int R^2 \mathbb{H} w_2 \cdot \mathbb{H}\Big[\big(R\mathbb{H}R_{\hat{w}} + R_{\hat{w}}\mathbb{H}R + R_{\hat{w}}\mathbb{H}R_{\hat{w}}\big)w_2\Big]
$$

$$
- \int \big(RR_{\hat{w}} + R_{\hat{w}}R + R_{\hat{w}}^2\big)\mathbb{H} w_2 \cdot \mathbb{H}\Big[\big(R\mathbb{H}R + R\mathbb{H}R_{\hat{w}} + R_{\hat{w}}\mathbb{H}R + R_{\hat{w}}\mathbb{H}R_{\hat{w}}\big)w_2\Big].
$$

$$
\tag{3.5.53}
$$

由 (3.2.24), 右侧的第一项可进一步化简为

$$
-\int R^2 \mathbb{H} w_2 \cdot \mathbb{H}\big[(R\mathbb{H}R)w_2\big] = \int R^2 \mathbb{H} w_2 \cdot \mathbb{H}(\mathbb{H}^\perp w_2)
$$

$$
= \int \Big(-\mathbb{H}^\perp w_2 + 2(1+Z)\partial_y w_2^{(3)} e_x\Big) \cdot \Big[(\mathbb{H}^\perp)^2 w_2 + 2(1+Z)\Big(\partial_y + \frac{Z}{y}\Big)H w_2^{(1)} e_z\Big]
$$

$$
= -\int |A\mathbb{H}^\perp w_2|^2 + \int 2(1+Z)\partial_y w_2^{(3)} H^2 w_2^{(1)}.
$$

$$
\tag{3.5.54}
$$

我们断言: 负积分项 $-\displaystyle\int |A\mathbb{H}^\perp w_2|^2$ 是表达式 (3.5.53) 的主导项, 而其他项是小误差项, 即它们可以被 $-\displaystyle\int |A\mathbb{H}^\perp w_2|^2 + b^5 \delta(b^*) |\log b|^{-2}$ 所控制. 实际上, 我们可将 (3.5.53) 左侧重新表为

$$
-\int |A\mathbb{H}^\perp w_2|^2 + 小误差项
$$

我们借此可以估计整个表达式的行为, 并最终得出能量估计. 事实上,

$$
\int \hat{J}^2 \mathbb{H} w_2 \cdot \mathbb{H}(\hat{J}\mathbb{H}\hat{J}w_2)
$$

$$
= \int A(\hat{J}^2 \mathbb{H} w_2) \cdot A(\hat{J}\mathbb{H}\hat{J}w_2) - \int (\hat{J}^2 \mathbb{H} w_2)^{(1)} \cdot 2(1+Z)\partial_y (\hat{J}\mathbb{H}\hat{J}w_2)^{(3)}
$$

$$
+ \int \partial_y (\hat{J}^2 \mathbb{H} w_2)^{(3)} \cdot \partial_y (\hat{J}\mathbb{H}\hat{J}w_2)^{(3)}
$$

$$
+ \int (\hat{J}^2 \mathbb{H} w_2)^{(3)} \cdot 2(1+Z)\Big(\partial_y + \frac{Z}{y}\Big)(\hat{J}\mathbb{H}\hat{J}w_2)^{(1)}.
$$

注意到 $\mathbb{H}$ 的二阶空间导数可能作用在 w_2 的二阶导数上 (即 $\mathbb{H}w_2$ 和 $\hat{\mathbb{J}}\mathbb{H}\hat{\mathbb{J}}w_2$), 也可能作用在 $\hat{\mathbb{J}}$ 中的 $\hat{w}$ 上 (因为 $\hat{\mathbb{J}} = (e_z + \hat{w})\wedge$). 因此, 估计可以分成不同的类型. 其中最复杂的情形是, 一个导数作用在 $\hat{w}$ 上, 而另一个导数作用在 $\mathbb{H}w_2$ (或 $\hat{\mathbb{J}}\mathbb{H}\hat{\mathbb{J}}w_2$) 上, 此时整个被积函数基本上是 $\partial_y\hat{w}$ 与 $\mathbb{H}w_2$ (或 $\hat{\mathbb{J}}\mathbb{H}\hat{\mathbb{J}}w_2$) 以及 w_2 的三阶导数的乘积. 我们的一个关键观察是, w_2 的三阶导数实际上形成了 $A\mathbb{H}^\perp w_2$, 因此直接利用 Cauchy-Schwarz 不等式即可完成估计. 我们以 (3.5.54) 右侧的第二项为例进行说明. 由 (3.5.2), 我们可将这一项表为

$$\int (\partial_y\hat{w})\cdot(\mathbb{H}w_2)\cdot(A\mathbb{H}^\perp w_2),$$

结合 (3.7.3), (3.7.5), (3.7.11), (3.7.15) 和逼近解的构造, 可得

$$\int \left|2(1+Z)\partial_y w_2^{(3)} H^2 w_2^{(1)}\right|$$

$$= \int \left|A\left[O\left(\frac{4}{1+y^2}\right)\partial_y\left(\hat{\alpha}H\beta - \hat{\beta}H\alpha\right)\right]\right|\cdot\left|A H w_2^{(1)}\right|$$

$$\leqslant C\left(\|\partial_y^2\hat{w}^\perp\|_{L^\infty} + \left\|\frac{\partial_y\hat{w}^\perp}{y}\right\|_{L^\infty} + \left\|\frac{\partial_y\hat{w}^\perp}{1+y^2}\right\|_{L^\infty}\right)\sum_{i=0}^4\int\frac{|\partial_y^i w^\perp|}{1+y^{4-i}}\cdot|A\mathbb{H}^\perp w_2|$$

$$\leqslant b\left|\log b\right|^{C_1}\sum_{i=0}^4\int\frac{|\partial_y^i w^\perp|}{1+y^{4-i}}\cdot|A\mathbb{H}^\perp w_2|$$

$$\leqslant b\delta(b^*)\frac{b^4}{|\log b|^2} + o(1)\int|A\mathbb{H}^\perp w_2|^2,$$

其中 $o(1)$ 是一个取得足够小的正数. 而其他情形下, 可以直接由 $\|\partial_y\hat{w}\|_{L^\infty}^2 b^4$ $|\log b|^{-2}$ 或 $\|\hat{w}\|_{L^\infty}\int|A\mathbb{H}^\perp w_2|^2$ 控制这些项, 因此前述的断言成立. 故而可得

$$\rho_2\int\hat{\mathbb{J}}\mathbb{H}w_2\cdot(\hat{\mathbb{J}}\mathbb{H})^2\hat{\mathbb{J}}w_2 \leqslant -\frac{\rho_2}{2}\int|A\mathbb{H}^\perp w_2|^2 + b\delta(b^*)\left(\mathcal{E}_4 + \frac{b^4}{|\log b|^2}\right). \tag{3.5.55}$$

现在考虑 (3.5.50) 的第二行, 由 k_i 的定义, 系数满足 $k_1(\rho_1^2 - \rho_2^2) \geqslant 0$ 及 $k_2(\rho_2^2 - \rho_1^2) \geqslant 0$, 因此,

$$2\rho_1 c_2 k_1 = \frac{k_1(\rho_1^2 - \rho_2^2)}{\Delta k\rho_1^2 + \rho_2^2}\cdot\frac{4\rho_1^2}{\rho_1^2 + \rho_2^2} \in [0,4], \quad -2\rho_1 c_2 k_2 = \frac{k_2(\rho_2^2 - \rho_1^2)}{\Delta k\rho_1^2 + \rho_2^2}\cdot\frac{4\rho_1^2}{\rho_1^2 + \rho_2^2} \in [0,4].$$

这些与 (3.5.23) 结合一起, 可得负定性:

$$2\rho_1 c_2 k_1 \int \mathbb{H}_\lambda W_2^0 \cdot L\mathbb{A}_\lambda W_2^0 \leqslant 0. \tag{3.5.56}$$

此外, 由 W_2^0 的分解 (3.5.5), 有

$$\int \mathbb{A}_\lambda \mathbb{H}_\lambda W_2^0 \cdot L W_2^0 = -\frac{4b}{\lambda^8}\left(-\int \mathbb{A}\mathbb{H}^\perp w_2^1 \cdot \frac{y w_2^0}{(1+y^2)^2} + \int \mathbb{A}\mathbb{H}^\perp w_2 \cdot \frac{y w_2^0}{(1+y^2)^2}\right),$$

其中, 由 (3.7.29) 和 (3.7.33), 括号中的第一个积分有界为

$$\left|\int \mathbb{A}\mathbb{H}^\perp w_2^1 \cdot \frac{y w_2^0}{(1+y^2)^2}\right| \leqslant \int |\mathbb{H}^\perp w_2^1| \cdot \left|\mathbb{A}^*\left(\frac{y w_2^0}{(1+y^2)^2}\right)\right|$$

$$\lesssim \int |\mathbb{R}\mathbb{H}(\mathbb{R}^2 w_2^1)| \cdot \left(\frac{|\partial_y w_2^0|}{1+y^3} + \frac{|w_2^0|}{y(1+y^3)}\right)$$

$$\lesssim \delta(b^*)\left(\mathcal{E}_4 + \frac{b^4}{|\log b|^2}\right).$$

又由 ρ_2, b 的非负性, 第二个积分有界为

$$\int \mathbb{A}\mathbb{H}^\perp w_2 \cdot \frac{y w_2^0}{(1+y^2)^2} \leqslant \frac{\rho_2}{16b}\int |\mathbb{A}\mathbb{H}^\perp w_2|^2 + O(b)\left(\mathcal{E}_4 + \frac{b^4}{|\log b|^2}\right).$$

结合上述估计, 就有

$$-2\rho_1 c_2 k_2 \int \mathbb{A}_\lambda \mathbb{H}_\lambda W_2^0 \cdot L W_2^0 \leqslant \frac{1}{\lambda^8}\left[\frac{\rho_2}{4}\int |\mathbb{A}\mathbb{H}^\perp w_2|^2 + b\delta(b^*)\left(\mathcal{E}_4 + \frac{b^4}{|\log b|^2}\right)\right]. \tag{3.5.57}$$

综上, 将 (3.5.51), (3.5.52), (3.5.55)—(3.5.57) 结合在一起, 我们得到 (3.5.19) 中二次项的估计: 对某个常数 $d_2 \in (0,1)$, 成立

$$-\rho_1 \int \hat{\mathbb{J}}_\lambda \mathbb{H}_\lambda W_2 \cdot (\hat{\mathbb{J}}_\lambda \mathbb{H}_\lambda)^2 W_2 + \rho_2 \int \hat{\mathbb{J}}_\lambda \mathbb{H}_\lambda W_2 \cdot (\hat{\mathbb{J}}_\lambda \mathbb{H}_\lambda)^2 \hat{\mathbb{J}}_\lambda W_2$$

$$+ 2\rho_1 c_2 k_1 \int \mathbb{H}_\lambda W_2^0 \cdot L\mathbb{A}_\lambda W_2^0 - 2\rho_1 c_2 k_2 \int \mathbb{A}_\lambda \mathbb{H}_\lambda W_2^0 \cdot L W_2^0$$

$$\leqslant \frac{b(1-d_2)}{\lambda^8}\left(\mathcal{E}_4 + \frac{b^4}{|\log b|^2}\right), \tag{3.5.58}$$

我们注意到 (3.5.57) 中的积分 $\displaystyle\int |\mathbb{A}\mathbb{H}^\perp w_2|^2$ 已经被 (3.5.55) 中带有负号的积分所吸收.

步骤 3 ($\mathcal{Q}_3$ 的估计) 由定义 (3.5.10), 可将 $\mathcal{Q}_3$ 分为

$$\mathcal{Q}_3 = \mathcal{Q}_3^1 + \mathcal{Q}_3^2 + \mathcal{Q}_3^3 + \mathcal{Q}_3^4,$$

其中

$$
\begin{cases}
\mathcal{Q}_3^1 = -\left(b + \dfrac{\lambda_s}{\lambda}\right) \displaystyle\int \mathrm{R}\mathbb{H}_\lambda W_2^0 \cdot \left[-\mathbb{H}_\lambda^\perp \left(\dfrac{(\varLambda V)_\lambda}{\lambda^2 r^2} W^\perp\right) + \dfrac{(\varLambda V)_\lambda}{\lambda^2 r^2} \mathrm{R} W_2^0 \right], \\[4mm]
\mathcal{Q}_3^2 = \displaystyle\int \mathrm{R}\mathbb{H}_\lambda W_2^0 \cdot \Big(\mathrm{R}\mathbb{H}_\lambda \mathrm{R}[\partial_t, \mathbb{H}_\lambda]\gamma e_z + \mathrm{R}_{\hat{w}}\mathbb{H}_\lambda \mathrm{R}[\partial_t, \mathbb{H}_\lambda]W \\[2mm]
\qquad\quad + \partial_t \widehat{W} \wedge \mathbb{H}_\lambda W_2^0 + \mathrm{R}_{\hat{w}}[\partial_t, \mathbb{H}_\lambda]W_2^0 + [\partial_t, \hat{\mathrm{J}}_\lambda \mathbb{H}_\lambda]W_2^1 \Big), \\[4mm]
\mathcal{Q}_3^3 = \displaystyle\int \mathrm{R}\mathbb{H}_\lambda W_2^1 \cdot \Big(\hat{\mathrm{J}}_\lambda \mathbb{H}_\lambda \mathrm{R}[\partial_t, \mathbb{H}_\lambda]W + [\partial_t, \hat{\mathrm{J}}_\lambda \mathbb{H}_\lambda]W_2 \Big), \\[4mm]
\mathcal{Q}_3^4 = \displaystyle\int \mathrm{R}_{\hat{w}}\mathbb{H}_\lambda W_2 \cdot \Big(\hat{\mathrm{J}}_\lambda \mathbb{H}_\lambda \mathrm{R}[\partial_t, \mathbb{H}_\lambda]W + [\partial_t, \hat{\mathrm{J}}_\lambda \mathbb{H}_\lambda]W_2 \Big).
\end{cases}
\tag{3.5.59}
$$

下面我们逐一估计这些量. 由调制方程 (3.4.28) 和不可控项的粗糙界 (3.5.11), 我们有

$$|\mathcal{Q}_3^1| \lesssim \frac{O(b^3)}{\lambda^8}\left(\mathcal{E}_4 + \frac{b^4}{|\log b|^2}\right) \lesssim \frac{b\delta(b^*)}{\lambda^8}\left(\mathcal{E}_4 + \frac{b^4}{|\log b|^2}\right). \tag{3.5.60}$$

为处理 $\mathcal{Q}_3^2$, 利用 (3.5.14), (3.4.28), 可得

$$[\partial_t, \mathbb{H}_\lambda]W = \frac{b}{\lambda^4}O\left(\frac{w^\perp}{1 + y^4} + \frac{\partial_y \gamma e_x}{1 + y^2} + \frac{1}{1 + y^2}\left(\partial_y \alpha + \frac{\alpha}{y}\right)e_z\right). \tag{3.5.61}$$

我们考虑 $\mathcal{Q}_3^2$ 的括号中每项的 L^2 界. 由 (3.5.61) 和 (3.7.16), 括号内的第一个项是

$$\int \left|\mathrm{R}\mathbb{H}_\lambda \mathrm{R}[\partial_t, \mathbb{H}_\lambda]\gamma e_z\right|^2 \lesssim \frac{b^2}{\lambda^{10}}\int \left|H\left(\frac{\partial_y \gamma}{1 + y^2}\right)\right|^2 \lesssim \frac{b^2\delta(b^*)}{\lambda^{10}}\left(\mathcal{E}_4 + \frac{b^4}{|\log b|^2}\right).$$

类似地, 由 (3.5.14), (3.5.38), (3.7.3), 第二个项有估计

$$
\begin{aligned}
\int \left|\mathrm{R}_{\hat{w}}\mathbb{H}_\lambda \mathrm{R}[\partial_t, \mathbb{H}_\lambda]W\right|^2 &\lesssim \frac{b^2\delta(b^*)}{\lambda^{10}}\int \left[\left|\mathbb{H}\left(\frac{w^\perp}{1 + y^4}\right)\right|^2 + \left|H\left(\frac{\partial_y \gamma}{1 + y^2}\right)\right|^2\right] \\
&\lesssim \frac{b^2\delta(b^*)}{\lambda^{10}}\left(\mathcal{E}_4 + \frac{b^4}{|\log b|^2}\right).
\end{aligned}
$$

括号里的其余项可用相似方式进行估计. 因此, 我们有

$$|\mathcal{Q}_3^2| \lesssim \|\mathrm{R}\mathbb{H}_\lambda W_2^0\|_{L^2} \left[\frac{b^2 \delta(b^*)}{\lambda^{10}} \left(\mathcal{E}_4 + \frac{b^4}{|\log b|^2} \right) \right]^{\frac{1}{2}} \lesssim \frac{b\delta(b^*)}{\lambda^8} \left(\mathcal{E}_4 + \frac{b^4}{|\log b|^2} \right).$$
(3.5.62)

对于 $\mathcal{Q}_3^3$, 我们将其与 (3.5.13) 的左侧进行比较. 由引理 3.5.1 的证明, 后者已在 (3.5.59) 中被分成三个独立的部分. 实际上,

$$\int \mathrm{R}\mathbb{H}_\lambda W_2^0 \cdot \left(\hat{\mathbf{J}}_\lambda \mathbb{H}_\lambda \mathrm{R}_z [\partial_t, \mathbb{H}_\lambda] W + [\partial_t, \hat{\mathbf{J}}_\lambda \mathbb{H}_\lambda] W_2 \right)$$

$$= \int \mathrm{R}\mathbb{H}_\lambda W_2^0 \cdot \left[-\mathbb{H}_\lambda^\perp (GW^\perp) + GRW_2^0 \right] + \mathcal{Q}_3^1 + \mathcal{Q}_3^2.$$
(3.5.63)

考虑到粗糙的界 (3.5.11) 以及对 $\mathcal{Q}_3^1, \mathcal{Q}_3^2$ 的上述计算, 我们可以使用 Cauchy-Schwarz 不等式和附录 A 对 (3.5.63) 中的积分进行估计. 注意, 这些积分的被积函数的第一个因子都是 $\mathrm{R}\mathbb{H}_\lambda W_2^0$, 其估计为

$$\int |\mathrm{R}\mathbb{H}_\lambda W_2^0|^2 = \frac{1}{\lambda^6} \int |\mathrm{R}\mathbb{H}w_2^0|^2 \lesssim \frac{1}{\lambda^6} \left(\mathcal{E}_4 + \frac{b^4}{|\log b|^2} \right).$$

与此同时, 回顾 (3.5.59), 我们发现 $\mathcal{Q}_3^3$ 的被积函数的第一个因子是 $\mathrm{R}\mathbb{H}_\lambda W_2^1$ 而非 $\mathrm{R}\mathbb{H}_\lambda W_2^0$. 根据 (3.7.33), 它实际上有比 $\mathrm{R}\mathbb{H}_\lambda W_2^0$ 更好的界

$$\int |\mathrm{R}\mathbb{H}_\lambda W_2^1|^2 \leqslant \frac{1}{\lambda^6} \int |\mathbb{H}w_2^1|^2 \lesssim \frac{\delta(b^*)}{\lambda^6} \left(\mathcal{E}_4 + \frac{b^4}{|\log b|^2} \right),$$

此处额外的无穷小量 $\delta(b^*)$ 因子与之前的估计结合, 给出我们想要的界

$$|\mathcal{Q}_3^3| \lesssim \delta(b^*) \left(\left| \int \mathrm{R}\mathbb{H}_\lambda W_2^0 \cdot \left[-\mathbb{H}_\lambda^\perp (GW^\perp) + GRW_2^0 \right] \right| + |Q_3^1| + |Q_3^2| \right)$$

$$\lesssim \frac{b\delta(b^*)}{\lambda^8} \left(\mathcal{E}_4 + \frac{b^4}{|\log b|^2} \right).$$
(3.5.64)

最后, 对于 $\mathcal{Q}_3^4$, 利用 $\|\hat{w}\|_{L^\infty}$ 的小性 (3.5.38), 我们可由类似的分析得到与 (3.5.64) 同样的界. 因此, 就有

$$|\mathcal{Q}_3| \lesssim \frac{b\delta(b^*)}{\lambda^8} \left(\mathcal{E}_4 + \frac{b^4}{|\log b|^2} \right).$$
(3.5.65)

步骤 4 (涉及 $\mathcal{Q}_1$ 项的估计) 回顾 (3.5.4), 可知 (3.5.19) 中涉及 $\mathcal{Q}_1$ 的项由以下式给出

$$
\int \hat{\mathrm{J}}_\lambda \mathbb{H}_\lambda W_2 \cdot \hat{\mathrm{J}}_\lambda \mathbb{H}_\lambda \mathcal{Q}_1
$$

$$
= \int \hat{\mathrm{J}}_\lambda \mathbb{H}_\lambda W_2 \cdot \hat{\mathrm{J}}_\lambda \mathbb{H}_\lambda \Big(\partial_t \widehat{W} \wedge \mathbb{H}_\lambda W + \mathrm{R}_{\hat{w}} [\partial_t, \mathbb{H}_\lambda] W \Big)
$$

$$
= \frac{1}{\lambda^8} \int \hat{\mathrm{J}} \mathbb{H} w_2 \cdot \hat{\mathrm{J}} \mathbb{H} \big(\partial_s \tilde{w}_0 \wedge \mathbb{H} w \big) + \frac{1}{\lambda^8} \int \hat{\mathrm{J}} \mathbb{H} w_2 \cdot \hat{\mathrm{J}} \mathbb{H} \Big[\big(-\rho_1 w_2 + \rho_2 \hat{\mathrm{J}} w_2 + f \big) \wedge \mathbb{H} w \Big]
$$

$$
+ \int \hat{\mathrm{J}}_\lambda \mathbb{H}_\lambda W_2 \cdot \hat{\mathrm{J}}_\lambda \mathbb{H}_\lambda \Big(\widehat{W} \wedge [\partial_t, \mathbb{H}_\lambda] W \Big). \tag{3.5.66}
$$

由引理 3.3.1 给出的 w_0 的构造, 以及调制方程 (3.4.28), 我们有

$$
\partial_s \tilde{w}_0 = (\Lambda \chi)_{B_1} \left(-\frac{\partial_s B_1}{B_1} \right) w_0 + \chi_{B_1} \partial_s w_0
$$

$$
= O\big(b w_0 \mathbf{1}_{y \sim B_1}\big) + \big(\partial_s w_0 \mathbf{1}_{y \lesssim B_1}\big) = b^2 O\big(y^3 \mathbf{1}_{y \leqslant 1} + y \log y \mathbf{1}_{1 \leqslant y \lesssim B_1}\big). \tag{3.5.67}
$$

利用 (3.5.67), (3.5.48), (3.7.6) 和 (3.7.18), 可得

$$
\left| \int \hat{\mathrm{J}} \mathbb{H} w_2 \cdot \hat{\mathrm{J}} \mathbb{H} \big(\partial_s \tilde{w}_0 \wedge \mathbb{H} w \big) \right| \lesssim b^2 \left(\int |\hat{\mathrm{J}} \mathbb{H} w_2|^2 \right)^{\frac{1}{2}} \left(\sum_{i=0}^4 \int \frac{|\partial_y^i w|^2 |\log y|^2}{y^2 (1 + y^{4-2i})} \right)^{\frac{1}{2}}
$$

$$
\lesssim b \delta(b^*) \left(\mathcal{E}_4 + \frac{b^4}{|\log b|^2} \right).
$$

同时, 由双外积公式, 有

$$
w_2 \wedge \mathbb{H} w = \big((e_z + \hat{w}) \wedge \mathbb{H} w \big) \wedge \mathbb{H} w = (e_z \cdot \mathbb{H} w) \mathbb{H} w - |\mathbb{H} w|^2 e_z + O\big(|\hat{w}| |\mathbb{H} w|^2 \big).
$$

应用 (3.7.3), (3.7.16), (3.7.18), (3.7.24) 和 (3.7.25), 我们得到

$$
\left| \int \hat{\mathrm{J}} \mathbb{H} w_2 \cdot \hat{\mathrm{J}} \mathbb{H} \big(w_2 \wedge \mathbb{H} w \big) \right| \lesssim b \delta(b^*) \left(\mathcal{E}_4 + \frac{b^4}{|\log b|^2} \right).
$$

在 (3.5.66) 中涉及 $\rho_2 \hat{\mathrm{J}} w_2$ 的项可以类似地进行估计, 而涉及 f 的项可参照引理 3.5.2 处理. 对于 (3.5.66) 的最后一行, 我们使用 (3.5.61) 结合 (3.7.3), (3.7.16), 可得

$$
\left| \int \hat{\mathrm{J}}_\lambda \mathbb{H}_\lambda W_2 \cdot \hat{\mathrm{J}}_\lambda \mathbb{H}_\lambda \Big(\widehat{W} \wedge [\partial_t, \mathbb{H}_\lambda] W \Big) \right| \lesssim \frac{b \delta(b^*)}{\lambda^8} \left(\mathcal{E}_4 + \frac{b^4}{|\log b|^2} \right).
$$

这些表明了

$$\left| \int \hat{\mathbb{J}}_\lambda \mathbb{H}_\lambda W_2 \cdot \hat{\mathbb{J}}_\lambda \mathbb{H}_\lambda \mathcal{Q}_1 \right| \lesssim \frac{b \delta(b^*)}{\lambda^8} \left(\mathcal{E}_4 + \frac{b^4}{|\log b|^2} \right). \qquad (3.5.68)$$

步骤 5 (涉及 F 项的估计)　由定义 (3.4.24)，我们有

$$\int \hat{\mathbb{J}}_\lambda \mathbb{H}_\lambda W_2 \cdot (\hat{\mathbb{J}}_\lambda \mathbb{H}_\lambda)^2 F \lesssim \frac{1}{\lambda^8} \left(\mathcal{E}_4 + \frac{b^4}{|\log b|^2} \right)^{\frac{1}{2}} \left(\int |(\hat{\mathbb{J}}\mathbb{H})^2 f|^2 \right)^{\frac{1}{2}}. \qquad (3.5.69)$$

我们断言如下的界

$$\int |(\hat{\mathbb{J}}\mathbb{H})^2 \widetilde{\mathrm{Mod}}|^2 + \int |(\hat{\mathbb{J}}\mathbb{H})^2 \tilde{\Psi}_0|^2 + \int |(\hat{\mathbb{J}}\mathbb{H})^2 \mathcal{R}|^2 \lesssim b \left(\frac{\mathcal{E}_4}{\log M} + \frac{b^4}{|\log b|^2} \right). \qquad (3.5.70)$$

考虑到 (3.4.21)，将 (3.5.70) 代入 (3.5.69)，我们就得到了想要的 F 积分的估计. 将此结果与 (3.5.49)，(3.5.58)，(3.5.68)，(3.5.65) 结合，我们就可以完成引理 3.5.1 的证明. 下面证明 (3.5.70). 由于 $\tilde{\Psi}_0, \mathcal{R}$ 的处理与引理 3.5.2 中的估计极为类似，我们省略细节，读者可以参考 [MRR13] 中的相关论证. 我们以对 $\widetilde{\mathrm{Mod}}$ 为例进行估计.

步骤 6 ($\widetilde{\mathrm{Mod}}$ 的贡献)　从 (3.5.43) 中可以看出

$$\hat{\mathbb{J}}\mathbb{H}\widetilde{\mathrm{Mod}} = \chi_{B_1} \left(\frac{a_s}{\rho_1^2 + \rho_2^2} \begin{bmatrix} -\rho_2 \\ \rho_1 \\ 0 \end{bmatrix} \Lambda\phi - \frac{b_s + b^2 + a^2}{\rho_1^2 + \rho_2^2} \begin{bmatrix} \rho_1 \\ \rho_2 \\ 0 \end{bmatrix} \Lambda\phi \right)$$

$$+ U(t) \left(by^3 \mathbf{1}_{y \leqslant 1} + \frac{by}{|\log b|} \mathbf{1}_{1 \leqslant y \leqslant 6B_0} + \frac{\log y}{y} \mathbf{1}_{y \sim B_1} + \frac{1}{y^3} \mathbf{1}_{y \gtrsim B_1} \right)$$

$$+ U(t) \left[\hat{w} \wedge O \left(\mathbf{1}_{y \leqslant 1} + \frac{\log y}{y} \mathbf{1}_{1 \leqslant y \leqslant 2B_1} + \frac{1}{y^3} \mathbf{1}_{y \gtrsim B_1} \right) \right].$$

再次作用 $\hat{\mathbb{J}}\mathbb{H}$，易知对 $0 \leqslant y \leqslant B_1$，上式右侧的第一行为零，因此

$$(\hat{\mathbb{J}}\mathbb{H})^2 \widetilde{\mathrm{Mod}} = U(t) \left(by \mathbf{1}_{y \leqslant 1} + \frac{b}{y|\log b|} \mathbf{1}_{1 \leqslant y \leqslant 6B_0} + \frac{\log y}{y^3} \mathbf{1}_{y \sim B_1} + \frac{1}{y^5} \mathbf{1}_{y \gtrsim B_1} \right)$$

$$+ U(t) \hat{\mathbb{J}}\mathbb{H} \left[\hat{w} \wedge O \left(\mathbf{1}_{y \leqslant 1} + \frac{\log y}{y} \mathbf{1}_{1 \leqslant y \leqslant 2B_1} + \frac{1}{y^3} \mathbf{1}_{y \gtrsim B_1} \right) \right].$$

对第一行，根据 (3.5.42) 直接计算可得

$$U(t)^2 \int \left(by \mathbf{1}_{y \leqslant 1} + \frac{b}{y|\log b|} \mathbf{1}_{1 \leqslant y \leqslant 6B_0} + \frac{\log y}{y^3} \mathbf{1}_{y \sim B_1} + \frac{1}{y^5} \mathbf{1}_{y \gtrsim B_1} \right)^2$$

$$\lesssim b^2\left(\frac{\mathcal{E}_4}{\log M}+\frac{b^4}{|\log b|^2}\right),$$

第二行的估计需要通过 $\hat{w}=\tilde{w}_0+w^{\perp}+\gamma e_z$ 进行分解, 并进一步应用附录 A 中的插值估计, 所得的界是完全相同的, 我们不再赘述. 这得到了 $\widetilde{\mathrm{Mod}}$ 的估计.

步骤 7 ($\tilde{\Psi}_0$ 的贡献) 由 (3.5.3), 令

$$\hat{\mathbb{J}}\mathbb{H}\tilde{\Psi}_0=\mathcal{P}_1+\mathcal{P}_2,\quad \text{其中}\quad \begin{cases}\mathcal{P}_1=\mathrm{R}\mathbb{H}\tilde{\Psi}_0,\\[2mm]\mathcal{P}_2=\mathrm{R}_{\hat{w}}\mathbb{H}\tilde{\Psi}_0.\end{cases}$$

更进一步地, 有

$$\mathcal{P}_1=\begin{bmatrix}-H\tilde{\Psi}_0^{(2)}\\ H\tilde{\Psi}_0^{(1)}\\ 0\end{bmatrix}-2(1+Z)\partial_y\tilde{\Psi}_0^{(3)}e_y,\tag{3.5.71}$$

$$\begin{aligned}\mathcal{P}_2=&\left\{\hat{\beta}\left[-\Delta\tilde{\Psi}_0^{(3)}+2(1+Z)\left(\partial_y+\frac{Z}{y}\right)\tilde{\Psi}_0^{(1)}\right]-\hat{\gamma}H\tilde{\Psi}_0^{(2)}\right\}e_x\\ &+\left\{\hat{\gamma}\left[H\tilde{\Psi}_0^{(1)}-2(1+Z)\partial_y\tilde{\Psi}_0^{(3)}\right]\right.\\ &\quad\left.-\hat{\alpha}\left[-\Delta\tilde{\Psi}_0^{(3)}+2(1+Z)\left(\partial_y+\frac{Z}{y}\right)\tilde{\Psi}_0^{(1)}\right]\right\}e_y\\ &+\left\{\hat{\alpha}H\tilde{\Psi}_0^{(2)}-\hat{\beta}\left[H\tilde{\Psi}_0^{(1)}-2(1+Z)\partial_y\tilde{\Psi}_0^{(3)}\right]\right\}e_z.\end{aligned}\tag{3.5.72}$$

利用 (3.3.54), (3.3.56), (3.3.58), 可得

$$\begin{aligned}\int|\mathbb{H}\mathcal{P}_1|^2\lesssim&\int\left|H^2\tilde{\Psi}_0^{(1)}\right|^2+\int\left|H^2\tilde{\Psi}_0^{(2)}\right|^2\\ &+\int\left|\frac{\left(\partial_y+\frac{1}{y}\right)H\tilde{\Psi}_0^{(2)}}{1+y^2}\right|^2+\sum_{1\leqslant i\leqslant 3}\int\frac{|\partial_y^i\tilde{\Psi}_0^{(3)}|^2}{(1+y^2)y^{6-2i}}\\ \lesssim&\frac{b^6}{|\log b|^2},\end{aligned}$$

结合 (3.5.38), 就有

$$\int|\hat{\mathbb{J}}\mathbb{H}\mathcal{P}_1|^2\lesssim\left(1+\|\hat{w}\|_{L^{\infty}}\right)\int|\mathbb{H}\mathcal{P}_1|^2\lesssim\frac{b^6}{|\log b|^2}.$$

同样地, 由 (3.5.38), 有

$$\int |\hat{\mathbb{J}}\mathbb{H}\mathcal{P}_2|^2 \lesssim \int |\mathbb{H}\mathcal{P}_2|^2. \tag{3.5.73}$$

因此, 我们只需控制 $\mathbb{H}\mathcal{P}_2$. 利用 (3.5.72) 计算分量, 我们逐一进行估计. 例如, 对于 $y \leqslant 1$ 的情形, 考虑 $\mathbb{H}\mathcal{P}_2$ 的第一个分量中的以下项:

$$H\left\{ \hat{\beta}\left[-\Delta\tilde{\Psi}_0^{(3)} + 2(1+Z)\left(\partial_y + \frac{Z}{y}\right)\tilde{\Psi}_0^{(1)} \right] \right\}$$

$$\lesssim |H(\hat{\beta}\Delta\tilde{\Psi}_0^{(3)})| + \left| H\left[\hat{\beta}(1+O(y^2))\left(\partial_y + \frac{Z}{y}\right)\tilde{\Psi}_0^{(1)} \right] \right|$$

$$\lesssim \frac{y|H\hat{\beta}|}{1+|\log y|}\left(\sum_{1\leqslant i\leqslant 2} \frac{|\partial_y^i\tilde{\Psi}_0^{(3)}|}{y^{4-i}} + \sum_{0\leqslant i\leqslant 1} \frac{|\partial_y^i\tilde{\Psi}_0^{(1)}|}{y^{3-i}} \right)$$

$$+ y\left(|\partial_y\hat{\beta}| + \frac{|\hat{\beta}|}{y} \right) \sum_{0\leqslant i\leqslant 3} \frac{|\partial_y^i\tilde{\Psi}_0^{(1)}|}{y^{3-i}}. \tag{3.5.74}$$

由 (3.3.53), (3.3.54), (3.7.11), (3.7.13), 我们有

$$\int_{y\leqslant 1} \left| H\left\{ \hat{\beta}\left[-\Delta\tilde{\Psi}_0^{(3)} + 2(1+Z)\left(\partial_y + \frac{Z}{y}\right)\tilde{\Psi}_0^{(1)} \right] \right\} \right|^2$$

$$\lesssim \left\| \frac{H\hat{\beta}}{y(1+|\log y|)} \right\|_{L^\infty(y\leqslant 1)}^2 \left(\sum_{1\leqslant i\leqslant 2} \int \frac{|\partial_y^i\tilde{\Psi}_0^{(3)}|^2}{y^{8-2i}} + \sum_{0\leqslant i\leqslant 1} \int \frac{|\partial_y^i\tilde{\Psi}_0^{(1)}|^2}{y^{6-2i}} \right)$$

$$+ \left(\|\partial_y\hat{\beta}\|_{L^\infty(y\leqslant 1)}^2 + \left\| \frac{\hat{\beta}}{y} \right\|_{L^\infty(y\leqslant 1)}^2 \right) \sum_{0\leqslant i\leqslant 3} \int \frac{|\partial_y^i\tilde{\Psi}_0^{(1)}|^2}{y^{6-2i}}$$

$$\lesssim \frac{b^6}{|\log b|^2}.$$

对 $y \geqslant 1$ 的情形, 估计 (3.5.74) 可用类似方法导出. $\mathbb{H}\mathcal{P}_2$ 中的其他项也是类似的. 因此,

$$\int |\mathbb{H}\mathcal{P}_2|^2 \lesssim \frac{b^6}{|\log b|^2},$$

结合 (3.5.73), 我们就得到了 $\mathcal{P}_2$ 的估计. 这就完成了 $\tilde{\Psi}_0$ 的估计.

步骤 8 ($\mathcal{R}$ 的贡献) 由 (3.5.44), (3.5.38), 我们有

$$|(\hat{\mathbb{J}}\mathbb{H})^2\mathcal{R}| \lesssim |\mathbb{H}\mathbb{R}\mathbb{H}\mathcal{R}_1| + |\mathbb{H}\mathbb{R}_{\hat{w}}\mathbb{H}\mathcal{R}_1| + |\mathbb{H}\mathbb{R}\mathbb{H}\mathcal{R}_2| + |\mathbb{H}\mathbb{R}_{\hat{w}}\mathbb{H}\mathcal{R}_2|. \tag{3.5.75}$$

利用 $\mathbb{H}\mathcal{R}_1$ 的估计 (3.5.45), 由暴力计算, 有

$$\mathbb{H}\mathbb{R}\mathbb{H}\mathcal{R}_1 = O\big(H(\mathbb{H}\mathcal{R}_1)\big) + O\left(\frac{\partial_y \mathbb{H}\mathcal{R}_1}{1+y^2}\right) + O\left(\frac{\mathbb{H}\mathcal{R}_1}{y(1+y^2)}\right)$$

$$\lesssim \left(\sum_{0\leqslant i\leqslant 2}\left(\frac{|\partial_y^i H w^\perp|}{y^{2-i}} + \frac{|\partial_y^i \Delta\gamma|}{y^{2-i}}\right) + \sum_{0\leqslant i\leqslant 3}\frac{|\partial_y^i w|}{y^{3-i}(1+y^2)}\right)$$

$$\times \left(b^2 y^3 \mathbf{1}_{y\leqslant 1} + \frac{b^{\frac{3}{2}}}{|\log b|}\mathbf{1}_{y\sim B_1} + \frac{b}{y}\mathbf{1}_{y\gtrsim B_1}\right),$$

其中 $b^2 y^3 \mathbf{1}_{y\leqslant 1}$ 抵消了由 $|\partial_y^i w|/y^{3-i}$ 引发的可能存在于原点处的奇性. 由 (3.7.3), (3.7.5), (3.7.16), 我们可以估计所有这些项, 从而

$$\int |\mathbb{H}\mathbb{R}\mathbb{H}\mathcal{R}_1|^2 \lesssim b\delta(b^*)\left(\mathcal{E}_4 + \frac{b^4}{|\log b|^2}\right).$$

对于 $\mathbb{H}\mathbb{R}_{\hat{w}}\mathbb{H}\mathcal{R}_1$, 其估计将更复杂, 但考虑到 (3.7.15), (3.7.21), (3.7.22), 以及 (3.7.24) 中提到的 $\hat{w}$ 导数的小性, 可以用类似的方法处理. 因此, 我们有

$$\int |(\hat{\mathbb{J}}\mathbb{H})^2 \mathcal{R}_1|^2 \lesssim b\delta(b^*)\left(\mathcal{E}_4 + \frac{b^4}{|\log b|^2}\right).$$

现在我们处理 (3.5.75) 中涉及 $\mathcal{R}_2$ 的项. 回顾 (3.5.44),

$$\mathcal{R}_2 = -\rho_2 \hat{\mathbb{J}}\big(w\wedge \mathbb{H}\tilde{w}_0\big) - \rho_2 w\wedge\big(\tilde{w}_0\wedge\mathbb{H}\tilde{w}_0\big) - \rho_2 w\wedge\big(w\wedge\mathbb{H}\tilde{w}_0\big) + \Theta_s ZRw.$$

其中的前两项与 $\mathbb{H}\tilde{w}_0$ 有关, 因此容易处理. 事实上, 根据 (3.5.46), $\mathbb{H}\tilde{w}_0$ 最终会产生一个额外的 b^2 小性, 这使得相应的界会是 $b^5\delta(b^*)/|\log b|^2$. 现在我们处理 $\mathcal{R}_2$ 中的第三项. 由暴力计算, 以及 (3.7.3), (3.7.11), (3.7.13), (3.7.16), (3.7.22), 有

$$\int \big|\mathbb{H}\mathbb{R}\mathbb{H}\big(w\wedge(w\wedge\mathbb{H}\tilde{w}_0)\big)\big|^2$$

$$\lesssim \sum_{0\leqslant i_1+i_2+i_3\leqslant 4}\int \frac{|\partial_y^{i_1} w|^2 |\partial_y^{i_2} w|^2 |\partial_y^{i_3}\mathbb{H}\tilde{w}_0|^2}{y^{2(4-i_1+i_2+i_3)}}$$

$$\lesssim b^2 \sum_{0\leqslant i_1+i_2\leqslant 4}\int \frac{|\partial_y^{i_1} w|^2 |\partial_y^{i_2} w|^2}{y^{2(3-i_1-i_2)}}\left(\mathbf{1}_{y\leqslant 1} + \frac{\log y}{y^2}\mathbf{1}_{1\leqslant y\leqslant 2B_1}\right)^2$$

$$\lesssim b^2 |\log b|^4 \left(\|\partial_y w\|_{L^\infty}^2 + \left\|\frac{w}{y}\right\|_{L^\infty}^2\right)\sum_{0\leqslant i\leqslant 4}\int \frac{|\partial_y^i w|^2}{y^{2(2-i)}(1+y^4)(1+|\log y|^2)}$$

$$+ b^2 \left|\log b\right|^4 \int \frac{|\partial_y^2 w|^4}{(1+y^4)(1+|\log y|^2)}$$

$$\lesssim b^3 \left(\mathcal{E}_4 + \frac{b^4}{|\log b|^2}\right) \lesssim b^2 \delta(b^*) \left(\mathcal{E}_4 + \frac{b^4}{|\log b|^2}\right).$$

最后, 对于 $\mathcal{R}_2$ 中的相位项 $\mathbb{H}\mathbb{R}\mathbb{H}(ZRw)$, 为处理可能出现的原点的奇性, 将其分解为

$$\mathbb{H}\mathbb{R}\mathbb{H}(ZRw) = \mathbb{H}\mathbb{R}\mathbb{H}\big((Z-1)Rw\big) + \mathbb{H}\mathbb{R}\mathbb{H}(Rw)$$

$$= -\mathbb{H}\mathbb{H}^\perp\big((Z-1)w\big) - \mathbb{H}\mathbb{H}^\perp w. \tag{3.5.76}$$

对上式的第一项, 有

$$\mathbb{H}\mathbb{H}^\perp\big((Z-1)w\big) = H^2\big((Z-1)\alpha\big)e_x + H^2\big((Z-1)\beta\big)e_y$$

$$+ 2(1+Z)\Big(\partial_y + \frac{Z}{y}\Big)H\big((Z-1)\alpha\big)e_z,$$

其中奇性只能来自前两个分量, 那么由 $Z - 1 = -2y^2 + O(y^4)$, 对于 $y \leqslant 1$,

$$H^2\big((Z-1)\alpha\big) \sim H^2(y^2\alpha) + O\big(H^2(y^4\alpha)\big)$$

$$= y^2 H^2 \alpha - 4y\big(\partial_y H\alpha + H\partial_y \alpha\big)$$

$$- 8H\alpha + 8\partial_y^2 \alpha + \frac{4\partial_y \alpha}{y} + O\big(H^2(y^4\alpha)\big).$$

因此, 带有奇性的项实际上是

$$-4y\big(\partial_y H\alpha + H\partial_y \alpha\big) + \frac{4\partial_y \alpha}{y} = -4y\Big[2H\partial_y \alpha + \partial_y\Big(\frac{V}{y^2}\Big)\Big]$$

$$= 8y\Big(\partial_y^3 \alpha + \frac{\partial_y^2 \alpha}{y}\Big) - 4y\Big[\frac{2V}{y^2}\partial_y \alpha + \partial_y\Big(\frac{V}{y^2}\Big)\alpha\Big],$$

其中, 由 $V - 1 = 4y^2 + O(y^4)$, 有

$$\frac{2V}{y^2}\partial_y \alpha + \partial_y\Big(\frac{V}{y^2}\Big)\alpha = \frac{2(V-1)}{y^2}\partial_y \alpha - \partial_y\Big(\frac{V-1}{y^2}\Big)\alpha + \frac{2(Z-1)}{y^2}\alpha - \frac{2A\alpha}{y^2}$$

$$= O(\partial_y \alpha) + O(\alpha) - \frac{2A\alpha}{y^2}.$$

再由 (3.7.10), 最后一项具有估计

$$\int_{y \leqslant 1} \frac{|A\alpha|^2}{y^4} \lesssim C(M)\mathcal{E}_4, \tag{3.5.77}$$

这使我们得以控制奇性. 对 (3.5.76) 中的第二项, 可用同样的方式处理. 事实上, 奇性将源于第三个分量, 即

$$\left(\partial_y + \frac{Z}{y}\right)H\alpha = -\partial_y^3\alpha - \frac{1+Z}{y}\partial_y^2\alpha + \frac{V-1}{y^2}\partial_y\alpha - \frac{Z-1}{y^2}\partial_y\alpha + \partial_y\left(\frac{V-1}{y^2}\right)\alpha$$
$$+ \frac{(Z-1)(V-1)}{y^3}\alpha + \frac{2(Z-1)}{y^3}\alpha + \frac{V-1}{y^3}\alpha + \frac{\partial_y\alpha}{y^2} - \frac{Z}{y^3}\alpha.$$

这里可能的奇异项是最后两个项, 而它们仍然构成了 $-A\alpha/y^2$, 因此再次可由 (3.5.77) 控制. 其他非奇异项在 (3.5.76) 中可以通过 (3.7.3) 用 $C(M)\mathcal{E}_4$ 来控制. 这样, 利用调制方程 (3.4.28), 我们得到

$$\int \left|\mathbb{H}\mathbb{R}\mathbb{H}(\Theta_s Z\mathbb{R}w)\right|^2 \lesssim (|a| + U(t))^2 \left(\mathcal{E}_4 + \frac{b^4}{|\log b|^2}\right) \lesssim b^2\left(\mathcal{E}_4 + \frac{b^4}{|\log b|^2}\right).$$

由 $\hat{w}$ 的小性, 可知 (3.5.75) 中的最后一项的界与上述界一致, 这里略去细节. 因此,

$$\int |(\hat{\mathbb{J}}\mathbb{H})^2\mathcal{R}|^2 \lesssim b\delta(b^*)\left(\mathcal{E}_4 + \frac{b^4}{|\log b|^2}\right), \tag{3.5.78}$$

这就得出了 $\mathcal{R}$ 的估计, 从而完成了证明. $\qquad\square$

3.5.3 主定理的证明

在本小节中, 我们首先通过证明命题 3.4.1 来封闭 bootstrap, 并利用后者证明定理 3.1.1.

命题 3.4.1 的证明 此证明与 [MRR13] 中第 5 节的证明基本相同, 我们仅简要概述.

步骤 1 (b 的更优上界) 调制方程 (3.4.28) 表明

$$b(s) = \frac{1}{s} + O\left(\frac{1}{s \log s}\right). \tag{3.5.79}$$

因此, 对于足够大的 $s_0 \gg 1$, $b(s)$ 关于变量 s 单调减. 根据自相似变换 (3.2.9), 我们易知, 对于 $t \geqslant 0$,

$$0 < b(t) \leqslant b(0) < b^*.$$

因此, 对于 $K > 2$, $b(t)$ 的更优上界 (3.4.16) 是成立的.

步骤 2 (a 的更优上界)　定义函数

$$\kappa(s) = \frac{2a(s)\,|\log b(s)|}{b(s)}.$$

由假设 (3.4.7), 我们知道 $\kappa(s_0) \in \mathcal{I} = \left[-\frac{1}{2}, \frac{1}{2}\right]$ (当 $s = s_0$ 时, $t = 0$), 并且 a 的更优上界 (3.4.16) 等价于对所有 $s \in [s_0, +\infty)$, 成立 $\kappa(s) \in \mathcal{I}^* = [-1, 1]$. 为证明后者, 我们用 (3.4.28) 计算 κ 的方程:

$$\begin{aligned}
\frac{d}{ds}\kappa(s) &= -\frac{2\,|\log b|}{b}\left[\frac{2ab}{|\log b|} + O\left(\frac{b^2}{\sqrt{\log M}\,|\log b|}\right)\right] \\
&\quad + \frac{2a\,|\log b|}{b^2}\left(1 + \frac{1}{|\log b|}\right)\left[b^2\left(1 + \frac{2}{|\log b|}\right) + O\left(\frac{b^2}{\sqrt{\log M}\,|\log b|}\right)\right] \\
&= \kappa b\big(1 + o(1)\big) + O\left(\frac{b}{\sqrt{\log M}}\right).
\end{aligned} \tag{3.5.80}$$

由 $M \gg 1$, 我们看到 $\kappa(s)$ 在点 $\kappa = 1$ 或 $\kappa = -1$ 附近会增大或减小, 因此当 κ 接近 $\mathcal{I}^*$ 的边界时, 它会离开区域 $\mathcal{I}^*$, 我们将 κ 首次离开的时刻记为 $s^* > 0$. 那么, 更优界 (3.4.16) 等价于 $s^* = +\infty$. 定义 $\mathcal{I}$ 的两个子集 $\mathcal{I}_+, \mathcal{I}_-$ 如下:

$$\mathcal{I}_\pm = \left\{\kappa(s_0) \in \mathcal{I} : \exists s^* \in (s_0, +\infty) \text{ 使得 } \kappa(s^*) = \pm 1\right\}.$$

现在问题分为三种情形: (i) $\mathcal{I}_+$ 为空; (ii) $\mathcal{I}_-$ 为空; (iii) $\mathcal{I}_\pm$ 均非空. 第一种情形时, 对任意 $\kappa(s_0) \in \mathcal{I}$, 我们有 $\kappa(s) < 1$ 对所有 $s \in [s_0, +\infty)$ 成立. 取 $\kappa(s_0) > C/\sqrt{\log M}$, 其中 $C \gg 1$ 很大, 那么 κ 单调增, 因此 $\kappa(s) \in (-1, 1)$ 对所有 $s \in [s_0, \infty)$ 成立, 从而 $s^* = +\infty$. 在第二种情形时, 也有类似的结论. 对于第三种情形, 由解对初值的 C^1 依赖性, 易知 $\mathcal{I}_+$ 和 $\mathcal{I}_-$ 是 $\mathcal{I}$ 的开子集, 且互不相交. 这意味着, 由拓扑学的集合连通性可得 $\mathcal{I} \neq \mathcal{I}_+ \cup \mathcal{I}_-$. 因此, 存在 $\kappa(s_0) \in \mathcal{I}\backslash(\mathcal{I}_+ \cup \mathcal{I}_-) \neq \varnothing$, 使得 $s^* = +\infty$, 这正是我们需要的. 这就完成了 (3.4.16) 的证明.

步骤 3 ($\mathcal{E}_1$ 的更优上界)　对于 Frenet 基下的任给向量

$$z = \hat{\alpha}e_r + \hat{\beta}e_\tau + (1 + \hat{\gamma})Q,$$

若其满足 (3.2.3), 则其相应的 Dirichlet 能量为

$$\mathcal{E}(z) = \int |\nabla z|^2 = -\int z \cdot (\Delta z + |\nabla Q|^2 z) + \int |\nabla Q|^2 |z|^2$$

$$= (\hat{\alpha}, H\hat{\alpha}) + (\hat{\beta}, H\hat{\beta}) + (-\Delta\hat{\gamma}, \hat{\gamma})$$

$$+ 2\int (1 + Z)\Big(-\hat{\alpha}\partial_y\hat{\gamma} + \hat{\gamma}\big(\partial_y + \frac{Z}{y}\big)\hat{\alpha}\Big) + \mathcal{E}(Q).$$

根据引理 3.3.2, 由直接计算可知, 对任意的 $s \in [s_0, +\infty)$, 有

$$\big|\mathcal{E}(Q + \tilde{w}_0) - \mathcal{E}(Q)\big|(s) \lesssim \sqrt{b}.$$

因此, 解 u 的 Dirichlet 能量为

$$\mathcal{E}(u)(s) = \mathcal{E}(Q + \tilde{w}_0) + (w, \mathbb{H}\tilde{w}_0) + (\tilde{w}_0, \mathbb{H}w) + (w, \mathbb{H}w)$$

$$= \mathcal{E}(Q) + (\alpha, H\alpha) + (\beta, H\beta) + O(\sqrt{b}),$$

注意到由 bootstrap 界, 交叉项已被 $O(\sqrt{b})$ 控制. 此外, Dirichlet 能量的耗散性 (3.1.5) 表明

$$(\alpha, H\alpha) + (\beta, H\beta) \leqslant (\alpha, H\alpha)(s_0) + (\beta, H\beta)(s_0) + O(\sqrt{b}). \tag{3.5.81}$$

此外, 由正交条件 (3.4.4), 可得强制性估计: 对于独立于 K 的全局常数 $C(M) > 0$, 以及任意 $s \in [s_0, +\infty)$, 有

$$(\alpha, H\alpha) + (\beta, H\beta) \geqslant C(M)\mathcal{E}_1(s), \tag{3.5.82}$$

其反方向估计可由分部积分直接得到

$$(\alpha, H\alpha) + (\beta, H\beta) \leqslant \mathcal{E}_1(s). \tag{3.5.83}$$

结合 (3.5.81)—(3.5.83), 我们得到

$$\mathcal{E}_1(s) \lesssim (\alpha, H\alpha) + (\beta, H\beta) \lesssim \mathcal{E}_1(0) + O(\sqrt{b}) \lesssim \delta(b^*).$$

注意不等式中的隐含常数不依赖于 K. 因此, 取足够大的 K, 就得到了 $\mathcal{E}_1$ 的更优界 (3.4.17).

步骤 4 ($\mathcal{E}_4$ 的更优上界)   直接对 (3.5.47) 关于 t 积分, 可知存在常数 $d_2 \in (0, 1)$, 以及与 M 无关的一些常数 $C > 0$, 使得

$$\mathcal{E}_4(t) \leqslant \frac{\lambda(t)^6}{\lambda(0)^6}\mathcal{E}_4(0) + (2(1 - d_2)K + C)\lambda(t)^6 \int_0^t \frac{b^5}{\lambda^8 \left|\log b\right|^2} d\sigma. \tag{3.5.84}$$

为处理右侧的第一部分, 设 $C_1, C_2 > 0$ 为两个足够大的常数, 并定义

$$\eta_1 = 2 - \frac{C_1}{\sqrt{\log M}}, \quad \eta_2 = 2 + \frac{C_2}{\sqrt{\log M}}.$$

由调制方程 (3.4.28), 我们计算

$$\frac{d}{ds}\left(\frac{b\,|\log b|^{\eta_i}}{\lambda}\right)$$

$$= \frac{|\log b|^{\eta_i}}{\lambda}\left(b_s - \frac{b\lambda_s}{\lambda} + \frac{\eta_i b_s}{|\log b|}\right)$$

$$= \left(1 - \frac{\eta_i}{|\log b|}\right)\frac{|\log b|^{\eta_i}}{\lambda}\left[b_s + \left(1 + \frac{\eta_i}{|\log b|} + O\left(\frac{1}{|\log b|^2}\right)\right)b^2\right]\begin{cases}\leqslant 0, & i = 1,\\ \geqslant 0, & i = 2,\end{cases}$$

这里可以看到, η_i 的选择对于符号有关键作用. 直接积分得

$$\frac{b(0)}{\lambda(0)}\left|\frac{\log b(0)}{\log b(t)}\right|^{\eta_2} \leqslant \frac{b(t)}{\lambda(t)} \leqslant \frac{b(0)}{\lambda(0)}\left|\frac{\log b(0)}{\log b(t)}\right|^{\eta_1}, \tag{3.5.85}$$

因此

$$\frac{\lambda(t)^6}{\lambda(0)^6}\mathcal{E}_4(0) \leqslant \frac{b(t)^6\,|\log b(t)|^{6\eta_2}}{b(0)^6\,|\log b(0)|^{6\eta_2}}\mathcal{E}_4(0) \ll \frac{b(t)^4}{|\log b(t)|^2}. \tag{3.5.86}$$

对 (3.5.84) 右侧的第二部分, 由 (3.4.28), 有

$$\begin{cases}b = -\dfrac{\lambda_s}{\lambda} + O(b^3) \leqslant -\left(1 + 2b(0)^2\right)\lambda\lambda_t,\\[2mm] -b_t = -\dfrac{b_s}{\lambda^2} \leqslant \left(1 + \dfrac{2}{|\log b(0)|}\right)\dfrac{b^2}{\lambda^2},\\[2mm] 4 + \dfrac{1}{|\log b|} \leqslant 4 + \dfrac{1}{|\log b(0)|},\end{cases}$$

那么

$$\int_0^t \frac{b^5}{\lambda^8\,|\log b|^2}\,d\sigma$$

$$\leqslant -\left(1 + 2b(0)^2\right)\int_0^t \frac{\lambda_t}{\lambda^7}\frac{b^4}{|\log b|^2}\,d\sigma$$

$$\leqslant \frac{1}{6}\left(1 + 2b(0)^2\right)\left[\frac{b^4}{\lambda^6\,|\log b|^2}\bigg|_0^t + \left(4 + \frac{10}{|\log b(0)|}\right)\int_0^t \frac{b^5}{\lambda^8\,|\log b|^2}\,d\sigma\right]$$

$$\leqslant \left(\frac{1}{2} + O\left(\frac{1}{|\log b(0)|}\right)\right)\frac{b^4}{\lambda^6\,|\log b|^2}.$$

因此, 存在某个与 K, M 无关的常数 $C > 0$, 使得

$$\mathcal{E}_4(t) \leqslant \left((1 - d_2)K + C\right) \frac{b(t)^4}{|\log b(t)|^2},$$

选择足够大的 $K > 0$, 我们有 $(1 - d_2)K + C \leqslant K(1 - \eta)$, 其中 $\eta \in (0, 1)$ 是一个小正数, 这就证得了更优上界 (3.4.19).

步骤 5 ($\mathcal{E}_2$ 的更优上界) 直接由 $\mathcal{E}_1$ 和 $\mathcal{E}_4$ 的插值不足以证明 (3.4.18), 我们需要精细估计. 由

$$u \wedge \Delta u = u \wedge (\Delta u + |\nabla Q|^2 u) = \hat{\mathrm{J}}\mathbb{H}\hat{w}, \tag{3.5.87}$$

计算可得

$$\frac{1}{2}\frac{d}{dt}\int |u \wedge \Delta u|^2 = \frac{1}{\lambda^4}\left\{ \rho_2 \int \hat{\mathrm{J}}\mathbb{H}\hat{w} \cdot (\hat{\mathrm{J}}^2\mathbb{H}\hat{w}) \wedge \mathbb{H}\hat{w} \right.$$
$$\left. - \rho_1 \int \hat{\mathrm{J}}\mathbb{H}\hat{w} \cdot (\hat{\mathrm{J}}\mathbb{H})^2\hat{w} + \rho_2 \int \hat{\mathrm{J}}\mathbb{H}\hat{w} \cdot \hat{\mathrm{J}}\mathbb{H}(\hat{\mathrm{J}}^2\mathbb{H}\hat{w}) \right\}. \tag{3.5.88}$$

注意, 左侧是 $\mathcal{E}_2$ 的粗略等价形式, 忽略 λ 的幂次项,

$$\lambda^2 \int |u \wedge \Delta u|^2 = \int \left|\hat{\mathrm{J}}\mathbb{H}\hat{w}\right|^2$$
$$= \int \left|\hat{\mathrm{J}}\mathbb{H}w\right|^2 + O\left(\int \left|\hat{\mathrm{J}}\mathbb{H}\tilde{w}_0\right|^2\right) = \mathcal{E}_2 + O\left(b^2 |\log b|^2\right). \tag{3.5.89}$$

接着计算 $\mathcal{E}_2$ 的界. 首先, 从 (3.4.13) 和附录 A 中可以估计 (3.5.88) 右侧的每一项. 事实上, 根据 (3.5.46), (3.7.11), (3.7.15), (3.7.21), 我们有

$$\int \hat{\mathrm{J}}\mathbb{H}\hat{w} \cdot (\hat{\mathrm{J}}^2\mathbb{H}\hat{w}) \wedge \mathbb{H}\hat{w} = \int (\mathbb{H}\hat{w} \cdot (Q + \hat{w})) \left|\hat{\mathrm{J}}\mathbb{H}\hat{w}\right|^2$$
$$\leqslant \|\mathbb{H}\hat{w}\|_{L^\infty} \left(\|\hat{\mathrm{J}}\mathbb{H}\tilde{w}_0\|_{L^2}^2 + \|w_2\|_{L^2}^2\right)$$
$$\lesssim b\left(b^2 |\log b|^2 + Kb^2 |\log b|^6\right)$$
$$\lesssim Kb^3 |\log b|^6. \tag{3.5.90}$$

接下来, 由引理 3.5.4, (3.7.31), (3.7.34), 可以估计第二项

$$-\int \hat{\mathrm{J}}\mathbb{H}\hat{w} \cdot (\hat{\mathrm{J}}\mathbb{H})^2\hat{w}$$

$$= -\int \hat{\mathbb{J}}\mathbb{H}\tilde{w}_0 \cdot (\hat{\mathbb{J}}\mathbb{H})^2\tilde{w}_0 - \int w_2 \cdot (\hat{\mathbb{J}}\mathbb{H})^2\tilde{w}_0 - \int \hat{\mathbb{J}}\mathbb{H}\tilde{w}_0 \cdot \hat{\mathbb{J}}\mathbb{H}w_2 - \int w_2 \cdot \hat{\mathbb{J}}\mathbb{H}w_2$$

$$\leqslant b\|\mathbb{H}\tilde{w}_0\|_{L^2}^2 + \|\mathbb{H}\hat{\mathbb{J}}w_2\|_{L^2}\|\hat{\mathbb{J}}\mathbb{H}\tilde{w}_0\|_{L^2} + \|\mathbb{H}\tilde{w}_0\|_{L^2}\|\mathbb{H}w_2\|_{L^2} + \|w_2\|_{L^2}\|\hat{\mathbb{J}}\mathbb{H}w_2\|_{L^2}$$

$$\lesssim Kb^3 \left|\log b\right|^2.$$

类似地, 由 (3.7.27), (3.7.34), 第三项满足

$$\int \hat{\mathbb{J}}\mathbb{H}\hat{w} \cdot \hat{\mathbb{J}}\mathbb{H}(\hat{\mathbb{J}}^2\mathbb{H}\hat{w}) \leqslant \left(\|\mathbb{H}\tilde{w}_0\|_{L^2} + \|\mathbb{H}w\|_{L^2}\right)\left(\|\mathbb{H}(\hat{\mathbb{J}}^2\mathbb{H}\tilde{w}_0)\|_{L^2} + \|\mathbb{H}(\hat{\mathbb{J}}w_2)\|_{L^2}\right)$$

$$\lesssim \left(b\left|\log b\right| + \sqrt{\mathcal{E}_2}\right)\frac{\sqrt{K}b^2}{\left|\log b\right|}$$

$$\lesssim Kb^3 \left|\log b\right|^2.$$

继续处理 $\mathcal{E}_2$. 由上述估计, 将这些界代入 (3.5.88) 中, 得到

$$\frac{d}{dt}\int |u \wedge \Delta u|^2 \lesssim \frac{Kb^3 \left|\log b\right|^2}{\lambda^4}. \tag{3.5.91}$$

从 0 积分到 t, 并应用(3.5.89), 可得

$$\mathcal{E}_2(t) \lesssim b(t)^2 \left|\log b(t)\right|^2 + \lambda(t)^2 b(0)^{10} + K\lambda(t)^2 \int_0^t \frac{b(\sigma)^3 \left|\log b(\sigma)\right|^3}{\lambda(\sigma)^4}\mathrm{d}\sigma. \tag{3.5.92}$$

由 (3.5.85), 有

$$\lambda(t)^2 b(0)^{10} \leqslant b(0)^{10}\left(b(t)\frac{\lambda(0)}{b(0)}\left|\frac{\log b(t)}{\log b(0)}\right|^{\eta_2}\right)^2 \lesssim b(t)^2 \left|\log b(t)\right|^5.$$

此外, 由 (3.4.28), 有 $b^2 \lesssim -b_s$, 结合 (3.5.85) 就得到

$$\int_0^t \frac{b^3 \left|\log b\right|^3}{\lambda^4}d\sigma \lesssim -\int_0^t \frac{bb_s \left|\log b\right|^3}{\lambda^4}d\sigma \lesssim -\frac{b(0)^2 \left|\log b(0)\right|^{2\eta_1}}{\lambda(0)^2}\int_0^t \frac{b_t}{b\left|\log b\right|^{2\eta_1 - 3}}d\sigma$$

$$\lesssim \frac{b(0)^2 \left|\log b(0)\right|^2}{\lambda(0)^2} \lesssim \frac{b^2 \left|\log b\right|^{2\eta_2}}{\lambda^2 \left|\log b(0)\right|^{2\eta_2 - 2}} \lesssim \frac{b^2 \left|\log b\right|^5}{\lambda^2}.$$

将这些代入 (3.5.92), 可得

$$\mathcal{E}_2 \lesssim Kb^2 \left|\log b\right|^5 \leqslant \frac{K}{2}b^2 \left|\log b\right|^6,$$

其中, 由 (3.5.79), 假若 $b(0)$ 选得足够小 (只需取 s_0 足够大), 最后一个不等式就成立, 这即为更优上界 (3.4.18). □

注 3.5.3 (i) 在此证明中, 我们实际上已经选定了常数 M, K. 首先, 我们令 $M \gg 1$ 为一个相对于上述估计中的隐含常数的更大的常数. 然后, 选取 $b^* = b^*(M)$ 作为 $b(t)$ 的一个小的上界, 以及 $s_0 \gg 1$, 使 $b(t)$ 相对于 $1/\log M$ 是更高阶的无穷小. 然后我们取 $K \gg 1$, 与其他未命名的常数相比, 确保界 (3.4.11)—(3.4.14) 成立.

(ii) 注意到, 初值的界 (3.4.7), (3.4.9) 意味着 b, w 的初值集在小扰动下是稳定的 (该扰动不改变爆破解性态), 而 $a(0)$ 需要基于 $b(0)$ (以及 $w(0)$) 通过拓扑论证来精确选择. 这就构成了一个 $u(0)$ 的一维余维初值集, 正如定理 3.1.1 所述.

3.6 奇性形成的描述

在本小节中, 我们来证明定理 3.1.1. 我们首先证明解在有限时间的爆破, 然后证明相位 $\Theta(t)$ 的收敛性, 最后给出爆破速度 $\lambda(t)$ 的精确描述, 并证明溢出能量的收敛性.

定理 3.1.1 的证明 根据命题 3.4.1, 辐射项 w 一直落在 (3.4.11)—(3.4.14) 所定义的能量空间内. 因此, 满足 (3.4.2) 的 u 对于 $s \in [s_0, +\infty)$ 存在. 现在我们假设解 $u(t)$ 的最大存在时刻为 $T \leqslant +\infty$, 来研究其渐近行为.

步骤 1 (有限时刻爆破) 应用 (3.5.85) 和 $\lambda_s/\lambda \lesssim -b$, 可得

$$\frac{d}{dt}\sqrt{\lambda} = \frac{\lambda_s}{2\lambda^2\sqrt{\lambda}} \lesssim -\frac{b}{\lambda\sqrt{\lambda}} \lesssim -\frac{1}{\sqrt{b}}\left(\frac{b(0)}{\lambda(0)}\left|\frac{\log b(0)}{\log b}\right|^{\eta_2}\right)^{\frac{3}{2}}.$$

由 b 的小性和单调性 (3.5.79) 知, 存在一个常数 $C(u_0) > 0$, 使得

$$\frac{d}{dt}\sqrt{\lambda} < -C(u_0) < 0,$$

这与 (3.5.85) 一起表明

$$T < +\infty, \quad \text{且} \quad \lambda(T) = b(T) = 0. \tag{3.6.1}$$

因此, 当 $t \to T$ 时, 伸缩参数 $\lambda(t) \to 0$, 即解 $u(t)$ 在 $t = T$ 时爆破.

步骤 2 (相位的收敛性) 如注 3.4.2 所述, 参数 a 的调制方程 (3.4.28) 太粗糙, 无法证明相位的收敛性. 我们断言以下更好的界, 其中包含额外的对数分母小性,

$$|a(t)| \lesssim C(\delta)\frac{b(t)}{|\log b(t)|^{\frac{3}{2}}}, \tag{3.6.2}$$

其中 $\delta > 0$ 为全局小常数, $C(\delta)$ 为大常数. 由 (3.6.2), (3.5.79), 可得

$$\lim_{s \to +\infty} \Theta(s) - \Theta(s_0) \leqslant \int_{s_0}^{+\infty} |a(s)| ds \leqslant \int_{s_0}^{+\infty} \frac{ds}{s(\log s)^{\frac{3}{2}}} < +\infty,$$

这表明相位的收敛性

$$\Theta(t) \to \Theta(T) \in \mathbb{R}, \quad \text{当 } t \to T.$$

下面证明 (3.6.2). 为此, 我们选择变化尺度

$$B_\delta = b^{-\delta},$$

其中 $\delta > 0$ 是足够小的常数. 接下来我们重复命题 3.4.2 中的计算, 更精确地说, 我们定义方向

$$\Phi_b = \chi_{B_\delta} \Lambda \phi \begin{bmatrix} \rho_1 \\ \rho_2 \\ 0 \end{bmatrix}, \quad \text{且} \quad \begin{cases} \|\Phi_b\|_{L^2} \sim \sqrt{|\log b|}, \\ (\Phi_{1,0}, \mathbb{H}^\perp \Phi_b) \sim |\log b|, \\ (\Phi_{0,1}, \mathbb{H}^\perp \Phi_b) = 0. \end{cases} \tag{3.6.3}$$

然后将 (3.4.20) 与 $\mathbb{H}^\perp \Phi_b$ 做 L^2 内积, 可得方程

$$0 = (\partial_s w, \mathbb{H}^\perp \Phi_b) - \frac{\lambda_s}{\lambda}(\Lambda w, \mathbb{H}^\perp \Phi_b) + (\rho_1 \hat{\mathbb{J}} \mathbb{H} w - \rho_2 \hat{\mathbb{J}}^2 \mathbb{H} w, \mathbb{H}^\perp \Phi_b)$$
$$+ (\widetilde{\text{Mod}}, \mathbb{H}^\perp \Phi_b) + (\tilde{\Psi}_0, \mathbb{H}^\perp \Phi_b) + (\mathcal{R}, \mathbb{H}^\perp \Phi_b).$$

利用附录 A, 有

$$\left| \frac{\lambda_s}{\lambda} \right| \left| (\Lambda w, \mathbb{H}^\perp \Phi_b) \right| \lesssim b^{1-C\delta} \left(\int \frac{|\mathbb{H}^\perp (\Lambda w)|^2}{(1+y^4)(1+|\log y|^2)} \right)^{\frac{1}{2}} \lesssim b^{1-C\delta} \sqrt{\mathcal{E}_4}.$$

回顾 (3.4.35), (3.4.36), 可知线性项满足

$$\left| (\hat{\mathbb{J}} \mathbb{H} w, \mathbb{H}^\perp \Phi_b) \right| + \left| (\hat{\mathbb{J}}^2 \mathbb{H} w, \mathbb{H}^\perp \Phi_b) \right| \lesssim \sqrt{|\log b|} \sqrt{\mathcal{E}_4},$$

其中 $\sqrt{|\log b|}$ 来自 Φ_b 的 L^2 范数. 此外, 由 (3.3.52), (3.4.28) 以及 $\Phi_{0,1}$ 与 Φ_b 的正交性 (3.6.3), 有

$$(\widetilde{\text{Mod}}, \mathbb{H}^\perp \Phi_b) = (\text{Mod}, \mathbb{H}^\perp \Phi_b) = a_s (\Phi_{1,0}, \mathbb{H}^\perp \Phi_b) + O(b^{1-C\delta} U(t)).$$

对 $\tilde{\Psi}_0$ 的估计可直接用 (3.3.55), 而 $\mathcal{R}$ 的界可以由重复 (3.4.37), (3.4.38) 的计算得到, 只增加了 $\mathbb{H}^\perp \Phi_b$ 的 L^2 范数中的一个 $b^{1+C\delta}$ 小量. 综上, 可得

$$a_s (\Phi_{1,0}, \mathbb{H}^\perp \Phi_b) + (\partial_s w, \mathbb{H}^\perp \Phi_b) \lesssim \frac{b^2}{|\log b|^{\frac{1}{2}}}. \tag{3.6.4}$$

现在令

$$\widetilde{a} = a + \frac{(w, \mathbb{H}^\perp \Phi_b)}{(\Phi_{1,0}, \mathbb{H}^\perp \Phi_b)} = a + O\left(b^{-C\delta} \frac{b^2}{|\log b|}\right),$$

其导数由 (3.6.4) 给出

$$\widetilde{a}_s = a_s + \frac{(\partial_s w, \mathbb{H}^\perp \Phi_b)}{(\Phi_{1,0}, \mathbb{H}^\perp \Phi_b)} + O\left(\frac{b^{3-C\delta}}{|\log b|^2}\right) \lesssim \frac{b^2}{|\log b|^{\frac{3}{2}}}.$$

将其从 $s = +\infty$ (此时 $\widetilde{a} = 0$) 积分到当前时间 s, 再利用 (3.5.79), 可得估计

$$|\widetilde{a}| \lesssim \frac{b}{|\log b|^{\frac{3}{2}}}.$$

这给出了 a 的相应估计 (3.6.2).

步骤 3 (爆破速度的导出) 回顾调制方程 (3.4.28):

$$b_s = -b^2\left(1 + \frac{2}{|\log b|}\right) + O\left(\frac{b^2}{\sqrt{\log M}\,|\log b|}\right),$$

由渐近 (3.5.79), 我们设 $b = 1/s + f/s^2$, 其中 $|f| \ll s$, 并且 s 足够大, 从而

$$b(s) = \frac{1}{s} - \frac{2}{s\log s} + O\left(\frac{1}{s(\log s)^2}\right).$$

此外, 由 $b + \lambda_s/\lambda = O(b^3)$, 可知伸缩参数 λ 满足

$$\frac{\lambda_s}{\lambda} = -\frac{1}{s} + \frac{2}{s\log s} + O\left(\frac{1}{s(\log s)^2}\right), \tag{3.6.5}$$

其中

$$\frac{1}{s} = C(u_0)\big(1 + o(1)\big)\frac{\lambda}{|\log \lambda|^2}.$$

利用 (3.6.5) 中的 $-1/s \sim \lambda\lambda_t$, 我们得到

$$\lambda_t = -C(u_0)\big(1 + o(1)\big)\frac{1}{|\log \lambda|^2}. \tag{3.6.6}$$

将其从 t 积分到 T, 得到爆破速度 (3.1.9):

$$\lambda(t) = C(u_0)\big(1 + o(1)\big)\frac{(T-t)}{|\log(T-t)|^2}. \tag{3.6.7}$$

结合 (3.6.6), (3.6.7), 并再次使用 $b + \lambda_s/\lambda = O(b^3)$, 就得到

$$b(t) = C(u_0)\big(1 + o(1)\big)\frac{(T - t)}{|\log(T - t)|^4}. \tag{3.6.8}$$

步骤 4 (溢出能量的收敛)　由 (3.4.2), 有分解

$$u = e^{\Theta R}Q_\lambda + \tilde{u}, \quad 其中 \quad \tilde{u} := e^{\Theta R}\hat{v}_\lambda.$$

由 Dirichlet 能量的耗散性 (3.1.5), 可知 $\tilde{u}$ 的 $\dot{H}^1$ 范数是有界的,

$$\|\nabla\tilde{u}\|_{L^2} \leqslant \|\nabla u\|_{L^2} + \|\nabla(e^{\Theta R}Q_\lambda)\|_{L^2} \leqslant \|\nabla u_0\|_{L^2} + \|\nabla Q\|_{L^2} \lesssim C(u_0).$$

此外, 还有 $\dot{H}^2$ 估计

$$\|\Delta\tilde{u}\|_{L^2} \lesssim C(u_0). \tag{3.6.9}$$

事实上, 由 (3.2.13), (3.7.27) 有

$$\|\Delta\tilde{u}\|_{L^2} = \frac{1}{\lambda^2}\int|\Delta\hat{v}|^2 \lesssim \frac{1}{\lambda^2}\left(\int|\mathbb{H}\hat{w}|^2 + \int\frac{|\hat{w}|^2}{1 + y^8}\right) \lesssim \frac{1}{\lambda^2}\big(\mathcal{E}_2 + b^2|\log b|^2\big). \tag{3.6.10}$$

由不等式 (3.5.92), 结合渐近 (3.6.7), (3.6.8), 可得

$$\mathcal{E}_2 \lesssim b^2|\log b|^2 + \lambda^2 b(0)^{10} + \lambda^2\int_0^t\frac{dt}{(T - t)|\log(T - t)|^2} \lesssim b^2|\log b|^2 + \lambda^2.$$

将其代入 (3.6.10), 应用 (3.5.85), 就得到所需的 $\dot{H}^2$ 有界性. 通过一个简单的局部化, 可知这个有界性导致了爆破点 (原点) 外的 $\nabla\tilde{u}$ 的强收敛性. 更准确地说, 存在 $u^* \in \dot{H}^1$, 使得对于任意 $R > 0$,

$$\|\nabla u - \nabla u^*\|_{L^2(|x|>R)} \sim \|\nabla\tilde{u} - \nabla u^*\|_{L^2(|x|>R)} \to 0, \quad 当 \quad t \to T,$$

从而就有 (3.1.8). 现在, 由收敛性 (3.1.8) 以及 $\dot{H}^2$ 估计 (3.6.9), 就导出了 (3.1.11). 这就完成了定理 3.1.1 的证明. □

3.7　附录 A: 强制性和插值估计

在本附录中, 我们列出关于 Schrödinger 算子 H, H^2 的强制性估计, 以及在命题 3.4.2 和命题 3.5.1 的证明中使用的插值估计. 完整的证明可以参考 [MRR13].

引理 3.7.1 (算子 H 的强制性, [MRR13])　令 $M \geqslant 1$ 为一个足够大的全局常数. 令 Φ_M 由 (3.4.5) 给出. 那么存在一个全局常数 $C(M) > 0$, 使得对于所有满足

$$\int \frac{|u|^2}{y^4(1+|\log y|)^2} + \int |\partial_y(Au)|^2 < +\infty$$

以及正交条件

$$(u, \Phi_M) = 0$$

的径向函数 $u \in H^1$, 都有

$$\int_{y \geqslant 1} \frac{|\partial_y^2 u|^2}{1+|\log y|^2} + \int \frac{|\partial_y u|^2}{y^2(1+|\log y|)^2} + \int \frac{|u|^2}{y^4(1+|\log y|)^2}$$
$$\leqslant C(M)\left[\int \frac{|Au|^2}{y^2(1+|\log y|)^2} + \int |\partial_y(Au)|^2\right] \leqslant C(M)\int |Hu|^2. \quad (3.7.1)$$

引理 3.7.2 (算子 H^2 的强制性, [MRR13])　假设引理 3.7.1 中的条件满足. 那么存在一个全局常数 $C(M) > 0$, 使得对于所有满足

$$\int |\partial_y AHu|^2 + \int \frac{|AHu|^2}{y^2(1+y^2)} + \int \frac{|Hu|^2}{y^4(1+|\log y|)^2}$$
$$+ \int \frac{|u|^2}{y^4(1+y^4)(1+|\log y|)^2} + \int \frac{(\partial_y u)^2}{y^2(1+y^4)(1+|\log y|)^2} < +\infty$$

以及正交条件

$$(u, \Phi_M) = 0, \quad (Hu, \Phi_M) = 0$$

的径向函数 u, 都有

$$\int \frac{|Hu|^2}{y^4(1+|\log y|)^2} + \int \frac{|\partial_y Hu|^2}{y^2(1+|\log y|)^2} + \int \frac{|\partial_y^4 u|^2}{(1+|\log y|)^2}$$
$$+ \int \frac{|\partial_y^3 u|^2}{y^2(1+|\log y|)^2} + \int \frac{|\partial_y^2 u|^2}{y^4(1+|\log y|)^2}$$
$$+ \int \frac{|\partial_y u|^2}{y^2(1+y^4)(1+|\log y|)^2} + \int \frac{|u|^2}{y^4(1+y^4)(1+|\log y|)^2} \leqslant C(M)\int |H^2 u|^2.$$
$$(3.7.2)$$

回顾记号

$$w = \begin{bmatrix} \alpha \\ \beta \\ \gamma \end{bmatrix} = w^\perp + \gamma e_z, \qquad w_2 = \hat{\mathbb{J}}\mathbb{H}w^\perp = w_2^0 + w_2^1,$$

并假设估计 (3.4.12)—(3.4.14) 成立, 那么以下插值估计是强制性估计 (3.7.1), (3.7.2) 以及朗道-利夫希茨流 u 的光滑性所蕴含的 w 在原点处正则性的结果.

引理 3.7.3 ($w^\perp$ 的插值估计, [MRR13])　成立以下估计

$$\int \frac{|w^\perp|^2}{y^4(1+y^4)(1+|\log y|^2)} + \int \frac{|\partial_y^i w^\perp|^2}{y^2(1+y^{6-2i})(1+|\log y|^2)} \lesssim C(M)\mathcal{E}_4, \quad 1 \leqslant i \leqslant 3,$$

$$\tag{3.7.3}$$

$$\int_{|y|\geqslant 1} \frac{|\partial_y^i w^\perp|^2}{(1+y^{4-2i})(1+|\log y|^2)} \lesssim C(M)\mathcal{E}_2, \quad 1 \leqslant i \leqslant 2, \tag{3.7.4}$$

$$\int_{|y|\geqslant 1} \frac{(1+|\log y|^C)|\partial_y^i w^\perp|^2}{y^2(1+|\log y|^2)(1+y^{6-2i})} \lesssim b^4 |\log b|^{C_1(C)}, \quad 0 \leqslant i \leqslant 3, \tag{3.7.5}$$

$$\int_{y\geqslant 1} \frac{1+|\log y|^C}{y^2(1+|\log y|^2)(1+y^{4-2i})}|\partial_y^i w^\perp|^2 \lesssim b^3 |\log b|^{C_1(C)}, \quad 0 \leqslant i \leqslant 2, \tag{3.7.6}$$

$$\int_{|y|\geqslant 1} |\partial_y \mathbb{H} w^\perp|^2 \lesssim b^3 |\log b|^6, \tag{3.7.7}$$

$$\|w^\perp\|_{L^\infty} \lesssim \delta(b^*), \tag{3.7.8}$$

$$\|\mathbb{A}w^\perp\|_{L^\infty}^2 \lesssim b^2 |\log b|^9, \tag{3.7.9}$$

$$\int_{y\leqslant 1} \frac{|\mathbb{A}w^\perp|^2}{y^6(1+|\log y|^2)} \lesssim C(M)\mathcal{E}_4, \tag{3.7.10}$$

$$\left\|\frac{\mathbb{A}w^\perp}{y^2(1+|\log y|)}\right\|_{L^\infty(y\leqslant 1)}^2 + \left\|\frac{\Delta\mathbb{A}w^\perp}{1+|\log y|}\right\|_{L^\infty(y\leqslant 1)}^2 + \left\|\frac{\mathbb{H}w^\perp}{y(1+|\log y|)}\right\|_{L^\infty(y\leqslant 1)}^2 \lesssim b^4,$$

$$\tag{3.7.11}$$

$$\left\|\frac{|H\alpha| + |H\beta|}{y(1+|\log y|)}\right\|_{L^\infty(y\leqslant 1)}^2 \lesssim b^4, \tag{3.7.12}$$

$$\left\|\frac{w^\perp}{y}\right\|_{L^\infty(y\leqslant 1)}^2 + \|\partial_y w^\perp\|_{L^\infty(y\leqslant 1)}^2 \lesssim b^4, \tag{3.7.13}$$

$$\left\|\frac{w^\perp}{y}\right\|_{L^\infty(y\geqslant 1)}^2 + \|\partial_y w^\perp\|_{L^\infty(y\geqslant 1)}^2 \lesssim b^2 |\log b|^8, \tag{3.7.14}$$

$$\left\|\frac{w^\perp}{1+y^2}\right\|_{L^\infty}^2 + \left\|\frac{\partial_y w^\perp}{1+y}\right\|_{L^\infty}^2 + \|\partial_y^2 w^\perp\|_{L^\infty(y\geqslant 1)}^2 \lesssim C(M)b^2 |\log b|^2. \tag{3.7.15}$$

引理 3.7.4 (γ 的插值估计, [MRR13]) *成立以下估计*

$$\int \frac{|\gamma|^2}{y^6(1+y^2)(1+|\log y|^2)} + \int \frac{|\partial_y\gamma|^2}{y^4(1+y^{4-2i})(1+|\log y|^2)}$$
$$+ \int \frac{|\partial_y^i\gamma|^2}{y^2(1+y^{6-2i})(1+|\log y|^2)} \lesssim \delta(b^*)\left(\mathcal{E}_4 + \frac{b^4}{|\log b|^2}\right), \quad 2 \leqslant i \leqslant 3,$$
$$\tag{3.7.16}$$

$$\int_{y\geqslant 1} \frac{1+|\log y|^C}{y^4(1+|\log y|^2)(1+y^{4-2i})}|\partial_y^i\gamma|^2 \lesssim b^4 |\log b|^{C_1(C)}, \quad 0 \leqslant i \leqslant 2, \tag{3.7.17}$$

$$\int_{y\geqslant 1} \frac{1+|\log y|^C}{y^{6-2i}(1+|\log y|^2)}|\partial_y^i\gamma|^2 \lesssim b^3 |\log b|^{C_1(C)}, \quad 0 \leqslant i \leqslant 2, \tag{3.7.18}$$

$$\int \frac{|A\partial_y\gamma|^2}{y^4(1+|\log y|^2)} \lesssim \delta(b^*)\left(\mathcal{E}_4 + \frac{b^4}{|\log b|^2}\right), \tag{3.7.19}$$

$$\left\|\gamma\frac{1+|y|}{|y|}\right\|_{L^\infty} \lesssim \delta(b^*), \tag{3.7.20}$$

$$\left\|\frac{(1+|y|)\gamma}{y^2}\right\|_{L^\infty}^2 + \|\partial_y\gamma\|_{L^\infty}^2 \lesssim b^2 |\log b|^8, \tag{3.7.21}$$

$$\left\|\frac{\gamma}{y(1+y)}\right\|_{L^\infty}^2 + \left\|\frac{\partial_y\gamma}{y}\right\|_{L^\infty}^2 \lesssim C(M)b^3 |\log b|^2, \tag{3.7.22}$$

$$\int |\Delta\gamma|^2 \lesssim \delta(b^*)\mathcal{E}_2 + b^2 |\log b|^2, \tag{3.7.23}$$

$$\|\Delta\gamma\|_{L^\infty(y\geqslant 1)}^2 \lesssim b^3 |\log b|^8, \tag{3.7.24}$$

$$\int |w^\perp|^2|\Delta^2\gamma|^2 + \int_{y\geqslant 1} |\Delta^2\gamma|^2 \lesssim \delta(b^*)\left(\mathcal{E}_4 + \frac{b^4}{|\log b|^2}\right). \tag{3.7.25}$$

引理 3.7.5 (w_2 的插值估计, [MRR13]) *成立以下估计*

$$\int |w_2|^2 = \mathcal{E}_2 + O\left(b^2 |\log b|^2 + \delta(b^*)\mathcal{E}_2\right), \tag{3.7.26}$$

$$\int |\mathbb{H}w|^2 \lesssim \mathcal{E}_2 + b^2 |\log b|^2, \tag{3.7.27}$$

$$\int \frac{|\mathbb{H}w|^2}{(1+y^4)(1+|\log y|^2)} \lesssim C(M)\mathcal{E}_4, \tag{3.7.28}$$

$$\int \frac{|w_2^0|^2}{(1+y^4)(1+|\log y|^2)} \lesssim C(M)\mathcal{E}_4, \tag{3.7.29}$$

$$\int \frac{|w_2^1|^2}{(1+y^4)(1+|\log y|^2)} \lesssim \delta(b^*)\left(\mathcal{E}_4 + \frac{b^4}{|\log b|^2}\right), \tag{3.7.30}$$

$$\int |\mathbb{H}w_2|^2 \lesssim C(M)\left(\mathcal{E}_4 + \frac{b^4}{|\log b|^2}\right), \tag{3.7.31}$$

$$\int |\hat{\mathsf{J}}\mathbb{H}w_2|^2 \lesssim \mathcal{E}_4 + \frac{b^4}{|\log b|^2}, \tag{3.7.32}$$

$$\int |\mathbb{H}w_2^1|^2 + \int |\mathrm{R}\mathbb{H}(\mathrm{R}^2 w_2^1)|^2 \lesssim \delta(b^*)\left(\mathcal{E}_4 + \frac{b^4}{|\log b|^2}\right), \tag{3.7.33}$$

$$\int |\mathbb{H}\hat{\mathsf{J}}w_2|^2 \lesssim C(M)\frac{b^4}{|\log b|^2}. \tag{3.7.34}$$

3.8　附录 B: 引理 3.5.4 的证明

此证明基本上是直接的代数计算, 类似于 [MRR13] 中的引理 C, 其关键在于挖掘引理 3.5.4 中不等式左边的结构.

步骤 1 (计算二阶导数)　令向量

$$a = [e_r, e_\tau, Q] \cdot \Gamma, \quad \Gamma = [\alpha, \beta, \gamma]^{\mathrm{T}},$$

其分量 $(\alpha, \beta, \gamma)(y)$ 满足 $\alpha^2 + \beta^2 + (1+\gamma)^2 = 1$. 为了简化符号, 我们定义

$$Z_1 = (1+Z)e_y, \quad Z_2 = \frac{Z}{y}e_z - (1+Z)e_x,$$

由引理 3.2.1, 有

$$\partial_y a = \partial_y \Gamma + Z_1 \wedge \Gamma, \quad \partial_\tau a = Z_2 \wedge \Gamma. \tag{3.8.1}$$

利用双外积公式

$$a \wedge (b \wedge c) = (a \cdot c)b - (a \cdot b)c,$$

以及 [MRR13] 中的引理 C, 有 (证明略去)

$$-\int \hat{\mathsf{J}}\mathbb{H}\Gamma \cdot (\hat{\mathsf{J}}\mathbb{H})^2 \Gamma$$

$$= -\int (\hat{\mathsf{J}}\mathbb{H}\Gamma \cdot \partial_y \hat{w})(\mathbb{H}\Gamma \cdot \partial_y \hat{w}) + \int (1+Z)(e_y \cdot \partial_y \hat{w})|\hat{\mathsf{J}}\mathbb{H}\Gamma|^2$$

$$- 2 \int (1 + Z)(e_y \cdot \hat{\mathbb{J}\mathbb{H}}\Gamma)(\partial_y \hat{w} \cdot \hat{\mathbb{J}\mathbb{H}}\Gamma) - \int \frac{Z(1 + Z)}{y}(e_z \cdot \hat{\mathbb{J}\mathbb{H}}\Gamma)(e_y \cdot \hat{\mathbb{J}\mathbb{H}}\Gamma)$$

$$+ \int \hat{\mathbb{J}\mathbb{H}}\Gamma \cdot (Z_1 \wedge \hat{\mathbb{J}\mathbb{H}}\Gamma) \wedge (Z_1 \wedge \hat{w}) + \int \hat{\mathbb{J}\mathbb{H}}\Gamma \cdot (Z_2 \wedge \hat{\mathbb{J}\mathbb{H}}\Gamma) \wedge (Z_2 \wedge \hat{w}).$$

$$(3.8.2)$$

步骤 2 (提取主要项) 为得到 (3.8.2) 右边的准确控制, 我们引入 $\hat{w}, \tilde{w}_0$ 的分解[①]

$$\hat{w} = \tilde{w}_0^1 + \tilde{w}_0^2 + w, \quad \text{其中} \quad \begin{cases} \tilde{w}_0^1 = b\tilde{\Phi}_{0,1}, \\ \tilde{w}_0^2 = \tilde{w}_0 - \tilde{w}_0^1. \end{cases} \quad (3.8.3)$$

由 (3.7.13), (3.7.21), 可知 (3.8.2) 右边的第一项有控制

$$\left| \int (\hat{\mathbb{J}\mathbb{H}}\Gamma \cdot \partial_y \hat{w})(\mathbb{H}\Gamma \cdot \partial_y \hat{w}) \right| \leqslant \|\partial_y \hat{w}\|_{L^\infty}^2 \|\mathbb{H}\Gamma\|_{L^2}^2 \lesssim b\delta(b^*)\|\mathbb{H}\Gamma\|_{L^2}^2.$$

由 (3.8.3), 使用 (3.7.15), (3.7.22), 以及 $|a| \leqslant b|\log b|^{-1}$ 来计算第二项

$$\int (1 + Z)(e_y \cdot \partial_y \hat{w})|\hat{\mathbb{J}\mathbb{H}}\Gamma|^2 = b \int (1 + Z)\partial_y \tilde{\Phi}_{0,1}^{(2)} |\hat{\mathbb{J}\mathbb{H}}\Gamma|^2 + O\Big(b\delta(b^*)\|\hat{\mathbb{J}\mathbb{H}}\Gamma\|_{L^2}^2\Big).$$

同样, 对 (3.8.2) 右边的第三项,

$$- 2 \int (1 + Z)(e_y \cdot \hat{\mathbb{J}\mathbb{H}}\Gamma)(\partial_y \hat{w} \cdot \hat{\mathbb{J}\mathbb{H}}\Gamma)$$

$$\leqslant - 2b \int (1 + Z)\partial_y \tilde{\Phi}_{0,1}^{(1)}(e_x \cdot \hat{\mathbb{J}\mathbb{H}}\Gamma)(e_y \cdot \hat{\mathbb{J}\mathbb{H}}\Gamma)$$

$$- 2b \int (1 + Z)\partial_y \tilde{\Phi}_{0,1}^{(2)}(e_y \cdot \hat{\mathbb{J}\mathbb{H}}\Gamma)^2 + O\Big(b\delta(b^*)\|\hat{\mathbb{J}\mathbb{H}}\Gamma\|_{L^2}^2\Big).$$

此外, 由 (3.2.14) 我们注意到

$$e_z \cdot \hat{\mathbb{J}\mathbb{H}}\Gamma = e_z \cdot \hat{w} \wedge \mathbb{H}\Gamma,$$

$$e_x \cdot \mathbb{H}\Gamma = e_y \cdot \hat{\mathbb{J}\mathbb{H}}\Gamma - e_y \cdot \mathrm{R}_{\hat{w}}\mathbb{H}\Gamma,$$

$$e_y \cdot \mathbb{H}\Gamma = -e_x \cdot \hat{\mathbb{J}\mathbb{H}}\Gamma + e_y \cdot \mathrm{R}_{\hat{w}}\mathbb{H}\Gamma,$$

由此可得 (3.8.2) 右边的第四项的界为

$$- \int \frac{Z(1 + Z)}{y}(e_z \cdot \hat{\mathbb{J}\mathbb{H}}\Gamma)(e_y \cdot \hat{\mathbb{J}\mathbb{H}}\Gamma)$$

---

① 这个分解与引理 3.3.1 给出的分解尽管记号相同, 但它们是不同的分解.

$$\leqslant -b\int \frac{Z(1+Z)}{y}\big(e_z\cdot\tilde{\Phi}_{0,1}\wedge\mathbb{H}\Gamma\big)\big(e_y\cdot\hat{\mathbb{J}}\mathbb{H}\Gamma\big)+\int O\bigg(\frac{|\tilde{w}_0^2|+|w|}{y(1+y^2)}\bigg)|\hat{\mathbb{J}}\mathbb{H}\Gamma|^2$$

$$\leqslant b\int \frac{Z(1+Z)}{y}\tilde{\Phi}_{0,1}^{(1)}\big(e_x\cdot\hat{\mathbb{J}}\mathbb{H}\Gamma\big)\big(e_y\cdot\hat{\mathbb{J}}\mathbb{H}\Gamma\big)+b\int \frac{Z(1+Z)}{y}\tilde{\Phi}_{0,1}^{(2)}\big(e_y\cdot\hat{\mathbb{J}}\mathbb{H}\Gamma\big)^2$$

$$+O\Big(b\delta(b^*)\|\hat{\mathbb{J}}\mathbb{H}\Gamma\|_{L^2}^2\Big).$$

类似地, 我们计算 (3.8.2) 中右侧的第五项,

$$\int \hat{\mathbb{J}}\mathbb{H}\Gamma\cdot\big(Z_1\wedge\hat{\mathbb{J}}\mathbb{H}\Gamma\big)\wedge\big(Z_1\wedge\hat{w}\big)$$

$$= b\int (1+Z)^2\Big(\tilde{\Phi}_{0,1}\cdot e_y\wedge\hat{\mathbb{J}}\mathbb{H}\Gamma\Big)\big(e_y\cdot\hat{\mathbb{J}}\mathbb{H}\Gamma\big)$$

$$+\int (1+Z)^2\big((\tilde{w}_0^2+w)\cdot e_y\wedge\hat{\mathbb{J}}\mathbb{H}\Gamma\big)\big(e_y\cdot\hat{\mathbb{J}}\mathbb{H}\Gamma\big)$$

$$\leqslant b\int (1+Z)^2\tilde{\Phi}_{0,1}^{(1)}\big(e_y\cdot\hat{\mathbb{J}}\mathbb{H}\Gamma\big)\big(e_z\cdot\hat{\mathbb{J}}\mathbb{H}\Gamma\big)+O\Big(b\delta(b^*)\|\hat{\mathbb{J}}\mathbb{H}\Gamma\|_{L^2}^2\Big).$$

最后, 对 (3.8.2) 中右侧的最后一项, 有

$$\int \hat{\mathbb{J}}\mathbb{H}\Gamma\cdot\big(Z_2\wedge\hat{\mathbb{J}}\mathbb{H}\Gamma\big)\wedge\big(Z_2\wedge\hat{w}\big)$$

$$\leqslant b\int \frac{Z(1+Z)}{y}\tilde{\Phi}_{0,1}^{(1)}\big(e_x\cdot\hat{\mathbb{J}}\mathbb{H}\Gamma\big)\big(e_y\cdot\hat{\mathbb{J}}\mathbb{H}\Gamma\big)$$

$$-b\int \frac{Z(1+Z)}{y}\tilde{\Phi}_{0,1}^{(2)}\big(e_x\cdot\hat{\mathbb{J}}\mathbb{H}\Gamma\big)^2+\mathcal{R}_\Gamma+O\Big(b\delta(b^*)\|\hat{\mathbb{J}}\mathbb{H}\Gamma\|_{L^2}^2\Big),$$

其中 $\mathcal{R}_\Gamma$ 包含涉及 $(e_z\cdot\hat{\mathbb{J}}\mathbb{H}\Gamma)$ 的项:

$$\mathcal{R}_\Gamma = -b\int \bigg(\frac{Z}{y}\bigg)^2\tilde{\Phi}_{0,1}^{(1)}\big(e_z\cdot\hat{\mathbb{J}}\mathbb{H}\Gamma\big)\big(e_y\cdot\hat{\mathbb{J}}\mathbb{H}\Gamma\big)+b\int \frac{Z(1+Z)}{y}\tilde{\Phi}_{0,1}^{(2)}\big(e_z\cdot\hat{\mathbb{J}}\mathbb{H}\Gamma\big)^2$$

$$+b\int \bigg(\frac{Z}{y}\bigg)^2\tilde{\Phi}_{0,1}^{(2)}\big(e_z\cdot\hat{\mathbb{J}}\mathbb{H}\Gamma\big)\big(e_x\cdot\hat{\mathbb{J}}\mathbb{H}\Gamma\big)-b\int (1+Z)^2\tilde{\Phi}_{0,1}^{(1)}\big(e_z\cdot\hat{\mathbb{J}}\mathbb{H}\Gamma\big)\big(e_x\cdot\hat{\mathbb{J}}\mathbb{H}\Gamma\big).$$

结合这些计算与 (3.8.2), 并应用 (3.2.4), (3.2.16), 我们得到

$$-\int \hat{\mathbb{J}}\mathbb{H}\Gamma\cdot(\hat{\mathbb{J}}\mathbb{H})^2\Gamma$$

$$\leqslant b\int (1+Z)A\tilde{\Phi}_{0,1}^{(2)}\Big(\big(e_y\cdot\hat{\mathbb{J}}\mathbb{H}\Gamma\big)^2-\big(e_x\cdot\hat{\mathbb{J}}\mathbb{H}\Gamma\big)^2-\big(e_z\cdot\hat{\mathbb{J}}\mathbb{H}\Gamma\big)^2\Big)$$

$$+ 2b \int (1 + Z) A \tilde{\Phi}_{0,1}^{(1)} (e_x \cdot \hat{\mathbb{J}} \mathbb{H} \Gamma) (e_y \cdot \hat{\mathbb{J}} \mathbb{H} \Gamma)$$

$$+ b \int \frac{V}{y^2} \tilde{\Phi}_{0,1}^{(2)} (e_x \cdot \hat{\mathbb{J}} \mathbb{H} \Gamma) (e_z \cdot \hat{\mathbb{J}} \mathbb{H} \Gamma) - b \int \frac{V}{y^2} \tilde{\Phi}_{0,1}^{(1)} (e_y \cdot \hat{\mathbb{J}} \mathbb{H} \Gamma) (e_z \cdot \hat{\mathbb{J}} \mathbb{H} \Gamma).$$

$$(3.8.4)$$

步骤 3 (二次项的上界) 回忆 (3.2.16), 对于 $\widetilde{T_1} = \chi_{B_1} T_1$, 我们断言: 存在常数 $d_1 \in (0, 1)$, 使得

$$0 \leqslant (1 + Z) A \widetilde{T_1} \leqslant \frac{1}{2} (1 - d_1), \quad \forall y > 0. \tag{3.8.5}$$

下面仅对 T_1 进行证明, 其结果也适用于 $\widetilde{T_1}$. 实际上, 由 (3.2.16), 有

$$\frac{1}{y \Lambda \phi} \partial_y (y \Lambda \phi A T_1) = A^* (A T_1) = \Lambda \phi,$$

由直接计算可得估计

$$(1 + Z) A T_1 = \frac{1 + Z}{y \Lambda \phi} \int_0^y \tau \Lambda \phi^2(\tau) d\tau = \frac{2 \log(1 + y^2)}{y^2} - \frac{2}{1 + y^2} \in \left(0, \frac{1}{2} \right), \quad \forall y > 0. \tag{3.8.6}$$

这可用于估计 (3.8.4) 中的二次项. 由 $\Phi_{0,1}$ 的显式表达式 (3.3.21), 我们有

$$b \int (1 + Z) A \tilde{\Phi}_{0,1}^{(2)} \left[(e_y \cdot \hat{\mathbb{J}} \mathbb{H} \Gamma)^2 - (e_x \cdot \hat{\mathbb{J}} \mathbb{H} \Gamma)^2 - (e_z \cdot \hat{\mathbb{J}} \mathbb{H} \Gamma)^2 \right]$$

$$\leqslant \frac{b |\rho_1|}{\rho_1^2 + \rho_2^2} \| (1 + Z) A \widetilde{T_1} \|_{L^\infty} \int |\hat{\mathbb{J}} \mathbb{H} \Gamma|^2 \leqslant \frac{b (1 - d_1) |\rho_1|}{2 (\rho_1^2 + \rho_2^2)} \| \hat{\mathbb{J}} \mathbb{H} \Gamma \|_{L^2}^2, \tag{3.8.7}$$

以及

$$2b \int (1 + Z) A \tilde{\Phi}_{0,1}^{(1)} (e_x \cdot \hat{\mathbb{J}} \mathbb{H} \Gamma) (e_y \cdot \hat{\mathbb{J}} \mathbb{H} \Gamma) \leqslant \frac{b (1 - d_1) |\rho_2|}{2 (\rho_1^2 + \rho_2^2)} \| \hat{\mathbb{J}} \mathbb{H} \Gamma \|_{L^2}^2. \tag{3.8.8}$$

对于 (3.8.4) 的最后一行, 由于 w 的小性 (3.7.8), (3.7.20), 我们观察到

$$|e_z \cdot \hat{\mathbb{J}} \mathbb{H} \Gamma| \leqslant |\hat{w}| |\mathbb{H} \Gamma| \lesssim \delta(b^*) |\mathbb{H} \Gamma|,$$

从而

$$b \left| \int \frac{V}{y^2} \tilde{\Phi}_{0,1}^{(2)} (e_x \cdot \hat{\mathbb{J}} \mathbb{H} \Gamma) (e_z \cdot \hat{\mathbb{J}} \mathbb{H} \Gamma) \right| + b \left| \int \frac{V}{y^2} \tilde{\Phi}_{0,1}^{(1)} (e_y \cdot \hat{\mathbb{J}} \mathbb{H} \Gamma) (e_z \cdot \hat{\mathbb{J}} \mathbb{H} \Gamma) \right|$$

$$\lesssim b \delta(b^*) \left\| \frac{\widetilde{T_1}}{y^2} \right\|_{L^\infty} \int |\hat{\mathbb{J}} \mathbb{H} \Gamma| \cdot |\mathbb{H} \Gamma| \lesssim b \delta(b^*) \| \mathbb{H} \Gamma \|_{L^2}^2. \tag{3.8.9}$$

现在将 (3.8.7)—(3.8.9) 代入 (3.8.4), 即证引理 3.5.4.

参 考 文 献

[ABP68]   Akhiezer A I, Bar'yakhtar V G, Peletminskii S V. Spin Waves. North-Holland
            Series in Low Temperature Physics. Amsterdam: North-Holland Publishing
            Company, 1968.

[AS92]   Alouges F, Soyeur A. On global weak solutions for Landau-Lifshitz equations:
            existence and nonuniqueness. Nonlinear Analysis: Theory, Methods & Appli-
            cations, 1992, 18(11): 1071–1084.

[BBCH92]   Bethuel F, Brezis H, Coleman B D, Hélein F. Bifurcation analysis of minimizing
            harmonic maps describing the equilibrium of nematic phases between cylinders.
            Arch. Rational Mech. Anal., 1992, 118(2): 149–168.

[BIK07]   Bejenaru I, Ionescu A D, Kenig C E. Global existence and uniqueness of
            Schrödinger maps in dimensions $d \geqslant 4$. Adv. Math., 2007, 215(1): 263–291.

[BIKT11]   Bejenaru I, Ionescu A D, Kenig C E, Tataru D. Global Schrödinger maps in
            dimensions $d \geqslant 2$: small data in the critical Sobolev spaces. Ann. of Math.,
            2011, 173(3): 1443–1506.

[BIKT13]   Bejenaru I, Ionescu A D, Kenig C E, Tataru D. Equivariant Schrödinger maps
            in two spatial dimensions. Duke Math. J., 2013, 162(11): 1967–2025.

[BIKT16]   Bejenaru I, Ionescu A D, Kenig C E, Tataru D. Equivariant Schrödinger maps
            in two spatial dimensions: the $\mathbb{H}^2$ target. Kyoto J. Math., 2016, 56(2): 283–323.

[Bog76]   Bogomol'nyi E B. Stability of classical solutions. Sov. J. Nucl. Phys., 1976, 24:
            449.

[BT14]   Bejenaru I, Tataru D. Near soliton evolution for equivariant Schrödinger maps
            in two spatial dimensions. Mem. Amer. Math. Soc., 2014, 228(1069): vi+108.

[CF01]   Carbou G, Fabrie P. Regular solutions for Landau-Lifschitz equation in $\mathbb{R}^3$.
            Commun. Appl. Anal., 2001, 5(1): 17–30.

[Din]   Ding W Y. On the Schrödinger Flows. Selected Papers of Weiyue Ding. Peking
            University Series in Mathematics, 2018, 7: 486–494.

[DW01]   Ding W Y, Wang Y D. Local Schrödinger flow into Kähler manifolds. Sci. China
            Ser. A, 2001, 44(11): 1446–1464.

[GH93]   Guo B L, Hong M C. The Landau-Lifshitz equation of the ferromagnetic spin
            chain and harmonic maps. Calc. Var. Partial Differential Equations, 1993, 1(3):
            311–334.

[GKT07]   Gustafson S, Kang K, Tsai T P. Schrödinger flow near harmonic maps. Comm.
            Pure Appl. Math., 2007, 60(4): 463–499.

[GKT08]   Gustafson S, Kang K, Tsai T P. Asymptotic stability of harmonic maps under the Schrödinger flow. Duke Math. J., 2008, 145(3): 537–583.

[GNT10]   Gustafson S, Nakanishi K, Tsai T P. Asymptotic stability, concentration, and oscillation in harmonic map heat-flow, Landau-Lifshitz, and Schrödinger maps on $\mathbb{R}^2$. Comm. Math. Phys., 2010, 300(1): 205–242.

[GO14]   Grafakos L, Oh S. The Kato-Ponce inequality. Comm. Partial Differential Equations, 2014, 39(6): 1128–1157.

[HK14]   Koch H, Visan M, Tataru D. Dispersive Equations and Nonlinear Waves. Basel: Birkhäuser, 2014.

[IK07]   Ionescu A D, Kenig C E. Low-regularity Schrödinger maps. II. Global well-posedness in dimensions $d \geqslant 3$. Comm. Math. Phys., 2007, 271(2): 523–559.

[KM93]   Klainerman S, Machedon M. Space-time estimates for null forms and the local existence theorem. Comm. Pure Appl. Math., 1993, 46(9): 1221–1268.

[Ko05]   Ko J. The construction of a partially regular solution to the Landau-Lifshitz-Gilbert equation in $\mathbb{R}^2$. Nonlinearity, 2005, 18(6): 2681–2714.

[Kri04]   Krieger J. Global regularity of wave maps from $\mathbb{R}^{2+1}$ to $\mathbb{H}^2$. Small Energy. Comm. Math. Phys., 2004, 250(3): 507–580.

[KS97]   Klainerman S, Selberg S. Remark on the optimal regularity for equations of wave maps type. Comm. Partial Differential Equations, 1997, 22(5-6): 901–918.

[Li21]   Li Z. Global Schrödinger map flows to Kähler manifolds with small data in critical Sobolev spaces: high dimensions. J. Funct. Anal., 2021, 281(6): 109093.

[Li22]   Li Z. On global dynamics of Schrödinger map flows on hyperbolic planes near harmonic maps. Comm. Math. Phys., 2022, 393(1): 279–345.

[Li23]   Li Z. Global Schrödinger map flows to Kähler manifolds with small data in critical Sobolev spaces: energy critical case. J. Eur. Math. Soc., 2023, 25(12): 4879–4969.

[LL92]   Landau L, Lifshitz E. On the theory of the dispersion of magnetic permeability in ferromagnetic bodies. Pitaevski L P, editor. Perspectives in Theoretical Physics, 1992: 51–65.

[LZ17]   Li Z, Zhao L F. Asymptotic behaviors of Landau-Lifshitz flows from $\mathbb{R}^2$ to Kähler manifolds. Calc. Var. Partial Differential Equations, 2017, 56(4): 96, 35.

[McG07]   McGahagan H. An approximation scheme for Schrödinger maps. Comm. Partial Differential Equations, 2007, 32(1-3): 375–400.

[Mel05]   Melcher C. Existence of partially regular solutions for Landau-Lifshitz equations in $\mathbb{R}^3$. Comm. Partial Differential Equations, 2005, 30(4-6): 567–587.

[MRR13]   Merle F, Raphaël P, Rodnianski I. Blowup dynamics for smooth data equivariant solutions to the critical Schrödinger map problem. Invent. Math., 2013, 193(2): 249–365.

[NSVZ06]   Nahmod A, Shatah J, Vega L, Zeng C C. Schrödinger maps and their associated frame systems. Int. Math. Res. Not., 2006, 2007(21): Art.ID rnm088.

[Per14]   Perelman G. Blow up dynamics for equivariant critical Schrödinger maps. Comm. Math. Phys., 2014, 330(1): 69–105.

[RRS09]   Rodnianski I, Rubinstein Y A, Staffilani G. On the global well-posedness of the one-dimensional Schrödinger map flow. Anal. PDE, 2009, 2(2): 187–209.

[RS13]   Raphaël P, Schweyer R. Stable blowup dynamics for the 1-corotational energy critical harmonic heat flow. Comm. Pure Appl. Math., 2013, 66(3): 414–480.

[RS14]   Raphaël P, Schweyer R. Quantized slow blow-up dynamics for the corotational energy-critical harmonic heat flow. Anal. PDE, 2014, 7(8): 1713–1805.

[Sha97]   Shatah J. Regularity results for semilinear and geometric wave equations. In Mathematics of gravitation, Part I (Warsaw, 1996), volume 41, Part I of Banach Center Publ., pages 69–90. Polish Acad. Sci. Inst. Math., Warsaw, 1997.

[Smi12]   Smith P. Geometric renormalization below the ground state. Int. Math. Res. Not. IMRN, 2012, 2012(16): 3800–3844.

[SSB86]   Sulem P L, Sulem C, Bardos C. On the continuous limit for a system of classical spins. Comm. Math. Phys., 1986, 107(3): 431–454.

[Tao]   Tao T. Gauges for the schrödinger map (unpublished). https://www.math.ucla.edu/~tao/.

[Tao00]   Tao T. Global regularity of wave maps. I. Small critical Sobolev norm in high dimension. Internat. Math. Res. Notices, 2000, 2001(6): 299–328.

[Tao01]   Tao T. Global regularity of wave maps. II. Small energy in two dimensions. Comm. Math. Phys., 2001, 224(2): 443–544.

[Tao04]   Tao T. Geometric renormalization of large energy wave maps. In Journées "Équations aux Dérivées Partielles", pages Exp. No. XI, 32. École Polytech., Palaiseau, 2004.

[Tao09]   Tao T. Global regularity of wave maps. III-VII. arXiv preprint, 2008-2009.

[Tat98]   Tataru D. Local and global results for wave maps. I. Comm. Partial Differential Equations, 1998, 23(9-10): 1781–1793.

[Tat05]   Tataru D. Rough solutions for the wave maps equation. Amer. J. Math., 2005, 127(2): 293–377.

[vdBW13]   Bouwe J, van den Berg, Williams J F. (In-)stability of singular equivariant solutions to the Landau-Lifshitz-Gilbert equation. European J. Appl. Math., 2013, 24(6): 921–948.

[Wan06]   Wang C Y. On Landau-Lifshitz equation in dimensions at most four. Indiana Univ. Math. J., 2006, 55(5): 1615–1644.

"非线性发展方程动力系统丛书"已出版书目